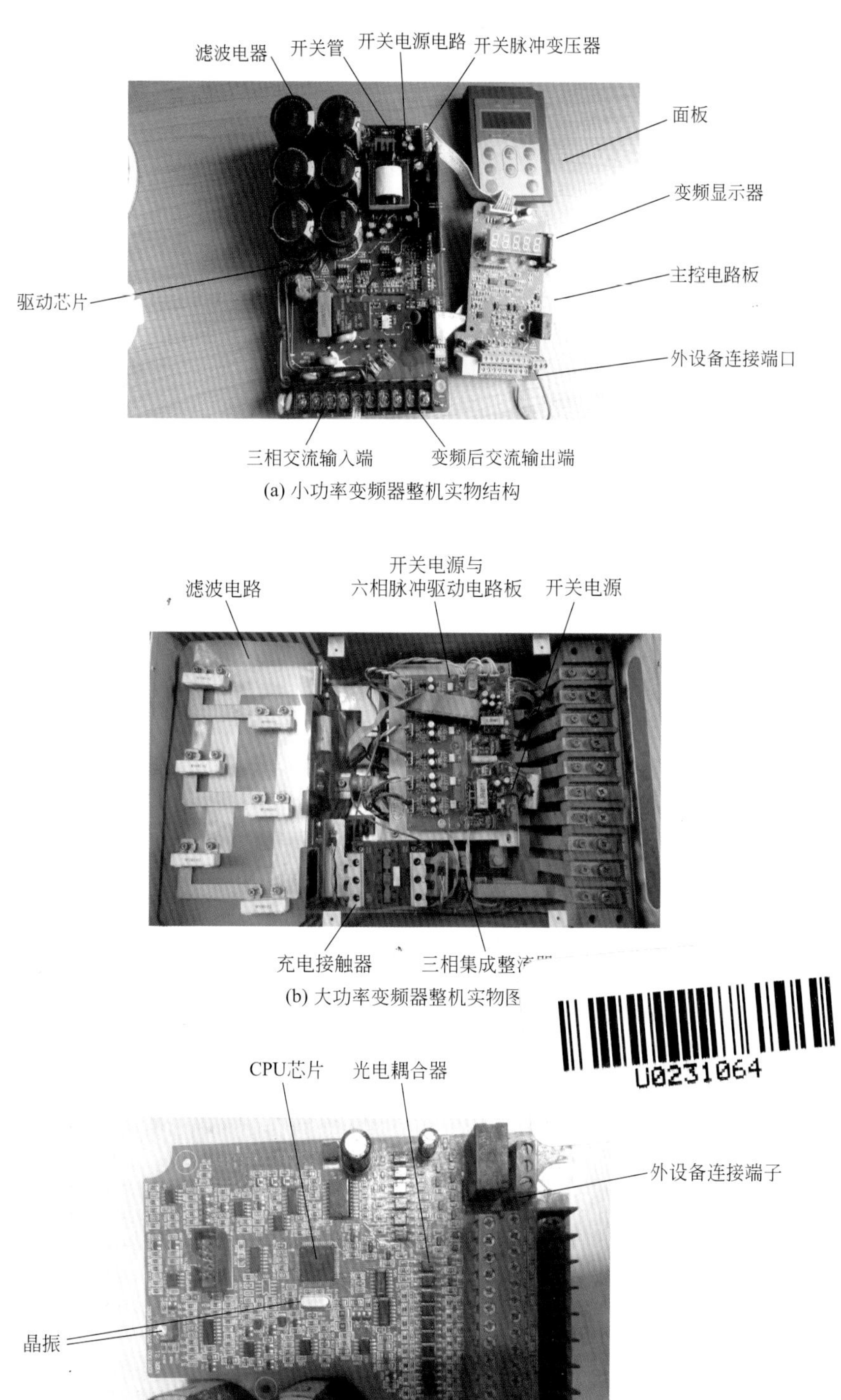

(a) 小功率变频器整机实物结构

(b) 大功率变频器整机实物图

(c) 变频器CPU电路实物结构

图 1-1

(d) 逆变器与整流模块结构

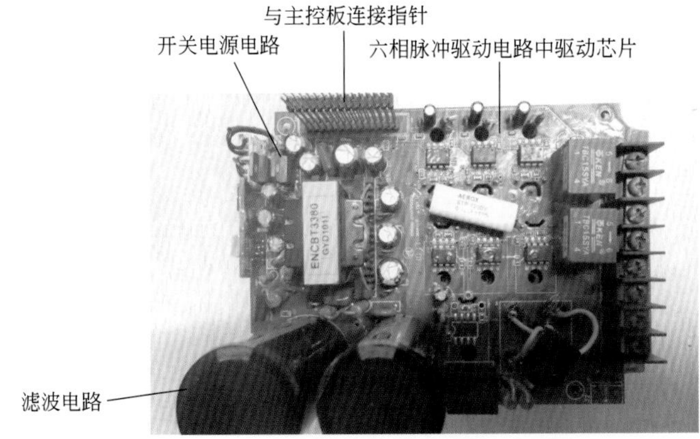

(e) 开关电源与六相驱动实物结构

图 1-1　变频器的组成

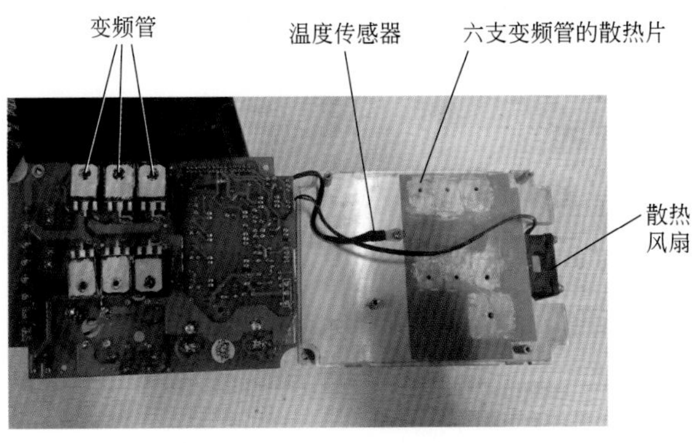

图 1-2　逆变电路与散热器

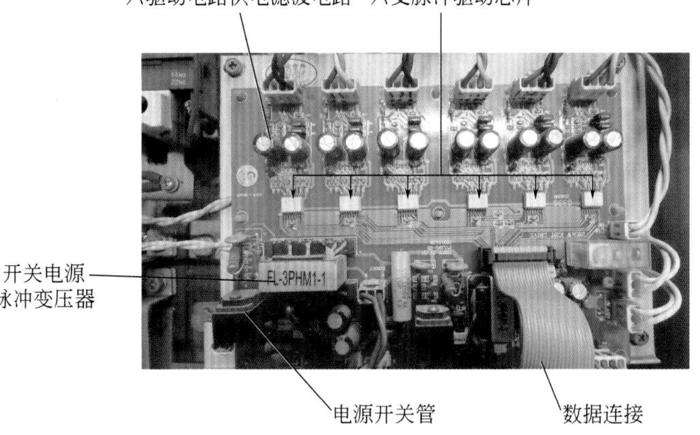

图 1-3　六相驱动与开关电源实物结构

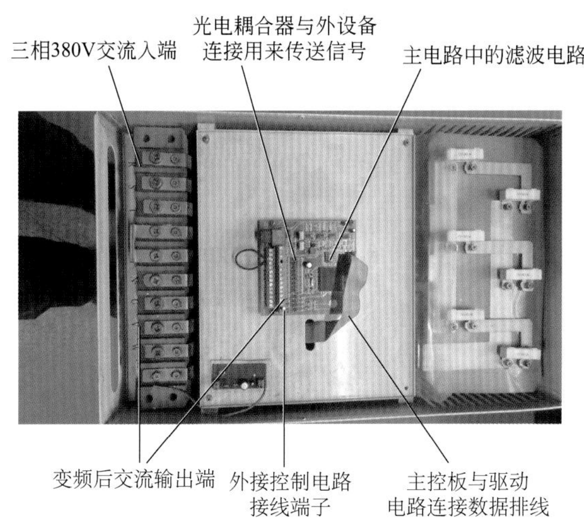

图 1-4　大功率变频器 CPU 主控板实物结构

图 3-1　变频器整流电路

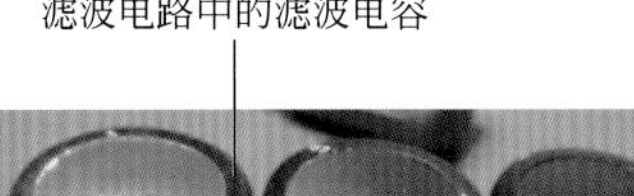

(a)

(b)

图 3-8　滤波电路

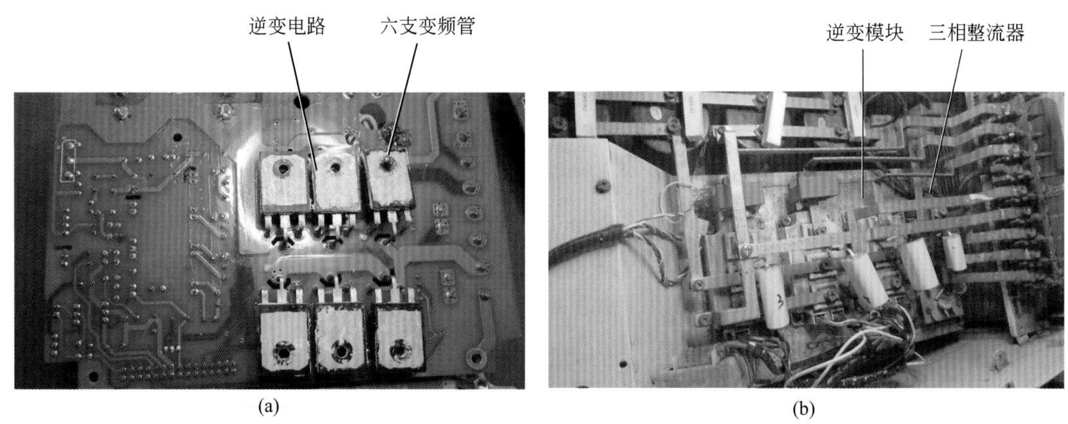

图 3-10　逆变电路

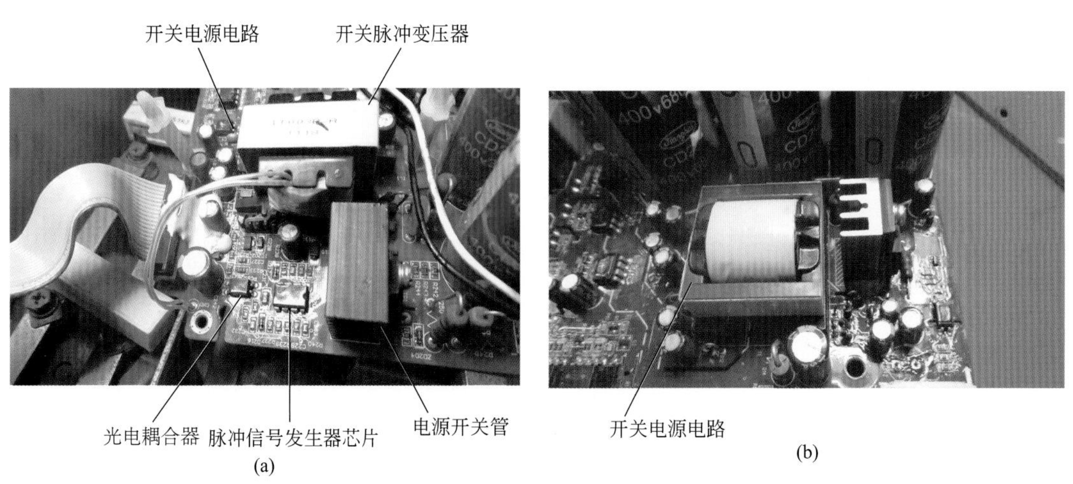

图 4-1　开关电源电路

图 4-20　变频器 CPU 电路

变频器维修从入门到精通

李宗喜　编著

化学工业出版社

·北京·

本书根据变频器应用和维修技术人员的阅读需要，结合作者多年在高等学校、电气工程专业积累的教学与实践经验，全面介绍了变频器从电路构成、重要元件的性能与检测到故障检修思路和方法，以及故障实例分析等变频器检修和应用中遇到的实际问题，既突出实用技能，又兼顾基础知识。

本书适合于高等院校电气自动化与机电一体化专业师生培训和教辅参考，也可作为电气工程技术人员，安装、调试、维修人员自学、培训用书。

图书在版编目（CIP）数据

变频器维修从入门到精通/李宗喜编著. —北京：化学工业出版社，2018.11（2025.5 重印）
ISBN 978-7-122-33098-7

Ⅰ.①变…　Ⅱ.①李…　Ⅲ.①变频器-维修　Ⅳ.①TN773

中国版本图书馆 CIP 数据核字（2018）第 223096 号

责任编辑：刘丽宏　　装帧设计：刘丽华
责任校对：王　静

出版发行：化学工业出版社（北京市东城区青年湖南街 13 号　邮政编码 100011）
印　　装：高教社（天津）印务有限公司
787mm×1092mm　1/16　印张 18　彩插 2　字数 436 千字　　2025 年 5 月北京第 1 版第 13 次印刷

购书咨询：010-64518888　　售后服务：010-64518899
网　　址：http://www.cip.com.cn
凡购买本书，如有缺损质量问题，本社销售中心负责调换。

定　　价：59.00 元

前 言

变频器（Variable-frequency Drive，VFD）是应用变频技术与微电子技术，通过改变电机工作电源频率方式来控制交流电动机的电力控制设备。变频器主要由整流（交流变直流）、滤波、逆变（直流变交流）、制动单元、驱动单元、检测单元、微处理单元等组成。变频器靠内部 IGBT 管的通断来调整输出电源的电压和频率，根据电机的实际需要来提供其所需要的电源电压，进而达到节能、调速的目的。另外，变频器还有很多的保护功能，如过流、过压、过载保护等。科技飞速发展，大型工业设备已经不再是单纯的机械式，而发展成全智能化、全自动化设备，采用软件控制硬件、弱电控制强电的方式。变频器广泛适用于油矿、煤矿及全国各大城市开发楼盘、供水及大型喷泉与机床等多方面领域。

本书主要讲解工业自动化设备智能变频器的控制原理、检修方法、安装调试等，书中从工业自动化设备检修维护的基础知识起步，理论与实际相结合，侧重于理论指导实际，重点介绍了变频器的接线方法、电路原理与故障分析方法。

全书语言通俗易懂，按照学习者的认知规律由浅入深编排，一步一步带领读者看懂变频器的控制电路，学好变频器的控制知识，掌握变频器的维修、调试与应用技术。

① 掌握变频器及其电路中的电子元器件的作用是学好变频器的基础：书中第 1 章和第 7 章详细说明了变频器常用的重要电子元器件的作用、跑线路以及判断电子元器件好坏的方法。

② 变频器整机共分为主电路、开关电源、脉冲信号驱动电路、CPU 电路、面板显示与操作电路、过压过流保护电路、外设备接口电路等。由于负载电机的供电，主要是主电路提供，无论是单相 220V，三相动力 380V，都是先经过整流电路，然后再经制动、滤波、逆变电路等处理送电机，所以功率大，负载稍

有过载短路就会使主电路损坏。书中第3章～第5章结合故障实例，详细介绍了变频器主电路、辅助电路的工作原理和故障检测方法，如：

- UC3844开关电源电路和自励式开关电源电路说明详见4.1.3节，故障检修详见5.2节；
- PC923、PC929，TLP250、TLP750驱动电路常用芯片电路结构与故障排查详见4.3.5节；
- 主电路如何通电检修可以参考5.1节。

③ 变频器整机有故障如何排查？书中第6章结合实际故障现象，逐一介绍如何故障排查的方法。

④ 变频器有三相与两相变频两种结构，实际中要分清三相交流电与两相交流电，进行接线与电路分析，如UC3844芯片各引脚的作用及检测详见7.1.1.2节，变频器外接端子的作用与快速检查变频器各电路的方法详见7.6节。

⑤ 书中第8章详细介绍了变频器常用控制功能与各类型应用实例。

⑥ 三相电动机控制电路与工业设备常用基本控制电路可以参考附录详细学习。

在本书编著过程中，借鉴了部分相关专业资料，得到了席东铭、葛立宏等人的大力协助，在此深表谢意！

本书适合用于工业自动化开发、维护维修及广大电子电气师生阅读。由于时间仓促，书中难免有不足之处，欢迎扫描二维码关注并批评指正。

编著者

目录

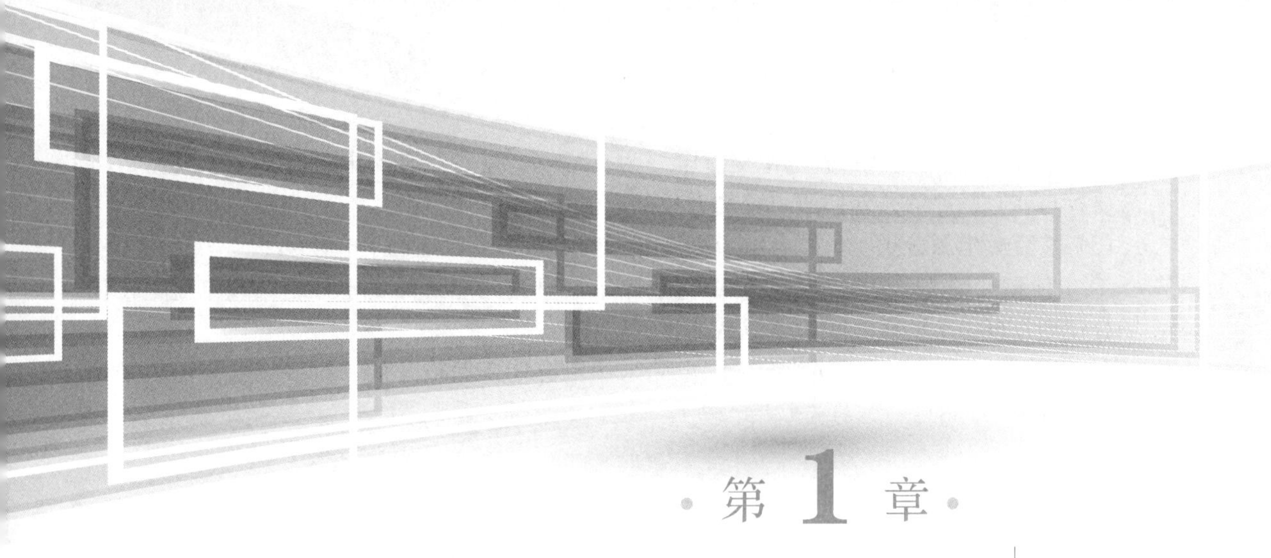

第 1 章

变频器及其电路中的电子器件

1.1 认识变频器

1.1.1 变频器的含义

在工业设备场合，由于我国交流电无论是220V或380V，频率都为50Hz，且电动机的转速是固定不变的，但是工业生产设备与人们生活用途中，为了使生产效率的提高以及生活中各电气设备用途的改变，经常需要改变电动机的速度，方可改变工业电气设备及人的生活所需，如果改变电动机供电电压是不能实现的，则改变电动机的工作电流也是难以实现的。

在现实工业控制场合，通过改变交流电动机供电频率，从而改变磁极快慢的设备，我们称它为变频器。也可以说变频器是一个变频电源，用来改变电动机正反转及改变转速、定时、启动、停机、复位等工作状态。

1.1.2 变频器的种类

(1) 按用途分类 可分为专用变频器及通用变频器两大类。

① 专用变频器 一般专用变频器是针对某一电气专用设备而使用的。例如，电梯专用恒压供水及风机等专用变频器可充分发挥变频器的调速优势功能。专用变频器比较常见的有电梯专用变频器、恒压供水变频器、三相与单相电动机变频器、风机变频器。

② 通用变频器 在很多设备中都可以通用，以节能为主要目的，用于调速功能不高的场合。

(2) 按工作频率的变换分类 一般可分为交变交及交变直、直变交变频器两类。

① 交变交 指将交流电直接转换成频率电压可调的交流电，对电动机进行调速变速的控制。

② 交变直、直变交　一般先将交流电变为直流电，然后对直流电进行逆变，最后再将直流受控与变频脉冲信号变换成可控的变化的交流电给电动机供电。

（3）按变频电源分类　一般有电流型变频器与电压型变频器两类。

① 电流型变频器　主电路中变频中间电路采用直流储能元件用于控制负载电流，在较大场合使用，控制电动机线圈中电流从而控制功率。

② 电压型变频器　指变频器的中间电路采用电容器作储蓄元件，使直流电压比较平稳而且电压内阻小。

1.1.3　变频器在工业设备中的应用

目前在变频设备中，日常生活中用得最多得就是高层采用的恒压供水设备，根据供水用户的所需而不断调整电动机速度。一般楼盘有喷淋泵供水设备的调整及生活用水泵供水变频的调整。在工业设备中有工业机床变频，生活中有空调变频与冰箱变频等。

1.2　变频器的结构组成

1.2.1　变频器的组成

如文前彩图 1-1 所示，一般变频器大体结构分为主电路与变频控制电路两部分。变频主电路由三相或两相整流电路、电容滤波与储能升压电路、充电限流电路、制动电路、逆变电路等组成。变频控制电路由电源电路（指开关电源）、脉冲信号驱动电路 MCU 与 CPU 电路、电压电流功率模块温度、OC 故障检测电路、面板操作控制电路等组成。实际变频器除了主电路与变频控制电路外，还有变频状态显示电路与变频外设备接口电路等。

1.2.2　变频器各电路作用及原理

（1）变频主电路　将交流 380 V 或 220 V，由三相或单相转变，将交流变为脉动直流（采用二极管的单向导电特性，将取交流电一个半周的数值），然后由充电电路进行充电处理，再进行滤波储蓄升压，再进行制动，送逆变电路，在驱动电路送来的脉冲信号作用下将直流电逆变为人为设置所需的具有一定频率的交流电输出给负载电动机，驱动电动机运行。

（2）变频控制电路　在开关电源提供直流电及人为操作开机启动信号的作用下，MCU 电路中频率发生器电路便产生一定频率的脉冲信号送驱动电路，进行脉冲信号的电压与电流驱动放大去控制逆变器变频管工作，于是变频管将直流电压逆变成一定频率的交流电压送电动机，由逆变电路输出端取出一部分电压作为检测电压反馈 CPU 电路，检测输出电压的状态，自动改变输出电压。由逆变器前端取出一部分电流反馈 CPU 作为电流检测，同时 CPU 还输出各电路控制信号。变频模块温度检测电路，检测模块当前工作温度，如果温度超高经温度传感器，将此时温度转换成一定的信号电压反馈给 CPU，CPU 便发出控制信号控制电源及 MCU 电路的频率，使电源与 MCU 电路转变为正常工作状态，给模块供电，降为正常电压，以免损坏模块。在操作面板相应功能键时，经信号传送电路给 CPU，于是 CPU 便转换为命令，去控制相应电路工作，同时显示电路将变频器此时的各工作状态经显示器反映出来。

（3）变频整流电路　整流电路主要利用二极管的单向导电特性，取交流电的一个半周，就是取交流电一个方向的电压。如果是三相整流电路，就是将三根火线 380 V 进行三相整流

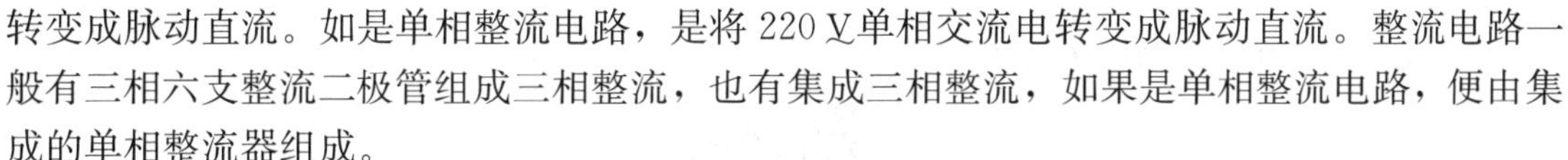

转变成脉动直流。如是单相整流电路，是将 220 V 单相交流电转变成脉动直流。整流电路一般有三相六支整流二极管组成三相整流，也有集成三相整流，如果是单相整流电路，便由集成的单相整流器组成。

（4）滤波电路 采用有极性电解电容器，将整流后脉动直流电中的交流成分滤除，得到纯直流电压，同时储蓄电荷，将整流后的直流电压升压到逆变电路所需工作电压。一般三相变频器经整流电路后，将直流电压升至 450 V 左右，最主要的是滤波电路要给逆变电路提供纯直流电，使逆变器工作性能稳定。

（5）制动电路 在调节变频器，使电动机速度下降时，由于惯性的原因，电动机的转速不会马上下降，还处于高速状态，这时电动机转子产生剩磁旋转磁场，使电动机再生发电，产生电动势，通过逆变电路给滤波电容器进行反向充电，使电容器造成电压过高，损坏逆变电路等。为了防止再生电压升高损坏电路，所以采用制动电路，在电动机减速时制动电路启动工作将电容两端电压放电，提高减速制动速度。

（6）逆变电路 如文前彩图 1-2 所示，在 CPU 频发电路内部产生的脉冲方波的驱动下将整流电路送来的直流电转变为交流电，而且是具有一定频率的交流电，送负载电动机。一般逆变电路由六支变频管构成，有些是将六支变频管集成在一个模块中，但带有散热片，个别带有风扇。

（7）开关电源电路 如文前彩图 1-3 所示，主要将主电路送来的几百伏直流电进行变换，转变成各低压直流电压给驱动电路、CPU 电路、面板电路等供电。一般由主电路引入的直流电 530 V 经直交直变换取得＋24 V、＋5 V、±15 V 等几路电压给控制电路及六相驱动、面板显示屏等供电。

（8）驱动电路 如文前彩图 1-3 所示，将 MCU 板输出的六相脉冲驱动信号进行放大，经光电转换、隔离、功率放大后，去驱动 IGBT 管的工作。六支驱动管分别按顺序工作，将直流电转换成交流电。

（9）电流、电压、功率模块温度故障检测电路 采用取样电路或反馈电路及温度传感器等转换取出的信号，反馈给 CPU 电路。将当前机器各种工作状态体现出来，用显示器传递给工程师及检修人员，在机器有故障时，根据显示器和故障代码可知机器的检修范围。

（10）CPU 电路 如文前彩图 1-4 所示，用来接收面板输入的命令，接收各路传感器送来的信号，转换成控制指令，去控制相应电路的工作。同时产生六相脉冲信号输出，经驱动器放大后去驱动变频模块的工作。一般 CPU 电路由中央处理器芯片与 CPU 工作条件电路等组成供电、时钟、复位是 CPU 三大工作条件电路。

（11）面板及显示电路 显示器用来显示变频器当前的工作状态是故障态还是工作运行状态。在变频器出现故障时，显示器便显示故障代码，体现当前机器的故障所在范围。面板操作就是人为输入命令，操作变频器当前的运行状态。

变频器结构的总结： 从变频器整体结构来看，有两大部分。一部分是通过大电流的主路，另一部分是信号处理电路，也称为控制电路、弱信号电路。由现场检修经验可见，变频器主电路中整流电路与变频模块电路容易损坏，有时变频开关电源电路也损坏，CPU 电路、信号检测电路、驱动电路损坏率低。

1.3 变频器电路中的电子元器件

1.3.1 电阻器 R

(1) 电阻器在变频电路中的作用

① 在变频开关电源电路，可以启动降压给频率发生器芯片提供启动供电。同时电阻采用串联分压、并联分流给频发芯片各引脚提供额定的工作电压与电流。

② 在脉冲信号驱动电路，可以串并联给驱动芯片各引脚供电，有些驱动电路，采用限流保险给大功率芯片供电，作保险电阻。

③ 主电路中整流滤波电路到逆变电路之间可以用制动电阻来使电动机减速与制动。在三相整流前，采用压敏电阻，在输入电压升高时保护整流电路及整流之后的电路。

④ 在 CPU 及脉冲信号产生电路，有些机器采用贴片电阻器，串并联分压分流给芯片各引脚提供正常的工作电压及电流。同时可以作信号压降电阻以及钳位电阻。

电阻器应用于变频电路的经验总结：模拟色环电阻与数标电阻及大功率保险与压敏、热敏电阻，都用于主电路及开关电源与驱动电路，一般用来作保险、降压、串联分压、并联分流。在 CPU 及脉冲信号产生电路，一般采用贴片电阻串联分压、并联分流给芯片各引脚供电。

(2) 电阻器在变频器中的分类 一般在变频电路中有压敏电阻、热敏电阻、固定电阻（色环及数标），它们都称为模拟电阻器。在弱电微电子电路中，有贴片电阻、限流保险电阻。

① 压敏电阻器 主要用于变频器主电路、整流滤波电路之前，用来保护整流及整流之后的电路。在输入电压高于 380 V或 220 V时，压敏电阻就会分流保护整流电路。

a. 压敏电阻在电路中的符号 其电路符号见图 1-5。

图 1-5 压敏电阻在电路中的符号

b. 压敏电阻的特性 一般当电阻两端电压升高时，阻力会减小，其压控性能好。

② 热敏电阻 用于变频电路整流前，一般串接在供电电路中，用来保护整流电路等。

a. 热敏电阻在电路中的符号 其电路符号见图 1-6。

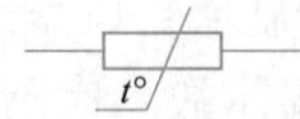

图 1-6 热敏电阻在电路中的符号

b. 热敏电阻的特性 自然界的温度与电阻通电时自身产生的温度升高时，热敏电阻阻力会减小，将送入整流电路的电流进行分流，这样保护了整流电路，我们所说的自身温度，主要是说每秒钟通过热敏电阻的电流大，就说明热敏电阻后电路有过流或短路故障。

③ 固定电阻（色环及数标电阻） 固定电阻，一般阻值较小的有零点几欧，在电路中作保险、限流电阻。阻值较大的几十欧姆、几百欧姆，用于低频电路中作串并联分压、分流

给芯片各引脚以及三极管、场效应管各引脚提供额定的工作电压与电流。几千欧姆的电阻器，一般在中频及高频电路及具有小功率芯片的电路中，串联分压并联分流，给芯片各引脚提供额定工作电压与电流。一般在CPU及频率发生器电路应用较多。兆欧以上的电阻器一般用来降压以及在小功率芯片电路串并联给芯片各引脚提供供电。

④ 贴片电阻　一般用于数字电路以及微电子控制板电路，体积小，形扁平，超薄，紧贴电路板，通常表面黑色，阻值大小一般标在电阻体上，特点是功率小。

(3) 色环电阻与数标电阻结构特性

① 色环电阻　一般形似圆桶，用于各种颜色圈来表示电阻器的阻值，一般在色环电阻体上标有：

棕	红	橙	黄	绿	蓝	紫	灰	白	黑	金	银	无
1	2	3	4	5	6	7	8	9	0	±5%	±10%	±20%

等几种颜色，一般常见的电阻有四道与五道色环。

如图1-7所示，四道色环的表示：

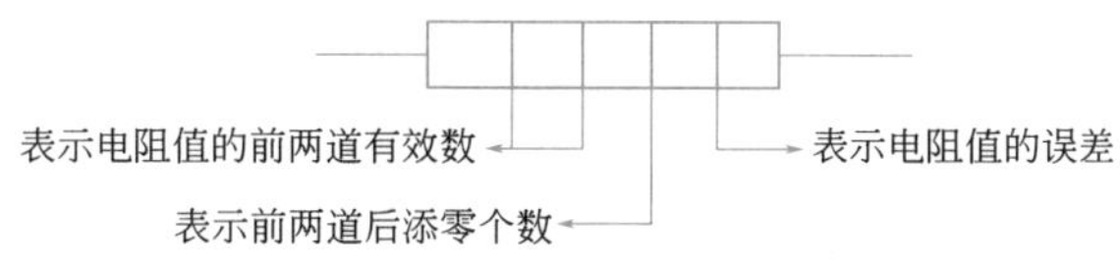

图1-7　四道色环

一般在读数时，将电阻器水平放置，金边向右，从左向右读数，左起向右第一道色环表示电阻值第一位有效数，第二道表示电阻值第二位数字，前两位应保留，第三道色环表示前两道后添零个数，第四道表示误差值，下面我们举几个例子。

a. 棕红、棕金：表示120Ω，此电阻值的误差是±5%，测量的阻值或大于120Ω，或小于120Ω。

b. 棕黑、棕金：表示100Ω，此电阻值误差±5%。

c. 棕黑、黑金：表示10Ω，因为第三道色环为零，表示前两位后不添零。

② 五道色环的表示（图1-8）

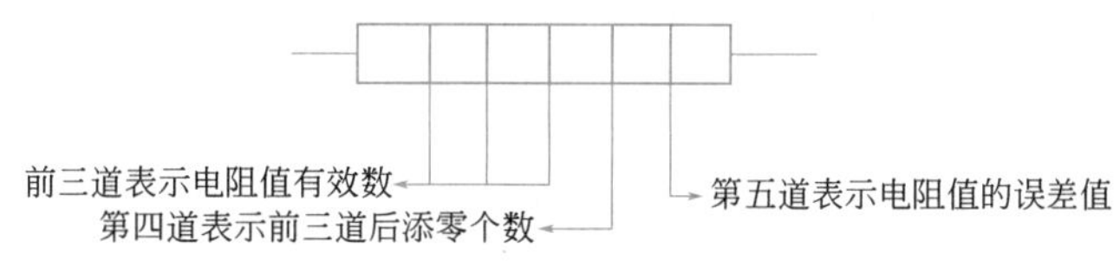

图1-8　五道色环

例如：棕红、棕、棕金，表示1210Ω，即1.21kΩ。

③ 三道色环的表示（图1-9）

例如：棕、红、黑，表示12Ω，因为黑为0，指两位后不加0。

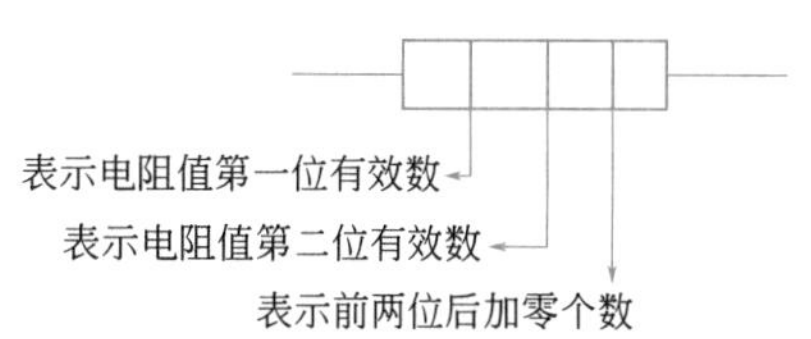

图1-9　三道色环

④ 色环电阻在读数时第一色环的识别

a. 靠电阻体边沿的那一环是第一色环。

b. 金色表示误差值，不能在第一环，一般都在电阻的最后一环。

c. 电阻器有两道色环，之间距离很宽，而且这两道色环距离电阻的一端引脚最近，这两道色环就是电阻器的最后两道色环。

⑤ 数标电阻器　在电阻外壳上用数字来表示电阻器的阻值，一般称数标电阻器。

数标电阻器具有如下特点：

a. 数标电阻器不便于读数，如果安装时不注意就会将标电阻值的一端向下电路板的一面，这样检修时不易读数。

b. 数标电阻体积大，有些大功率保险电阻器用于工业化设备、电气设备中数标电阻器是如何读数的，一般按照上标的电阻值大小读数，如：5.5k、12Ω、3M 分别表示 5.5kΩ、12Ω、3MΩ。

c. 额定功率及数标电阻的英文表示电阻器额定功率，指电阻器在正常工作时单位时间内所消耗的最大电流值。电阻在工作时必须小于它的额定功率，否则将烧坏。一般电阻器的常见功率有$\frac{1}{8}$W、$\frac{1}{2}$W、1W、2W、3W、5W、10W、20W，见图 1-10。

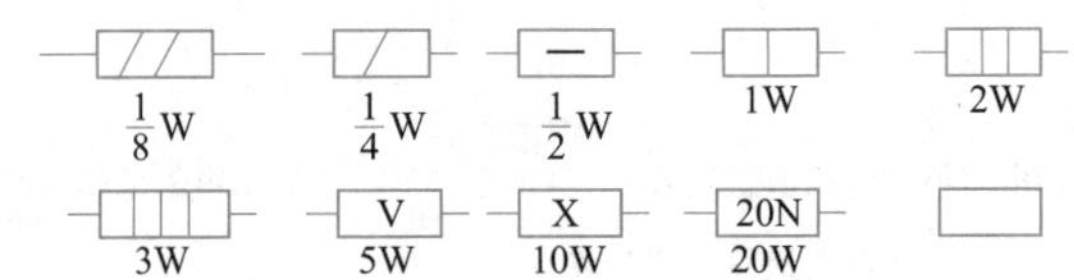

图 1-10　一般电阻器的常见功率

选用电阻器时要注意功率的选择，实际用的电阻功率一定要大于额定电阻器功率。如实际 4W 可用 6W，在实际电路中，最常见的标称功率是$\frac{1}{8}$W、大于 3W 的一般用水泥电阻器，如果不标功率我们一般用$\frac{1}{8}$W，数标电阻器英文表示功率瓦数：

a. RT 碳膜电阻器一般有 0.05W、0.125W、0.25W。

b. RU 硅碳膜电阻器：0.125W、0.25W、0.5W、1.2W。

c. RJ 金属膜电阻器：0.125W、0.25W、0.5W。

d. RX，YC 表示线绕电阻器：2.5～100W。

e. WX 线绕电位器：1～3W。

常见英文字母表示电阻器的各类别：

a. 一般第一字母表示主称。例如：R 表示电阻器，W 表示电位器。

b. 一般第二字母表示材料。例如：T 表示碳膜，J 金属膜，Y 金属氧化膜，X 表示线绕电阻器。

c. 第三字母表示形状性能。例如：X 表示大小，J 表示精密，L 表示测量，G 表示高功率。

（4）贴片电阻器结构特性

① 由于电气设备中的电路板越来越向小型贴片元器件结构发展，这样整个电气设备的电路工作消耗功率变小，所以微电子设备都采用小型贴片元器件，这样电路的工作性能稳定。

② 贴片电阻在电路中，主要是给各芯片，各引脚提供额定工作电压与工作电流，在电路板中一般为黑色扁平小方块，两边引脚为银白色。

③ 贴片电阻分为单阻与排阻两种结构。

a. 单阻 指单支的贴片电阻器。一般在老式电气设备中使用，主要用来串并联给芯片进行分压分流。通常在电阻体上标有阻值大小，一般采用三位数字表示。如 102、112 分别表示 1000Ω、1100Ω。读数时由左向右读，左起的第一位与第二位都为电阻值的两位有效数字，第三位是前两位后添零个数，如果电阻器留有小数点，则用 R 来表示。

b. 排阻 称为网络电阻器，一般是将多支电阻器集成在一起组合而成的复合电阻器。排阻分为直插式与贴片式两大类。如图 1-11 所示。

直插式 一般为黑色与黄色，两脚直立插入电路板中，都有一个公共端，用一小白点来表示。

贴片式 一般为黑色，引脚很多，有顺排与混排两种。

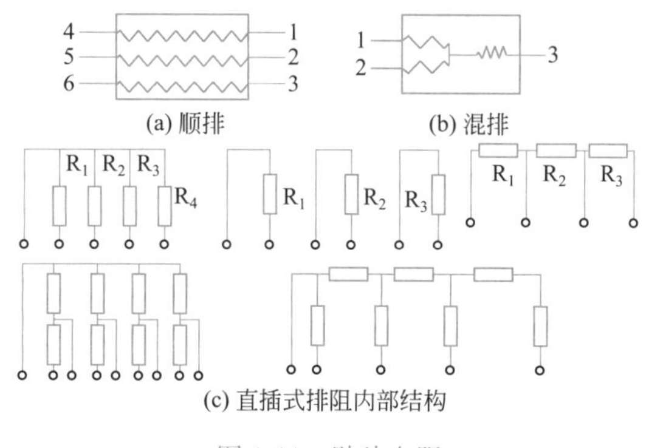

图 1-11 贴片电阻

提示：贴片电阻一般在电路板及电路图中用英文 RN 表示，排阻在电路中采用串并联分压分流给芯片各引脚提供额定工作电压及电流。

保险电阻器又称为熔断电阻器。一般在电路中起到保险与电阻的双重作用，一般电阻值很小，为几欧姆到几十欧姆，一般功率在$\frac{1}{8}$～1W，在电路中一般为绿色或灰色。用 F 或用 X 来表示，给功率较大的芯片提供供电的限流保险。

（5）电阻器的串并联结构特性

① 电阻器的串联 一般指若干支电阻器一支接一支逐个顺次连接起来的方式。

② 电阻器串联的目的 由于各芯片各引脚所需的工作电压不同，电阻器各阻值不同，将电源总电压分配给芯片各引脚。电阻器串联的特性：电阻越串电阻的总阻值大，电阻器串联分压。

③ 电阻器的并联 将若干支电阻器并列连接在电源两端称为并联。

由于电阻器并联可以分流，给芯片各引脚以及各单元电路提供额定的工作电流，由于各并联电阻器的阻值不同，所以分流大小有所不同。

（6）电阻器的结构特性

① 线绕电阻 采用康铜或者镍铬合金电阻丝在陶瓷骨架上绕制而成，此种电阻器有固定与可变两种。由于线绕电阻器工作稳定，耐热性能好，电阻值误差很小，一般用于大功率场合，额定功率在 1W 以上。

② 碳膜电阻器 我们将气态碳氧化合物放在高温与真空中分解，于是炭沉积在瓷棒或瓷管上形成了一层结晶的碳膜。如果我们改变碳膜的厚度，可以改变电阻值，由于碳膜电阻

器成本较低性能差，一般用于普通电路中。

③ 金属膜电阻器　我们在真空中加热合金，于是合金便蒸发在陶瓷的表面形成一层导电的合金金属膜，改变金属膜的厚度可以改变电阻值，此种电阻器体积小、噪声低、稳定性好，但是成本较高，一般用于精密度要求较高的电路。

(7) 电阻器检测与好坏判断

① 固定电阻器色环电阻与数标电阻的判断

a. 直观法　首先从电阻器的表面看，有无发黄发黑，端引脚有无断开。如果电阻有发黑的现象，证明它连接后负载电路有短路与过流故障，要先检查故障原因再更换电阻器。

b. 测量法　如果电阻表面没有异常现象就采用测量法，用万用表电阻合适挡位测量出的电阻值，要与标称值对应。如果误差很大，说明电阻器内部损坏，对于色环电阻要先根据色环所标值计算，然后测量，数标电阻器根据所标的电阻值判别。

② 敏感电阻器好坏判别

a. 热敏电阻器　用万用表检测时，如果在常温时，测出的阻值就会与标称阻值接近，但是加温后热敏电阻的阻值就会发生变化，证明此电阻良好，具有热敏性。如果加温时，没有任何反应就说明热敏电阻损坏。

b. 光敏电阻器的测量　采用合适的电阻挡位，在测量时将入射光线不断改变强弱，如果此时电阻值随入射光线强弱改变而改变，说明此电阻良好，具有热敏性。如果测量时改变入射光线强弱，电阻值不改变，说明电阻失去光敏特性，不可使用。

1.3.2　电容器 C

1.3.2.1　电容器的基本定义

将两块金属片相互平行靠拢，但中间彼此绝缘，就构成了电容器。我们将这两块金属片称为电容器储存电荷的极板，将中间的绝缘层称为介质。

1.3.2.2　电容器的作用

① 在模拟电路中视频及音频放大器电路中，电容器可以作信号的耦合，就是将前一级的信号传送到下一级。

② 在电源电路中及微电子线路供电电路中的电容器，可以作供电滤波电容器。滤除各电路直流供电电流中的交流成分，得到纯直流电流给各微电子电路供电。

③ 在模拟电路中无极性电容器可以作旁路，滤除去有用信号以外的高频杂信号。

④ 在模拟振荡电路中，无极性电容器可以用作充放电振荡定时电容器，电容器的容量大小直接决定充放电的快慢，同时决定振荡的频率。

⑤ 在许多开关电源电路中，交流电整流以后，滤波同时自举升压，将整流后的直流升高。

⑥ 电容器在各电路中主要是通交流电压与交流信号。同时隔直流，在直流电路中电容器可以将两级电路的直流工作点分开。

1.3.2.3　电容器的分类

(1) 一般电容器可分为

① 固定无极性电容器。

② 电解有极性电容器。

③ 可变电容器。

④ 半可变电容器。

（2）各电容器在电路中的表示符号

① 有极性电解电容器：$^{+}\dashv\vdash$　$^{+}\dashv\!\square\!\vdash$。

② 无极性固定电容器：$\dashv\vdash$。

③ 可变电容器：$\not\dashv\vdash$。

④ 半可变电容器：$\not\dashv\vdash$。

（3）按绝缘介质分为常见的几种电容器

① 纸介电容器。

② 瓷介质云母电容器。

③ 铝电解电容器。

④ 钽铌电解电容器。

（4）各电容器结构特性及用途

① 无极性固定电容器　由于无极性电容器体积小、容量小、充放电快，用于高中频电路作振荡充放电电容器以及旁路电容器与滤波，由于绝缘层厚绝缘电阻大，不容易被高频电流击穿，用于高频电路。此时，电容器不易产生漏电击穿，但轻微漏电是常有的。

② 有极性电解电容器　由于有极性电容器一般体积大、充放电慢，用于低频电路。一般在电路中作滤波、耦合、自举，但是有极性电容器绝缘介质薄绝缘电阻小，最容易产生漏电。

③ 可变电容器　改变电容器极板的相对面积，从而改变电容器的容量，一般用在LC调谐振荡电路，改变电容器的容量改变LC振荡电路频率，可变电容器多用于高频电路无线接收设备电路。

④ 半可变电容器　由于容量调节范围小，所以用于谐振荡电路中改变振荡频率，微调进行频率补偿。

1.3.2.4　电容器的参数

指电容器在一定电压条件下储蓄电荷的多少，也可以说是电容器最大限度的储蓄电荷限度。

（1）额定电压　指电容器最高所能承受的电压值，一般都标在电容器的外壳表面，在使用时所连接的电路两端实际电压不能超过标称值，否则电容器会击穿。

（2）绝缘电阻　电容器两块金属片之间绝缘层之间的阻值称为绝缘电阻，也称为漏电电阻，一般绝缘电阻越大表明电容器不容易漏电，质量越好。电容器的绝缘电阻，主要体现在电容器介质的材料，每个材料所具有的绝缘等级不同。

（3）容抗 X_C　电容器对交流电的阻碍称为容抗。

（4）容抗公式

$$X_C=\frac{1}{2\pi fC}$$

式中，X_C 为容抗；π 为圆周率；f 为通过电容器电流的频率；C 为电容器的容量。

如果 $f\uparrow\rightarrow X_C\downarrow$；$f\downarrow\rightarrow X_C\uparrow$；$f_0\rightarrow X_C$ 为∞。

容抗公式可知：电容器通交流隔直流通高频阻低频。

（5）电容器的单位　电容器的单位是法拉，简称法，用F来表示，比法拉小的有毫法

mF、微法 μF、纳法 nF、皮法 pF。

电容器单位换算：$1F=10^3mF=10^6\mu F=10^9nF=10^{12}pF$。

由于法拉毫法容量太大，一般用于电压较高的强电电路。微电子电路中一般用微法 μF、纳法 nF、皮法 pF，有极性电解电容器，用微法表示，无极性固定电容器一般用 nF 或 pF 表示。

1.3.2.5 电容器的串并联

(1) 电容器的串联 将电容器一支接一支逐个顺序连接起来的方式称为串联。如图 1-12 所示。

① 有极性串联 有极性串联时每两支之间正负串接。

② 无极性串联 每两支之间任易连接。

电容器串联的特点：越串联总容量越小。

(2) 电容器的并联 将若干支电容器并列连接在电源两端称为并联。如图 1-13 所示。

① 有极性并联 并联时正极在一列负极一列。

② 无极性并联 并联时不分正负只要并接在电源两端就可以。

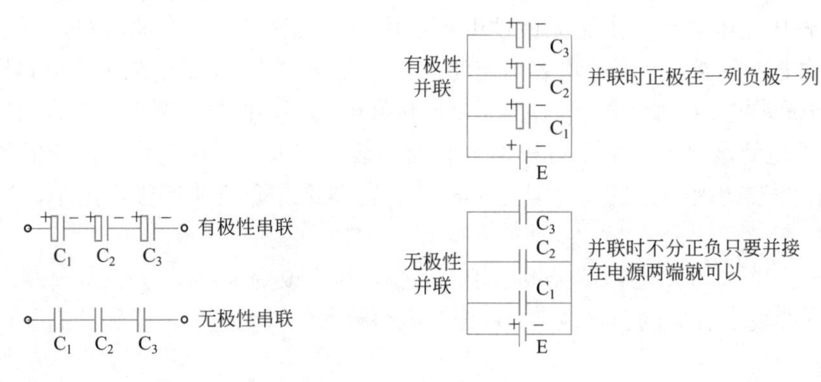

图 1-12 有极性串联和无极性串联　　图 1-13 有极性并联和无极性并联

电容器并联的特点：由于电容器越并联极板面积越大，总容量越大。

1.3.2.6 电容器的检测

(1) 直观法 一般检修机器时，先打开机器目测，观察电容器，有无顶盖凸起，封装外壳有无破裂，电容器底部是否流液，或者机器在通电时电容器有无发热，如果有以上现象说明电容器有漏电现象，不可使用，但是一般无极性电容器表面不易看出损坏，只有有极性电解电容器可以由外壳表面看出。

(2) 万用表检测电容器的好坏

① 如何判别电容器是否击穿。

a. 在路测量，用万用表电阻挡位的合适挡位测量之前，先给电容器放电，小容量低耐压的可以用表笔放电。大容量高耐压用白炽灯泡 40～100W 放电，放完电后，用合适电阻挡，将红黑表不分正负接电容两端引脚，如果此时表针从左向右偏转，说明电容器可以充电，然后表针从右向左回表明电容器在放电。表针可以从左返回到右端零位，说明电容器良好，如果表针没有返回到左零，说明与电容器相连接的其他电路元件具有一定电阻性。如电阻二、三极管等，所以在电路中是测不准确的。

b. 为了标准测试最好拆机测量，将电容器从电路板中拆除即可测量。这样测量时没有其他元件牵连产生误差，是很标准的，测量前放电，小容量可以用表等短接电容两端放电，大容量的可以用白炽灯放电，放完电一般采用 $R\times1k$ 挡测，红黑表笔不分正负，分别接电容器的两端，如果此时表针从左向右偏转，说明充电，表针偏转到一定的角度就向左返回，等到表针从右返回到左零时，证明电容良好。如果表针没有返回零位就停在左端某一位置，说明电容器漏电。如果表针返回时停稳后距左零越近，说明漏电轻微，如果表针停稳后距左零远，说明漏电严重。如果表针向右偏后没有返回，说明电容击穿，在这里我们说明一下：电容器漏电击穿都是不可使用的。

② 变频器电路中最容易损坏的电容器。在变频主电路中，由于滤波电容器容量大耐压高，而且是有极性电解电容器，所以容易损坏。一般漏电故障较多，变频二次开关电源电路中，电解滤波电容器最容易损坏，无极性固定电容器一般不易损坏，由于绝缘层厚，绝缘电阻大，在检修变频电路时，主要多检查大功率电路的电解电容器，如主电路。一般这些电容器损坏的原因多数是端电压过高或电容器质量差。

1.3.3　电感器 L 与变压器 T

1.3.3.1　电感器在变频电路中的作用

由于电感器具有的特性是通直流阻交流、通低频阻高频，变频电路有以下作用。

① 在主电路中整流前，电感器通低频率交流、阻高频率交流，对于 50Hz 的 220 V 或 380 V 可以通过，但是高于 50Hz 的交流电不容易通过，这样使整流部分的交流电更加纯。

② 在主电路整流后，电感器通直流阻交流的特性将直流电通过，少部分交流成分滤除，使直流电更加纯，后负载电路工作性能稳定。

③ 在逆变电路的输出端，有些变频器采用电感器作采样器，检测输出送负载的电流，如果输出电流过大，就将会损坏负载电路，此时，采样电感器感应电流反馈给 CPU 电路，控制停止振荡，保护了后负载用电器及变频电路最主要的元器件，如逆变模块及驱动器电路。

④ 在变频器开关电源电路，将两组或两组以上线圈组合在一起构成了开关脉冲变压器并产生振荡，产生高频磁场感应降压。

1.3.3.2　电感器的分类及结构特性

① 空心电感器。

② 铁芯电感器。

③ 铁氧体磁芯电感器。

④ 可调磁芯电感器。

如图 1-14 所示。

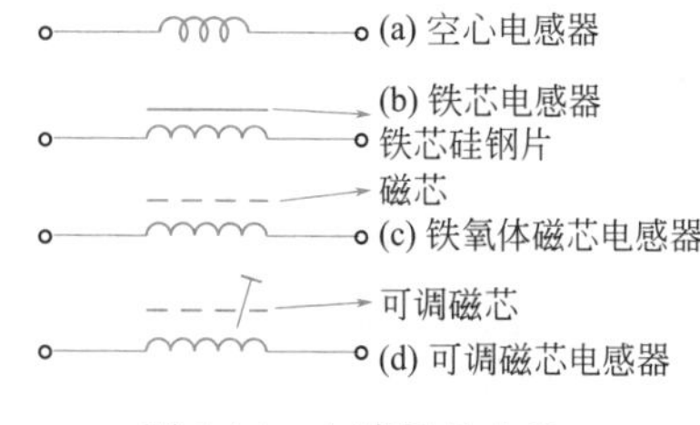

图 1-14　电感器的分类

在变频电路中一般常用铁芯电感器作变压器，铁氧体磁芯作滤波。

1.3.3.3　电感器的参数

（1）直流电阻　电感器由漆包线的导线绕制而成，但是任何导线都会有一定的阻力，所以电感器也会有一定的直流电阻。这个阻力对供电产生阻力，但对信号阻力更大。

（2）电感量　我们将电感量又叫作自感系数或电感系数，是反映电感具备电磁感应的能力的一种物理量，这是电感器的主要参数，常用 L 表示电感。电感线制成后，电感量就确定了，不过电感量的大小与电感线圈的匝数及线圈导线的直径及线圈中插入芯材料有关系，如果线圈绕制圈数越多，线圈导线直径越大，产生的电感量就会越大。电感量的单位是亨利

(H)，比亨利小的有毫亨 mH 与微亨 μH，它们之间的单位换算是：$1H=10^3mH=10^6\mu H$。

(3) 感抗 X_L 我们一般将电感器对交流电的阻碍称为感抗，用 X_L 表示。

感抗公式：

$$X_L=2\pi fL$$

式中，X_L 表示感抗；π 表示圆周率；f 表示频率；L 表示电感。

当 $f\uparrow\to X_L\uparrow$；当 $f\downarrow\to X_L\downarrow$；当 $f_0\to X_L=0$。由公式可知电感器具有通直流阻交流、通低频阻高频的特性。它与电容器的特性相反。

(4) 品质因数 品质因数是衡量电感器质量的主要参数，当电感用在交流电路中时，感抗与直流电阻的比值称品质因数，一般用 Q 表示。

$$Q=\frac{2\pi fL}{R}=\frac{\omega L}{R}$$

式中，π 表示圆周率；f 表示频率；R 表示电感器的直流电阻；ω 表示角频率。Q 值越高损耗就越小，效率就越高，滤波特性就好。

(5) 电感器的互感特性 指变频的主电路中，整流前采用电感器串接在零、火线中，一般为双排，将送入整流电路中的高频杂交流滤除，得到纯 220 V或 380 V交流 50Hz 低频电流电压。

1.3.3.4 电感器的检测

① 检测电路时，可以先直观检测电感器表面有无烧坏、引线有无断开、线圈匝间有无变色形成匝间短路，这样只能检查无外封装的电感器，例如漆包线绕制的电感线圈。

② 用万用表检测。由于电感线圈一般电阻很小，采用电阻较大的挡位无法测量出电阻值，只能测通断，应采用电阻的最小挡位，如 1Ω、2Ω，可直接测出电感器是否匝间短路，当然同时可测量出电感器的通断。测电感通断最好用数字表的蜂鸣挡位，测量时蜂鸣器响说明良好，证明电感器通路。若不响证明损坏、开路，测时应拆机测量。

1.3.4 变压器

1.3.4.1 变压器的作用

① 在微电子线路中，变压器用来降压，把 220 V或 380 V降为微电子电路所需的低压交流，然后再整流转变为脉动直流电，进行滤波后得到了纯直流电给负载微电子器件及电路供电。

② 在高压场合，变压器要将低压交流升为高压。

③ 在许多脉冲电路中有时采用变压器，瞬间将低压升为脉冲高压，如显示器、背光电路或模拟显示器进行扫描电路。

④ 变压器在变频电路中，用在开关电源中，开关脉冲变压器，进行分组降压给微电子负载供电。

1.3.4.2 变压器的结构及分类特性

变压器结构及分类特性见图 1-15。各变压器的特性如下。

① 单次级变压器 如果 L_2 圈数小于 L_1，可作降压变压器。如果 L_2 圈数大于 L_1 可以作升压变压器，一般可用在电源降升压电路。由于采用铁芯，所以可用在低频电路中，铁芯对磁力线阻力大，产生涡流电流消耗。如果作降压器次级线圈可以作单支二极管单波整流，同时也可以用四支二极管作全桥整流。

② 次级有中心抽头的变压器 一般都用来作降压，次级可接两支全波二极管作全波整

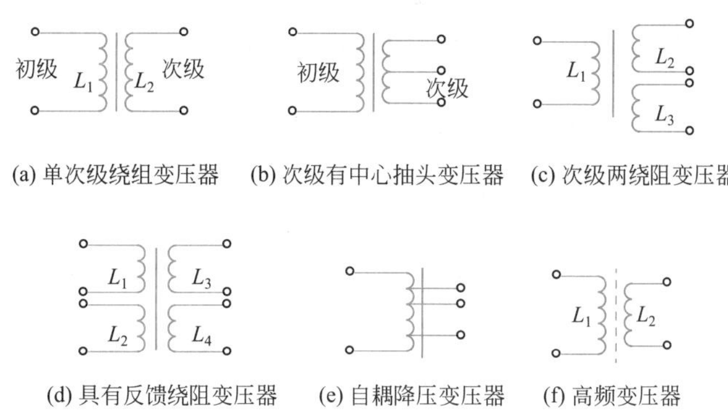

(a) 单次级绕组变压器　(b) 次级有中心抽头变压器　(c) 次级两绕阻变压器

(d) 具有反馈绕阻变压器　(e) 自耦降压变压器　(f) 高频变压器

图 1-15　变压器结构及分类特性

流。中心线作两端整流后的回路线，用在低频电路中。

③ 次级两绕阻变压器　一般用在分组降压后，产生电压给不同负载电路供电。采用单波整流电路作整流，用于多负载供电设备微电子电路中。

④ 具有反馈绕阻的变压器　此变压器具有电压反馈与降压等功能，一般用在开关电源电路中作电源脉冲变压器，在变频器的二次开关电源电路中使用。

⑤ 自耦变压器　由于感应线圈与产生磁场的线圈在同一线圈内，所以没有隔开火线，一般用于自耦升降压调压器。此种方式降压后，电流较强。这种变压器适用于大功率电路。

⑥高频变压器　由于磁芯对磁力线的感应阻力小，磁力线在磁场范围内的铁芯变化快，所以用于高频电路中，对高频信号进行变换，在变频器电路中一般不使用。

1.3.4.3　变压器的检测

① 在检测电路之前，尤其是对大功率低频变压器，首先直观检查变压器表面有无烧伤的现象，如线圈发黄、变黑，若没有，再闻有无烧坏的绝缘漆气味，观察电路板连接是否脱焊。

② 如果以上检查没发现故障就采用检测法，用电阻最低挡测各线圈有无匝间短路。一般正常时阻值很小，测量时要仔细观察，如果测不出来好坏，就采用代替法再测各线圈有无开路现象及各线圈与外壳是否短路。

1.3.5　半导体基础

在变频器微电子电路中，很多芯片与电子控制元件都采用半导体材料，在学习二、三极管之前我们将半导体的基础知识做以了解。

1.3.5.1　自然界三种物质（导体、半导体、绝缘体）

大自然界的物质用导电性能来分析，可分为：导体、绝缘体、半导体。

(1) 导体　一般将导电性能良好的物质称为导体，例如：铁、铜、铝、金、银，都可以导电。

(2) 绝缘体　几乎不能导通电流的物质称为绝缘体，如陶瓷、橡皮、玻璃，通常情况下都不能导电。

(3) 半导体　它的性能是都不像导体那样容易导通电流，又不像绝缘体那样几乎不能导通电流，它的导电性能介于导体与绝缘体之间，我们将此类物质称为半导体。

导体与绝缘体为什么有不同的导电特性呢？由于它们的物质内部原子本身的结构和原子与原子间的结合方式不同，它们的导电能力在于决定内部运载电荷的粒子——载流子的多少和运动速度的快慢。

1.3.5.2 半导体的共价键结构与共价电子

由于半导体元器件都是由硅 Si 或者锗 Ge 等生产制成的，我们应深入了解硅、锗半导体的结构特性。

① 硅 Si：半导体，原子核内有 14 个正电荷，核外有 14 个电子，分三层，最外层 4 个电子。

② 锗：原子核内带 32 个正电荷，核外有 32 个电子分四层，最外层 4 个电子。

化学课程中，原子最外层电子数目决定了元素的性质。原子最外层具有 8 个电子，称为稳定结构。硅与锗元素最外层只有 4 个电子，如果要稳定必须要借用电子，硅原子在结合时，每个原子最外层的电子，不仅受到自身原子核的束缚，而且与周围相邻的 4 个原子发生联系。每个硅原子都从邻近的 4 个硅原子那里各借 1 个电子，使自己最外层有 8 个电子，同时它将自身的 4 个电子借给周围的 4 个原子，使它们形成稳定结构。这样每 2 个原子之间就会有一对电子被共用，这两个电子能出现在自身原子核的轨道上，同时也出现在相邻原子核的轨道上，将这对电子称为共价电子。共价电子所形成的束缚称为共价键。为什么我们要了解硅与锗元素的结构及共价电子与共价键呢，因为变频器中的二、三极管与场效应管、晶闸管、芯片在形成时，必须在半导体的基础上形成，了解了半导体的特性，就能更加深入地分析硅、锗半导体形成的元器件。

1.3.5.3 半导体的复合扩散与本征半导体

（1）半导体的复合 半导体在环境温度升高后，就激发出自由电子，同时出现数量相等的空穴，空穴与电子总是相伴而生的。但是，热激发后产生的自由电子在运动过程中又会重新回到自己的空位上，与空穴相结合。使电子空穴对消失，与激发相反的过程称为复合。

（2）半导体电子空穴的扩散 微粒在自由空间里，自发地从浓度较高的地方向浓度较低的地方运动，将这种现象称为扩散。在半导体中，空穴和自由电子，也是能运动的粒子，它们的空间有浓度差时，也会产生扩散运动。

（3）本征半导体

① 含义 原子按一定规律排列的很整齐的半导体叫本征半导体，也称为纯净的半导体，是没有杂质的。在半导体周围温度很低时存在共价键的稳定结构，电子全部控制在共价键里，本征半导体没有载流子，等效于绝缘体，不容易导电。

② 本征热激发 在常温下有少量的电子热运动，挣脱控制的共价键，出来变为自由电子，变成电子载流子，我们将此种现象称作本征热激发。热激发后产生的电子在外加电场作用下，产生带负电荷的电子电流。

③ 本征热激发后产生带正电荷的空穴载流子 由于本征热激发后价电子挣脱控制，成为自由电子，同时在共价键上留下一个缺少电子的空位子，这个空位子相当于与电子相同电量的自由正电荷，将这个空位子叫空穴，在电场作用下产生正电荷电流。

（4）N 型与 P 型半导体的形式

① N 型半导体的形式 我们在纯净的半导体硅中掺入少量的磷与锑五价元素，由于硅中带 4 个价电子，而磷与锑带五价电子，所以硅中掺磷后构成 8 个电子的稳定结构后，便剩余一价电子。由于硅中掺入磷后，每个磷原子总能贡献出一个自由电子，所以我们将这类电子称施主元素。N 型半导体主要靠电子导电，称为电子型半导体。

② P 型半导体的形成 我们给四价元素的硅中掺杂三价元素的硼，为了达到八个电子的稳定，于是硼原子向相邻元素借用一价电子达到它 8 个电子的稳定结构，于是在被借处就留有一个空位子，这个空位子就相当于等量的负电子正电荷空穴，所以空穴带正电荷。硅中掺硼后就产生大量的带正电荷的空穴。

（5）PN 结的形成 将 P 型与 N 型半导体有效地结合在一起，P 区带正电荷，N 区带负电荷，在它们的交界面存在很高的浓度差，于是载流子将自发地产生扩散运动，P 区几乎没有自由电子，于是 N 区的自由电子就越过 PN 结的交界面到 P 区与 P 区的空穴复合，这样电子空穴对就消失了。N 区没有空穴，P 区的空穴也将越过界面到 N 区与 N 区的电子复合，使电子空穴对消失。这样在交界面区域里，电子空穴对的数目大量减少，我们将该区域称为空间电荷区。这个区损耗了电荷称耗尽层。一个耗尽层就形成一个 PN 结，封装起来就形成二极管。PN 结的单向导电实验与特性见图 1-16。

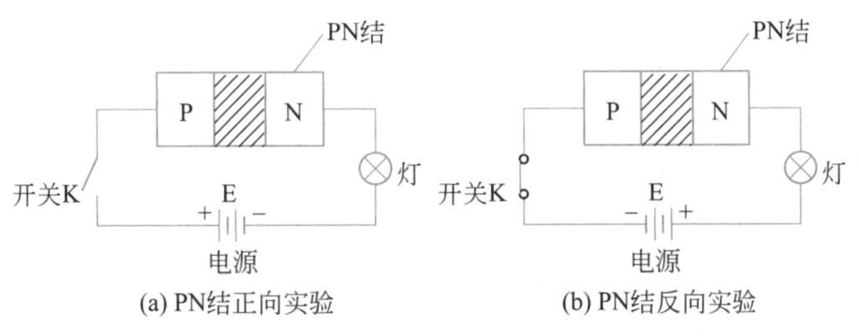

(a) PN结正向实验 (b) PN结反向实验

图 1-16 PN 结单向导电实验图

图（a）给 P 区接电源正极，N 区接电源负极。当开关闭合时，串联灯亮，说明可以导通，如果开关闭合灯不亮，就说明正向阻力大不导通。

图（b）给 P 区接电源负极，N 区接电源正极，当开关闭合时串联灯不亮，说明 PN 结不导通，反向阻力很小。

通过实验可证明，PN 结正向电阻小，正向导通电流大，反向电阻大，反向导通电流几乎为零，证明 PN 结具有单向导电特性。

（6）PN 结的电容效应 二极管的 P 区与 N 区相当于电容器储存电荷的极板绝缘层，PN 结界面相当于电容器的介质，所以 PN 结就构成了结电容，这个结电容在某些方面是有害的，容易通过高频电流，但是改变结电容的大小就可以改变容量，一般用在振荡电路中作调谐电容器。

1.3.6 二极管 VD

1.3.6.1 二极管的内部结构与电路符号

如图 1-17 所示。

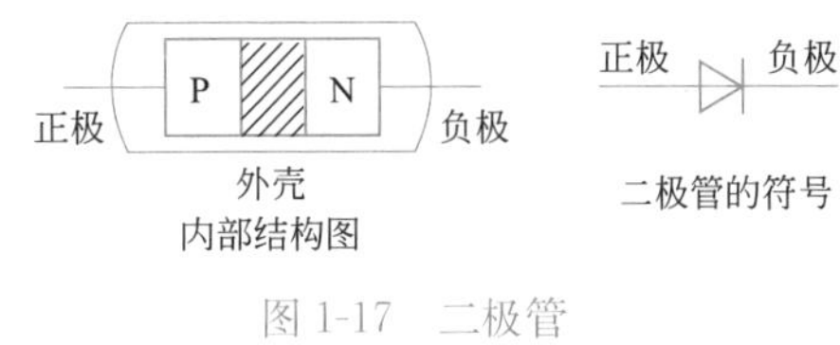

图 1-17 二极管

将 PN 结用金属壳或其他方式封装起来就构成二极管，P 区所连的一端为二极管正极，N 区所连的一端为负极。一般二极管分为点接触与面接触两种结构，由于面接触 PN 结接触面比较大，所以单位时间内所通过的电流大，一般用在大功率场合。点接触 PN 结接触面小，单位时间内所通过的电流小，一般用在小功率电路中。

1.3.6.2 二极管的伏安特性

图 1-18 为二极管伏安特性。

二极管加正向电压时，如果滑动电位器将会改变二极管的正向电流与电压，改变管子的工作状态。如果管子两端正向电压由 0V 上升到 0.5 V时，电流很微弱，我们将0～0.5 V这段称死区，指不导通。当两端正向电压由 0.5 V升高到 1 V时，电流值就会升高，将这段称作导通区。一般硅二极管正常正向电压在 0.6～0.7 V，锗二极管正常正向工作电压在 0.2～0.3 V。将二极管正向电压升到1 V以上，就称饱和区，也称危险区。

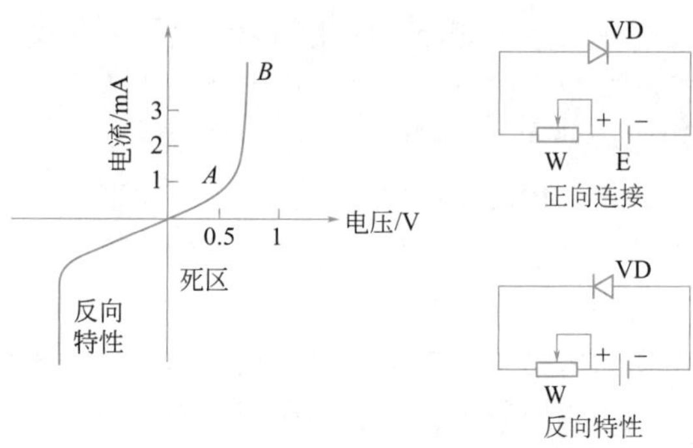

图 1-18 二极管伏安特性

1.3.6.3 各二极管的结构、电路符号、作用与特性检测

（1）整流二极管 三角形的一端表示正极，竖横表示负极，如图 1-19 所示。

图 1-19 整流二极管

① 特点 整流管利用二极管的单向导电特性完成整流。由于交流电是由两个半周的正弦波组成的，如果是正极性整流就取正弦交流电的正半周，整流后就产生正电压；如果是负极性整流就取交流电的负半周产生负电压。

② 作用 一般在电源电路中需要将交流转换成脉动直流，整流二极管用于各种电气设备的开关电源电路中整流。

③ 各整流二极管的外形结构 图 1-20 为其外形结构。此种结构为三相整流堆集成，一般用于变频器，主电路中作整流电路。此种整流器为单相整流，一般用于单相变频器开关电源电路。整流管的检测一般采用指针表 $R\times1\Omega$ 挡在路测量二极管的好坏。如果表针直接偏向右零位，说明此二极管已经击穿。如果存在一定的电阻值，就说明正向测量时电阻值小，反向测量时电阻值大，正反向电阻差异大，就说明二极管良好。如果是整流堆就要仔细测量，主要是交流输入端电阻值的测量，如果阻值很小说明内部损坏，如果阻值大说明基本良好。

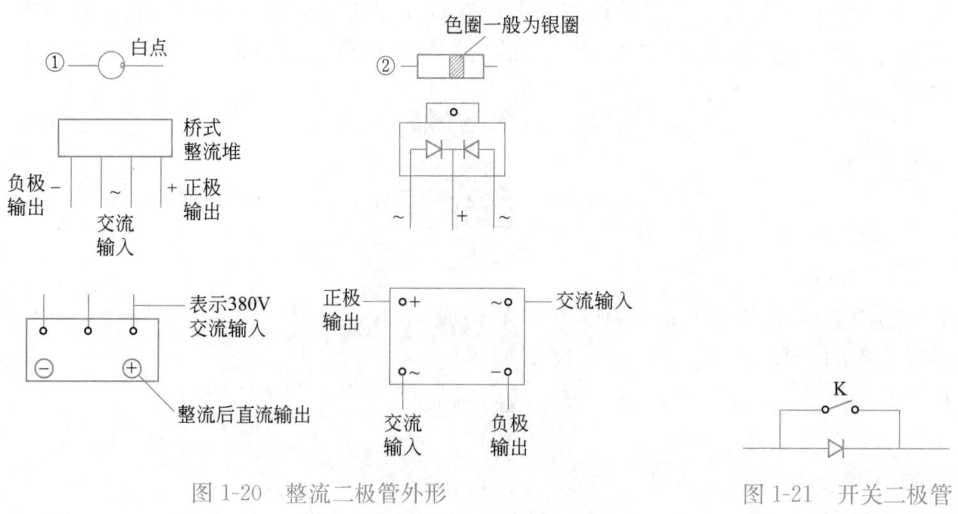

图 1-20 整流二极管外形

图 1-21 开关二极管

（2）开关二极管 图 1-21 为开关二极管。改变二极管两端的电压从而改变二极管的工

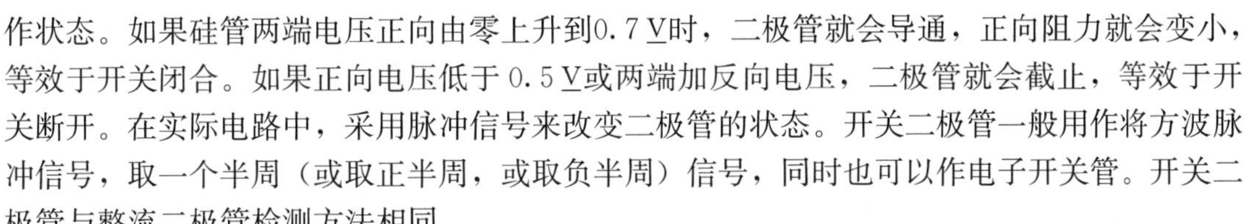

作状态。如果硅管两端电压正向由零上升到0.7 V时，二极管就会导通，正向阻力就会变小，等效于开关闭合。如果正向电压低于 0.5 V或两端加反向电压，二极管就会截止，等效于开关断开。在实际电路中，采用脉冲信号来改变二极管的状态。开关二极管一般用作将方波脉冲信号，取一个半周（或取正半周，或取负半周）信号，同时也可以作电子开关管。开关二极管与整流二极管检测方法相同。

（3）稳压二极管 图 1-22 为稳压二极管。指利用二极管的反向击穿特性（二极管在规定的反向击穿电压范围内，反向击穿后其两端电压稳定的特性）来稳压的二极管。

图 1-22 稳压二极管

稳压管一般用于稳压电路中，稳定直流输出电压给负载用电器供电，检测时采用 $R\times 1\Omega$ 挡位，在电路板中测量二极管是否击穿，一般在老式的模拟电路中，电源电路用的是稳压二极管。在新型电路中用三端稳压器做稳压，将稳压管集成在芯片里构成稳压器。

图 1-23 发光二极管

（4）发光二极管 LED 发光二极管见图 1-23。它采用磷化镓、磷砷化镓材料制成，将 PN 结封装在玻璃管壳内，给管内注入惰性气体，给 PN 结注入一定电流时，它就会发光。一般发光管用来进行电光转换，反映当前机器设备的运行状况。在变频器电路中用数码管体现机器设备的运行状况，电源指示灯用来表示电源通断。发光管的两端工作电压低，一般工作电压如果超过额定电压值，就说明管子向击穿方面发展。检测发光管时，击穿常常不易测出，用同型号替换法，光电耦合器的发光器用发光二极管。

（5）光电二极管（光敏二极管） 光电管是一种将光能转换为电能的二极管，此种二极管 PN 结在反向偏置的状态运行，它的反向电流随光照强度增加而正比例上升。受光面一般由透光材料制成，当入射光线入射于二极管的表面时，PN 结内部激发产生光生载流子，形成光电子。入射光线的强弱变化就会导致光电子多少变化，光电子流随入射光线的变化而变化。光电管用于光遥控系统中，一般接收可见光或红外光。

在变频器电路中，光电管用于光电耦合器电路中，作光电接收器。光电管检测时用万用表电阻挡位，测量时用改变光的强弱的方式来改变电阻值，如果万用表测出的阻值在改变，就说明该管具有光电特性。

（6）触发二极管 触发二极管见图 1-24。此种二极管是一种触发性元器件，用在过压保护电路中，是双向脉冲的保护元器件，一般在变频器主电路中作整流器或触发整流。

图 1-24 触发二极管

（7）二极管的正负极判断

① 直观法 一般整流管圆桶形有银圈的一端为二极管的负极，另一端为二极管正极，对于圆珠形标有色点的一端为二极管的负极，另一端为正极。

② 测量法 一般采用指针万用表 $R\times 1\Omega$ 挡在路测量，如果拆下采用 $R\times 1k\Omega$ 挡测量时，调好挡位校好右零后，将挡位开关必须置电阻合适挡位。将红黑表笔不分正负接二极管的两端，以表针从左向右偏转的那一次为准。表针偏向表盘$\frac{1}{2}$处即说明二极管已经达到正向导通，此时黑表笔接的是二极管的正极，红表笔接的是二极管的负极，这是指针表的测试判别法，如果用数字万用表，那么红表笔接的是二极管正极，黑表笔接的是负极。

（8）二极管的好坏判别（测量法） 无论采用数字还是机械表（指针万用表）测量，正向测量时电阻值小，反向测量时电阻值大，正反向测量时电阻差异很大，说明二极管单向导电性能好，可以使用。如果二极管无论用电阻哪个挡位测，正反测量时，电阻值都为右零位，说明二极管击穿。如果数字表蜂鸣挡测量时，正反测响，说明击穿。

(9) 各类二极管好坏检测

① 整流管、开关管、稳压管，测量时方法相同，只要能检测出二极管正向电阻小，反向电阻大，正反向电阻差异很大，就说明二极管是良好的。如果指针表用 $R\times1\Omega$ 挡，正反测时表针都偏转右零位，就说明二极管击穿。如果用数字表检测蜂鸣器响证明击穿，一般 $R\times1\Omega$挡可以在电路板中进行测试，采用 $R\times1\mathrm{k}$ 挡，可以非在路测试。

② 发光二极管：测量时只要没有击穿，给管子两端加一定的电压，如果管子发光就证明管子是良好的，但电压值一定要达到额定电压才可以发光。

③ 光电二极管：用万用表的合适电阻挡测量，如果不断改变入射光线的强弱，二极管的正向电阻值就会有所改变，就证明具有光敏性可以使用。如果改变光线时，管子正向电阻值没有改变，就证明管子失去了光电作用，严禁使用。

(10) 微电子电器检修时二极管检测常见的故障分析 如果检修机器时，断电检修时，测量在路二极管的好坏，一般采用指针表的 $R\times1\Omega$ 挡及数字表的蜂鸣挡位。检测时如果表针偏右零位或蜂鸣器响，就证明电路有短路或二极管本身损坏。此时将被测二极管拆掉，如果二极管测试良好，就说明与二极管相连接的电子元件损坏，或电路板与二极管两端连接的电路有短路。如果检测时表针从左向右偏转，然后从右向左返回，但没有返回到左零，而是返回表盘 $\frac{1}{2}$ 处停稳，说明与二极管相连的电子元件是电容器，所以有充放电现象，说明二极管良好。

提示：如果在路测量时用 $R\times1\mathrm{k}\Omega$ 挡或 $R\times10\mathrm{k}\Omega$ 表针总是偏向右零，好像击穿了，但是用 $R\times1\Omega$ 挡测量具有正反向阻值，表针没有偏右零位，说明二极管良好。因此在路检测二极管好坏时，万用表的挡位一定要选得很合适。

1.3.7 三极管 VT

1.3.7.1 三极管定义

由两个 PN 结构成，形成三个电极，即集电极、发射极、基极的半导体元件称为三极管。

1.3.7.2 三极管在电路中的作用

(1) 在放大电路中三极管可以作放大器，放大交流信号的电流与电压，所以三极管具有放大作用。

(2) 在电压、电流调整电路中，改变三极管 b 极的电压，可以改变 e、c 之间的电阻值，所以三极管可以在电路中起到变阻作用。

(3) 在电源、开关振荡电路中，三极管可以工作在饱和与截止状态，可使三极管，e、c 之间的电阻值减小或增大，等效于三极管的开关状态，所以三极管在电路中可起到开关作用。

1.3.7.3 三极管的结构及电路中的表示符号

由结构示意图 1-25 可见，三极管是由两个 PN 结构成的，集电极与基极构成的 PN 结为集电结，发射极与基极构成的 PN 结为发射结。三极管在电路中的表示符号：箭头的方向就表示电流的方向，箭头向外表示，电流由管壳内向

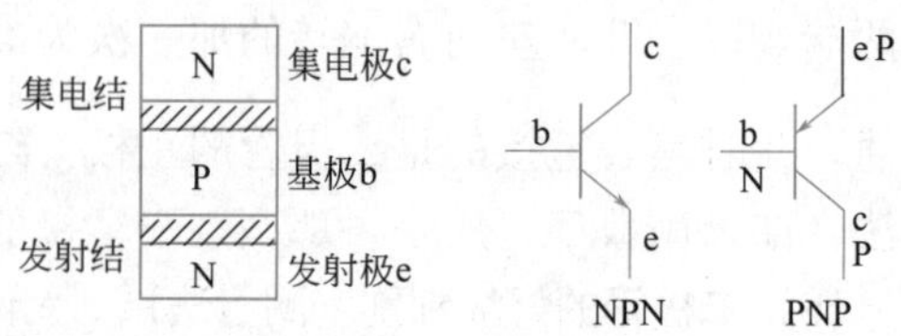

图 1-25 三极管

外流，表示 NPN 管；箭头向里指，表示电流由管壳外向里流，表示 PNP 管。

1.3.7.4　三极管 e、b、c 三极的作用

(1) 发射极 e　在外加电场力的作用下，用来发射电荷，形成管内电流，是电荷的发源地。工作时，给三极管 b、e 之间加正向电场，在正向电场的作用下，发射极向基区发射电荷，如果是 NPN 管，发射极向基区发射负电子，如果是 PNP 管，发射极向基区发射正电荷。

(2) 集电极 c　用来收集电荷，一般在集电极加反向电场，在反向电场吸引时，收集发射极送来的电荷。

(3) 基极 b　是三极管的控制极，将发射极送来的电荷与基区正负电荷产生复合，留下不能移动的正负离子，所以将基极称作控制极。

1.3.7.5　三极管的 e、b、c 三极电流分配关系

三极管要达到正常工作，e、b、c 三极就应符合，$I_e=I_b+I_c$、$I_e>I_c>I_b$、$I_e\approx I_c$ 等式条件。见图 1-26。

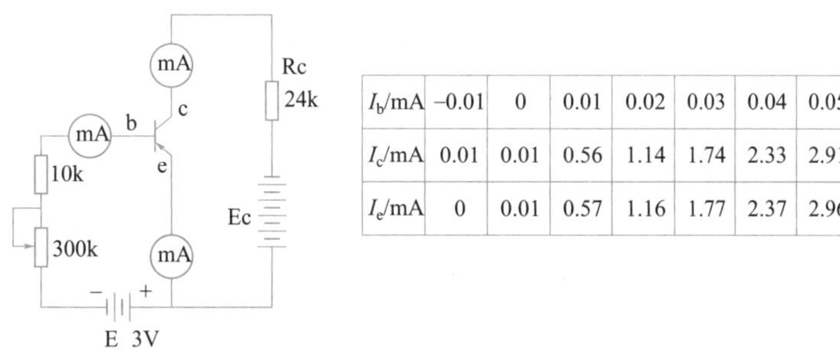

I_b/mA	−0.01	0	0.01	0.02	0.03	0.04	0.05
I_c/mA	0.01	0.01	0.56	1.14	1.74	2.33	2.91
I_e/mA	0	0.01	0.57	1.16	1.77	2.37	2.96

图 1-26　三极管电流分配关系

1.3.7.6　三极管的内部放大原理

放大原理见图 1-27。

① 发射极向基极发射电荷，给发射结的 PN 结加正向电场 E，在外电场的作用下，E 电源正极正电荷将排斥基极 P 区的正电荷，向发射极移动吸引发射极的负电荷向基极发送，这时发射极便发射电荷，如果改变 E 电场的强弱，便可以改变发射极发射电荷的数量。

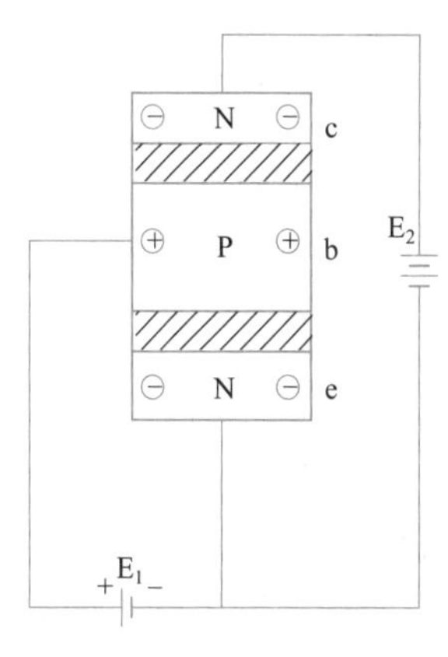

图 1-27　放大原理

② 发射极向基区边发射电荷与基区电荷复合，边向上扩散。发射极在外电场作用后，向基极发射的电荷与基区的电荷相符合，没有复合完的电荷向集电区扩散。基区复合完的电荷由发射结 PN 结所加正向电场给补充。

③ 集电极收集电荷：由于集电极与发射极之间加有一定的电场，基极发射极送来没有复合完的电子向集电极扩散，同时受到集电极反向电场的吸引而收集。

由三极管内部放大原理可知，三极管改变基极电场的强弱，便可以改变发射区发射电荷的多少，同时可以改变基区复合的数量，改变集电区收集电荷数量，三极管只要 b、e 加正向偏压，b、c 加反向偏压，b、e 之间的正向电压，硅管在 0.6～0.7 V，锗管在 0.2～0.3 V，说明静态工作点建立，此时给基极与发射极之间加信号，在动态信号的作用下，发射区发射电荷与基区的复合随动态信号的改变而改变，收集到集电极的电荷数量，也随着改变。$\frac{u_c}{u_b}=\overline{B}$、$\frac{I_c}{I_b}=\overline{B}$集电极信号，电压随基极的微弱信号改变而改变，

成比例变化，说明放大了交流信号。

1.3.7.7 三极管的三种工作状态：截止、饱和、放大

（1）截止态：$I_b \leqslant 0$ 一般指三极管 e、b、c 三极任意一极断开，使三极管不能正常工作，但实际电路中，三极管 b、e 之间正向导通电流为零，或给三极管 b、e 之间加反向电压，使 b、e 之间 PN 结没有电流通过，这时三极管 e、b、c 三极就像断开一样，称为截止态。有些电路给三极管 b、e 之间加反向脉冲就可改变三极管的工作状态，例如 NPN 管加负脉冲就会改变管子由导通态变为截止态。

（2）饱和态：$U_{be}=U_{ec}$ NPN 管当 b 端电位升高时 I_b 增大，使 $R_{ec}\downarrow I_c\uparrow U_{ec}\downarrow$，当 U_{ec} 与 U_{be} 相等时，三极管 I_b 失去对 I_c 的控制，管子进入饱和态，此时 I_b 与 I_c 的电流值很大。

（3）放大态：硅 $U_{be}=0.6\sim0.7\text{V}$，锗 Ge $U_{be}=0.2\sim0.3\text{V}$ 三极管的 U_{be} 为正偏电压，U_{bc} 为反偏电压，I_b 能控制 I_c 时，三极管处于放大状态。怎样测量判别三极管的 b 极 NPN 或 PNP，一般采用指针万用表的 1k 挡，首先先假定某一电极为基极，用黑表笔测假定基极，红表笔接另外两极，当红表笔接两极时，两次 PN 结都正向导通，表针从左向右偏转表盘$\frac{1}{2}$处时，假定基极正确，被假定的基极为基极，而且为 NPN 管。

1.3.7.8 怎样判别集电极与发射极

在基极判别出来后，判别集电极、发射极，如果管子是半圆弧形，将管脚向上，管壳向下，弧面对自己，左 e、右 c、中间 b，如果基极在左边或右边，那么中间是集电极，另一极为发射极。

1.3.7.9 铁壳管的判别

一般外铁壳为集电极，判别时管子平面向自己，近脚螺孔向上，远脚螺孔向下，左 b、右 e、外壳 c。

1.3.7.10 三极管的好坏判别

一般在电路板中测量时用 $R\times1\Omega$ 挡，非在路测量 $R\times1\text{k}\Omega$ 挡测量时，只要发射结与集电结两个 PN 结正向电阻小，反向电阻大，正反向电阻差异很大就说明三极管良好。e、c 之间测量电阻值很大，就说明三极管良好。如果用指针表的 $R\times1\Omega$ 挡或数字表的蜂鸣挡测量时，e、b、c 三极表针偏右零或蜂鸣器响，说明管子三极击穿不可使用。

1.3.8 晶闸管（可控硅）MCR

（1）什么是可控硅 由四层半导体形成三个 PN 结，有开关控制的特性，一般以弱电控制强电，为可控性元件。

（2）可控硅的结构 可控硅结构见图 1-28。

（3）可控硅阳阴门三极的作用

① 阳极 A：用来收集阴极送来的电荷，相当于三极管的集电极。

② 阴极 K：在门、阴极正向电压的作用下用来发射电荷，相当于三极管的发射极。

③ 门极 G：用来控制阴极送往阳极的电荷，相当于三极管的基极。

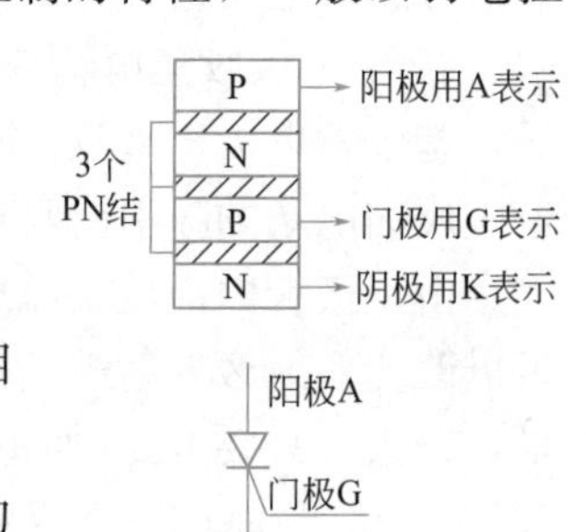

图 1-28 可控硅

（4）可控硅的导通实验 图 1-29 为可控硅导通实验。

① 给阳、阴极加正向电压，门、阴极不加电压，可控硅不能导通。串联在阳、阴极之间的灯不亮。

② 给阳、阴极加正向电压，门、阴极加反向电压，可控硅也不能导通。

③ 给阳、阴极加正向电压，门、阴极加正向电压，在门、阴极的正向电压作用下，使阳、阴极导通，串联在阳、阴极之间的灯亮。

④ 在可控硅导通后断开门极，触发电压，阳、阴极正常导通，说明可控硅在导通，此时必须是阳、阴极加正向电压、门、阴极加正向电压方可导通。

提示：要使可控硅导通，给阳、阴极加正向电压，给门、阴、极加正向电压即可。

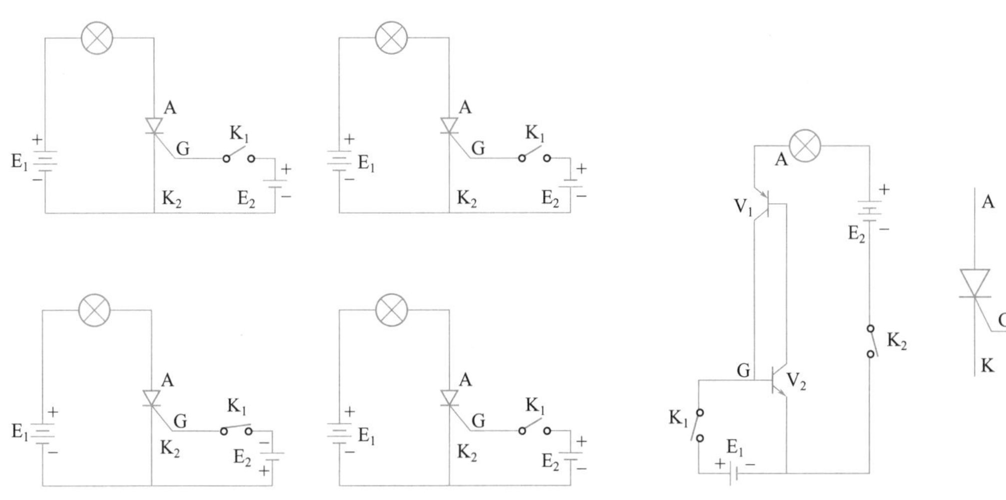

图 1-29　可控硅导通实验　　图 1-30　可控硅内部导通实验

(5) 可控硅内部导通实验图分析　图 1-30 为其实验图。

要使 V_1V_2 导通，首先使 V_2导通，先给 V_{2be}加正向电场，在 E_1 电场的作用下使 V_{2be}导通，在 V_2 导通后由于 e、c 内阻减小，此时 E_2 电流由 E_2 正极给 V_{1be}、V_{2ce}到 E_2 负极导通，此时 V_1 导通后，E_2 电流由 V_{1ec}到 V_{2be}，E_2 负极使 V_1 导通，在 V_1V_2 都导通后它们相互导通，此时断开门极 G，V_{2b}触发电压时 V_1V_2 正常导通。

(6) 可控硅的好坏判别

① 如何测量判别可控硅门极　由于可控硅门极与阴极是一个 PN 结，首先用万用表的电阻挡合适挡位，用黑表笔假定一极，红表笔接另外两极，当红表笔接某一极时，表针从左向右偏转，说明黑表笔假定的是门极，红表笔所接的是阴极，另一极为阳极。

② 如何测可控硅的触发能力　先判别出阳、阴、门三极，然后用黑表笔接假定阳极，红表笔接阴极，将黑表笔与门极相碰一下，如果表针从左向右偏转，说明可控硅具有触发能力。

③ 如何判别可控硅可使用　一般用数字表蜂鸣挡，指针表 $R\times1\Omega$ 挡测阳、阴、门三极时，如果表针偏右零或蜂鸣器常响，证明可控硅击穿。

(7) 可控硅的应用　在变频电路中应用于变频整流电路及变频开关电源电路、脉冲变压器次级整流电路。

1.3.9　场效应管 MOS

(1) 场效应管简介　场效应管是一种用电场控制的元件，漏极电流受控于栅极电压。与三极管相比工作速度快，而三极管却是用电流控制的元件。

（2）场效应管的分类 一般有结型场效应管与绝缘栅型场效应管两种，如果按沟道分有N沟道与P沟道两种。沟道指管子的导电通道。按漏极通断状态分有增强型与耗尽型两类。

（3）结型场效应管的结构 图1-31为其结构。

N沟道结型场效应管的导电原理见图1-32。

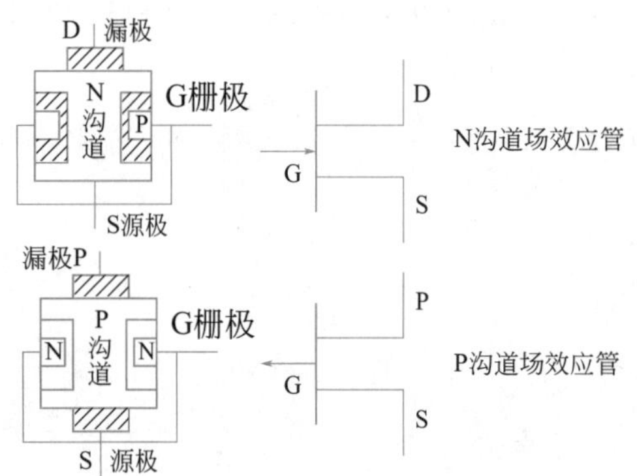

图1-31 结型场效应管的结构

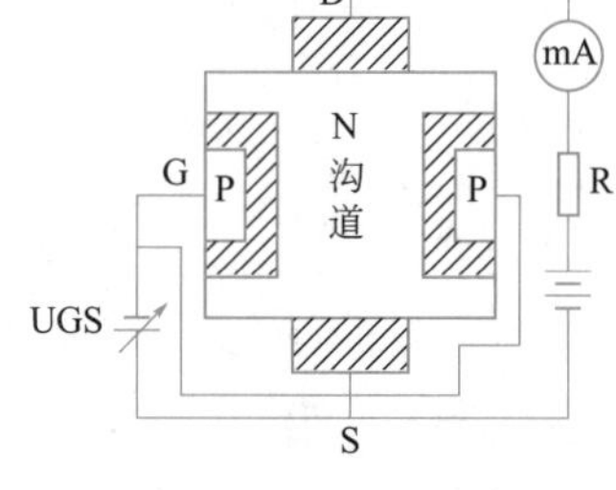

图1-32 N沟道结型场效应管导电原理

工作原理：给场效应管漏源DS极接正向电压，如果改变栅源极反向电压的大小，就会改变漏、源极之间的内阻，改变漏、源极之间导通电流大小。我们将漏、源极之间称为主导电通道，一般导通电流大。将栅、源极称为触发极，在栅、源极一般用信号电压控制，改变漏、源极之间内电阻便改变漏、源之间导通电流值，可见场效应管是弱电控制强电。

（4）绝缘栅型场效应管

① 绝缘栅型场效应管简介 它是一种由金属氧化物半导体材料制成的场效应管，称为MOS管，漏、源、栅三极相互绝缘所以称为绝缘栅型。

② N沟道增强型MOS管结构 见图1-33。

③ N沟道增强型MOS加电结构图 见图1-34。

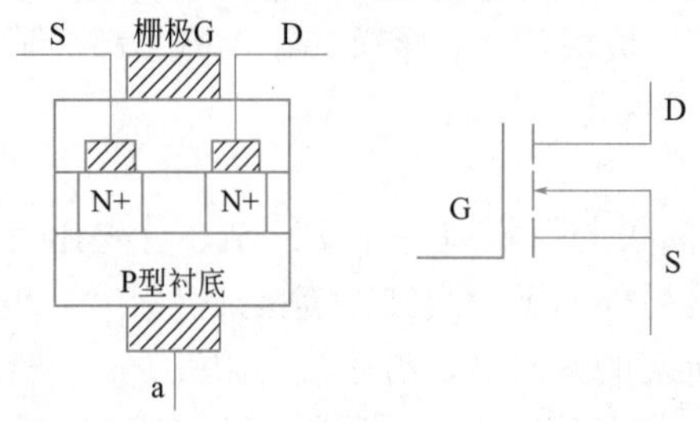

图1-33 N沟道增强型MOS管结构

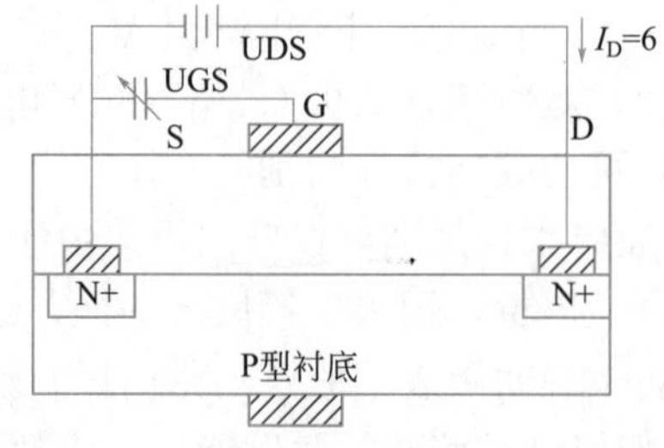

图1-34 N沟道增强型MOS加电图

给栅、源极加电场，给漏、源极加电场，在栅、源极电场作用下，吸收衬底底部的电子向上移动，将漏、源极接通。如果改变栅、源极电场的强弱，将会使漏、源极阻力减小，导通电流增大。

（5）场效应管的检测

用万用表$R\times 1\text{k}\Omega$挡，用黑表笔假定某一电极为栅极，红表笔接另外两极，如果红表笔接两极时表针偏转在表盘1/2处，说明假设栅极正确，而且是N沟道，由于源、漏极可以等效，另两极就可以互换。

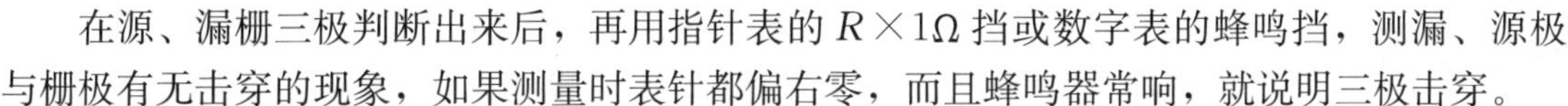

在源、漏栅三极判断出来后，再用指针表的 $R\times1\Omega$ 挡或数字表的蜂鸣挡，测漏、源极与栅极有无击穿的现象，如果测量时表针都偏右零，而且蜂鸣器常响，就说明三极击穿。

测量时注意，在电路板中测时用指针表的 $R\times1\Omega$ 挡或数字表的蜂鸣挡，如果将元件拆除后，应用指针表的 $R\times1\text{k}\Omega$ 挡测量。

1.3.10　光电耦合器

(1) 什么是光电耦合器　在微电子电路中采用电变光、光变电的方式传递信号的光电器件称为光电耦合器，也叫光耦。

(2) 光电耦合器在电路中的作用

① 在开关电源电路中可以反馈信号，控制电源振荡器，由开关电源脉冲变压器的输出端取出一部分电压作为控制电压，用光电耦合器将电变光、光变电传送来的信号去控制电源开关振荡器电路工作。

② 在变频器外接口电路中，变频器将外接设备采用电光电的方式传送给 CPU 芯片，使 CPU 芯片转换外来脉冲，实现外设备的各功能运行。

③ 光电耦合器在工作时，起隔离作用。将外设备与变频内部电路相互隔开，工作时相互不影响，使外设备及变频内电路的工作更加稳定。

(3) 光电耦合器的结构　图 1-35 为其结构。

(4) 光电耦合器的基本工作原理　图 1-36 为其工作原理。

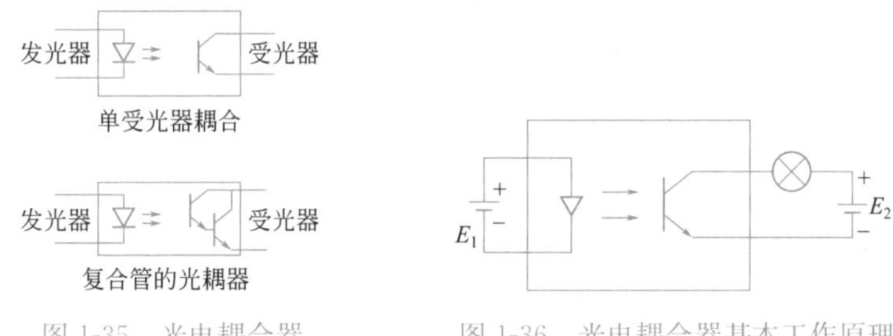

图 1-35　光电耦合器　　图 1-36　光电耦合器基本工作原理

给发光器加正向电压，在正向电压的作用下，发光器发光，使受光器导通。此时 E_2 的电源正极电荷经受光器集电极与发射极到电源负极形成回路，串接在 E_2 电源与光电耦合器内部的光电三极管（即受光器回路中的灯）亮，说明光电耦合器工作。在实际电路中，光电耦合器中的发光二极管的发光器一端，采用信号或外接的传感器送来的脉冲信号，以及外设备送来的脉冲信号电压，作为发光二极管的导通信号。而且光电耦合器里的受光器就是光电三极管与控制电路连接，采用光控的方式来控制光电耦合器连接的电路工作。有些是用来传送信号的。

(5) 光电耦合器的好坏检测　图 1-37 为光电耦合器的检测电路。

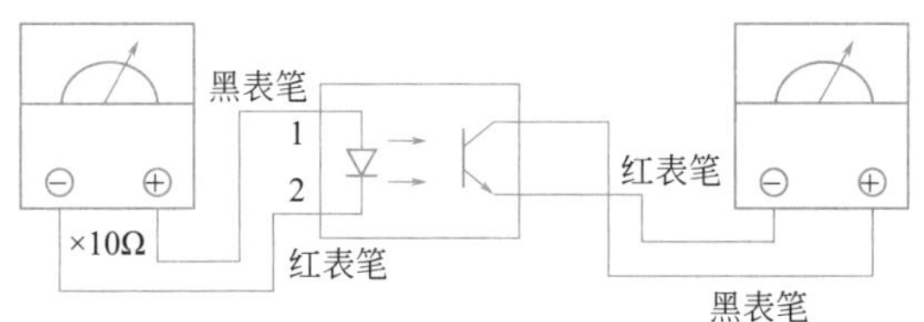

图 1-37　光电耦合器检测电路

1.3.11 逆变模块

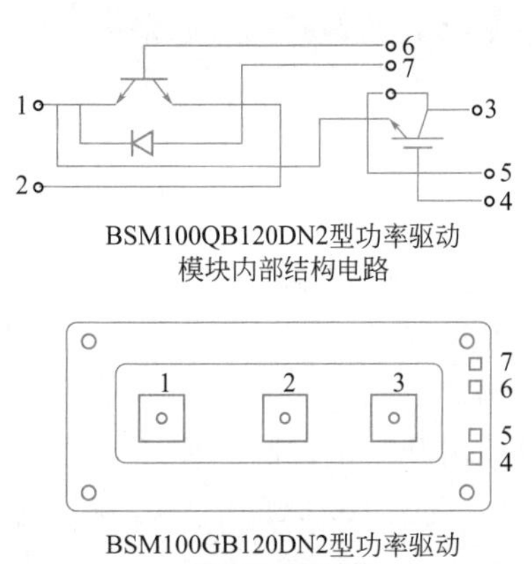

图 1-38 BSM100GB120DN2 型功率驱动模块

将六支变频管集成在一起，封装在一个有散热装置的模块内，称为逆变模块。根据市面上变频器的各种内部结构，可看出逆变电路常见有三种结构：①单独的六支变频管。②由每两支变频管组合成一支模块。③由六支变频管与整流电路组合在一起的模块。工作时，由六脉冲驱动电路送来的脉冲驱动信号控制模块内六支变频管的工作，于是逆变电路将整流滤波送来的直流电转变成在脉冲信号控制下有一定频率的交流电送电动机。

BSM100GB120DN2 型功率驱动模块如图 1-38 所示。

注意在接线时：1、2、3 端为大电流接线端，6 和 4 是脉冲信号来源的方向，控制模块内的两支管子交替工作。这种模块是大功率变频器常用的大功率模块。

BSM20G960 模块的内部电路结构图见图 1-39。这是一种整流器与变频模块集成在一起的综合大功率模块，一般内部集成六支整流管与六支变频管。

一般这种模块使用在中型功率的变频器电路中，由于集成度较高，如果散热方式不佳或散热损坏就会使模块损坏。有时由于负载过重，也会使模块击穿或炸裂。此种模块设定有温控过热保护传感器，有时温度过高时，模块内部会由传感器控制电路提供信号，使电路工作切断模块的供电。CM300HA-24H 驱动模块（图 1-40）是一种单模块，内部只有一个变频管，有些大功率变频器使用这种模块功率大、工作效率高。

一般常见有三种变频模块，损坏的原因有以下几种。

① 负载过重。

② 模块质量很差。

③ 保护措施损坏。

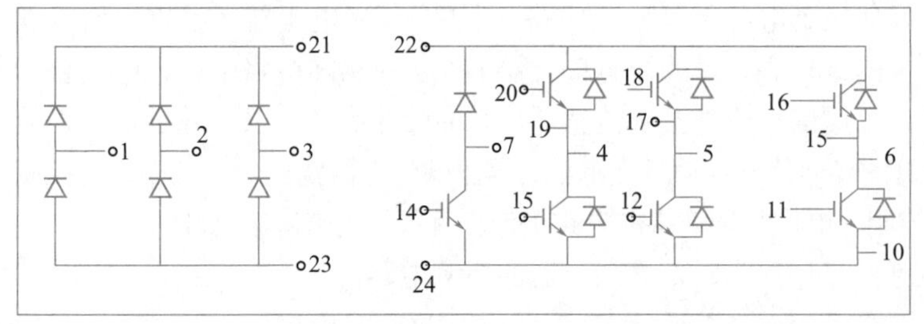

图 1-39 BSM20G960 模块的内部电路结构图

E
E
G
C

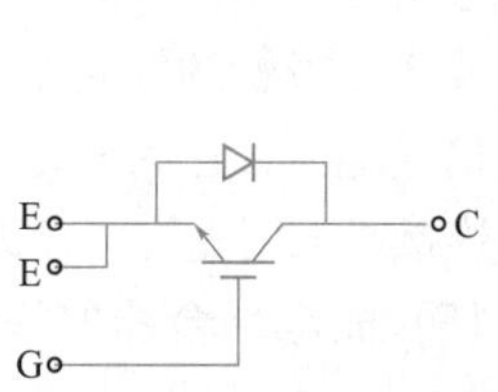

图 1-40 CM300HA-24H 驱动模块

1.3.12 CPU 芯片与驱动芯片

(1) CPU 芯片

① CPU 芯片的作用 用来接收面板以及各传感器送来的信号，然后将此命令经过转化

变为控制信号，用于控制相应电路的工作。同时产生六路脉冲信号，经驱动电路放大后，去控制变频管工作输出具有一定频率的交流电传送给电动机。

② CPU电路的基本构成　一般由CPU中央处理器芯片与CPU工作条件电路等构成。CPU工作条件电路由+5V供电、时钟电路与复位电路等构成。另外CPU芯片外挂一储蓄器芯片，这个芯片用来储蓄变频器的基本工作信息。

③ CPU芯片损坏后的故障现象　一般CPU电路损坏后可使机器不能启动，面板按键都操作无反应，CPU芯片或工作条件电路其中任意一个损坏都会导致机器不能启动。

（2）驱动芯片

一般驱动芯片处于MCU微控制电路与逆变电路之间，用来接收与功率放大、光电转换、隔离，来自MCU微控电路送来的六路信号用于驱动逆变电路的工作，在电路中一般有六支芯片，分别单独放大六路驱动信号。也就是一般有六支芯片驱动，芯片损坏的故障现象有以下几种。

驱动芯片损坏后，会使MCU电路六路脉冲信号无法放大，使变频逆变电路不能工作，负载电动机不能动作。但面板指示灯亮，操作启动无效，检修时用示波器测有无六路脉冲信号输出波形，再用万用表测芯片有无供电、供电是否正常，如驱动芯片供电正常，输入端有脉冲输入，但输出端没有脉冲输出，说明芯片损坏。

1.4 根据框架图判断变频器常见故障的部位

变频器整机结构图见图1-41。

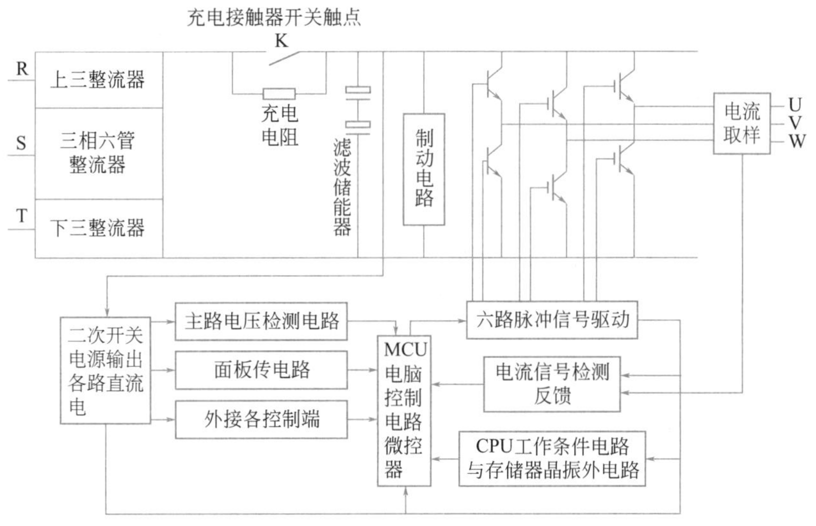

图1-41　变频器整机结构图

1.4.1 硬件故障部位

由整机图可看出，变频器由主电路与辅助电路两大部分构成。一般根据机器的各单元电路功率可看出，电路硬件故障常损坏电路有：逆变电路、三相整流器电路、二次开关电源电路及六路脉冲驱动电路，这四个电路是硬件损坏多发电路。因为单位时间内，通过的电流较大，最容易损坏。

逆变电路为什么容易损坏呢？如果外接负载电路超出逆变器的额定功率或电动机内部损坏短路就会使变频管损坏击穿。

三相整流器损坏的原因： 整流之后电路滤波器或逆变电路损坏后，使整流电路的单位时间内所通过的电流过大，整流器中的整流管击穿。二次开关电源电路的损坏，是由于开关电源之后各电路供电的电路，其中任意一个损坏都会影响到开关电源电路损坏。还有电源电路本身的损坏，六路脉冲驱动电路本身芯片有故障的损坏，或逆变电路的损坏，而造成驱动电路损坏，或驱动电路供电的问题。如果供电电压有异常，就会使驱动电路不能正常工作。

1.4.2 软件故障部位

一般故障出现在 MCU 电路与 CPU 工作条件电路及外储存器电路、过流、过压信号检测电路中。特别是存储电路，如果供电或工作条件达不到要求，就会失去存储记忆功能，造成故障不能自检或工作启动。CPU 工作条件电路如果晶振有故障，就会使 CPU 电路不工作，造成不能开机、操作失灵。过流、过压信号检测电路有故障会造成过流、过压失控，常出现保护故障电路有问题。这样如果 380 V 入端电压高会损坏整流电路及后电路，如果变频输出电压高会使负载电动机损坏。过流电路损坏会使主电路过流，损坏大功率元件、整流电路中整流元件或变频管。

1.5 变频器在配电柜中的连接

本节介绍变频器与 PLC 及外端电气设备、三相单相电动机的各种连接（可详细参考第 8 章图 8-7～图 8-9）。

1.5.1 变频器与 PLC 的连接

一般分为通信连接、模拟量连接、开关量连接三种方式。

① 通信连接　我们以 FR-A540 变频器与 FX2N-32MR PLC 连接为例，将变频器与 PLC 连接端口的英文代码对应即可，一般有 SDA 发送 A、SDB 发送 B，RDA 接收 A、RDB 接收 B，SG 信号地各端口对应连接就可以实现通信，指 RS-485 通信连接。

② 模拟量连接　变频器有许多电流模拟量输入端子，改变电压电流可以调节电动机的速度，有些 PLC 要外接模拟量输出模块，可以连接变频器，例如 FR-A540 与 FX2N-32MR 连接。

③ 开关量连接　变频器实现正反转及多挡的控制一般给外接开关即可以实现，采用 PLC 接变频器，开关量端子采用 PLC 内部的程序运行实现变频器的开关量运行的功能。例如：FX2N-32MR PLC 与变频器 FR-A540 结合后，将 PLC X001 X002 COM 端与变频器 FR-540 A、B、C 三端相连，再将 FX2N-32MR PLC 与变频器 FR-A540 的 Y001 Y002 与 STF STR 相连、COM 与 SD 相连即可实现开关量。

1.5.2 变频器与外端电气连接

在具有变频器的配电柜中，按交流电的流向顺序，首先由漏电开关或空气开关再经交流接触器及交流电抗器，然后将 380 V 送变频器，R、S、T 三端经变频后，再由 U、V、W 三端输出送电动机。

① 单相交流电主电路接线端一般看接线端的英文，L_1、L_2 表示 220 V 交流输入端将 220 V 接 L_1 与 L_2 端，U、V、W 三端接电动机。

② 三相交流电连接：一般 380 V 直接接 R、S、T 三端，U、V、W 还是外接三相电动机。

③ 启动信号连接图见图 1-42。

按下停止按钮时切断 SD 电流输入，按正转时电流经 STOP 与 STF，按下反转时电流经 STOP 与 STR 相连，此图只是一个简单的启动过程图。

④ 基本操作连接见图 1-43。

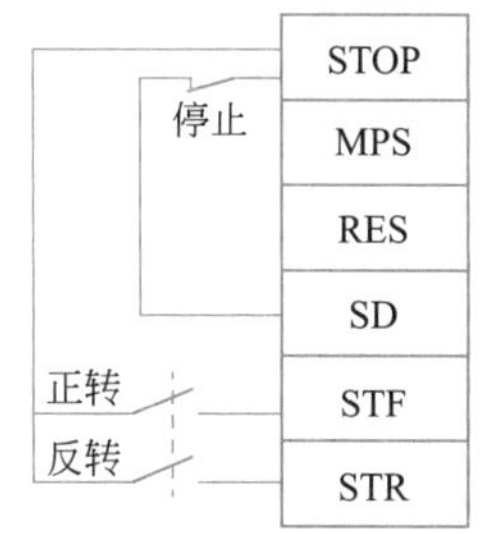

图 1-42　启动信号连线图

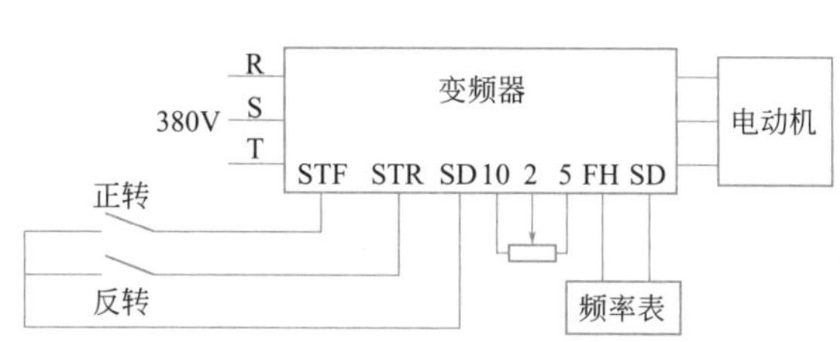

图 1-43　基本操作连接

变频器将正反转与 STF、STR、SD 端相连接，将频率表与 FH 与 SD 相连接，380 V 输入与 RST 输出及 U、V、W 相连接。

1.5.3　单相与三相变频器与配电柜中的各设备连接

① 单相变频器在配电柜中的连接　首先将主路中的连线接好，例如 220 V 连接端口，根据每台机器的说明书连接，严禁错接，然后将电压输出端、U、V、W 三端接好，测电压连接，按照变频器使用说明书中所标的控制端子、常见的基本功能说明进行连线。

② 三相变频器在配电柜中连接　一般在配电柜中 380 V 经空气开关之后，再经三相交流接触器，将三根火线直接接入 R、S、T 三端口，再将三相电动机连接在变频器 U、V、W 三端口，这样的连接指的是 380 V 的主电路，经过的路线、关于电动机的正反转及调节、频率等一些其他的功能，都在变频器控制端口，按使用说明书，各英文所标的各端口功能对应连接。本书中主要讲解变频器的检修，在设备连接这方面只是简单做以讲解。

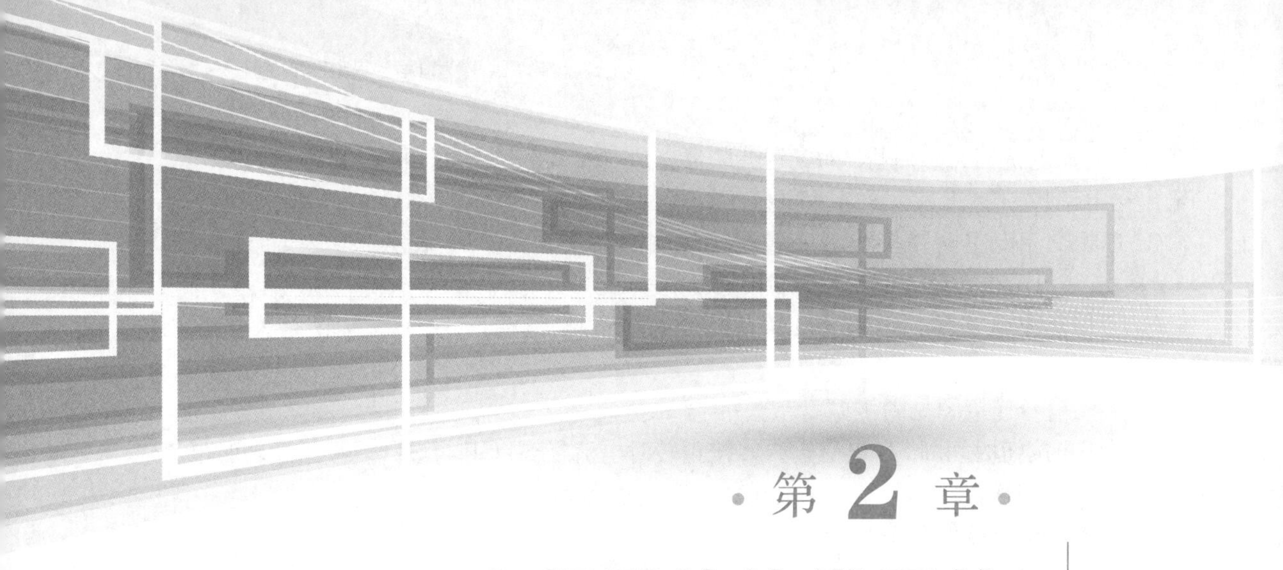

第 2 章 变频器检修常用的仪器和工具

为了更好地掌握变频器的检修技术，要正确掌握电子设备检修常用的仪器与工具。检修电子设备常用的工具仪器有万用表、示波器与焊接的工具热风枪以及电烙铁与普通电烙铁。下面我们将电子仪表与检修工具做以详细的介绍。

2.1 万用表（万能表）

如图 2-1 所示，检修电子电器以及工业自动化电气设备时，要采用万用表测量电子电路板中的各检测点的电压是否符合标准的要求，而且还要测单元电路以及整机电路的工作电流值是否符合标准。许多电子工程师在检修电器时经常采用冷却法去检测电路板中各电子元器件的好坏，就是将电气设备的供电切断，用电阻挡位测半导体元件的好坏以及测二极管与三极管、可控硅与场效应管与集成芯片以及集成稳压器。所以我们首先要对万用表做以详细了解，一般万用表分为两种结构，数字万用表与机械表。由于数字表测试读数直观，所以测量操作简单，但测试效果与机械表相同，所以我们对数字表不做详细的论述。

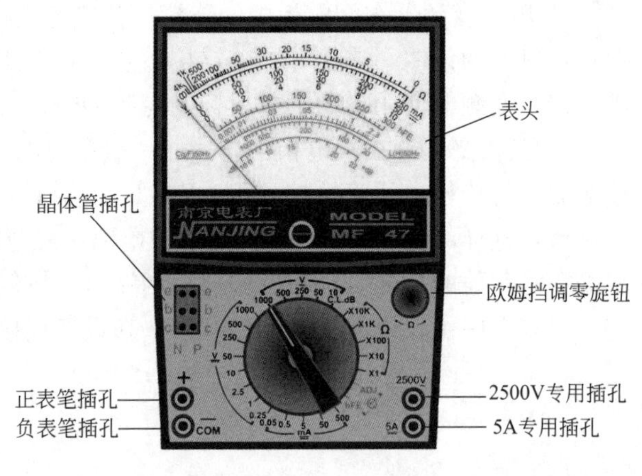

图 2-1　MF47 型万用表

下面对机械式万用表的认识与操作，及在实际中测电子元件以及测电路的好坏做以详细的了解，我们以 MF47 型万用表为例。

2.1.1　认识万用表

将电压表、电流表与欧姆表等按一定的方式结合在一起，就形成了万用表，俗称万能表。在检修时经常用到这三个功能，所以也称为三用表，即测交流与直流电压、直流电流以及在电路中各电子元件的电阻值。

(1) 万用表在实际测试中的作用

① 在检修与维护以及设计电气设备电路时，万用表可以测交流 380 V 与 220 V 动力与照明交流电压。

② 检修电子电器与电力电气的微电子电路时，用万用表可以测电路中的单元电路各检测点的直流电压，同时也可以测电路中以及三极管和场效应管、集成芯片为核心的各引脚的直流工作电压，来判断电路中是核心元件损坏，还是供电元件损坏。

③ 在检修微电子的各单元电路与整机电路时，有时要测单元电路的额定工作电流是否符合标准电流值，常用直流电流合适的挡位进行检测。

④ 用电阻挡位和蜂鸣器挡位可以在电路断电时，在电路中测半导体元件二极管与三极管、场效应管的好坏以及集成芯片的好坏。同时也可以在电路中测电阻器、电容器的好坏。能在电路中测电感器与变压器内部线圈的好坏；也可以用电阻挡位测电气线路的开路与短路故障；同时也可以测电器电路的开路与短路故障。总之在检修电路时，我们一般用电阻挡位比较多，测电路电子电气元件的好坏以及测电路的漏电与开路等常见故障。

⑤ 万用表也可以用来检测三极管的放大倍数，同时也可以测电感器的总感抗量与电容器的容抗大小，以及测音频交流信号的音频分贝率。

(2) 指针万用表的刻度盘

① 刻度盘中由上至下的第一刻度线，是测量各种电子元件的好坏以及各电子、电气设备电路的开路与短路、轻微与严重漏电的元件。电阻值读数时，从表盘的右端向左端读数，表针偏向右表示实测电阻过小，表针向左端表示实测电阻值大。不同的元件电阻值是有所不同的。

检测时要根据实际的标准电阻值衡量，检测的元件的好坏以及电路有无短路与开路故障详细观察表针的指示变化。

② 指针表的刻度盘中从上至下的第二行刻度是测量交流与直流电压以及直流电流时用来读数的刻度，实际测量交流电压与直流电压以及单元电路的直流工作电流值。在实际测量读数时我们注意表盘中的各大格与小格的划分，便于测量时用于不同的读数。在表盘的第二行刻度共分为十个大刻度，每两大格刻度之间划分为五个小刻度。这样在实际测量时，读数就会分清大刻度与小刻度的当前测量的划分，测量交流与直流电压时，用挡位开关指示的指示数去划成十等份算出每一大格当前的表示数值。

将挡位开关拨在交流 1000 V，当前每大格为 100 V，每小格为 20 V，如果挡位开关在直流 50 V挡位，每大格当前为 5 V，每小格当前为 1 V，其他各挡位的判别与此相同。测直流电流时的读数与此方法相同。

③ 指针表的表盘中有 VL 与 CUF 以及 bB 等特殊的刻度。VL 表示测电感线圈电感量的读数刻度。CUF 表示测电容量的容抗量的读数刻度，bB 表示测模拟交流音频信号的音频分贝率大小，也就是音频信号的强弱。在实际检测电器及电子设备时，使用最多的是电阻挡位与交流或者直流电压的挡位。因为经常用电阻挡测电子元件的好坏与电路通断、开路与短路

故障，用直流电压挡测电路中的各单元电路的工作点电压，来判断电路是否工作。同时用交流电压挡测电气电路的交流电压来判断电气配电柜好坏。

(3) 指针表各挡位开关的认识

① 交流电压挡位　在表盘中用V或者 AC 来表示，是用来测量电气设备的交流电压所指示的挡位。

• 1000 V表示测交流电 380 V与 220 V时的指示挡位，测量交流电的范围在交流电100～1500 V以内可以将挡位开关指示在 1000 V挡位。

• 500 V表示测量 10～500 V之间的交流电压，当然也可以用此挡测 380 V与 220 V交流电。

• 250 V表示可以测 10～250 V之间的交流电压，在实际中可以测 220 V但不能测380 V交流电。

• 50 V表示可以测量几伏至 50 V之间的交流电，可以测降压变压器降压以后的 50 V以内的交流电压。在实际检测电器时，用得最多的是交流 1000 V挡位。

② 直流电压挡位　在挡位盘中经常用V和 DC 来表示。一般在做实验与检修电子与电气设备的直流供电的电路中用来测各芯片引脚以及各电路的检测点的直流标准工作电压。

• 1000 V用来测量 10～1000 V之间的直流电压。在实际中测 380 V与 220 V交流电直接整流以后的直流电压。一般 380 V整流后的直流电压在 450～500 V之间，220 V交流电整流后的直流电压在 300 V左右。所以我们可用直流 1000 V挡位测量。

• 250 V用来测直流 10～250 V范围内的直流电压。

• 50 V这个挡位是我们检修电子与电气设备电路板中各单元电路以及芯片各个引脚用的最多的挡位，因为各个电子电路板中的单元电路一般工作电压在 50 V范围内，一般各芯片的总供电都会在直流 12 V或 15 V等，所以一般常用 50 V挡。50 V挡在实际检测电路中，经常用来测某芯片的总供电。

• 一般在检测电气设备与电子设备的电路时，常用万用表直流电压挡，来检测电子电路中各芯片总供电引脚的直流工作电压，还可以检测芯片各个引脚的工作电压，芯片各引脚的直流电压测量范围在 0～10 V之间。

③ 直流电流挡位　指示盘中用 mA 或 DC 表示，用来检测电子电路中的各个单元电路的直流供电电流。测量时将表串接入被测量电路中。

• 500mA 表示测单元电路电流值在 10～500mA 以内的电流中型功率电路的测试。

• 250mA 表示测微电子电路中电流值在 10～250mA 内的范围内电流。一般测小功率电路的工作电流。

• 50mA 表示测微小功率的微电子电路的工作电流。

• 2.5A 或 10A 表示测量某一电器的电器设备的整机总供电电流。

由于检测机器时不常用电流挡去检测与分析，所以我们在这里不详细论述。

④ 电阻挡位　也称欧姆挡位。电阻挡位在实际检测电路时，用得最多。在万用表挡位盘中用 Ω 表示，电阻测试挡位常用电阻挡在路与非在路检测电路中的各电子元件好坏，以及检测各单元电路的短路与开路漏电等故障。

• $R\times1\Omega$ 挡。在电路断电时，用其测各半导体元件是否好坏，测二、三极管以及场效应管、可控硅等各元件在电路中是否击穿以及阻值减小。同时用来测几欧姆的电阻器阻值，也可以测电路的通断。

• $R\times10\Omega$ 挡可以测量几十欧姆的电阻器阻值，一般测量电阻时，应将电阻器拆机检测。

• $R\times100\Omega$ 挡可以用来测几百欧姆的电阻器阻值。

• $R\times1k\Omega$ 挡在实际中用得最多，可用来非在路测二、三极管、可控硅以及场效应管的好坏。同时也可以测几千欧姆的电阻器阻值，还可以用来测有极性电容器的好坏。测量时必须给电容器先放电，然后再测量，观察表针偏转的角度可以判断电容器是否击穿与漏电。

• $R\times10k\Omega$ 挡用来检测某一电子和电气设备内电路与外壳之间是否漏电。测绝缘电阻挡的同时也可以测量兆欧以上的电阻器阻值，测大电阻值的电阻器。

⑤ 蜂鸣器挡位　用来直观测量电路的通断的挡位，我们在测量时必须将电路的供电断开才可以检测。

(4) 万用表的使用注意事项

① 使用交流挡位测量交流电时，红黑两表笔是不分正负的，在测交流 380 V以及 220 V时，手不能靠近两表笔的金属端，防止人体触电。测量时挡位开关所指示挡位一定要大于实际的检测值，否则会烧坏万用表。

② 实用直流电压挡位时万用表的红表笔为正极，接电路的电源正极，黑表笔为负极，接电路的电源负极，一般接地线。严禁用直流挡位去测交流电压，同时严禁用小电压挡测大于指示值的电压，否则会烧坏万用表。

③ 用电阻挡位测量时，必须在被测电路断电的状态下，以及将电路中的电容器放电后，去检测电路中各电子元件的好坏。而且每换一次电阻挡位，就必须调右零位一次，否则测量不准确，因为万用表内电路与各电阻挡位构成的电路内阻是不相同的。所以测量换挡位时，每次短接红黑两表笔，表针偏转右，右零角度有所不同，所以两表笔连线会也会产生误差，所以我们要每换一次电阻挡位必须调左零位一次。当每次调左零时，如果表针不能自如地偏转严禁拍打，否则机械式损坏表头。

④ 用电阻挡位测量有极性元件，例如：测电解有极性电容器与二、三极管可控硅，使指针表的黑表笔为正极，红表笔为负极，因为黑表笔所接万用表表内电池的正极，红表笔所接的是表内电池的负极。所以电阻挡位测量有极性元件时黑正红负。例如要给二极管正向供电，测二极管正向电阻值，黑表笔必须接二极管正极，红表笔接二极管负极才能达到二极管的正向导通，但是用万用表测直流电压时，红表笔为正极，黑表笔为负极。测量交直流电压时，严禁换挡位，否则烧坏万用表。

2.1.2　万用表在实际中的操作使用

(1) 测交流电压 AC 的方法

① 首先估计被测电压值大小。

② 将挡位开关拨在交流电压范围，大于估计电压值的挡位内。例如测 220 V应拨在 1000 V挡。

③ 选好挡位后将红黑表笔不分正负，与被测电路并联。

④ 被测交流电压的读数。用挡位开关指示数值除以第二行大格，十等份算出每大格当前的交流电压值再除以五小格，算出每小格当前的电压值，根据所测表针指示数值，读出被测电压数值。例如挡位在 1000 V，表针指示在表针左起向右偏的两大格一小格。当前所测

电压为 220 V，使用表前，观察表针是否指示左零位。

（2）测直流电压 DC 的方法

① 将表水平放置，观察表针是否指示左端零位，如果不在左零位，调机械校零，此时将两表笔短接。使表针右偏零位，如果表针不在右零，调欧姆调零电位器。

② 估计被测直流电压值，选挡位，将挡位开关拨在大于估计电压值的直流电压合适挡位内。

③ 选好挡位后将表并联在被测电路中，将红表笔接高电位，黑表笔接低电位，这时根据表中指示读数。

④ 被测直流电压读数，我们用当前挡位开关指示数去除以刻度盘第二行刻度大格的每格当前数值，同时算出每一小格的数值，然后根据所测表针指示去读所测电压值。

（3）怎样测电阻器

① 将表水平放置，观察表针是否指示左零。如果表针不在左零，调欧姆调零挡位电位器。而且每换一次电阻挡位必须调右零一次。

② 调好右零以后估计被测电阻值，选择合适的电阻挡位。测几欧姆电阻器，将挡位开关拨在 $R\times1\Omega$ 挡。测几百欧姆拨在 $R\times100\Omega$ 挡，测几千欧姆拨 $R\times1\mathrm{k}\Omega$ 挡。一般检测时用得最多的挡位是 $R\times1$ 与 $R\times1\mathrm{k}\Omega$ 挡。

③ 选好挡位后将两表笔不分正负分别接电阻器两端测量。

④ 被测电阻值读数。

被测电阻值=挡位开关指示数×表针指示数。

2.2 示波器

用来检测电路中信号波形，根据信号的波形反映电路的工作状态，可以判断电路是否正常。例如测变频器中的六相方波脉冲信号，以及 CPU 电路中的晶振产生的正弦波振荡信号等是否正常。我们以数字示波器优利德 UT2101C 为例介绍示波器的使用。

2.2.1 优利德示波器

如图 2-2 所示，CH1X 表示第一信号输入通道；X 表示横坐标通道信号输入端；CH2X 表示第二信号输入通道；Y 表示纵坐标信号通道；PROBE、COMP 是调整基准方波信号的调整端，调整时信号探头与基准信号校正触点相连调整示波器显示屏的方波信号的脉冲宽度；SCALE↑↓用来调整信号脉冲的幅度，也称高度，调整方波信号的上升与下降时间等；SCALE←→用来调整信号的宽度，调整周期时间。

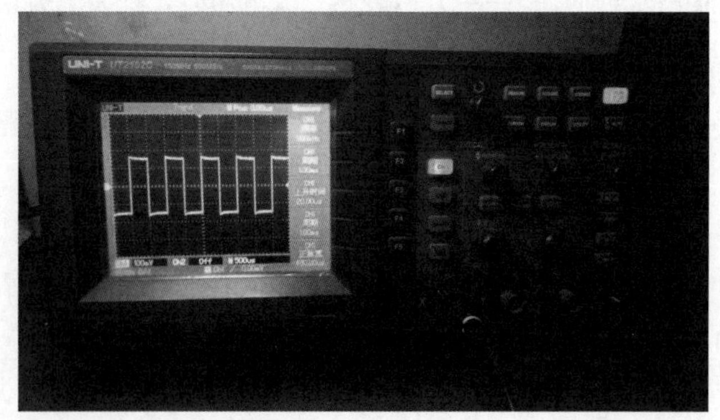

图 2-2 数字示波器

2.2.2 示波器的基本使用

一般检修变频器用来测方波信号以及晶振产生的正弦波信号。

① 测量方波信号，首先给示波器通电将探针与 PROBE 相连接后调整出方波基准信号，然后将探针与电路中的信号检测点接触。观察检测点的波形是否符合标准。

② 如测晶振的正弦波，首先给示波器通电后，将探针与示波器探头相碰后调整正弦波基准信号，然后将探针与晶振引脚相连接测晶振信号是否符合标准值。

2.2.3 示波器使用注意事项

① 严禁用探头直接测 380 V 与 220 V 或者采用探针测量高电压的直流电。

② 检测信号期间严禁换键。

2.3 热风枪

现今的电子电器以及电气设备的电路板中大部分都采用集成化的芯片以及贴片元件构成的电路结构。在检修时用普通电烙铁加温无法拆焊，都采用热风枪给贴片元件局部加温才可以拆。

如图 2-3 所示，在使用前先要根据被拆被测元件的体积大小以及各引脚的锡熔点来调节风枪温度以及风速，调好温度与风速以后，我们用热风枪手柄，在一定的距离对被拆元件扫射进行局部加温。等温度达到熔点后方可拆下元件。严禁风枪直射不运行给芯片加温，这样使芯片内部受高温而损坏。

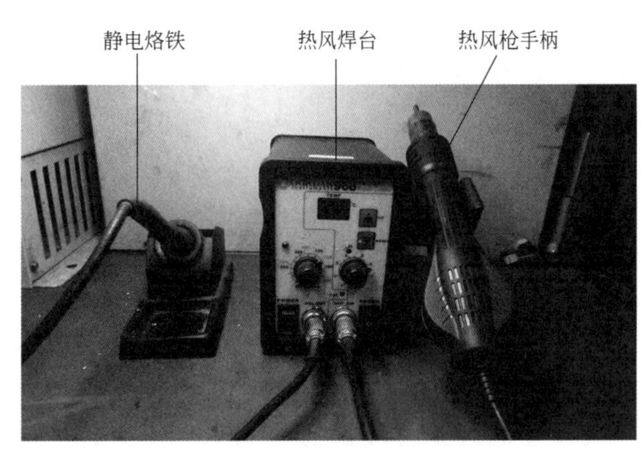

图 2-3 热风枪

2.4 静电烙铁

由于现今的电子电气设备多由大规模集成电路构成，检修时不能直接采用普通电烙铁。如果用普通电烙铁，会使芯片内部受到静电而损坏。

一般根据拆件的所需熔点的大小来调节电烙铁的温度，对被拆焊元件加温。一般静电烙铁都会用刀口电烙铁，对芯片各引脚焊接刮锡。

2.5 普通电烙铁

一般用来对模拟元件的电阻器与电容器、变压器与半导体、二、三极管以及场效应管做焊接。但是不同的电路板所要求电烙铁的功率瓦数是不相同的。常用的有 35W 与 40W 两种。有马蹄形与尖头两种结构。有内热式与外热式两种类型。

第 3 章 变频器的主电路

3.1 变频器主电路的作用和结构

电动机在实际工作中会时常不停地改变转速，正常工作时电动机所提供的是经变频后的具有一定频率的交流电。变频主电路主要是进行交流变直流再将直流转变为一定频率的交流给电动机供电。在变频器主电路中，先将交流 380 V或 220 V经整流电路转变为脉动直流电。再经滤波电路滤除直流中交流电，并自举升高，经制动电路处理后再由逆变器电路，将直流电转变为一定所需频率的交流电送电动机，使电动机的转速达到人为所需设定的转速，这就是变频器主电路的作用。

变频器主电路基本由整流电路、中间电路、逆变电路等三大部分组成。整流电路一般由三相六支整流管组成，以及单相四支整流管或三相、单相整流堆等各不同形式组成。中间电路有滤波与制动两部分电路。滤波电路由大容量及高耐压的有极性电解电容器组成。一般由四支或六支不等的数量组成，电容器的多少与耐压容量的大小、变频器的功率有关。

制动电路：由制动控制管与辅助元件组成。

逆变电路：小功率单相变频器由六支单独的变频管组成，中功率及三相大功率变频器由六支变频管组成的集成模块组成。有些模块与整流电路集成在一起，在信号控制驱动电路的驱动信号作用下，将整流滤波经制动处理送来的直流电转变为一定频率的交流电送电动机。

3.2 变频器主电路中的整流电路

如文前彩图 3-1 所示，整流电路在变频器中的作用：无论是单相或三相变频器都是采用二极管单相导电的原理，将交流电 220 V或 380 V转变为脉动直流电，经滤波后给逆变器及二次开关电源供电，因为变频器中逆变电路与小信号处理电路中的 CPU 电路及信号脉冲驱动电路、各信号检测电路及开关电源电路，在正常工作时，都需要纯稳恒的直流电压。

变频器主电路结示意图见图 3-2。

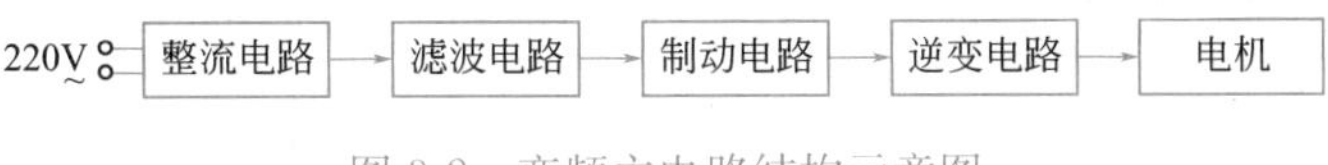

图 3-2 变频主电路结构示意图

工作原理如下。交流电 220 V或三相 380 V交流电经过整流电路将交流转变为脉动直流电，然后经滤波电路滤除直流中的交流成分，并且自举升压，再经制动电路处理送逆变器电路，在驱动电路送来的驱动信号作用下，将直流转变为具有一定频率的交流送电动机，使电动机按人为所需设定的转速频率工作。

3.2.1 各种整流电路的结构分析

变频器一般采用非可控整流与可控整流两种方式。可以控制的整流电路，采用触发信号作为开机工作的控制信号，在需要电气设备工作时，开机瞬间脉冲信号到来时整流电路的可控硅工作。此时可控整流器便将交流电转变为脉动直流电送逆变器电路。可控整流电路结构复杂，一般变频器采用非可控整流电路。非可控整流电路结构简单，应用普及。

（1）六管非可控桥式整流电路 电路见图 3-3。

由六支二极管组成，每两支构成一相整流，工作时直接对 AC 380 V进行整流。

（2）变频器可控整流电路 图 3-4 为其电路结构图。

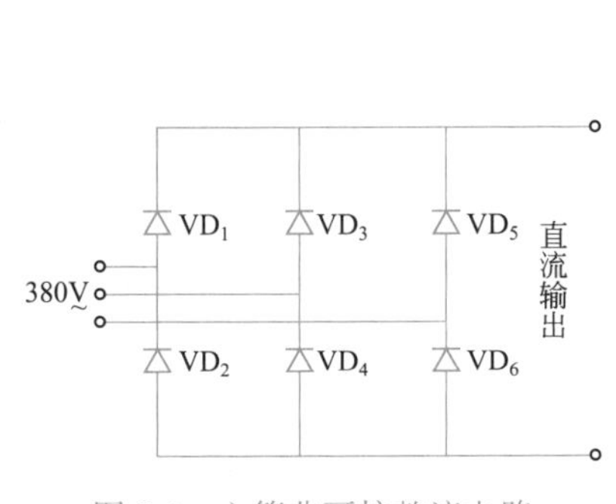

图 3-3 六管非可控整流电路

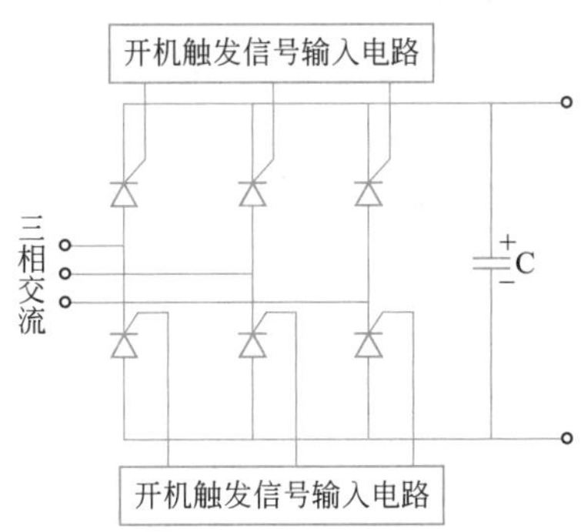

图 3-4 变频器可控整流电路

可控整流电路由六支可控整流器、开机脉冲信号触发输入电路与 380 V三相交流电压输入电路等组成。

（3）三相集成整流电路 将六支整流二极管集成在一起，形成整流堆，整流堆后面加有散热片。接线时共有五个接线端子，两个平行的那一端为整流后电源正负极输出端，另外三端口为 380 V交流电输入端。关于内部结构这里就不讲解了。只要在检测时，分清交流输入及直流输出就可以。

3.2.2 单相与三相整流电路的组成

（1）单相整流电路的组成 变频器单相一般采用四支二极管的桥式整流电路，还有两支二极管组成的全波整流电路，也有一支二极管组成的单波整流电路。在单相变频器电路中，常用四支二极管组成的桥式整流电路，由于单波与全波整流电路整流后的电流不纯，直流中有交流成分，使变频器驱动与CPU板及逆变电路工作不稳定，所以三相变频器一般不采用。

图3-5（a）为全桥整流电路，用于单相变频器电路，一般将四支二极管集成在一起，形成整流堆电路。

图3-5（b）用于普通电气设备中，作电源整流电路。

图3-5（c）用于一般小型电气设备中作电源整流。

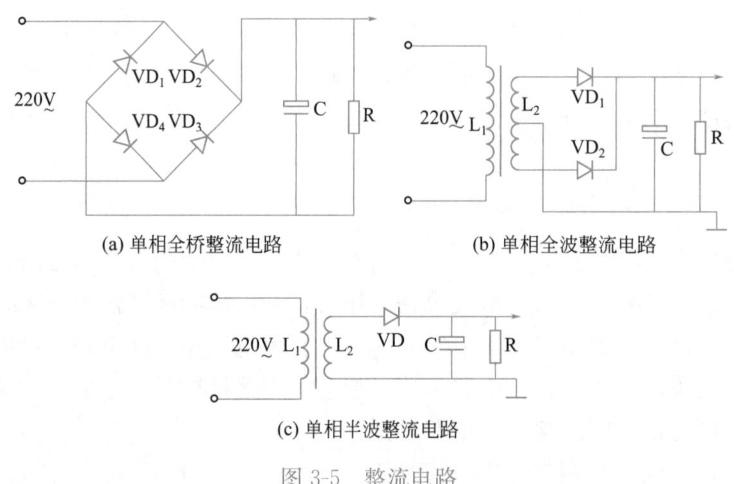

图3-5 整流电路

（2）三相整流电路 一般有两种结构，一种是六支硅整流二极管，但是每两支为一对，共有三对，用于中功率与大功率变频器电路，都需要良好的散热功能。另一种是集成式整流堆，将六支二极管集成在一起，有五个接线柱，三个接线柱端为380V~动力输入端，二端接线柱为整流后的直流电压输出端，在新型变频器电路中使用。还有一种是有信号触发的三相可控整流电路。

图3-6（a）为六支二极管整流电路结构。D_1、D_2、D_3、D_4、D_5、D_6是六支三相整流电路，R是负载电路。

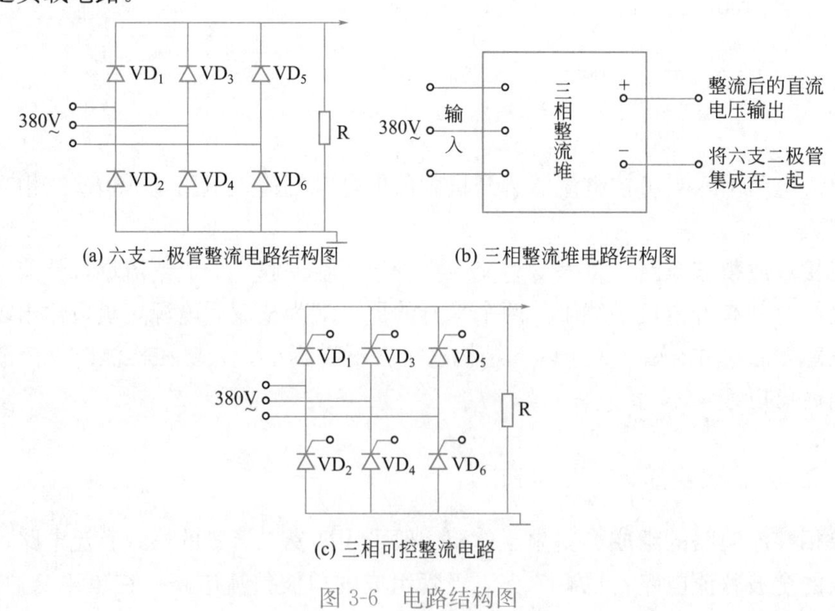

图3-6 电路结构图

图 3-6（b）为三相整流堆电路结构。将六支二极管集成在一起组成输出整流后的直流电压。

图 3-6（c）为三相可控整流电路。

六支可控硅结合在一起形成三相可控整流电路，用开机信号来控制电路的工作。

3.2.3　单相三相整流电路的功能及原理

① 单相单波整流电路一般是由单支或两支二极管组成的整流电路，如果是单支二极管，可以对交流电的半个周期进行整流，整流后的直流电脉动电流很大，只能用于普通电子电路供电，如果采用两支全波整流管做整流，对交流电的正负半周都进行整流，整流后的直流电纯，可以给具有芯片的电路供电。最好的单波整流电路采用四支二极管的全波整流，这样整流后的直流电脉动成分少，直流电很纯，在微电子电路中常采用。无论是单支或两支及四支整流二极管，都是采用二极管的单相导电特性对交流电两个半周进行整流的原理工作的。

② 三相整流电路的功能及原理。一般在变频器主电路中常采用三相整流电路，有两种电路结构，一种是采用六支整流二极管，每两支整流一相交流电，三相共六支，三对整流管。我们一般将三相交流电分别接在每两支管的串联中间，然后组成六支桥式整流，输出直流电正与负两极，另一种是将六支管集成起来有五个端口，三端一列的为三相 380 V 交流输入，两端一列的为整流后的直流电压正负输出端，三相整流后给制动与逆变电路供电，提供 450～500 V 之间的直流电压。根据三相整流电路的结构，我们在检修三相变频器时，如果没有 380 V 三相交流电，我们就采用 220 V 交流电用升压变压器，升为 380 V，给变频器三火线输入端送入一相 380 V，然后经三相整流电，照常输出 500 V 直流电，只不过这样检修时只能检验变频器是否修好，但不能带额定负载电动机。

3.2.4　单相三相整流电路的故障分析

① 如果采用互感结构的变压器，将交流电降压后采用 1 支或 2 支，以及采用四支二极管等做整流电路这种结构，变压器的通电线圈容易烧坏，匝间容易短路。如果整流后的负载电路短路或负载过重，就会使整流管击穿。如果整流二极管性能不良，就会使整流后的直流电中有脉动电流，使负载电路芯片不能正常工作或工作时不稳定，机器会出现奇怪的故障。

② 三相整流电路故障分析。一般变频器主电路三相变频之后给逆变电路供电。如果逆变电路损坏，变频管击穿或变频模块内部短路，会使三相整流电路整流管击穿，同时主电路中保险断开。如果三相整流管由于散热不良，在工作时，由于温升过高，会使整流管过热击穿。有些机器逆变电路中，一相中一对整流管内阻减小，会使对应的一对整流管击穿。在检修时，一般指针表用 $R\times1\Omega$ 挡，测整流管的正反向内阻判别管子的好坏。如果采用数字表就用专用的二极管测量挡位。总之，三相整流电路一般损坏，从以下三个方面分析。

一是三相整流电路之后的逆变电路出故障，而引起三相整流电路的损坏。

二是由整流管的散热不良引起的故障。

三是由整流管的性能不良引起的故障。

3.3　整流电路集成组成

各厂家、各品牌变频电路及主电路结构设计各有不同。有些变频整流电路采用单二极管结构形式，有些变频电路、整流电路采用集成整流结构。

3.3.1 各整流堆的结构

变频电路中常见有两种集成整流结构，一种是将六支二极管集成在一起。另一种是将整流电路和逆变电路集成在一个模块里，这种整流电路最常见，一般用于中型变频器。

3.3.2 各整流堆好坏的判别

对于三相集成整流的整流堆，一般在检测时用万用表的 $R\times1\Omega$ 挡位或数字表的二极管专用测试挡位，测三相交流电输入端三火线之间的阻值。如果阻值过小或三端口测量时表针偏转右零，就说明三相内部击穿。如果是三相整流与逆变电路集成在一起的模块，首先要找出三相整流入端三相交流电的输入引脚，然后用 $R\times1\Omega$ 挡或数字表蜂鸣挡位测量。如果阻值过小或者阻值为零，说明模块内部三相整流电路有击穿，内部短路。

3.4 变频器的中间电路

将整流到逆变之间的电路称为中间电路，它主要由主电路与滤波电路制动电路两部分组成。下来我们分析滤波电路与制动电路的结构、性能和工作原理。

3.4.1 中间电路的结构

中间电路的结构如图 3-7 所示。

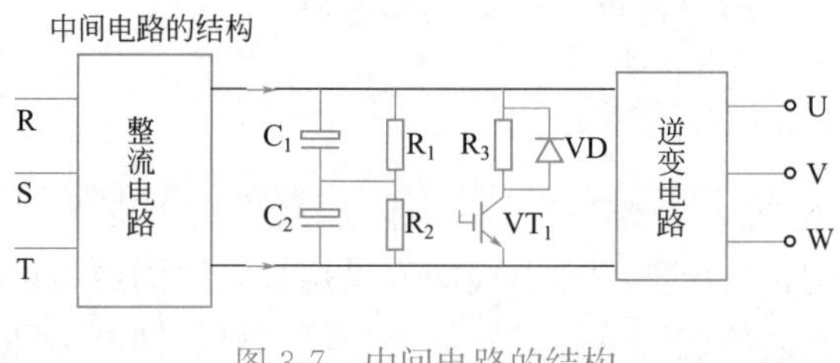

图 3-7 中间电路的结构

变频器主电路、整流电路之后到逆变电路之间，有四支或六支有极性电容组成的电路，称为滤波电路（见文前彩图 3-8）。它一般对整流后直流中少部分的交流进行滤除得到纯直流电，同时进行自举升压，一般在滤波电路两端的电压大约是 450～500 V。图 3-7 中 C_1、C_2 为等效滤波电容器，R_1、R_2 为负载电阻器，VT_1、R_3、VD 组成制动电路。在减速或停止时惯性使电动机产生的再生电流通过 VT_1 分流不给电容器充电，不会造成电容端电压升高而损坏。从电路结构来看，中间电路的主要元件由极性电容器与制动电路中的制动管 VT_1 组成。如果滤波电路中电容器有故障，就会造成滤波不良与自举升压有故障，会有直流欠压的现象。如果 VT_1 有故障，会使制动电路有故障，使电动机的再生电压反馈充电，损坏滤波电路。

3.4.2 中间电路的作用

由于中间电路是由滤波与制动电路组成的，变频主电路的整流电路，由于整流二极管存在结电容效应，所以整流后的直流电压与电流中有一部分交流的脉动电流，会给逆变及二次开关电源电路带来工作点不稳定的故障。所以中间电路中的滤波电路就是将整流后直流电中的交流成分滤除得到纯直流电。采用有极性电容器将整流后直流电中的低频交流电流滤除得到纯直流电压，同时对整流后的直流电压进行自举升压。制动电路是中间电路的主要电路，它的主要作用是在电动机减速与停止运行时，由于电动机的惯性使电动机线圈产生再生电流，这一再生电流会通过逆变电路给滤波电容器充电，使滤波电容损坏。制动电路会将这一再生电流对地放掉，保护了滤波电路。

3.4.3 中间电路的功能及原理

由中间电路的结构可以看出，中间电路的主要作用是：将整流后的直流电中的交流电滤除，同时将电机由高速转变低速时，产生的再生电流由制动电路分流，这样就保护了滤波电路。但最关键的是制动电路原理的分析，下来我们来看一下典型制动电路的结构（图 3-9）。

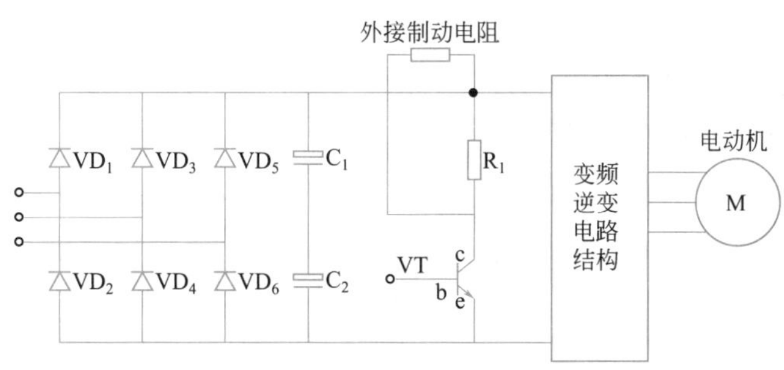

图 3-9 制动电路结构

此电路的工作原理是由动力电源送来 380 V 三相交流电分别送入 VD_1～VD_6 六支二极管构成的整流电路，整流后输出脉动直流电送滤波电路，滤除直流中交流成分，并自举升压再送制动与逆变电路。由于电动机减速与停止时电动机的再生电流给电容器充电，在控制电路送来的控制信号作用下制动控制管 VT 导通，电容器所充电荷通过 R_1 电阻 VT c 与 e 极对地放电。与此同时电动机的再生电流经逆变电路，由 R_1 制动管 VT c 与 e 极到地形成回路，使电动机产生较大的制动力矩，从而使电动机由高速转变为低速，最后使电动机减速。

3.4.4 中间电路的检修

如果变频器出现工作不稳定或难以启动，或工作时好时坏的现象，主要检查主电路的滤波电路，先目测电容器是否顶盖凸起或漏电解液。将电容器拆机放电后，测量电容器的绝缘电阻是否良好。更换时要注意耐压值与电容量，制动电路主要测制动管基极脉冲电压是否正常，同时测制动电阻及制动管本身是否正常，当然要根据变频器出现的故障再判别故障的部位然后才进行检修。

3.5 变频器的逆变电路分析

如彩图 3-10 所示，逆变电路是大功率电路，一般由六支变频管与驱动脉冲信号输送端及变频输出端、直流输入电路组成。有些变频器由六支分离变频管组成，但有些变频器是将每两支集成在一个模块内组成，六支变频管由 3 个模块组成。但有些变频器将三相整流电路与六支变频管集成在一个模块内。

3.5.1 逆变电路的结构

① 原理图 原理图见图 3-11。

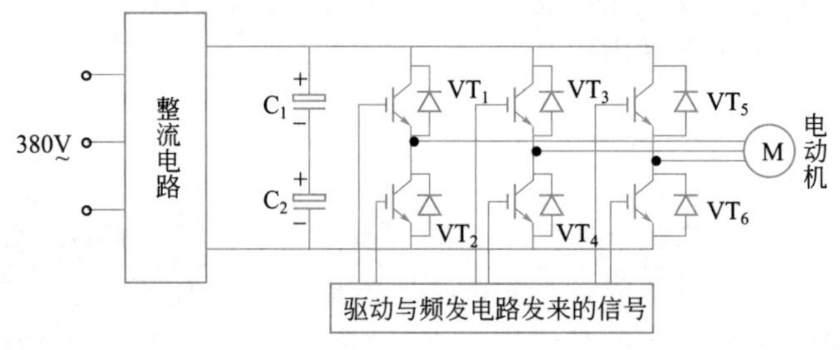

图 3-11 原理图

② 模块型结构逆变电路分析 见图 3-12。

③ 两支变频管内部结构 见图 3-13。

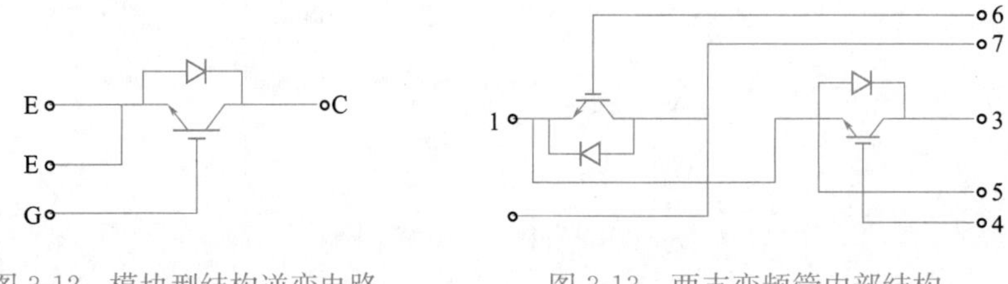

图 3-12 模块型结构逆变电路　　图 3-13 两支变频管内部结构

④ 逆变电路的整体结构 见图 3-14。

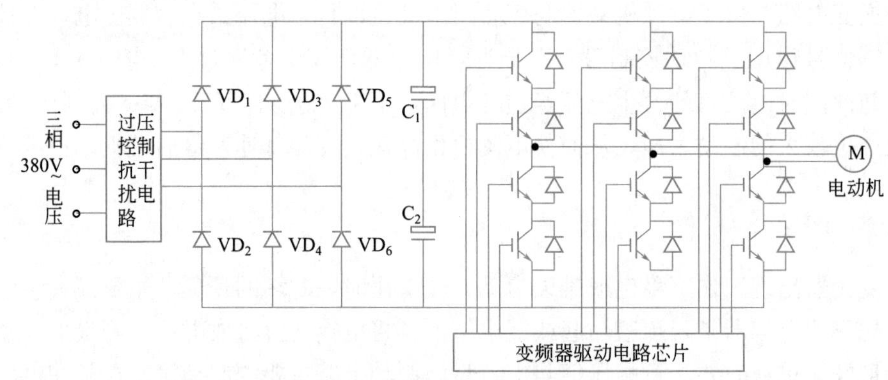

图 3-14 逆变电路整体结构

由各逆变电路图可看出逆变电路的工作条件：首先由整流电路送来直流电压，然后由脉冲驱动电路送来脉冲驱动信号，各变频管按顺序工作将直流电转变为一定频率的交流电送电动机。

3.5.2 逆变电路在主电路中的位置

逆变电路在主要电路的最尾端，处于电动机与滤波电路之间。是主电路工作的最关键电路，逆变电路的好坏关系到逆变输出交流电的频率及工作电压。逆变电路在正常工作时具有两个条件：

① 逆变管两端要有 450～500 V之间的直流电压。

② 要具有六相开关脉冲方波信号，在脉冲信号的作用下，六支变频管按顺序工作，将整流滤波送来的直流 450～500 V电压，转变为具有一定频率的交流电压送电动机。于是电动机就会按照人为所需设定或 PLC 中设定频率进行旋转。在检修机器时要观察，如果是模块结构的，要注意检测直流电压端与六相脉冲信号端子，以及逆变模块与电动机连接端的连线。

3.5.3 逆变电路的作用及电路工作原理

三相变频器主电路结构分析见图 3-15。

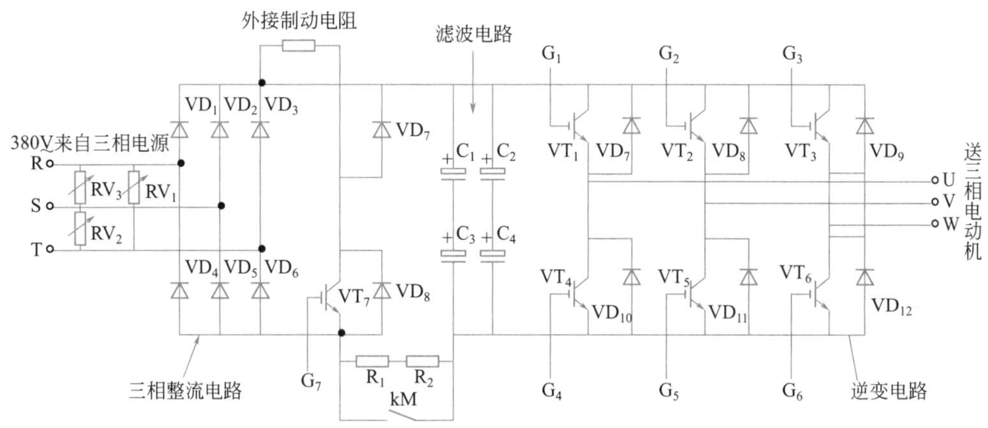

图 3-15 主电路

(1) 电路中各元件的作用 VD_1～VD_6 是三相整流二极管，将三相 380 V交流电转变为脉动直流电。VT_1～VT_6 是逆变电路中六支变频管，在三相整流与滤波电路送来的 450～500 V电压作用下，同时在六相脉冲方波作用下按顺序工作，将直流电转变成一定频率的交流电送三相电动机。C_1～C_4 是滤波电容器，滤除脉动直流中的交流成分，得到纯直流电并且自举升压。将整流后的直流电压自举升为 450～500 V之间。VT_7 是制动控制管，在制动脉冲信号的作用下将电动机停止或由高速转变为低速时，电动机产生的再生电压、电流经过制动管分流，防止电压升高。VD_7～VD_{12} 是六相变频管尖峰保护二极管。在六支变频管饱和截止转变时防止击穿，二极管在六支变频管集电极与发射极之间并接。KM 是交流接触器，在电路工作时 KM 闭合给逆变电路供电。RV_1～RV_3 是压敏电阻，在输入 380 V电压过高时，压敏电阻工作，将 380 V三相互相分流，使整流电路及整流电路的后负载得以保护。

(2) 变频器主电路工作原理 由配电柜、空气开关进入的 380 V动力电源，由 RST 三端进入变频器主电路，经整流前端抗干扰与保护电路送三相整流电路入端。如果 380 V电压过高，压敏电阻启动控制分流，使送整流电路的电压不会过高，保护了三相整流电路。当 380 V电压正常时，经三相整流电路后，转变为脉动直流电，在开机脉冲交流接触器的作用下，将脉动直流电进行滤波，滤除交流电，得到纯直流电压并自举升压为 450～500 V直流电压送逆变电路，与此同时由 CPU 电路送来的六相方波脉冲信号，经六相驱动电路分别放大。

然后分别将六相脉冲信号送逆变电路六支变频管，于是六支变频管按顺序工作，将450～500 V之间直流电压转变为具有一定频率的交流电压送电动机。于是电动机按照人为设定频率进行工作。工作时 VT_1 与 VT_5 为第一相工作，VT_2 与 VT_6 为第二相工作，VT_3 与 VT_4 为第三相工作，三相交替工作，将直流电压转变为交流电压，在电动机停止及由高速转变为低速时，由于惯性使电动机产生再生电流，再生电流由逆变电路给滤波电容器充电，但是由于 CPU 此时得到信号，便发出制动信号，这一制动信号送制动控制管，使控制管 VT_7 工作，将逆变电路送来的再生电流经 VT_7 集电极与发射极之间分流，保护了滤波电路。

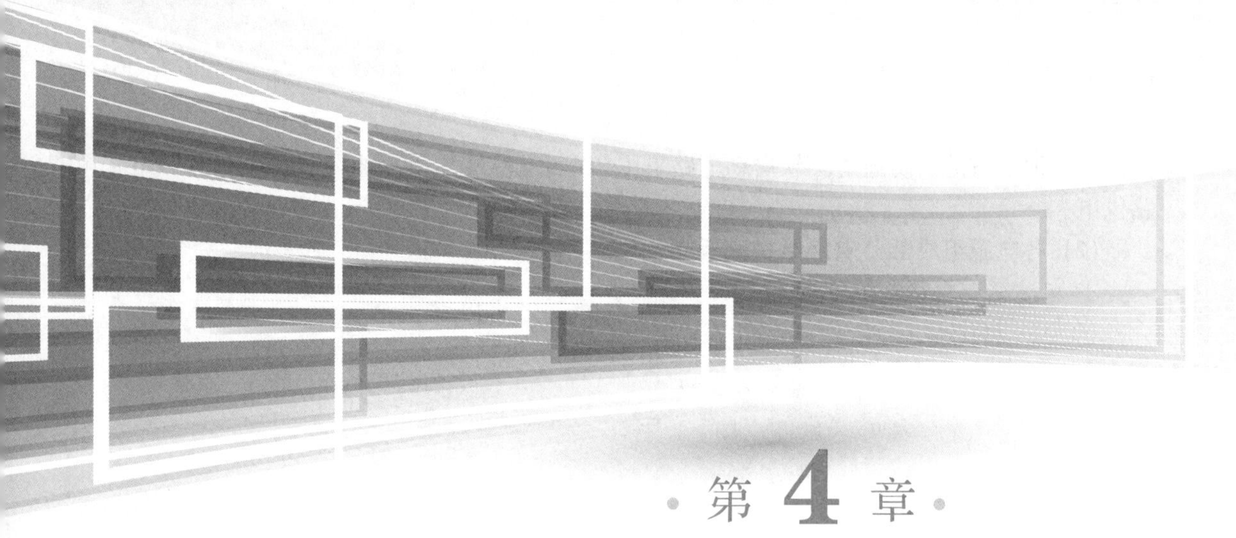

·第 4 章·

变频器辅助微电子电路

4.1 变频器开关电源电路

4.1.1 开关电源在电路中的作用

如文前彩图 4-1 所示，由于变频器中 CPU 电路、脉冲信号频率发生器电路以及脉冲信号驱动电路、变频器工作状态显示电路与面板操作电路等电路工作时需要低压直流电，可是变频器的主电路电压都很高，不可使用，所以采用二次开关电源，将直流电压进行逆变转变再降压，重新变为低压直流电，经稳压后给 CPU 脉冲信号频发器及脉冲信号驱动电路供各电路所需的低压直流电，所以开关电源在变频器电路中如果损坏，将导致整机不能启动。开关电源所供电的 CPU 电路、频率发生器电路、脉冲信号驱动电路，如果失去逆变电路就没有脉冲信号，逆变电路将停止工作，电路将不能输出交流电给电动机。

4.1.2 远古的电源演变为变频器所需要的开关电源

电子设备常见的电源由过去 20 世纪 80 年代演变到现在，由此前的变压器降压式发展到现在的串并联、自励式与他励开关电源以及大规模集成电源。

（1）降压式电源的电路分析（互感变压器降压） 图 4-2 为降压式电源的电路分析。

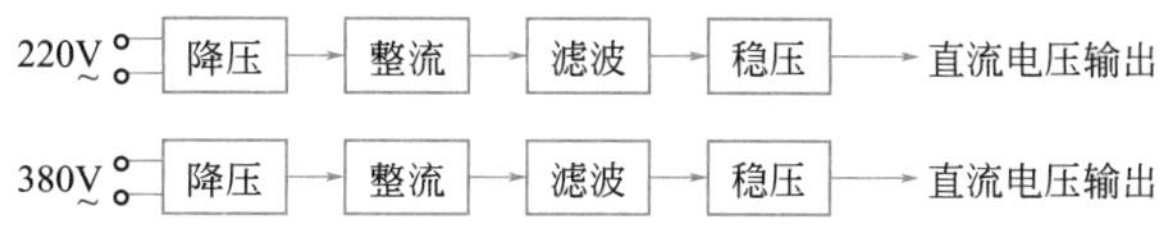

图 4-2 降压式电源的电路分析

由方框结构图可见，电源具有降压、整流、滤波、稳压等四部分。单相 220 V 电源是过去老式电源，用于黑白电视机、录音机等设备。三相 380 V 电源一般用于动力电气设备中，如大楼、地下室的消防通道。软启动电路采用 380 V~互感变压器多组降压分别给各微电子电路供电。

（2）各电源组成部分电路结构分析

① 单波整流电路电源分析

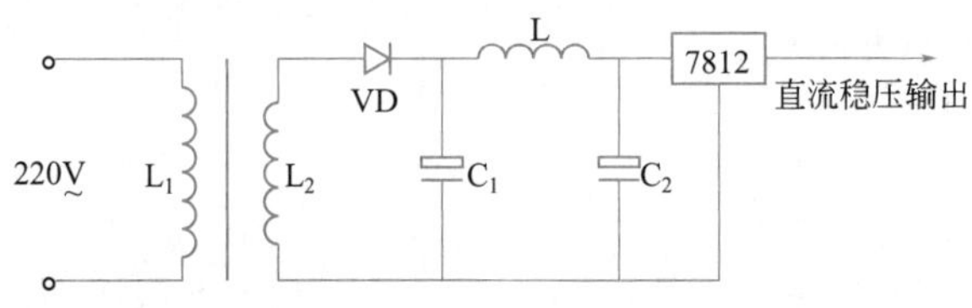

图 4-3　单波正极性整流电路

a. 单波正极性整流电路分析　图 4-3 为其电路图。

AV220 V~市电交流电经 L_1 产生交变磁场，感应到 L_2 降压后，经 VD 正极性整流再由 C_1、C_2、L 组成的 LC 型滤波电路，滤除交流电得到纯直流电送三端稳压器电路。经 7812 稳压后输出一定的正电压直流电送负载电路。这种可以输出正电压直流电的电源电路称为单波整流电路。一般用于普通电路设备，如老式充电器、录音机电源。

b. 单波负极性整流形式构成的电源电路分析　图 4-4 为其电路图。

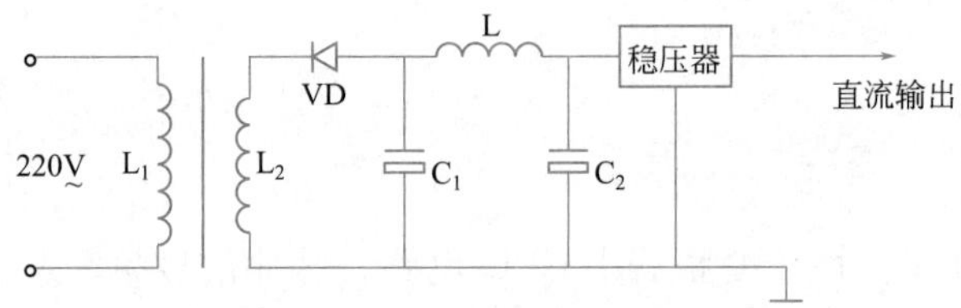

图 4-4　单波负极性整流电路

当市交流电 220 V~送入 L_1 时，便产生 50Hz 的交变磁场，当 L_1 为上正下负电动势时，L_2 为上负下正电动势。此时二极管 VD 整流将产生脉动直流电压，经 C_1 与 C_2、L 组成的 LC 滤波电路滤除交流成分并自举升压，然后送稳压器，经稳压输出负的恒定直流电压送负载电路。

② 全波整流电路分析

a. 全波正极性整流电路结构分析　图 4-5 为其电路图。

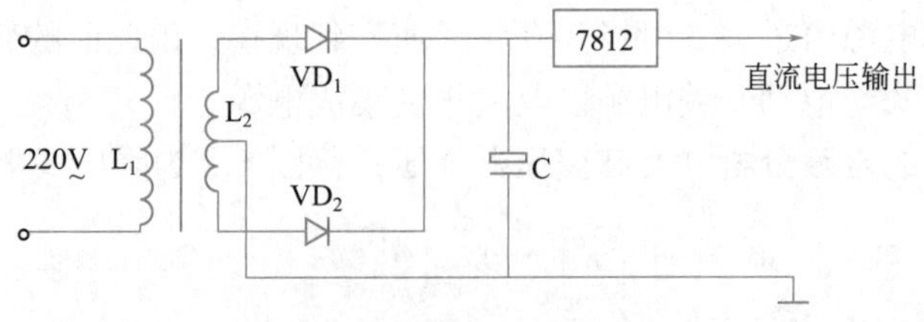

图 4-5　全波正极性整流电路

当 220 V~市交电送 L_1 时，产生交变磁场，感应到 L_2 降压后送全波整流电路，当 L_1 电动势为上正下负时，L_2 为上负下正，此时 VD_2 正向整流，VD_1 反向截止。当 L_1 为上负下正时，L_2 为上正下负，此时 VD_1 整流，VD_2 反向截止。当 L_1 为上正下负，L_2 为上负下正时，VD_2 正向导通整流，VD_1 反向截止。VD_1、VD_2 交替整流对交流电的正负半周都做以整流，整流后输出正电压送滤波电路与三端稳压电路，稳压后输出正电压直流送负载。

b. 全波负极性整流电路结构分析　图 4-6 为其电路图。

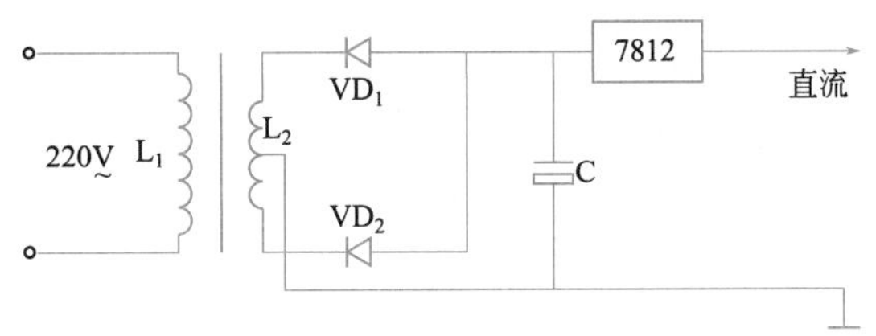

图 4-6　全波负极性整流电路

当市交电 220 V送 L_1 时，产生交变磁场，感应到 L_2 降压后再整流。当 L_1 电动势为上正下负时，L_2 为上负下正，VD_1 整流，VD_2 反向截止。当 L_1 为上负下正时，L_2 为上正下负，VD_2 导通整流，VD_1 截止。VD_1、VD_2 交替整流，对交流电正负半周都进行整流，整流后输出负直流电压送滤波电路，滤除直流内的交流电压得到纯直流电压并自举升压，送 7812 三端稳压器，稳压后直流电压送负载电路。

③ 全桥整流电路分析

a. 全桥正极性整流电路分析　图 4-7 为其电路图。

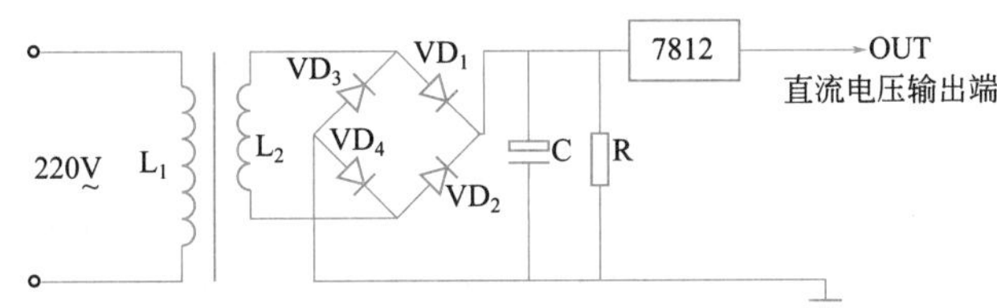

图 4-7　全桥正极性整流电路

市交电 220 V交流电压经 L_1 产生交变磁场，感应到 L_2 降压送整流电路。当 L_1 电动势上正下负 L_2 为上负下正时，VD_2、VD_3 导通工作，VD_1 与 VD_4 截止不工作。当 L_1 为上负下正 L_2 为上正下负时，VD_1 与 VD_4 工作，VD_2 与 VD_3 截止。VD_1～VD_4 交替工作，对交流电的正负半周都进行整流，整流后产生正直流电压送滤波电路，滤除直流电中的交流成分得到纯直流电压并自举升压，然后由负载电阻产生压降再送三端稳压电路。稳压后输出直流电压送负载电路。

b. 全桥负极性整流电路分析　图 4-8 为其电路图。

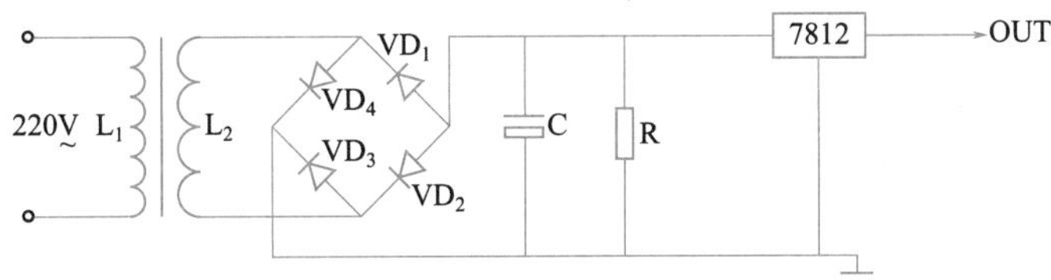

图 4-8　全桥负极性整流电路

220 V市交电经 L_1 产生交变磁场，感应到 L_2 降压后送整流电路。当 L_1 为上正下负时，L_2 为下负上正，VD_1 与 VD_3 导通，VD_2 与 VD_4 截止。当 L_1 为上负下正时，L_2 为上正下负，VD_2 与 VD_4 导通，VD_1 与 VD_3 截止，VD_1～VD_4 交替工作，对交流电的正负半周都进行整流。输出负直流电压经滤波器滤波并自举升压后送三端稳压电路稳压后送负载。

④ 采用整流堆构成集成全桥整流电路　图 4-9 为其电路图。220 V 市交电经 L_1 产生交变磁场，感应到 L_2 降压送全桥整流电路，整流后经滤波电容滤波并自举升压送 7812 三端稳压器稳压后送负载。

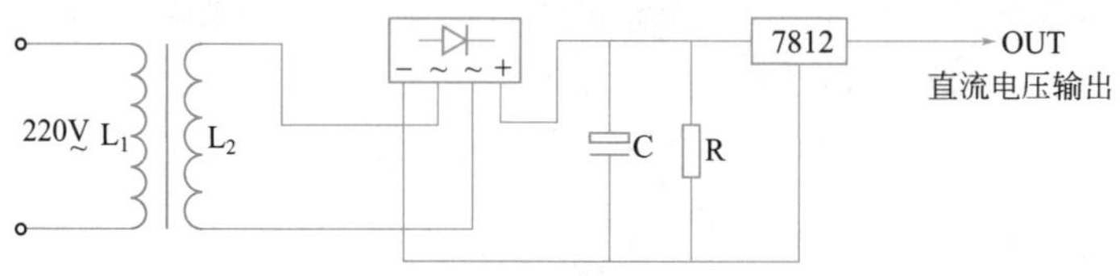

图 4-9　采用整流堆构成集成全桥整流电路

4.1.3　开关电源电路结构分析

4.1.3.1　开关电源的基本原理

如图 4-10 所示，当开关 K 闭合时，电源 E 给电容 C 充电为上正下负。当开关断开后电容 C 经过电阻放电。如果开关闭合后的时间长，给电容两端电压高。如果开关闭合时间短，那么电容两端电压低。可见改变开关的断开与闭合时间，便改变了电容两端电压高低。在现实的电路中，开关可以用晶体三极管代替，用信号改变三极管的基极的电压高低便可以改变三极管的导通状态。

如图 4-11 所示，当三极管基极信号脉冲为高电平时三极管导通。电源正极经过三极管集电极与发射极给电容 C 充电。当信号脉冲在低电平时三极管截止，此时电容器 C 向外放电，可见脉冲信号高电平平顶阶段时间的长短决定了电源给电容器充电的时间。如果充电时间长，电容两端的电压会升高，电容器对外放电时间长。如果信号间歇时间长，说明三极管截止时间长。可见信号的平顶时间的长短与间歇时间的长短可决定三极管的导通与截止时间，主要取决于方波脉冲信号的频率与周期时间，这就是三极管的开关原理，也是开关电源的基本原理。

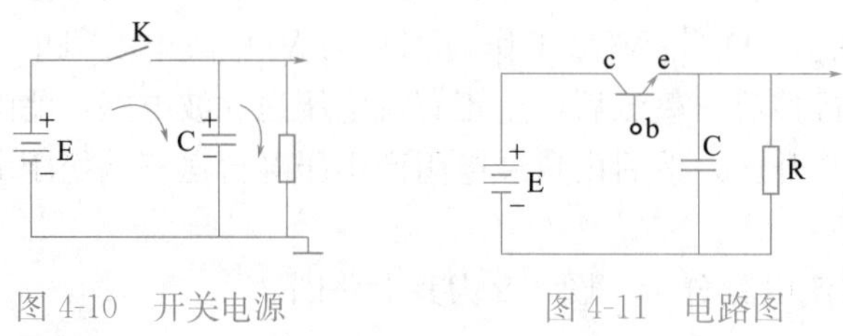

图 4-10　开关电源　　图 4-11　电路图

4.1.3.2　并联型开关电源电路分析

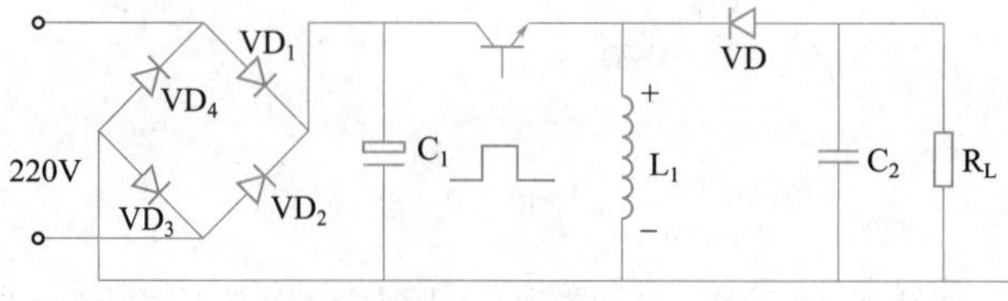

图 4-12　并联型开关电源电路

如图 4-12 所示，AC 220 V 经全桥整流电路整流后的脉动直流电压经 C_1 滤波，然后送开关管集电极，在开关脉冲信号的作用下控制开关管的工作。当开关脉冲信号为高电平时，开关管导通。C_1 上自举的 300 V直流电经开关管、集电极、发射极电流经过 L_1 到地。于是 L_1 产生上负下正的电动势，当脉冲信号为低电平时开关管截止，此时 L_1 上负下正电动势给 C_2 充电，为上负下正，于是 C_2 所充电压送负载电阻 R_L。可见开关管主要是靠开关脉冲信号的状态来控制的。电感线圈与开关管形成并联，所以叫并联型开关电源。现今的电子设备使用变压器耦合开关电源较多，其电路如图 4-13 所示。

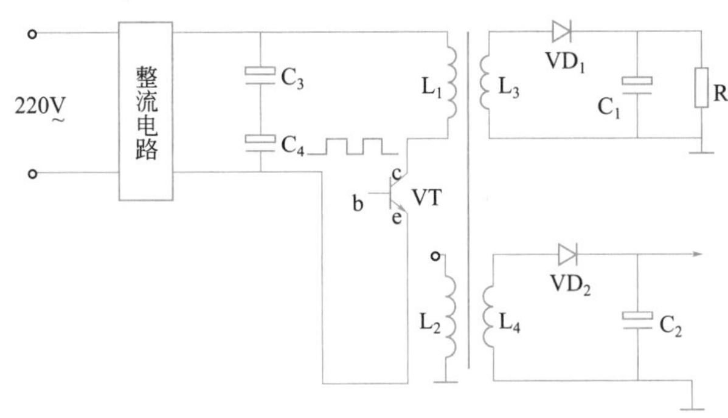

图 4-13 变压器耦合开关电源电路

220 V交流电压经整流电路整流后，经 C_3、C_4 滤波，经 L_1 给 VT 集电极供电。当开关脉冲信号作用于开关管 VT 基极时，高电平 VT 导通。300 V直流电由 C_3 正极经 L_1 开关管 c、e 到地。L_1 产生上正下负的电动势，感应到 L_2 反馈。同时感应到 L_3、L_4 降压，再整流滤波送负载电阻。脉冲信号为低电平时开关管 VT 截止，此时 c 端电位高，L_1 产生上负下正的反电动势。当脉冲信号高低电平不断变化时，开关管交替饱和与截止，使 L_1 产生交变磁场。

4.1.3.3 开关电源三种供电方式

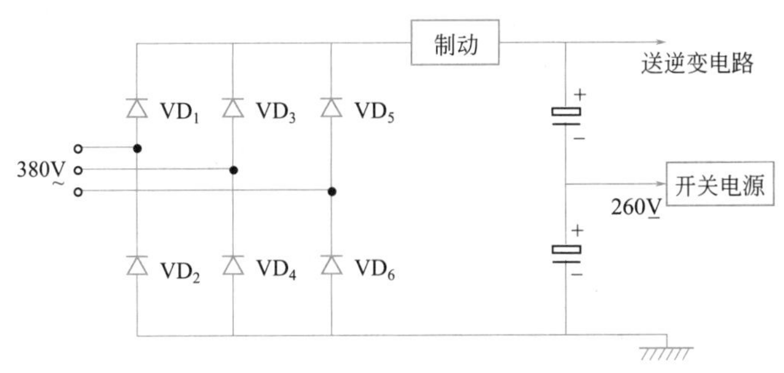

图 4-14 供电电路（一）

由图 4-14 可看出，它由滤波电容器取中点电压一般为 DC 260 V左右，给开关电源供电，在检修时要注意观察，如果由两滤波电容器，中间取的电压一般为 DC 260 V左右，给开关电源。如他励式先降压然后给频发芯片供电，以及自励式给启动降压电路供电。

由图 4-15 可见，直接取自于滤波电容器两端 450～500 V之间直流电压送开关电源。

由图 4-16 可见，给开关电源供电的直流电压直接由变频器 R、S、T 三端输入 AC 380 V，其中两根火线将它取出，然后由一互感变压器进行降压再整流滤波产生 280～300 V左右的直流电压送开关电源。在实际维修时，如果故障出现，是开关电源的故障，首先检查开关电源电压从哪里送来。在变频器整机电路中开关电源是最重要的，如果电源损坏将会使 CPU 电路、脉冲驱动电路等各电路不能工作，变频器将停止工作。

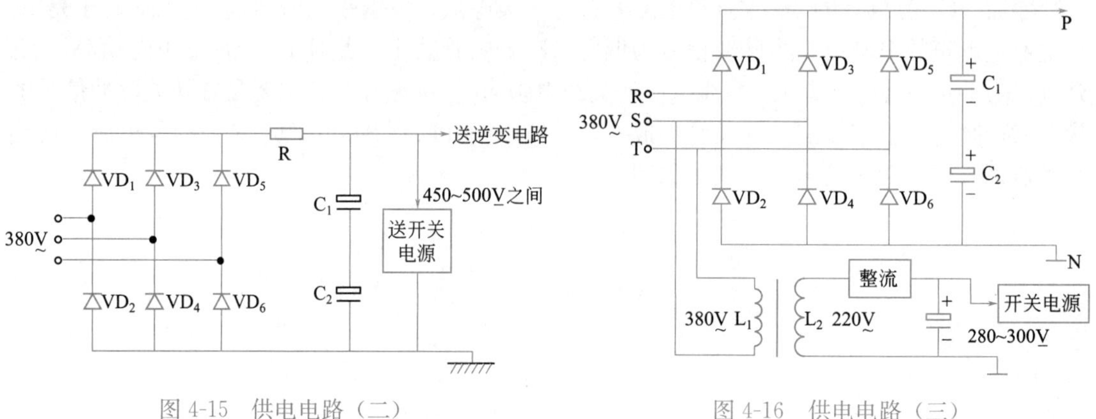

图 4-15 供电电路（二）　　图 4-16 供电电路（三）

4.1.3.4 UC3844构成的开关电源电路分析

① 电路结构　电路见图 4-17。

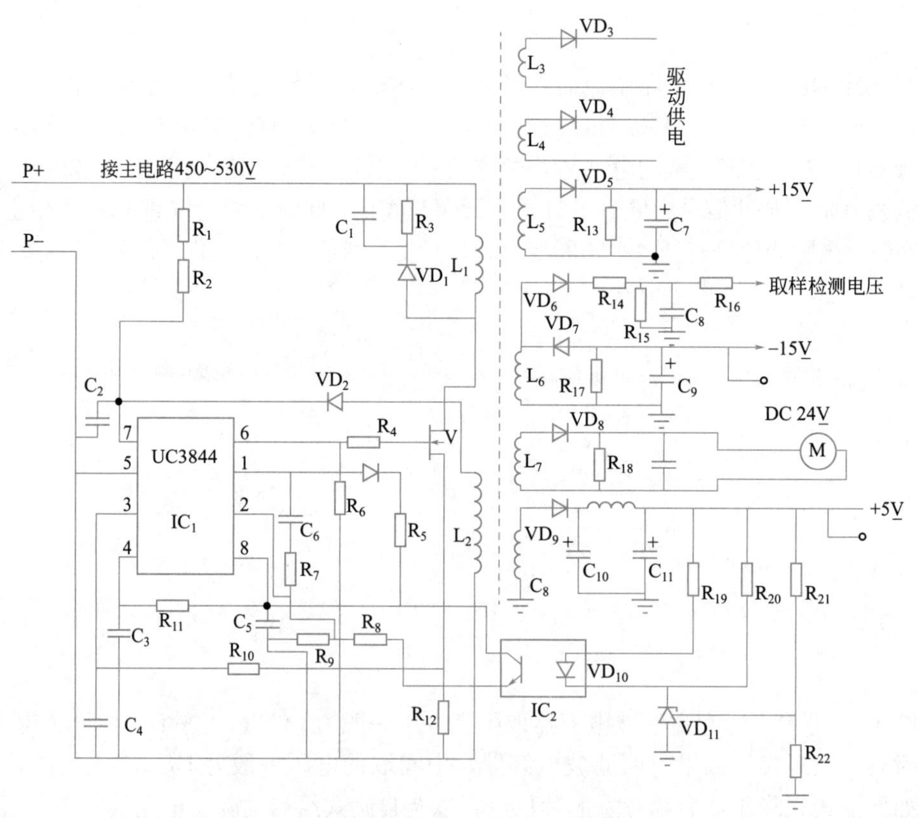

图 4-17 UC3844 构成的开关电源电路

此电路由互感式脉冲降压变压器与场效应管、电源开关管与开关管源极对地的保险电阻，以及 UC3844 构成的频率发生器芯片等构成，同时由电源启动降压电路与电源正反馈电路、过压光电反馈与尖峰吸收保护电路构成。

② 电路中元件的作用　UC3844 是频率发生器，用来产生方波信号，振荡芯片为了控制开关管周而复始工作在饱和与截止状态。互感脉冲变压器在频率芯片产生的方波的作用下，

开关管工作在饱和与截止状态，变压器通电线圈产生交变磁场。电源开关管采用场效应管在方波信号的作用下，工作在饱和与截止状态，目的是使变压器通电线圈产生交变磁场。以上这几个元件是电路的核心元件，如果某一个损坏电源将停止工作。

R_1 与 R_2 构成启动降压电路，将 450～530 V直流电压大幅度降压给频发芯片供电。R_3、VD_1、C_1 构成的尖峰吸收电路防止开关管在饱和截止转换时峰值电流击穿开关管。

L_1 与开关管组成振荡电路，L_1 为振荡线圈。在 UC3844 产生的脉冲信号作用下，开关管 V_1 饱和截止工作，使 L_1 产生交变磁场，L_2 为振荡正反馈线圈，感应的反馈电压整流送 UC3842 的 7 脚，保证电源正常维持振荡。D_2 与 C_2 组成正反馈整流电路，C_3 为振荡定时电容器，L_3、L_4 为驱动电路供电降压线圈。D_3、D_4 为驱动供电整流电路。L_5、L_6 分别为＋15 V、－15 V驱动电路供电的降压线圈。D_5、R_{13}、C_7 组成＋15V 整流滤波电路。L_7 为 DC ＋24 V降压线圈，D_8、R_{18} 为＋24 V整流电路。L_8 为＋5 V电压的降压线圈。D_9、C_{10}、C_{11}、L_3 组成＋5 V整流滤波电路，R_{21} 与 R_{22} 为取样电路，将＋5 V取出检测电压反馈到 D_{11} 门极作过压的检测控制电压，R_{10} 为过流的检测电阻。

③ UC3844 构成的开关电源构成的工作原理　由变频主电路整流滤波之后送来的 450～530 V直流电压经 R_1 与 R_2 降压给 UC3844 的 7 脚供电，于是在芯片内部稳压由 8 脚输出基准电压经 R_{11} 给 4 脚外接 C_3 充电，当充满电荷后，由芯片内部经 5 脚接地线放电，C_3 充电与放电引起振荡芯片内部放大。

由 6 脚输出方波信号经 R_4 送开关振荡管栅极，控制开关管的饱和与截止工作，使变频器 L_1 产生交变磁场，在高电平时开关管导通，450～530 V直流电压经 L_1 开关管 D 与 S 经 R_{12} 到地形成回路。此时 L_1 产生上正下负的电动势，在低电平时开关管 VT_1 截止，使 L_1 产生上负下正的电动势，L_1 产生交变磁场感应到 L_2，给 D_2 整流 C_2 滤波送 UC3844 第 7 脚与启动电压合成给频发芯片的供电。

当送开关电源的 450～530 V电压过高时，经 L_1 开关管漏（D）、源（S）极后经 R_{10} 送 UC3844 的第 3 脚。如果电流增大，控制芯片内部振荡停止工作，使芯片 6 脚输出方波信号为零，使开关管停止工作。电源输出电压为零进行过流保护。电源正常工作时，L_1 产生交变磁场，感应到 L_3、L_4 降压后经 VD_3、VD_4 整流后给驱动电路供电，L_5 感应电压经 VD_5 整流 R_{13} 产生压降，C_7 滤波后产生＋15 V直流电压给负载供电。L_6 产生降压的感应电压经 VD_7 整流 R_{17} 产生压降，C_9 滤波产生－15 V给负载供电。

L_7 感应电压经 VD_8 整流 R_{18} 产生压降，产生＋24 V给散热风扇供电，L_8 感应电压经 VD_9 整流 C_{10}、C_{11}、L_1 滤波后产生＋5 V给 CPU 供电。当＋5 V电压过高时，经 R_{21}、R_{22} 分压取中点电压送 D_{11} 门极，使阴阳导通 VD_{10} 导通发光，光电接收器工作，此时 UC3844 第 8 脚电压经受光器 C、E 之间经 R_8 送 UC3844 第 2 脚，2 脚电压升高，芯片内部停振，电源停止工作，实现过压保护。

4.1.3.5　UC3844 频率发生器芯片内部分析与各引脚作用

① UC3844 各引脚作用（图 4-18）

1 脚：频率补偿，为芯片内部误差放大器的输出。

2 脚：将开关电源输出端的一部分电压反馈到 2 脚进入芯片内部误差放大器的反相输入端，过压时调整芯片内部使 6 脚输出脉冲为零，实现过压保护。

3 脚：是过流检测反馈输入引脚，将振荡开关管漏（D）、源（S）极导通的过流电流经 1kΩ 电阻反馈送到芯片 3 脚控制芯片内部振荡器停振，使 6 脚输出送开关管栅极的脉冲为零，实现过流保护。

4 脚：外接振荡定时电容器内接振荡电路，外定时电容器的容量决定振荡的频率。

5 脚：芯片内部接地是芯片直流供电与信号的回路公共地线。

6 脚：脉冲方波信号的输出，输出方波脉冲信号送电源开关管栅极（G），控制开关管工作在饱和与截止状态，使脉冲变压器初级线圈产生交变磁场。

7 脚：芯片的总供电，启动电压来自于启动降压电路，工作后，7 脚电压由启动降压与反馈电路共同组成。

8 脚：为基准电压测试端，可测出芯片内部稳压是否良好。

② UC3844 内部结构与工作原理　结构图见图 4-18。

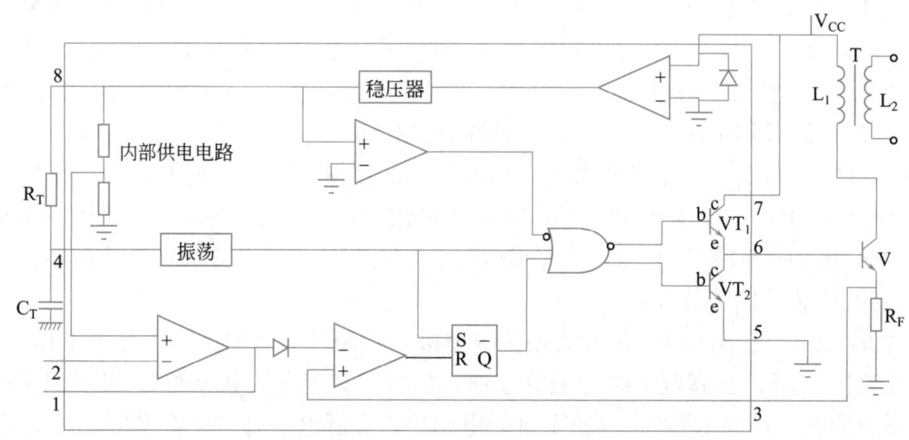

图 4-18　UC3844 结构图

由主电路取出的直流电路、启动降压电路降压后，给 UC3844 第 7 脚供电，再由芯片内部稳压。芯片内部由稳压二极管与运算放大器以及稳压器组成，稳压后第 8 脚取出，经 RT 给 C_T 电容器充电。当 C_T 充满电荷后，再经第 4 脚由内部振荡器经 5 脚输出形成回路。当 CT 充电与放电与芯片内部振荡器引起振荡，经放大后控制 VT_1 与 VT_2 两管交替工作。由 6 脚输出脉冲方波信号，送开关振荡管栅极。开关管工作在饱和与截止状态，L_1 产生交变磁场感应到 L_2 降压，工作时 VT_1 导通，输出高电平，VT_2 截止。c 端电位升高也输出高电平，正常时 VT_1 导通 VT_2 截止，VT_2 导通 VT_1 截止，VT_1 与 VT_2 交替工作，就会不断输出高低电平的方波信号，控制开关振荡管的工作。

当主电路送来的直流电压过高，经脉冲变压器 L_1 与开关管集电极与发射极通过的电流过大时，由 3 脚送芯片内部控制触发器与 VT_1 与 VT_2 管停止工作，使 6 脚输出脉冲为零。VT_1 停止工作，实现过流保护，当脉冲变压器次级输出感应电压过高时反馈到 UC3844 2 脚电压过高，使芯片内部处理后，6 脚输出脉冲为零实现过压保护。

以上我们简述了 UC3844 内部工作原理，有助于我们在检修开关电源时方便分析电路的故障点。在实际检修时主要是重点引脚的工作电压分析，7 脚、8 脚、4 脚、6 脚，是检修开关电源的主要检测引脚。

4.1.3.6　自励式开关电源的电路分析

（1）自励式开关电源的组成　由启动降压电路、自励振荡电路、稳压恒压与保护电路等构成。

(2) 各部分电路的作用

① 启动降压电路　一般都是直接将 220 V 或 380 V 交流电整流后的 450～500 V 之间的直流电进行大幅度降压，降为振荡管基极的工作电压，由大阻值的电阻器串联构成。

② 自励振荡电路　一般由开关管本身工作与振荡变压器起振线圈及振荡正反馈电路构成的振荡电路，在启动降压电压下引起振荡，称为自励振荡。

③ 稳压恒压电路　一般由稳压二极管与恒压稳压电路构成，采用稳压二极管在反向击穿电压范围内反向击穿导通后，两端电压稳定的原理，稳压了开关振荡管的振荡频率，从而稳定振荡变压器的交变磁场的频率，稳压了变压器次级降压的高低，从而稳定了输出电压。无论交流电怎样改变，降压变压器次级输出的各电压都不变，给负载各 CPU、驱动、面板电路等供直流电压，使各路保持稳定的恒压状态。

④ 保护电路　当 220 V 或 380 V 交流电压升高整流后的脉动直流电压 450～500 V 电压升高，经降压给开关振荡管基极与开关管集电极电压升高，将会把开关振荡管击穿。此时振荡降压变压器次级电压会升高，会烧坏 CPU、驱动电路、面板、显示电路。与此同时，由变压器降压电路，降压后给负载供电的电路中取出一部分电压作为过压检测电压。由取样电路经光电耦合器传送振荡电路控制振荡电路，在过压时停止振荡实现过压保护。

(3) 自励式开关电源典型电路结构示意图（图 4-19）

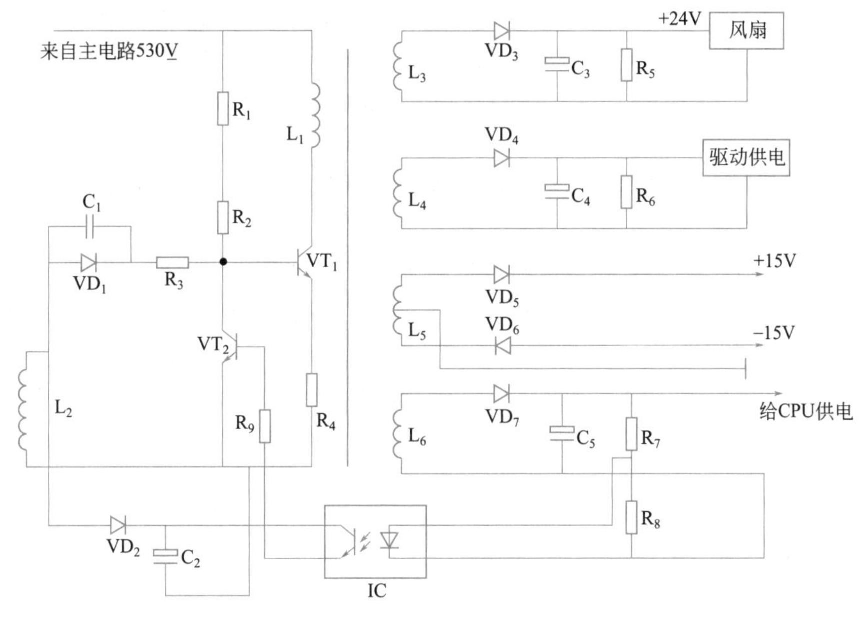

图 4-19　自励式开关电源

① 电路中各元件的作用　VT_1 为电源振荡开关管。VT_2 为开关管的复合过压控制管。L_1 为振荡线圈。L_2 为振荡正反馈线圈。L_3 为散热风扇降压线圈。L_4 为驱动电路供电降压线圈。L_5 为＋15 V、－15 V 供电降压线圈。L_6 为 CPU 供电降压线圈。R_1、R_2 组成启动降压电路，将直流 530 V 降为开关管 b 极工作电压。VD_1、R_3、C_1 为振荡正反馈电路。R_4 为保险电阻。VD_2、C_2 为控制管 VT_2 b 极供电电路。由反馈线圈提供也可以是过压反馈控制给 VT_2 b 极供电的反馈过压整流滤波电路。R_7、R_8 为取样电路，将高于＋5 V 的电压取出作为检测电压，给 IC 芯片光电耦合器供电。

② 电路的工作过程　由主电路送来的450～530 V直流电压经 R_1、R_2 降压，再经 VT_1、b、e、R_4 到地形成回路，使 VT_1 的 I_b 建立，R_{ec}减小。此时 530 V经 L_1 上进下出，经 VT_1、c、e、R_4 到地形成回路。L_1 产生上正下负的电动势感应到 L_2 为上正下负，再经 VD_1、R_3 反馈到 VT_1 b 极，使 VT_1 b 极电位升高，U_{be}偏压增大，I_b 增大，使 VT_1 R_{ec}减小。L_1 上正下负增强，周而复始的正反馈，VT_1 饱和。

此时 L_2 感应电压给 C_1 充电左正右负，C_1 右端经 R_3 加到 VT_1 b 极，C_1 左端经 L_2、R_4 加到 VT_1 e 极。由于 C_1 所充电为左正右负，所以 VT_1 发射极在 C_1 充满电荷后就形成反偏。此时，VT_1 R_{ec}升高 VT_1 c 端电位升高，L_1 便产生上负下正的电动势，此时 C_1 经 D_1 放电。随着 C_1 的放电 VT_1 发射极恢复正偏，VT_1 管又开始另一周期的工作。可见 C_1 充电与放电使 VT_1 发射极正偏与反偏不断改变，L_1 产生上正下负、上负下正的变化电动势，产生了交变磁场，建立了振荡。L_1 产生交变磁场后，感应到 L_3、L_4、L_5、L_6 等各降压线圈，分别降压后再经整流滤波分别给散热风扇、驱动供电与 CPU 等电路供电。

当主电路交流供电电压升高，经 R_1、R_2 给 VT_1 b 极供电，电压位升高，使 VT_1 振荡频率升高，L_1 变化磁场增强，分别感应到 L_3、L_4、L_5、L_6 降压电压升高，使负载电路损坏，此时由 R_7、R_8 串联分压后送 IC 发光器，电压升高，发光接收器工作。L_2 感应电压经 VD_2 整流，C_2 滤波。再由 IC、c、e 经 R_9 经 VT_2 b 极供电，使 VT_2 b 端电位上升，R_{ec}下降，此时将 VT_1 b 极电压经 VT_2 c、e 到地分流。此时 VT_1 b 极电位下降，VT_1 I_b 下降，VT_1 R_{ec}上升，VT_1 I_c 下降，L_1 通过电流减小使振荡停振，实现过压保护。当然在正常工作时，由于＋5 V电压正常，经 R_7、R_8 分压后的中点电压达不到 IC 发光器的导通电压，受光器不工作，VT_2、VT_1 正常工作，VT_1 正常振荡工作。

③ 电路的检修　开机电源指示灯不亮，面板没有显示，散热风扇不转，测电源脉冲变压器次级电压为零，说明开关电源停振。

首先断电检查电源、开关管源极对地保险电阻主要元件有无击穿、开路，电源脉冲变压器是否线圈匝间短路以及内部线圈开路，启动电路的元件电阻是否开路或阻值增大，正反馈电路是否损坏。如果断电检查没有元件损坏，再采用电压检测法，通电检测各主要部分电压是否正常。根据各检测点电压的变化情况来分析故障部位损坏的元件。如果检测振荡开关管 b 极电压为零伏，说明启动降压电路有故障，检查启动降压电阻有无开路或阻值增大现象。

4.2 变频器 CPU 电路

4.2.1 变频器 CPU 电路的作用

如文前彩图 4-20 所示，CPU 电路是整机控制的核心点，决定机器的工作效率与工作性能。CPU 内部的运算器与控制器的速度决定整个 CPU 运行的快慢。

① CPU 电路首先接收来自面板的各按键的脉动指令，经 CPU 芯片内部转换后发出与面板各键对应的指令去控制相应电路的工作状态的转变，实现面板各功能键的工作状态。

② 在市电 380 V或 220 V电压过高时防止由于输入电压过高烧整流与滤波以及逆变电路。此时由过压取样检测电路将过压的检测电压送 CPU 电路芯片，再给 CPU 芯片内转变成控制指令送开关电源使电源停止工作。使逆变电路得不到脉冲信号不工作。

逆变器没有输出变频交流给电动机对各级电路进行保护，一般过压过流所取的采样电压电流都取自于主电路整流后与逆变电路的前后，这样起到双重保护逆变电路的作用。

③ CPU 还接收各传感器送来的信号监测与控制对应电路工作，同时 CPU 还接收连接外设备的通信工作。

④ CPU 还可以读取外挂储存器的程序支持本机的工作。

4.2.2　CPU 电路的组成及各部分的作用

(1) 常规 CPU 电路的构成　一般由 CPU 芯片本身 CPU 工作条件电路、CPU 外部设备输入电路、CPU 输入端子与外设备接口电路、CPU 电路内部输入输出电路等各电路组成。

(2) CPU 电路各组成部分的作用

① CPU 芯片本身内部有运算器与控制器以及产生六相脉冲的振荡方波等三大电路，CPU 芯片要接收面板各按键送来的输入脉冲进行转换控制指令去控制对应电路的工作。同时 CPU 接收过流过压检测电路送来的脉冲进行转换，输出保护脉冲信号，经检测电路与 CPU 内部处理去控制相应电路的工作，进行过压过流保护。同时 CPU 芯片还要经过接口电路与外设备通信号。例如 PLC 设备以及外断电器设备、CPU 芯片与外挂储存器连接在操作本机面板时，CPU 会从外储存器读取信息支配 CPU 控制对应电路工作，实现面板各功能键的动作。例如正反转、停止、复位等各基本功能，同时产生六相方波脉冲信号。

② CPU 工作条件电路　CPU 芯片要达到正常工作，必须有三个工作条件：CPU 芯片的直流供电；CPU 工作时的时钟脉冲信号；CPU 芯片工作时的复位。

下面我们对 CPU 工作三大条件电路做以分析：

a. CPU 芯片供电　常规 CPU 芯片都供＋5 V电压，＋5 V电压一般来自于开关电源脉冲变压器次级一个绕组线圈降压。一般这个电压都是经严格的整流滤波而产生的，因为 CPU 芯片工作时需稳定恒定的低压纯直流电压，有些变频器、开关电源脉冲变压器之后，＋5 V降压绕组后整流滤波后再经三端稳压器稳压后给 CPU 提供供电，如果＋5 V不正常会使 CPU 芯片不能正常工作。将不能产生六相方波脉冲，也不能接收与执行面板的启动命令。此时变频器处于停机状态，CPU 芯片在供电时，不是从一脚供电，而是由多个引脚供电，给 CPU 芯片内部各部分供电。当 CPU 供电引脚端测量时，如果电压为零，可以给 CPU 单独供电，但必须是正电压标准＋5 V。如果电压高于＋5 V将会损坏 CPU 芯片，一般不能在电路中借其他电路电压，在 CPU 不工作时，一般先测供电来判断故障在电源还是 CPU 芯片本身。

b. CPU 工作时钟信号　CPU 芯片内部处理各种脉冲及数字信号命令时都需要时钟信号支配各程序按一定的时间顺序工作。如果时钟脉冲消失，CPU 内部将无法工作，程序混乱，将导致 CPU 不能正常运行。

CPU 时钟电路主要有时钟晶振、振荡谐振电容器与 CPU 芯片内部等三部分构成。在正常工作时由 CPU 芯片内部给晶振两端供电，同时给谐振电容器充电与放电，就会引起振荡。振荡的基准频率以晶振上所标频率为准，一般晶振的频率为 16MHz。检修测量时，一般用示波器测时钟信号的波形或时钟信号的频率，可判别是否正常。CPU 时钟振荡电路为什么用晶振构成，因 CPU 芯片内部大部分由数字电路构成，工作时需时钟信号支配。

c. CPU 工作的复位　CPU 内部由大量的数字电路构成，而且分几个单元电路，在 CPU 通电的瞬间，内部各数字电路就会自动复位，各电路回到初始的工作状态等待输入指令的到来。另外CPU芯片内部每完成一个指令的程序就会回到初始状态等待下一指令到来。这样CPU工作时就会有一定顺序，不会错乱。复位电路由一个复位三端稳压器芯片与CPU复位引脚内部电路构成，一般由一个三端稳压器构成。CPU在工作时，有的是高电平复位，高电平一般为+5 V电压。有的是低电平复位，如果CPU不能复位，会导致操作面板按各按键时没有任何反应。变频输出端电压频率不变，电动机不能改变工作状态，首先找到CPU复位引脚，然后测复位引脚电压。如果高电平电压正常，此时按面板复位按键。如果测试脚电压无变化，证明复位电路损坏，先检查复位供电的三端稳压器，断开CPU复位供电引脚与稳压器入端供电。如果稳压器入、出端电压正常说明正常，然后检查CPU复位引脚对地电阻值或同型号CPU代换。

(3) CPU储存器电路分析 变频器的安装与调试、检修时，CPU储存器电路用来改变参数。从电路中的硬件元器件可见，为什么可操作面板能改变变频器的工作状态？只有CPU内与外储存器内部所存的程序，可实现面板各功能调节。一般CPU内部有只读储存器ROM与随机储存器RAM。ROM用来输入本机基本参数，功能就是工厂出厂时基本程序。这种储存器所存放的信息一般用户及检修时没办法改变，停机或断电后内容不会消失。CPU内部的RAM储存器存放CPU工作时的临时数据，即变频器正常运行时的运行数据，这些数据停机断电后会消失。CPU外挂储存器：变频器在正常使用时，有时需要修改一些实际使用所需的参数，且修改后可以保存下来，等再次工作时变频器按已修改程序工作。CPU的外挂储存器每次修改后，可以自动保存下来。

变频器的软件故障一般出现在外储存器。一般外储存器的故障有：变频器可以工作，但修改使用参数后，停机再次启动，无法保存。因为外挂储存器用来修改与保存数据，此故障首先检查外储存器。

① 检查外储存器供电，一般供电为+5 V。如果+5 V为零，检查开关电源及三端稳压器或储存器供电引脚对地电阻值，检查储存器芯片是否损坏。

② 检查外储存器与CPU之间数据传送式是否开路与短路。

③ 检查储存器内部是否损坏。

④ 清除储存器引脚灰尘，检查信号传送线是否开路。

4.2.3 CPU电路原理分析

如图4-21所示，CPU电路的工作原理：整机通电后，由电源脉冲变压器次级+5 V专用绕组线圈感应电压，再整流与滤波稳压后送来的+5 V，直接给CPU芯片供电，与此同时晶振与外接振荡定时电容器及CPU芯片内部构成的振荡电路，振荡后产生的时钟信号支配CPU芯片内部各电路工作。同时复位将开关电源送来的直流电压进行三端稳压之后送CPU复位引脚，使CPU芯片内复位电路处于待机状态，等待面板复位信号的到来。

当CPU芯片三大工作条件电路的工作条件都达到要求后，CPU方可接收各命令工作进行信号的变换。当操作面板的任意键时，经接口电路及信号线将面板按键命令传入CPU芯片，由CPU芯片内部转换去控制对应电路的工作，使电路实现本机功能的运行，在CPU实现各功能键命令时同时显示电路，显示本机当前的工作状态。当CPU每接收到一个命令就由外储存器中取出所需的信息使电路工作。同时CPU通过外接各设备由各光电耦合器传入CPU芯片电路，使CPU芯片实现外设备的功能运行。由于光电耦合器由光变电再经电变光得到，所以外设与CPU工作相互不影响（指的是直流工作点）。

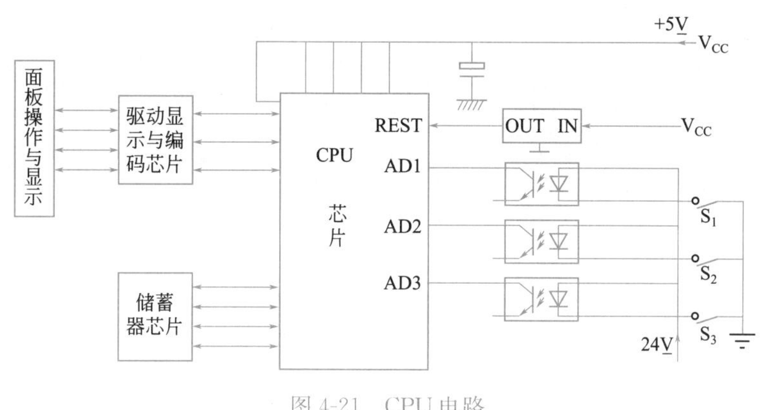

图 4-21　CPU 电路

4.2.4　变频器 MCU 主板电路的基本分析

在上一小节我们分析了 CPU 电路的原理与结构，但是实际中的变频器，将 CPU 电路与方波脉冲信号发生器以及信号输入与输出指令都放在一个芯片内高度集成，这个芯片一般俗称 CPU 芯片，实际上它内部集成有以下三大功能：

① 可以产生主电路所需的六相方波脉冲信号，芯片内有 PWM 脉冲信号发生器。

② 芯片内有 CPU 芯片，在三大工作条件都达到要求后便可以工作，接收与处理面板送来的指令进行转换，同时处理保护电路及传感电路送来的脉冲，转换后控制相应电路动作，实现保护。与此同时经许多光电耦合器与外部设备连接，实现外设备的工作。

③ MCU 电路板内部集成了 ROM 与 RAM 储存器与信号输出的接口电路，以及 A/D 数字模拟转换器电路。MCU 芯片内部集成的 ROM 储存器内部储存机器出厂时基本的程序。一般机器生产合格出厂时写入的这个过程，在机器断电后不会丢失，用户无法改内部程序。但是芯片内部所集成的 RAM 储存器在机器运行时可以改变内部参数，临时改动时，在机器断电后不能保存。RAM 储存器在机器正常运行时可以随时写入与读出程序，也就是说在面板中任意调节功能，例如控制正反转、复位停机等基本功能。同时 MCU 板芯内部集成输入输出 I/O 接口电路是系统与外设备连接的相互通信的各功能接口。MCU 芯片内部集成 A/D 数字与模拟转换器，因为变频器由半模拟半数字化电路构成，有时需将芯片内数字信号转换成模拟信号，有时需要将模拟信号转换成数字信号。

4.3　变频器驱动电路分析

4.3.1　驱动电路的结构

变频器中一般有六相驱动器，它们分别放大 MCU 电路中芯片内部 PWM 信号发生器送来的六相脉冲方波信号，然后将放大的六相脉冲的方波信号，送逆变器的变频管，控制变频管的逆变电路中的六支变频管按顺序工作，将主电路整流滤波送来的直流电压转换成一定频率的交流电压，输出一定频率的交流电压送电动机使电动机运行。

4.3.2　变频驱动电路基本工作原理

① 结构图　基本结构示意图如图 4-22 所示。

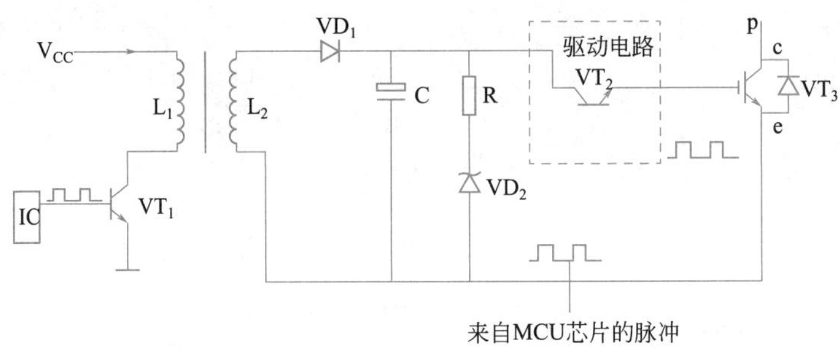

图 4-22 变频驱动电路

② 电路中各元件的作用 IC 为方波信号产生电路的频率发生器芯片，用来产生脉冲方波信号，控制 VT_1 工作在开关状态使 L_1 产生交变磁场，VT_1 为电源开关，振荡管 L_1 为电源起振线圈。L_2 为电源脉冲变压器次级降压线圈。VD_1 为单波整流二极管，C 为滤波电容器，R 与 VD_2 组成稳压电路，VT_2 是驱动电路中电子开关控制管，VT_3 为变频管。

③ 驱动电路的基本工作原理 IC 芯片在正常通电振荡后产生方波信号控制 VT_1 工作，在饱和与截止状态转换 L_1 产生了交变磁场感应到 L_2 降压。经 VD_1 整流由电容器滤波、稳压电路稳压给驱动电路供电。与此同时，由 MCU 电路芯片中产生的六相驱动脉冲信号，分别送各驱动芯片。当脉冲信号为高电平时，电子开关管导通，将电源送来的直流电压由驱动开关管 c、e 导通送变频管 G 极，使变频管导通。当驱动脉冲的信号为低电平时，驱动开关管截止，c、e 无电流通过变频管 G 极，当脉冲为低电平时，变频管截止。这样一来，驱动管将 MCU 芯片送来的脉冲等效放大，放大了方波脉冲信号的电压与电流，现实的驱动电路内部由集成运算放大器与光电耦合器及 OTL 功率放大器等三部分组成。

4.3.3 驱动电路的供电以及脉冲输入与输出的连接

① 电路基本结构示意图 电路结构见图 4-23。

② 驱动电路的工作条件

a. 首先每个驱动芯片要有正常的额定的工作电压，而且每个芯片的电压值基本相同。

b. 在静态工作电压正常后，给芯片提供方波脉冲信号，一般由 MCU 电路中芯片内部产生的六相方波脉冲分别放大。可见驱动芯片的基本工作条件是供电与脉冲信号，只要这两条件达到，芯片方可工作，输出六相方波脉冲驱动六变频管按顺序工作。

③ 驱动电路的基本结构图工作原理简介 由变频主电路中整流与滤波电路送来的直流电压送开关电源电路的脉冲信号发生器芯片，这个芯片在直流电压的脉冲下振荡产生方波信号控制电源开关管工作在饱和与截止状态，使 L_1 产生了交变磁场感应到脉冲变压器次级分别分组降压再分别整流滤波，分别送各驱动芯片供电。当六支驱动芯片静态工作电压正常建立后由 MCU 电路芯片内部产生的六相脉冲信号，分别送六驱动芯片，经芯片内部进行放大后分别输出各路信号，送逆变器电路中。经内部六变频管分别按顺序放大后输出三相交流电压送电动机使电动机运行。实际电路中的变频管工作条件：首先由二次开关电源给直流供电，然后由六驱动送来的脉冲信号作用后，将直流转变成一定频率的交流电压，交流电压的状态变化按人为所需，按设定的频率进行变化输出三相变频交流送电动机。

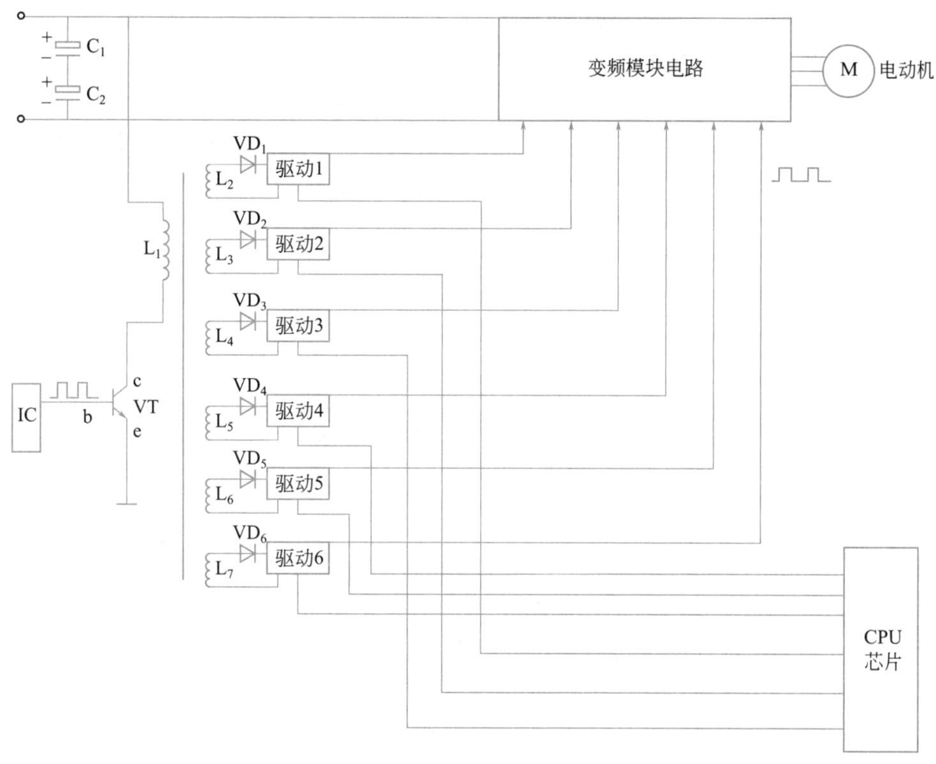

图 4-23　电路结构

④ 检修电路的要点　根据实际电路发生的故障现象，分析检查到故障的具体部位，再根据电路结构检测，压缩到驱动电路时，首先检查驱动芯片的供电，然后用示波器测驱动芯片信号入端有无方波脉冲信号的输入。如果供电与驱动信号都良好，再分别测六个驱动芯片六相方波脉冲信号是否正常。如果六相脉冲信号都正常，而且六相方波驱动信号波形相同，周期频率相同，证明驱动电路正常。如果六相脉冲信号不正常或为零，说明驱动芯片内部损坏或各引脚工作电压不正常，所连接元件有故障，用代换法可以替代元件测脉冲信号波形。

4.3.4　驱动电路的电源供电分类

一般驱动电路的直流供电来自于二次开关电源，开关电源的脉冲变压器次级专门有驱动电路的供电降压感应线圈。

常见各变频器驱动电路各常用芯片的工作电压有＋15 V、＋18 V、＋29 V、＋27 V、＋14 V。由于各机器功率不同，芯片的功率不同，所供电的电压也不相同。有些芯片有负压，负压的大小也与芯片的功率有关。

常用驱动芯片的正常工作正电压值一般为＋15～18 V，负电压为－10～7.5 V。

4.3.5　驱动电路常用的芯片内部结构与典型基本电路分析

一般常用的驱动芯片有：PC923、PC929、TLP250、TLP750、HCPL-3165、A4504、

MC331539。

在许多变频器的驱动电路中，将 PC923 与 PC929 组合在一起构成驱动电路。

(1) PC923 芯片内部结构图与各引脚分析 结构图见图 4-24。

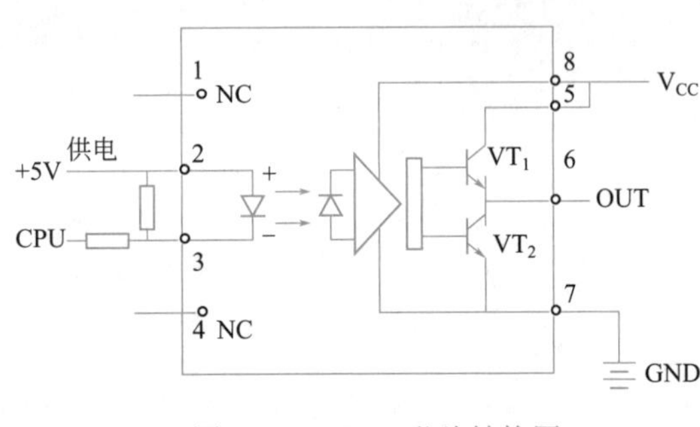

图 4-24 PC923 芯片结构图

① PC923 芯片各引脚作用 1 脚空脚实际电路不用，2 脚外接二次开关电源送来的 5V 直流电压（这个电压受到 CPU 送来的脉冲控制）。3 脚接收来自 CPU 电路送来的方波脉冲信号，用方波脉冲的强弱控制内部发光器发光二极管两端电压变化，使发光强弱变化，受光器接收的感光强度不同使放大倍数不同。4 脚是空脚不用，5 脚连接驱动芯片内部驱动管的集电极，给内部驱动管集电极供电，6 脚是方波脉冲信号输出引脚，将脉冲信号送逆变电路的变频管控制极，控制变频管工作。

② PC923 内部的工作流程 当芯片各引脚直流供电正常后，由 MCU 电路芯片送来的方波脉冲信号，由 3 脚控制内部发光器的导通，使受光器接收后再放大控制 VT_1、VT_2 的交替工作，由 6 脚输出放大的方波脉冲送外接变频管的工作。

(2) PC929 芯片内部结构 内部结构图见图 4-25。

① PC929 芯片各引脚的作用 1 与 2 脚作用相同，接收来自 CPU 电路送来的方波脉冲信号，控制发光器负极脉冲高低，同时控制发光的强弱，从而控制传送信号强弱放大倍数。3 脚+5 V电压输入端是开关电源+5 V的感应线圈降压得来的。4、5、6、7 脚为空脚，内部未开发。8 脚是芯片内保护控制管的集电极，9 脚是芯片内保护电路的控制连接端，10 脚为芯片内 VT_3 管的发射极外接地线的直流供电回路。11 脚是芯片内 VT_1、VT_2 两驱动放大管放大后的脉冲信号输出端，12 与 13 脚是芯片的内部总供电，一般供电为+14 V来自于开关电源的专用驱动线圈绕组。

② PC929 芯片内部结构工作原理 在静态工作点建立后，由 MCU 芯片送来方波脉冲由 2 脚送入，当脉冲信号 2 脚低于 3 脚电位时，芯片内发光器导通，发射到光电耦合器上。光电接收器工作由运算放大器放大后经接口电路控制 VT_1 与 VT_2 交替工作，从 11 脚输出放大的方波信号送变频管。芯片内部放大器工作时由 13 与 12 脚供电，经内部恒压电路稳压后给放大器供电。9 脚为过流反馈输入脚，将过流的电流反馈送入芯片内的保护电路。8 脚为 OC 信号的输出送 CPU 控制等，由 CPU 监控驱动芯片的工作。

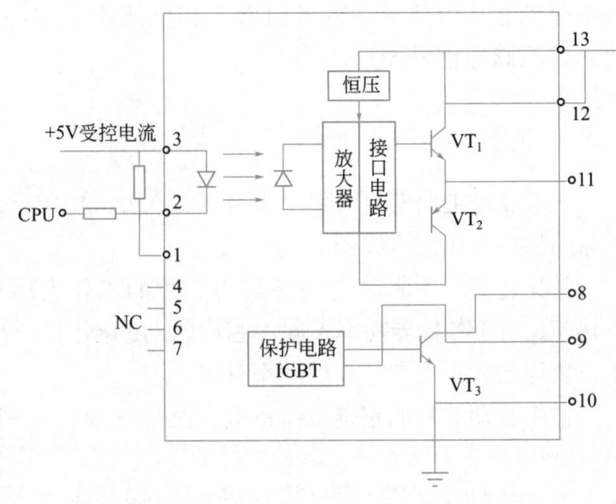

图 4-25 PC929 芯片内部结构

(3) PC923 芯片构成的驱动电路基本分析　电路结构图见图 4-26。

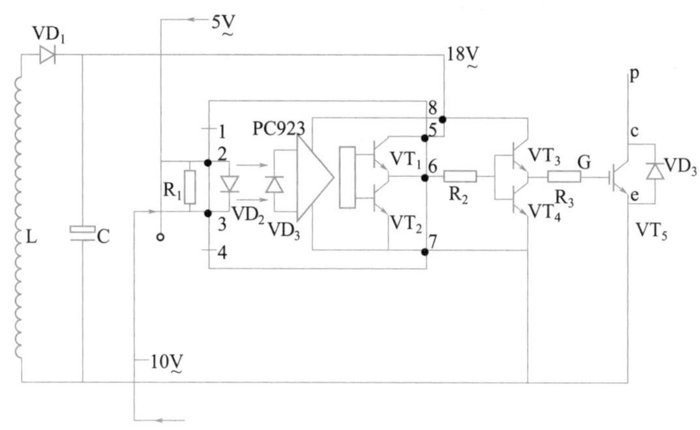

图 4-26　PC923 芯片电路结构图

① 电路中各元件的作用　L 为开关电源变压器次级降压线圈，将开关振荡线圈产生的磁场感应到变压器次级。VD_1 是单波整流二极管，将 L 降压线圈的感应电压转变成脉动直流。C 为滤波自举电容器，将直流中的交流成分滤除并自举升压给驱动芯片供电，R_1 为 +5 V降压电阻。VD_2 是驱动芯片内发光二极管，VD_3 为受光器光电管，VT_1、VT_2 为驱动放大管，VT_3、VT_4 是芯片外加驱动三极管，VT_5 为变频管。

② PC923 构成的驱动电路的工作原理　由开关电源送来的+5 V送 PC923 的 2 脚作为内部光电耦合器发光器的待机供电，与此同时由开关电源脉冲变压器次级降压整流滤波送来的+18 V送 PC923 的 8 脚与 5 脚，给芯片内部放大器与驱动管 VT_1 供电。当 PC923 静态工作点正常建立后，由 MCU 芯片内部送来的方波脉冲信号控制 PC923 的 3 脚电位，使内部发光二极管导通。由于导通强度不同发光程度也不相同，内部受光器得到信号后由内部运算放大器放大，由接口电路送 VT_1 与 VT_2 两驱动管基极，两管交替工作，由 6 脚输出方波脉冲送 VT_3 与 VT_4 基极给 VT_3 与 VT_4 进行功率放大，由发射极输出送 VT_5 栅极，使 VT_3 工作。如果芯片内发出高电平，VT_1 导通，VT_2 截止。如果芯片内发出低电平，VT_1 截止，VT_2 导通。当 VT_1 导通时 6 脚输出高电平，此时 VT_3 导通，VT_4 截止。当 VT_2 导通时，6 脚输出低电平，VT_3 截止，VT_4 导通，VT_5 为低电平截止。VT_3 与 VT_4 交替工作，VT_5 也在饱和与截止状态转换。

(4) PC929 构成的驱动电路基本分析　驱动电路见图 4-27。

① 电路中各元件的作用　L_1 为开关电源脉冲变压器次级降压线圈，VD_1 与 C 组成半波整流滤波电路，IC_1 为驱动芯片，IC_2 为光电耦合器，VT_2、VT_3 驱动三极管，VT_4 为变频管。

② 电路的工作原理　开关脉冲变压器次级降压的电压经 VD_1 整流由 C 滤波给驱动芯片的 13、12 脚供电，同时给外接驱动管 VT_2 供电以及 IC_2 发光器供电，此时+5 V给芯片第 3 脚供电。驱动芯片与外接电路正常供电后由 MCU 电路送来的方波脉冲信号由 2 脚送入芯片，使驱动芯片内部发光器发光，受光器工作。由内部放大器放大后再经接口电路，再经 VT_5 与 VT_6 分别放大，送 VT_2、VT_3 放大，送 VT_4 变频管控制变频管的工作。由驱动电路结构可看出电路的工作条件有两点：首先给芯片与外驱动供电，然后由 CPU 提供方波脉冲信号，此时电路方可工作。为了使驱动芯片更加强，再经外加驱动管进行信号功率放大送变频管。

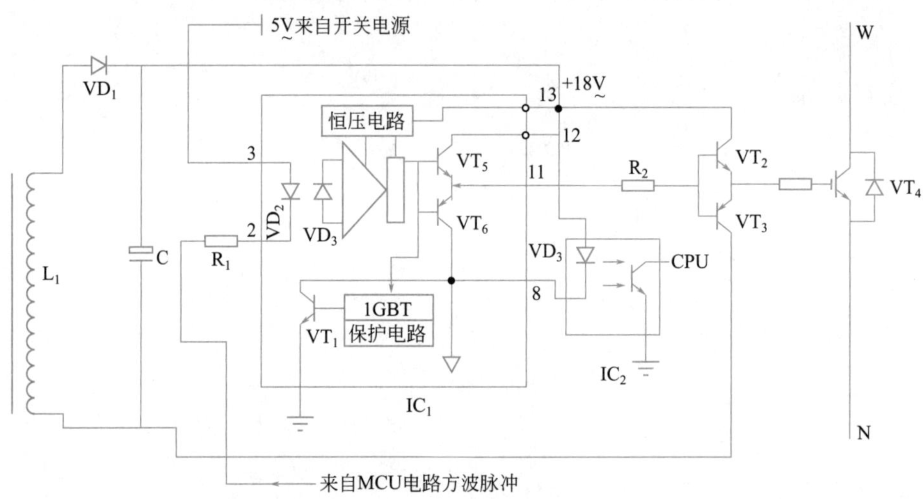

图 4-27　驱动电路

(5) 由 PC923 与 PC929 两芯片共同构成的驱动电路分析 现在一般变频器都是将 PC923 与 PC929 两芯片组合在一起对三相交流中的一相做驱动信号放大，分别驱动变频模块内的上下变频管。一般大功率变频器将两支变频管放在一个模块中分上管与下管。很多变频管将 PC923、PC929 两芯片分别放大两脉冲信号去驱动变频管工作。如图 4-28 所示。

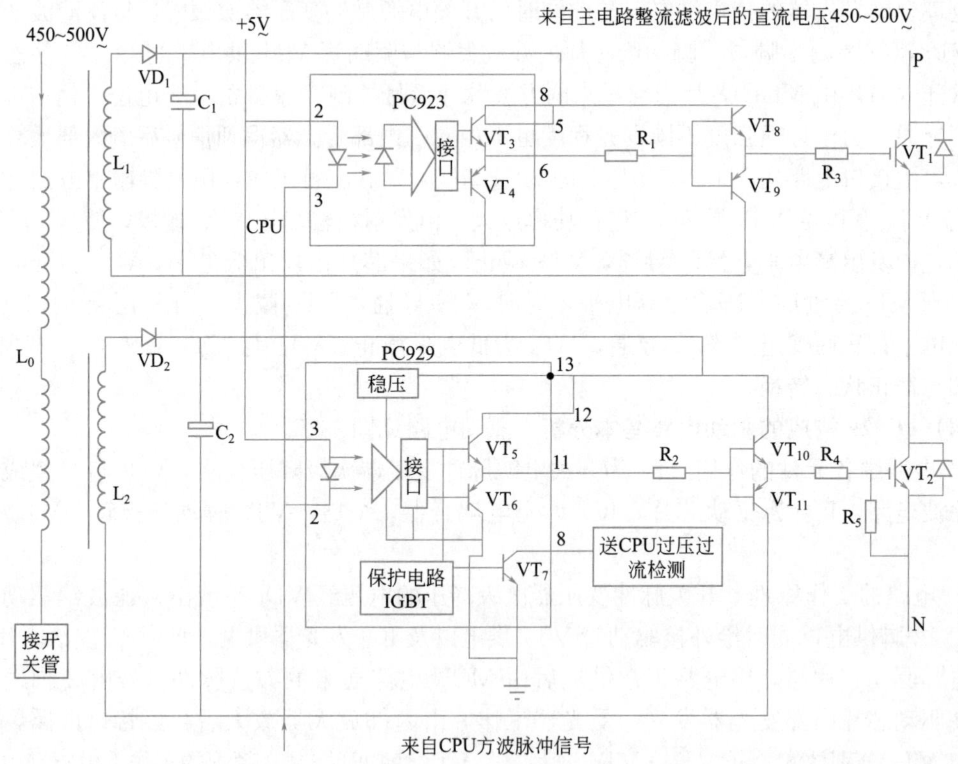

图 4-28　PC923 与 PC929 两芯片构成的电路

① 电路中各元件的作用 L_0 为开关电源脉冲变压器初级振荡线圈，L_1、L_2 为 PC923 与 PC929 两芯片供电的感应线圈，VD_1、C_1 是 PC923 芯片供电的整流滤波电路。VD_2、C_2 为 PC929 芯片供电与整流滤波电路。PC923 是变频上管的驱动信号放大芯片，PC929 是变频下管的驱动信号放大芯片。VT_3、VT_4 是 PC923 内部的驱动放大管，VT_5、VT_6 是 PC929 内部驱动放大管，VT_8、VT_9 是 PC923 外接的放大管，用来放大信号电流与电压。VT_1 是逆变电路中变频管的上管，VT_{10}、VT_{11}是 PC929 外接的驱动信号功率放大管，VT_2 是变频下管。

② PC923 与 PC929 构成的驱动电路工作原理 当开关电源振荡之后由振荡线圈 L_0 产生的交变磁场感应到 L_1 与 L_2，L_1 感应降压后的交流电压经 VD_1 整流由 C_1 滤波产生的直流电压给 PC923 的 8 脚与 5 脚供电，同时给外接驱动管 VT_8 与 VT_9 供电。与此同时 L_2 降压的感应电压经 VD_2 整流由 C_2 滤波产生的直流电压给 PC929 的 13 脚与 12 脚供电，同时给 V_{10}与 V_{11}供电。在此时由开关电源产生的+5 V电压给 PC923 的 2 脚与 PC929 的 3 脚供电作发光器的待机电压，等待交流脉冲信号的到来。

在芯片与外加驱动放大管等电路都供电后，静态工作点就建立了，于是从 MCU 芯片内部产生的六相方波脉冲信号，由信号传送电路送来，分别送 PC923 的 3 脚与 PC929 的 2 脚。由 PC923 内部发光器以光电形成传感到受光器，经内部集成运算放大器放大后由接口电路送 VT_3、VT_4，高电平时 VT_3 导通 VT_4 截止，当接口电路输出低压电平时 VT_3 截止 VT_4 导通，两管交替工作，对信号的高低电平均放大后，由 6 脚输出经 R_1 送 VT_8、VT_9 的基极。当高电平时，VT_8 导通 VT_9 截止。当低电平时，VT_9 导通 VT_8 截止，VT_8 与 VT_9 交替导通。放大由发射极输出经 R_3 送变频管 VT_1 基极。在 VT_8 导通时输出高电平，VT_1 导通。在低电平时，VT_9 导通送 VT_1 低电平，于是 VT_8、VT_9 交替工作，使 VT_1 也不断工作在饱和与截止状态。

当来自 CPU 的方波脉冲信号送 PC929 的 2 脚时，由内部发光器发光，送受光器再由运算器放大经接口电路送 VT_5 与 VT_6，两管交替放大第 11 脚输出脉冲经 R_2 送 VT_{10}与 VT_{11} 的基极，于是 VT_{10}与 VT_{11}交替工作放大后的信号输出控制 VT_2 的饱和与截止的工作。由电路结构可看出，VT_1 与 VT_2 两变频管的工作由 PC923 与 PC929 两组放大器放大的信号输出分别控制。VT_8 与 VT_9 放大 PC923 的输出信号，VT_{10}与 VT_{11}放大 PC929 的输出信号，此电路只有在 PC923 与 PC929 两芯片配合时才可以放大。

③ PC923 与 PC929 常用的机型 在检修时，首先要明确 PC923 和 PC929 这两芯片各引脚的作用，明确各机型采用的芯片。一般英威腾 INVT-P9/1.5kW 是 PC923 与 PC929 配合起来用的。东元 INTPBGBA0100AI 110KV·A 机型也采用 PC923 与 PC929 两芯片配合起来放大 CPU 送来的脉冲方波信号。富士 5000P1190kW 采用 PC923 芯片专用放大的使用。海利普 HLPP0015KW 采用 PC923 与 PC922 两芯片配合。

(6) HCPL-316J 的电路构成分析 图 4-29 为内部芯片结构分析。

① HCPL-316J 驱动芯片的各引脚作用 1 脚与 2 脚是 CPU 送来的驱动脉冲信号的输入端，+为正脉冲输入，一为负脉冲输入。3 脚为开关电源+5 V电压输入，4 脚为芯片接地，内部直流供电与信号的公共回路地。5 脚为复位引脚，接收 CPU 送来的复位信号，芯片内每完成一个程序，就会复位一次再完成下一个程序。6 脚为故障检测端，检测 CPU 送来的故障信号。7 脚接内部发光器正端，一般在实际电路中为空脚。8 脚为内部发光器的负端，一般接地。9 脚与 10 脚为芯片的负端供电，一般提供负电压。11 脚为 OUT，是驱动芯片放

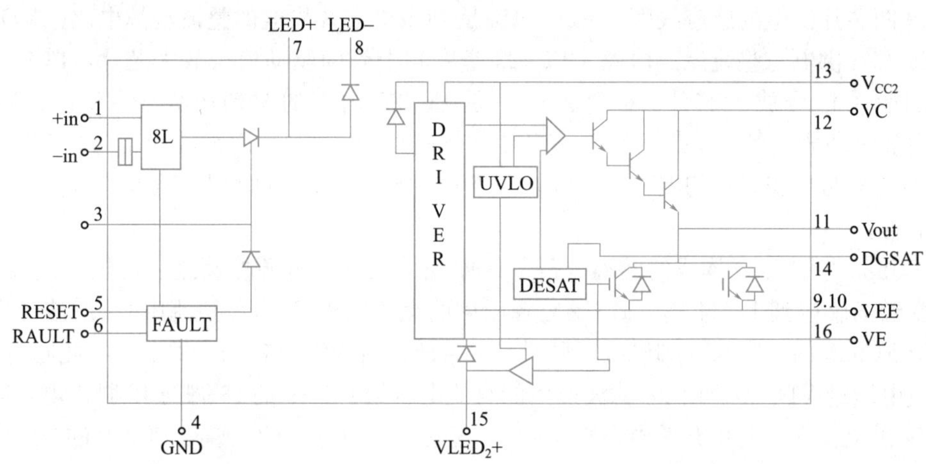

图 4-29 内部结构

大信号以后脉冲信号的输出端，12 脚与 13 脚是驱动芯片的正电压供电，一般为+15～18 V 供电，14 脚为过流检测输入端，15 脚为芯片内光电耦合器输入正脉冲供电端，一般为空脚。16 脚为内接发光器负端输出接地。

② A316J 芯片内部工作原理　当开关电源给芯片 13 脚与 12 脚提供+12 V 与 3 脚提供+5 V 正常后，芯片进入静态工作点，这时由 CPU 送来的脉冲信号由芯片 2 脚与 1 脚输入，经内部门电路处理再经放大，由发光器发光、受光器接收，再经运算放大与多极放大器放大，由 11 脚输出送外电路变频管的栅极。

③ A316J 的电路构成分析　其电路构成见图 4-30。

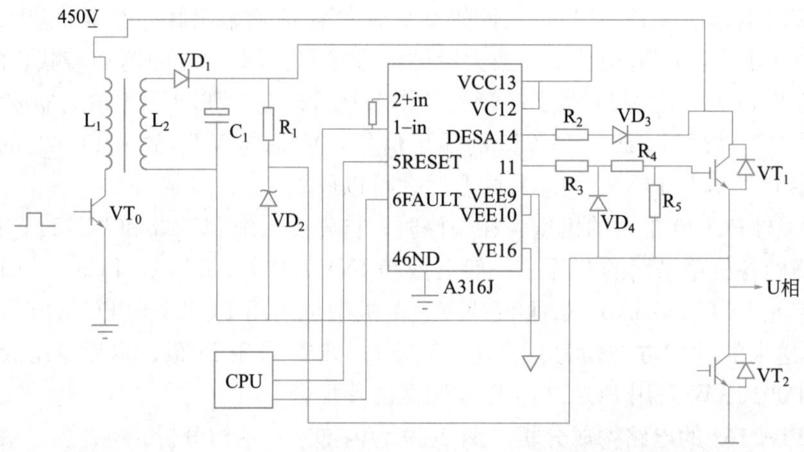

图 4-30 A316J 电路构成

a. 电路中各元件的作用　VT_0 为电源开关管，L_1 为电源振荡线圈，L_2 为变压器次级降压感应线圈，VD_1 为正极性整流二极管，C_1 为电源滤波电容器。R_1 与 VD_2 构成稳压电路，VT_1 与 VT_2 是 U 相变频管，VD_4 为信号稳压电路，VT_2 与 VT_1 构成变频模块。A316J 为驱动芯片。

b. 电路的工作原理　此电路只分析 U 相变频的一组电路。另一组电路与本组相同。电路在开关电源管 VT_0 工作后产生饱和与截止工作时，L_1 便产生了交变磁场，感应到 L_2 降压，再经 VD_1 整流 C_1 滤波，经 R_1、VD_2 稳压时产生＋15 V给芯片 13 脚与 12 脚供电，同时 450 V给 VT_1 漏极供电。在 CPU 芯片工作后产生的驱动脉冲由 1 脚与 2 脚送入芯片，由芯片内部各电路处理后由 11 脚输出脉冲送 VT_1 栅极，使 VT_1 工作，将主电路整流滤波后的直流电压转变为交流电，由 VT_1 与 VT_2 两变频器共同完成，然后 U 相端输出送负载电动机供电，在实际电路中由两组芯片驱动电路构成。

（7）TLP250 与 TLP750 芯片结构与电路分析

① TLP250 芯片内部结构　内部结构图见图 4-31。

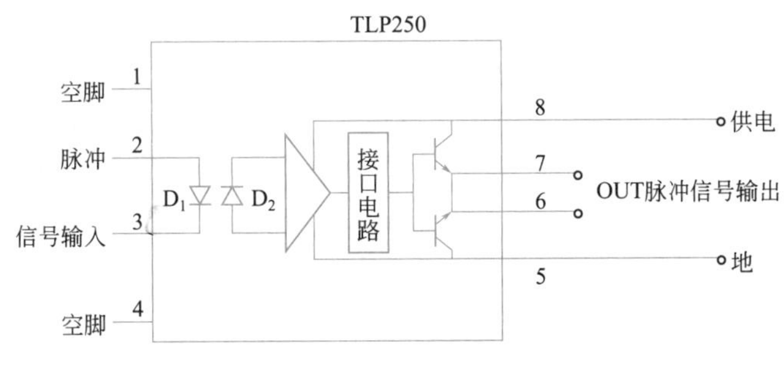

图 4-31　TLP250 芯片

② 主要引脚的作用　8 脚芯片供电来自于开关电源的＋15 V直流，6 脚与 7 脚是脉冲信号输出，2 脚与 3 脚是 CPU 送来的脉冲信号的输入。

③ 芯片内部工作原理　当芯片正常供电后，由 CPU 送来的脉冲信号由 2 脚与 3 脚送入芯片使发光器发光，受光器接收后由运算放大器放大，由接口电路送两内部驱动管交替放大后由 6 脚与 7 脚输出放大后的脉冲信号送外接驱动电路或直接送变频管变频控制。

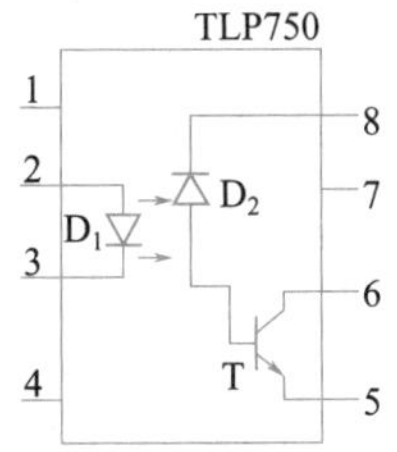

④ TLP750 芯片内部结构与引脚作用　内部结构图见图 4-32。

2 脚与 3 脚是方波脉冲信号的输入端，5 脚与 6 脚接芯片内部的光电三极管（这个三极管也称光控开关管、光电接收器，可以接收发光器送来的光信号）。

TLP750

图 4-32　TLP750 芯片

由内部图可见，芯片内部由一个光电耦合器与一个放大器构成，体现了各驱动芯片内部的基本结构。现在一般的驱动器芯片内部都是由光电耦合器构成的，只是在放大器上多了 OTL 功放结构形式。

4.4 变频器的制动电路

变频控制设备的电动机根据实际所需有时会由高速转换成低速，但有时会由低速转为高速，也有时会停机。但实际中电动机由高速降低时或停机时，电动机并没有马上减速，由于惯性的原因转子留有剩磁。当转子高速转动时，定子线圈会做切割磁力线运动产生交变磁场，这个感应的电流会通过逆变电路给电容器充电。当电容器瞬间充满电荷时，就会损坏变频模块及其他电路，为了避免再生电流产生损坏电路，在主电路整流滤波后到逆变电路之间采用了一个制动电路，在电动机高速变低速或停机时，将定子感应的电流经制动电路分流减小了再生电压对变频管的冲击以及其他电路的冲击。制动电路是在传感电路的配合下将电动机高速变低速以及停机的状态全面反映给 CPU，由 CPU 控制制动电路的工作，在没有接到信号时制动电路不动作。

4.4.1 变频器制动电路结构

变频器制动电路结构见图 4-33。

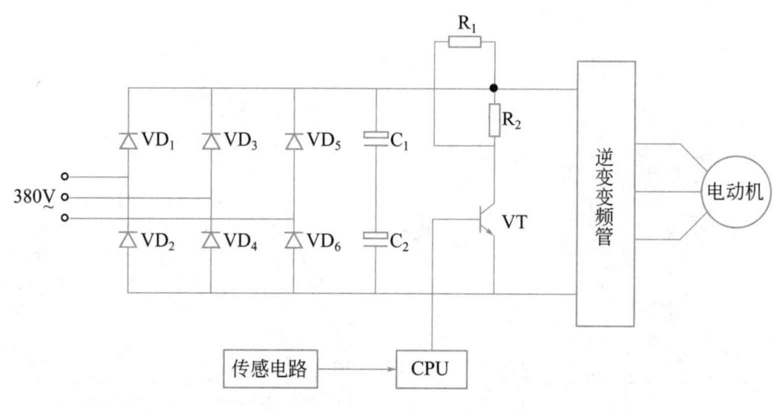

图 4-33 变频器制动电路

4.4.2 变频器制动电路中各元件的作用

VD_1～VD_6 为三相整流，C1、C2 为滤波自举电路，VT 与 R_1、R_2 为制动电路，同时工作时包含 CPU 与传感电路。

4.4.3 制动电路的工作原理

(1) 电路的工作原理 我们在三相整流滤波电路之后与逆变电路之间设置了制动电路。它由制动管 VT 与 R_1、R_2 等构成，当传感电路由于电动机高速转低速与停机时送来的信号送 CPU 电路，此时，CPU 电路控制 VT 管基极，使 VT 管导通。此时由逆变电路、返回的再生电流经 R 电阻，再经 VT 集电极与发射极到地分流，消耗了电流，使滤波电容两端电压不能升高，保护了其他电路。

(2) 变频器制动及制动驱动 其电路结构见图 4-34。制动与制动驱动电路工作过程如下。380 V 交流电路 R、S、T 端送三相整流电路整流后送滤波电路，同时经过制动电路。当由传感器检测到有电动机高速转低速或停机时，反馈 CPU 电路由 CPU 内部处理后送光电驱动器。由光电驱动器 T250 内部放大后由 6 脚与 7 脚输出，送制动管 VT 的栅极，使制动管此时导通，将电动机再生电流经整流电路反馈，经制动电阻由制动管集电极与发射极导通到地分流。使电容器不至于再生电流升高而损坏其他电路。

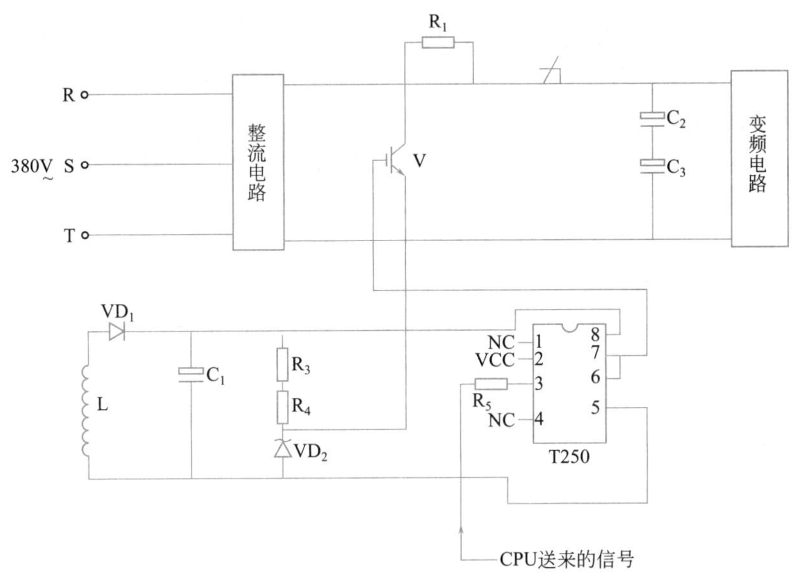

图 4-34 变频器制动与制动驱动

4.5 变频器操作控制电路分析

一般工业自动化设备的基本结构由以下四大部分组成。

① 由三相或单相的电气配电柜（内部有各种配电电气元件，如空气开关、交流接触器、过热保护器与漏电保护器以及各小、中型熔断电器与各种按钮等）构成。

② 由智能变频器三相与单相构成。

③ 由 PLC 程序控制。

④ 由变频器外接的各开关与触摸屏等结构构成。

为了让变频器能良好地充分发挥出各功能的效果，主要在变频器操控电路的各种参数在正确的操作下完成各程序的设置，只有参数有效的设置变频器才能正确发挥作用。例如：变频器控制电动机正转的运行以及各速度是否达标，以及高速、中速、低速的各段速设置都在于变频各参数的设置是否正确。

4.5.1 操作控制电路的分类

（1）一般常见的操作控制方式

① 变频器本机面板控制电路，也称为面板键输入电路，面板中设置有基本的功能键、启动运行键、正转与反转键、停止、复位键、菜单键等可进行变频器的基本功能调试。

② 变频器外接设备的调试就是在变频器的各功能接线端，将基本功能用导线连接在变频器的外端安装在配电箱的外面板上，用按钮实现变频器的运行、停止、正反转、复位等各功能，在操作时不用打开配电柜，可直接在配电柜面板中实现。

③ 将变频器连接 PLC 然后采用触摸屏实现变频器各功能的操作。

一般工业自动化对变频器的操作就使用了这三种方式。目前最为先进的是触摸屏的控制方式。

(2) 基本原理

① 本机面板的操作　采用键输入法，将各功能按键转变为对应的输入命令，然后对这些命令用 CPU 进行转变，形成各种对应指令去控制各对应电路的工作，一般都要从储存器中去调储存的程序信息。

② 外接按钮控制的操作　在变频器外接设备连接的接线端有机器的基本运行功能的操作，如运行、停止、正转、反转、高、中、低速速度的选择，这些基本的功能键都安装在配电柜的面板中，这样操作起来方便，不用打开配电柜的门，只需要在配电箱面板中操作即可，变频器的接线端通过光电耦合器连接，CPU 电路工作时，由面板各功能操作键经传送导线连接内部光电耦合器执行各功能命令，控制对应电路的工作，实现对应功能的工作状态。

③ 采用触摸屏操作　用触摸屏操作取代机械按钮的各功能操作，将触摸屏与 PLC 连接，PLC 与变频器连接。当操作触摸屏时，屏内就会对应发出人为所需指令的对应功能键的信号，这个信号送 PLC 内部，经 PLC 内部处理调出相应的指令数字信号去控制变频器的内部相应电路工作，实现触摸屏的各功能键的动作。

4.5.2　操作控制电路的作用

要想实现变频器各基本功能，首先通过本机面板各功能按键或者通过变频器外接的各功能键的操作实现，例如运行、停止、复位、正转与反转，以及高、中、低速各级速度的变换。当操作面板时，各键给 CPU 电路的命令由 CPU 再进行转换去控制相应电路的工作，在运行时要控制 CPU 内部振荡产生六相脉冲，然后经驱动电路放大再去控制逆变电路中的六支变频管的工作，直流转换成一定频率的交流电送电动机。电动机运行如果按停止键时，由 CPU 给六相脉冲发生器一个信号使脉冲停止振荡，这样驱动芯片也不工作，逆变电路也停止工作，U、V、W 三者输出电压为零，机器停止工作。如果操作按键为正转，此时给 CPU 电路一个正转的信号，这时 CPU 发出正转的脉冲，控制六相方波脉冲信号的状态经过驱动电路处理后控制逆变电路的工作，U、V、W 三端输出的电压使三相电动机正向运行，当然这样反向操作与正向相同。

总之，操作电路的主要作用是用软件控制硬件以弱电控制强电，控制变频器的各状态工作运行。

4.5.3　操作控制电路的工作原理

以图 4-35 SINE303 型 7.5kW 变频器的操作显示板电路为例，电路的整机结构由 W78E365A4FL 芯片与 U6、U3、LED_1、LED_2 等各芯片组成。下面介绍电路中各主要元件的作用。

(1) 电路中各元件的作用　U2 是 MCU 板中的微处理芯片，它内部集成六相脉冲，产生电路内部是方波脉冲振荡器，同时内部集成了 CPU 芯片完成面板及外接设备的脉冲命令以及本电路中的过压与过流脉冲信号进行转换对应的指令，如果损坏后将会使整个机器停止工作。U6 是储存器芯片内部储存变频器的基本工作程序，例如：运行、复位、停止、正转与反转等，在面板操作指令下由储存器中调出各种命令。U3 是外接通信设备器的数字信号转换器。LED1、LED2 用来显示机器当前的工作状态，一般采用数码显示器的形式。K_1～K_8 是面板的各功能按键。VT_3～VT_7 是显示器的显示驱动管。L_3～L_5 是各功能指示灯。

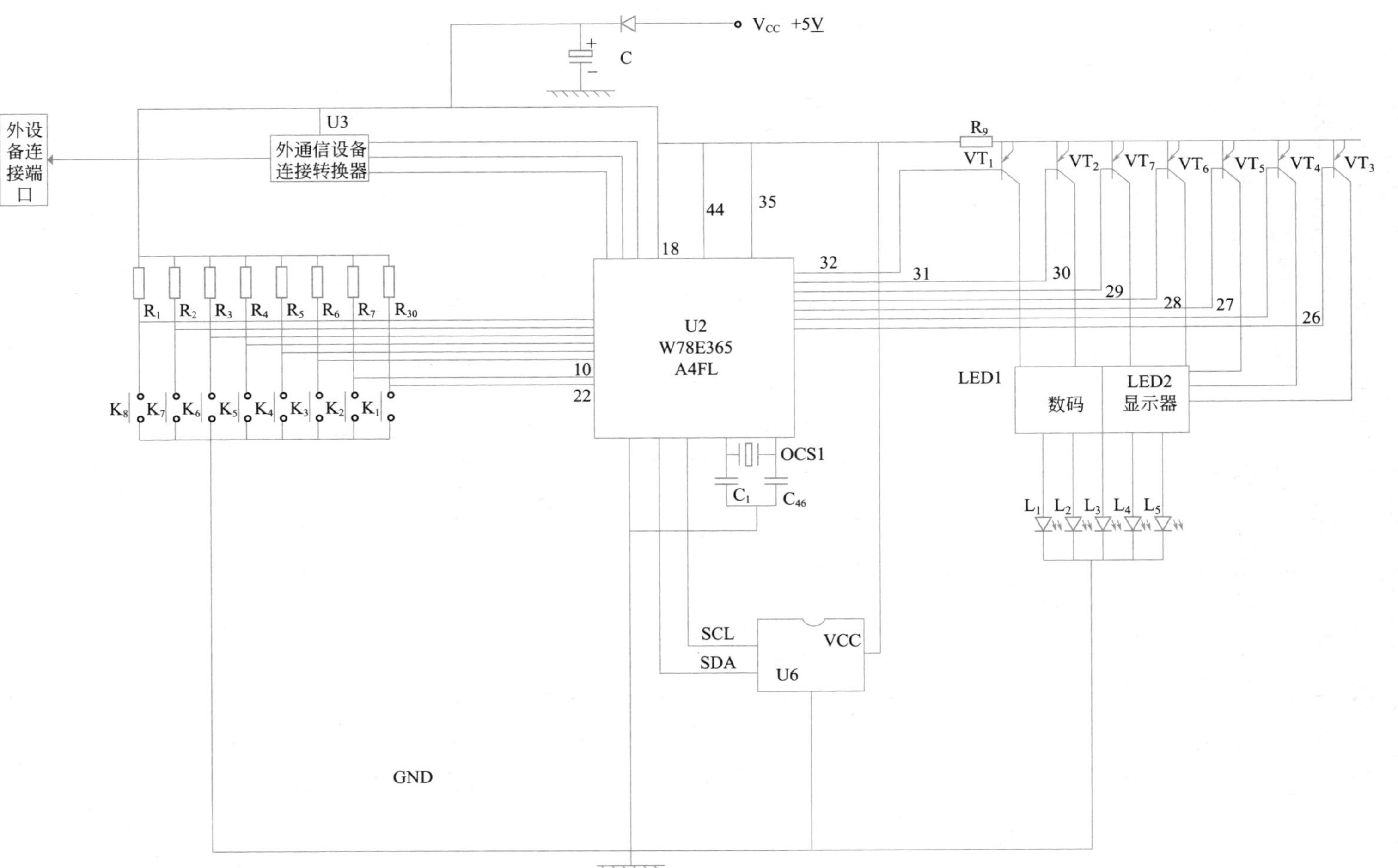

图 4-35 SINE303 型 7.5kW 变频器操作显示板电路

（2）电路的工作原理 在变频器整机通电后由开关电源产生的+5 V给 MCU 电路中的中心芯片 U2 供电，同时给 U3、U6 等几个芯片供电，这时各芯片在待机的状态工作。当 MCU 芯片 U2 的三大工作条件、+5 V供电与 OCS1 与 C_{46} 和 C_1 组成的时钟电路与复位电路等工作条件达到后 U2 处于待机的状态。当我们按下 K_1、RUN 运行键时，+5 V经 R_{30} 经 K_1 与地线接通，此时 22 脚有开机运行脉冲加入后，U2 芯片内六相方波脉冲振荡电路工作，振荡产生的六相方波脉冲输出送驱动电路，经六驱动放大后去控制六支变频管的工作，将直流转换成一定频率的交流电压由 U、V、W 三端输出送电动机，同时由 U2 的 26～31 脚输出六脉冲显示信号经 VT_3～VT_7 进行放大后，送 LED1 与 LED2 显示机器当前的工作状态。当操作 K_2～K_8 时，分别给 U2 芯片输入各命令，而且 U2 内部运行各功能键的功能控制相应电路的工作，实现电动机的各运行状态。在操作 K_1～K_8 各功能键时，由 U6 的储存器中调出各功能程序支配 U2 芯片的工作运行。与此同时 LED1、LED2 显示器显示各功能的状态。读者朋友们，工作原理虽然简单，但是电路出现故障时分析原因是复杂的，因为此电路有软件程序与硬件两大部分。

（3）操作控制电路的检修

① 操作 K_1～K_8 各功能键时，电动机的运行没有任何反应，显示器也没有任何反应。

首先检查 U2 芯片的供电，18 脚、44 脚、35 脚等各脚是否有+5 V供电。如果供电不正常，检查开关电源等+5 V形成电路是否良好，然后再测量晶振 OCS1 两端的脉冲信号电压是否正常。如果脉冲信号电压或信号波形不正常，检查 OCS1 晶振与 C_{46}、C_1 谐振电容器是否正常，再检查复位引脚 U2 的 10 脚 RST，同时按 K_2 的复位开关，观察 10 脚电位是否变化。如果 10 脚有高低电位变化，证明复位良好。如果 U2 的工作条件符合要求，操作 K_1～K_8 各键时没反应，U2 芯片应代换。

② 开机显示器没有显示 首先检查显示器接口与主板的连接是否良好，然后检查显示驱动电路 VT_3～VT_7 的供电+5 V是否正常，如果电压正常，检查 VT_3～VT_7 各管子是否良好或代换数码显示管。

③ 操作各功能键时显示器显示程序代码乱码与原菜单不相符 在通电操作启动运行键 RUN 时变频器没有反应，U、V、W 三端输出电压为零，电动机不运行，而且显示运行代码错误，说明储存器 U6 内部数据程序错误，检修方法是将变频器与计算机连接，先读出 U6 内部程序，检测到 U6 芯片，然后重新给 U6 内部输入程序（要输入原变频器厂的程序），再开机试验操作。如果程序不能写入或写入不支持本变频器工作，就要更换新的 U6 芯片，再重写程序。

4.6 变频器主电路、电源、驱动电路等结构原理分析检修

变频器整机共分为主电路、开关电源、脉冲信号驱动电路、CPU 电路、面板显示与操作电路、过压过流保护电路、外设备接口电路等。由于负载电动机的供电主要是主电路提供，无论是单相 220 V、三相动力 380 V，都是先经过整流电路，然后再经制动、滤波、逆变电路等处理，送电动机，所以功率大，负载稍有过载短路就会使主电路损坏。由于驱动电路直接用脉冲信号控制变频管工作，故一般变频管损坏会影响到驱动电路。同样，驱动电路有故障直接影响变频管工作，开关电源由于给 CPU 驱动面板操作等电源供电，如果电源有故障直接会影响整机停止工作，所以我们要对变频主电路驱动等电源电路做重点分析。典型主电路开关电源驱动电路的整体结构见图 4-36。

4.6.1 主电路、电源、驱动电路的结构分析

变频器的主电路、电源、驱动电路都是变频器的主要电路，也是最容易损坏的电路，所以我们要对这些电路做重点详细的分析。首先要知道主电源、开关电源、驱动电路它们之间是如何连接的。机器有故障时才可以分析故障范围所在，根据各电路之间的相互连接状态分析电路。

电路的主体结构有三相整流、滤波与逆变电路中的六支变频管，它们构成了主电路。在主电路中的六支变频管与六支二极管构成的三相整流电路是主电路中的主要部分，也是机器中功率最大的电路。但是主电路中变频管靠驱动送来的六相脉冲方波信号的驱动才可工作。但是驱动电路都是只有在开关电源提供供电时方可工作。同时还需要 CPU 送来的脉冲信号。

开关电源变频器一般都采用他励式结构工作。由图 4-36 可见，电源电路由脉冲发生器芯片 KA3842 与开关脉冲变压器 T 与 L_1 振荡线圈、L_2 振荡正反馈线圈、L_3 5 V电压感应线圈与开关振荡管 VT_1 等元件组成。KA3842 主要产生方波脉冲信号，KA3842 与 UC3842、UC3843、UC3844 芯片内部结构相同，所以可以相互代换。在检修开关电源电路时，注意各芯片可代换。

电路中的驱动电路由六支 PC923 光电传感驱动芯片构成，主要是分别放大由 CPU 送来的六相脉冲方波信号，它们的供电都是由开关脉冲变压器次级降压线圈感应电压经整流滤波与稳压得到。PC923 六支芯片放大后分别输出脉冲信号，有的机器在驱动芯片之后加一级功率放大，有的芯片就直接把放大后的信号送到变频管去了。一般驱动电路常见的芯片有 PC923、PC929、TLP750、HCPL-316J、MC33153P。根据不同的型号、不同功率的变频器，所使用的驱动芯片就会有所不同。我们要熟记常用芯片的各主要引脚作用以及内部结构，方可以在检修时准确检查到故障发生的部位。电路中的逆变电路的变频管共有六支变频管。而且每两支变频管组成一相变频，六支共组成三相变频输出。在本电路中采用六支分离变频管。在有些大功率的电路中采用模块结构方式。3 组变频管每两支为一组的供电都采用主电路中的 450～500 V作为供电。六支变频管中都是在驱动电路送来的脉冲信号驱动下才工作的，工作时按顺序工作，三相电动机的取电压是按照每两支管串联的中点选取，所取六支管是按方波脉冲信号的顺序工作的。

4.6.2 主电路、电源、驱动电路各元件的作用

电路中 VD_1～VD_6 是三相全桥整流电路，为正极性整流，采用二极管的单相导电特性将三相 380 V交流电转变为脉冲直流电，如果损坏一支或两支，最好将六支同时更换，参数必须是六支相同，这样才能达到三相平行，现实的整流电路有将两支集成一个整流条的形式。一般三相整流有三个整流条，检修更换时三支整流条也是同时更换，检修之前可以测量 R、S、T 三端的阻值去判别整流的好坏，C_1、C_2 是容量较大的耐压值较高的电解有极性电容器，C_1、C_2 电容可以采用电容器通交隔直特性，将整流后脉动直流电中的低频交流成分滤除，得到纯直流电压并自举升压，将整流后的滤波电压上升到 450～500 V之间。R_2 与 R_3 并联在 C_1 与 C_2 的正负极两端，是放电电阻在正常工作时 C_1 与 C_2 所存的电流，当停机后电容内存的电流就会通过 R_2 与 R_3 自动放电，防止在检修时 C_1 与 C_2 内部所存电荷放电使人体触电。R_1 是限流电阻，在 KA 没有闭合时电流经过 R_1 给滤波与后负载供电，但是电源

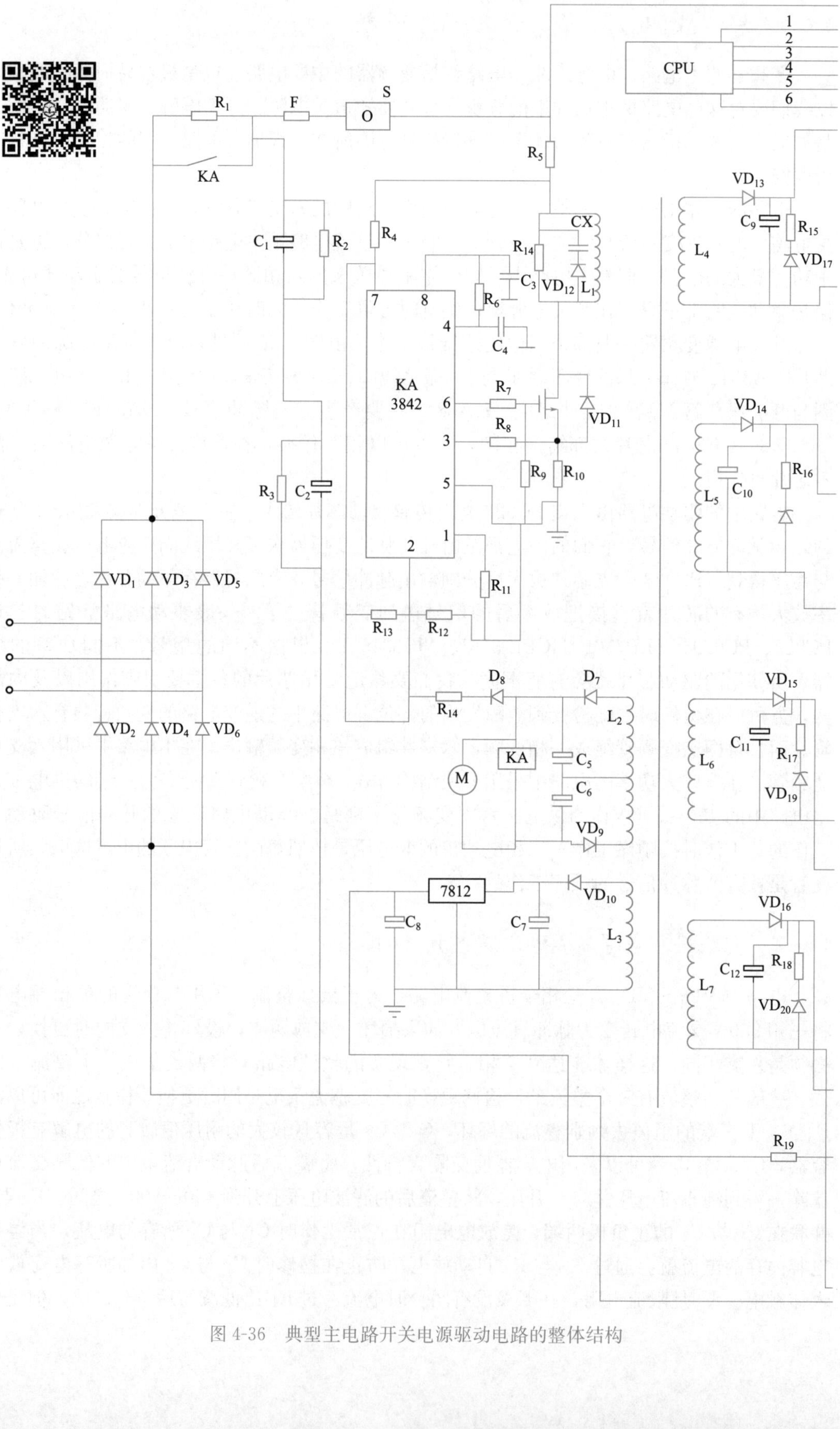

图 4-36　典型主电路开关电源驱动电路的整体结构

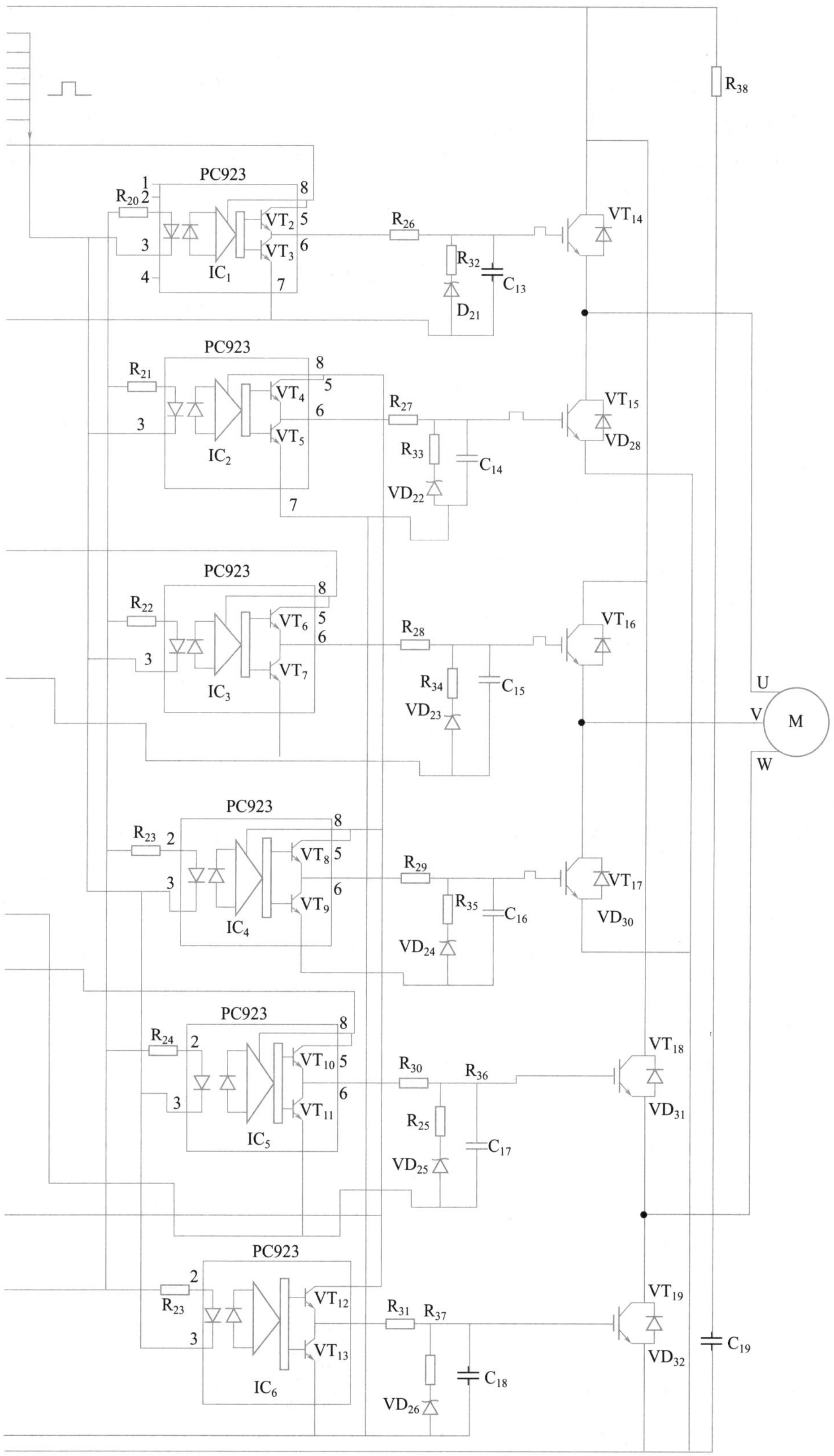

PC923
R20
1
2
3
4
8
5
6
7
VT2
VT3
IC1
R26
R32
C13
D21
VT14
R38
PC923
R21
3
8
5
6
7
VT4
VT5
IC2
R27
R33
C14
VD22
VT15
VD28
PC923
R22
3
8
5
6
VT6
VT7
IC3
R28
R34
C15
VD23
VT16
U
V
W
M
PC923
R23
2
3
8
5
6
VT8
VT9
IC4
R29
R35
C16
VD24
VT17
VD30
PC923
R24
2
3
8
5
6
VT10
VT11
IC5
R30
R36
R25
C17
VD25
VT18
VD31
PC923
2
R23
3
VT12
VT13
IC6
R31
R37
C18
VD26
VT19
VD32
C19

电路通电工作后KA线圈通电带磁，KA闭合，电流便经KA给后电路供电。F是保险，当整流后电路有严重短路故障时，F保险会断电。T是开关电源互感式脉冲变压器。L_1是启振线圈，L_1与VT_1组成串联振荡电路。L_1也是大功率线圈，L_2是振荡正反馈线圈。在L_1产生交变磁场的作用下感应到L_2线圈，降压产生的电压作为反馈KA3842芯片7脚的工作电压，同时也可以检测输出电压的高低，反馈控制KA3842内部振荡器控制输出电压。同时L_2感应的电压，经VD_7整流后给线圈KA供电使KA触点吸合，同时给散热风扇供电。L_3是+5V直流专用的供电降压感应线圈，感应的电压给驱动芯片供电。L_4、L_5、L_6、L_7是脉冲变压器次级降压线圈，专门给驱动芯片供电，降压线圈KA3842在开关电源电路中是产生方波信号的。方波脉冲信号是频率发生器，它是芯片外振荡定时电容器与充放电电阻与芯片内部的振荡电路共同形成的，也称为他励式芯片。UC3842、UC3843、UC3844都可以代替KA3842，如果KA3842损坏，开关电源不能工作，CPU驱动面板操作电路都不能工作，主电路中逆变电路没有脉冲信号将不能工作，机器处于停机状态。VT_1是电源开关，在KA3842脉冲的作用下，在饱和与截止状态进行转换，此时，L_1线圈才会产生交变磁场。VT_1管是大功率管，一般都带散热片。R_5与R_4构成启动降压电路，将整流滤波之后的450～500V直流电压进行大幅度降压，给KA3842的7脚供电。R_6与C_3组成KA3842的8脚基准电压滤波。C_4与KA3842的4脚相连接，是芯片内的振荡电路外接振荡定时电容器，这个电容器采用无极性固定电容器，容量不能随意改变，否则振荡频率就会改变。R_{14}、VD_{12}、CX组成尖峰吸收电路。在开关管VT_1饱和与截止期间，对VT_1管c极峰值电流进行吸收，这样开关管U_1不会因开关工作期间，尖峰电流将c、e击穿。R_7是方波脉冲信号传送电路，将KA3842芯片内产生的方波脉冲传送到开关管VT_1的基极，控制VT_1管工作在饱和与截止状态，不断转换这个电阻的阻值大小直接会影响到脉冲信号的质量，关系到VT_1的工作状态。

所以R_7电阻在检修时参数不能随意改变，D_{11}与开关管VT_1 c、e并联，是用来保护VT_1开关管的，防止VT_1在开关工作时峰值电流击穿VT_1、c、e，R_{10}是开关管VT_1发射极对地的保险电阻，这个电阻阻值非常小，只有0.39Ω 1W左右。如果这个电阻开路，说明开关管VT_1 c、e击穿，由于经L_1、VT_1 c、e以及R_{10}的电流过大才烧开路，VT_1 c、e导致击穿。R_9是方波脉冲信号的信号压降电阻，R_{10}电阻使KA3842内部产生的脉冲信号在R_9两端产生信号压降，控制开关管VT_1的栅极，可以推动VT_1管的开关工作。R_8是开关管VT_1过流传送电阻，在开关管过流时将VT_1 c、e之间所通过的电流经R_8传送到KA3842的3脚内部控制，内部振荡器在此时停止振荡，使开关电源得以过流保护。R_{12}、R_{13}是KA3842的2脚过压反馈输入引脚的过压传送分压电路。R_{11}是KA3842的1脚与地线连接的电阻。D_7与C_5组成KA接触器与散热风扇供电的整流与滤波电路。D_7的功率稍微大一点，D_8与D_7组成倍压整流，R_{14}是过压反馈电阻。D_7、D_8与R_{14}构成过压反馈电路。在正常工作时，D_7、D_8、R_{14}与C_5、L_2共同组成KA3842的7脚供电的反馈电路，将L_1产生交变磁场感应到L_2的电压由D_7、D_8、R_{14}送KA3842的7脚。VD_9、C_6组成负压整流电路，产生负电压给KA与散热风扇供电。VD_{10}与C_7组成+5V降压后的整流滤波电路。它们构成半波整流电路。7812是三端稳压器电路，它是一个集成的稳压电路，稳压后产生恒定的+5V给CPU与所需+5V的场合供电。为什么+5V需要一专用的三端稳压器呢？因为CPU电路要稳定的工作，必须要有稳恒的直流稳压供电。如果CPU的供电电压有变化时，常不稳定会导致CPU内部电路不能正常接收面板以及各传感电路、CPU送来的程序，同时也无法产生六相方波脉冲驱动信号。因为CPU芯片内部由数字电路构成的比较多，所需工作稳定性强，IC_1、IC_2、IC_3、IC_4、IC_5、IC_6 是六支带光电耦合器的脉冲信号放大器芯片，这六支芯片的功率型号都必须相同，这样才可以使六相方波脉冲放大的幅度相同，使将来的六变频管变频输出三相交流电三相平衡。电路中的 VD_{13} 与 C_9 组成 IC_1 芯片的整流滤波供电，R_{15} 与 D_{17} 构成 IC_1 驱动芯片的稳压电路，可以使 IC_1、PC923 芯片工作点稳定、工作性能稳定。VD_{14} 与 C_{10} 组成 IC_3 驱动芯片的整流滤波电路。VD_{15}、C_{11} 是 IC_5 驱动芯片的整流滤波电路。R_{17}、VD_{19} 是 IC_5 芯片供电稳压电路。D_{16}、C_{12} 是整流滤波电路，给 IC_6、IC_4、IC_2 等三驱动芯片供电。R_{18} 与 VD_{20} 是稳压电路，稳定 IC_6、IC_4 与 IC_2 等芯片的工作电压。R_{26}、R_{32}、VD_{21}、C_{13} 是 VT_{14} 的栅极脉冲信号输出稳压电路。R_{28}、R_{34}、R_{23} 是 VT_{16} 栅极的脉冲信号输送的稳压电路。R_{29}、R_{35}、VD_{24} 是 VT_{17} 脉冲信号输送电路的稳压电路。R_{30}、R_{36}、R_{25}、VD_{25} 是 VT_{18} 的脉冲信号输出稳压电路。R_{31}、R_{37}、VD_{26} 是 VT_{19} 的栅极脉冲信号输出的稳压电路。VT_{14} 与 VT_{15} 组成 U 相的变频管正常工作时，VT_{14} 与 VT_{15} 交替工作，对 U 相的电压进行处理。

4.6.3 主电路、电源、驱动电路的供电分析

本机器按工作顺序分析供电的顺序，首先是 380 V 交流电经三相整流电路进行三相全桥整流，采用二极管的单相导电特性，将交流电转变为直流，再将直流电经 R_1、F 送滤波电路进行滤波，然后将滤波自举电压经 R_5、R_4 降压后送 KA3842 的 7 脚给芯片内稳压由 8 脚输出基准电压。由 R_6 送 4 脚给 C_4 充电，整流滤波后的直流电分三路送出。第一路先送开关电源的频率发生器芯片，同时经脉冲变压器，送开关振荡管，这两路是开关电源的主要电压。在检修时先检查的是这两路，一般检修人员要记住这两路电压正常时的工作电压值，在检修时做以参考。第二路是给逆变电路的变频管供电，如果是分开的六支变频管，每两支是一相电的变换，那么整流滤波后的直流电压 450～500 V 给两管供电。而且并联分别给两管供电。第三路由 S 端取出直流脉冲电压，反馈送到保护电路，检测主电路的供电是否正常。

开关电源工作后，L_1 产生的磁场感应到 L_2 作为 KA 接触器与散热风扇的供电，同时作为 KA3842 的 7 脚工作电压，也可以作为检测反馈电压是否正常的反馈电压送到 KA3842 的 2 脚。同时感应到 L_3 经 VD_{10}、C_7 整流滤波由 7812 三端稳压器稳压，C_8 滤波＋5 V 给 CPU 芯片供电。在电源脉冲变压器 L_1 产生的交变磁场作用下感应到 L_4、L_5、L_6、L_7 线圈降压后再整流滤波，给 PC923 六驱动芯片的 8 脚与 5 脚供电。

由整图可看出本机的工作是有顺序性的。整流滤波产生的直流电压给 KA3842 的 7 脚供电使开关电源工作，才能使变压器次级降压后的电压整流滤波给各驱动芯片供电。六支驱动芯片在 CPU 送来的脉冲作用下，放大再去控制六支变频管的工作。那么在检修电路时，主要考虑两点，三相交流在整流滤波后，一路先给开关电源供电，然后给逆变电路中的六支变频管供电，由于开关电源工作后，脉冲变压器次级才能给六支驱动芯片供电。

4.6.4 主电路、电源、驱动电路工作过程

动力 380 V 交流电由抗干扰电路将高于 50Hz 高频率交流滤除得到纯 220 V 50Hz 交流电，再经三相六支整流管的电容的效应，整流后的直流电中有交流成分，这些交流成分要经过 C_1 与 C_2 两电容器滤波。滤除直流中交流成分得到纯直流电，而且自举升压将直流升压，

一般单相变频器升压为300 V直流。如果是三相变频器升压后电压为450～500 V直流电。可以说开关电源没通电工作之前，整流后的电流经过 R_1 电阻、F 保险送滤波电路。如果通电后过几秒钟由于开关电源工作后，KA 接触器线圈通电后，使 KA 触点闭合，此时电流经 KA 给滤波以及开关电源与逆变电路供电。

整流滤波后的直流电压先经启动降压电路 R_5、R_4 降压给 KA3842 的 7 脚供电。在芯片内部稳压后由 8 脚输出基准电压，经 R_6 给 4 脚外接 C_4 电容器充电，然后 C_4 再经 4 脚由芯片内由 5 脚到地线放电。C_4 充电与放电使芯片内部振荡，振荡后在芯片内部放大、调整，由芯片的 6 脚输出方波信号。经 R_7 与 R_9 分压产生的脉冲送开关振荡管 VT_1 的栅极。当脉冲信号为高电压时 VT_1 导通，整流后的直流电压 450～500 V经 R_5、L_1 上进下出，经 VT_1 的 D_1、S 导通，再经 R_{10} 到地形成回路。此时 L_1 产生上正下负的电动势。当 KA3842 芯片内部输出脉冲为低压电平时 VT_1 截止，DS 内阻增大，此时 L_1 产生上负下正的反电动势。可见 C_4 充电与放电、VT_1 饱和与截止，L_1 才能产生交变磁场，引起振荡。当整流与滤波后的 450～500 V的电压过高时，VT_1、DS 导通电流大，经 R_8 送 KA3842 的 3 脚，控制芯片内停振，使 6 脚输出的脉冲为零，VT_1 截止工作，实现过流保护。在正常工作时由 L_2 感应的电压经 D_7、C_5 整流滤波给 KA 线圈供电，使 KA 接触器触点闭合。同时 L_2 感应反馈电压给散热风扇供电，给整机散热。L_2 反馈电压 D_7、D_8 倍压整流经 R_{14} 反馈 KA3842 的 7 脚供电，过压时经 R_{13} 给 KA3842 的 2 脚输入电压，电压高时控制芯片内停振，实现过压保护。

L_1 的磁场感应到 L_3 经 D_{10}、C_7 整流滤波由三端稳压器、7812 稳压，C_8 滤波产生+5V 给 CPU 供电，同时给 PC923 各芯片 2 脚供电，作发光器二极管正端电压，当开关电源工作后，L_1 产生交变磁场感应到 L_4、L_5、L_6、L_7 等线圈降压的电压，分别整流滤波给 PC923 六支芯片的 8 脚与 5 脚供电，使 PC923 的各芯片此时工作在静态。在 CPU 电路通电后，在操作面板的运行键时 CPU 就会发出六相脉冲信号送 PC923 的 3 脚，由于六相脉冲信号电压强弱不停地改变，导致 PC923 的发光器的导通，改变发光，也改变光电传感到光电接收器的信号强弱，然后再放大，再经驱动器内部 OTL 功率放大器放大，然后输出送变频管，控制变频管的工作，分别输出 U、V、W 三相电压到电动机。下面我们详细分析一下驱动器的信号处理过程。

当 PC923 六支芯片的 8 脚与 5 脚都供电后，PC923 的 2 脚也供上了 5V 电压。这时 CPU 送来的六相脉冲信号经 3 脚变化控制 PC923 内部发光器工作。将电信号转变为光能传给光电接收器由芯片内部 OTL 放大管放大，IC_1 芯片内部 VT_2 与 VT_3 分别放大。当高电平时，VT_2 导通 VT_3 截止，$IC_1$6 脚输出高电平送 VT_{14} 的栅极，VT_{14} 导通。主电路中整流滤波后产生 450～500 V的直流电，经 VT_{14} c、e 导通输出 U 相的电压送电动机。当低电平时，VT_2 基极电位变低而截止，VT_3 基极电位变低而导通，6 脚输出为低电平。正常工作时，IC_1、PC923 内部的 VT_2 与 VT_3 交替工作。我们再分析一下 IC_2、PC923 芯片内部的工作过程：当 CPU 送来的脉冲送至 IC_2 的 3 脚时，由于信号的强弱变化使光电器工作，经内部运算放大后再控制 VT_4 与 VT_5 的工作。

当高电平时 VT_4 工作，VT_5 截止，当低电平时 VT_5 工作，VT_4 截止，VT_4 与 VT_5 交替工作。由 6 脚输出脉冲送 VT_{15} 栅极控制 VT_{15} 工作在开关状态。当 VT_{14} 与 VT_{15} 都在同一时间工作时，将主电路的 450～500 V直流电压给 VT_{14} 与 VT_{15} c、e 之间，导通 VT_{14} 与 VT_{15} c、e 串联分压取中点电压输出送电动机 U 端，电路中的 IC_3 与 IC_4 与 VT_{16}、VT_{17} 它们的工作方式与 IC_1、IC_2、VT_{14}、VT_{15} 相同。IC_5、IC_6、VT_{18}、VT_{19} 这几个元件组成了

变频器变频后，W 这一相变频交流电的输出，它们的工作过程与 IC_1、IC_2、VT_{14}、VT_{15}的工作过程相同。正常工作时 VT_{14}、VT_{15}、VT_{16}、VT_{17}、VT_{18}、VT_{19}三对变频管每两支分别将整流后的 450～500 V直流电压交替地变成一定频率的交流电，形成 U、V、W 三相电送三相电动机。这时的三相电内部线圈就按一定顺序工作，电动机动作。

4.6.5　主电路、电源、驱动电路元件故障分析

(1) 电路中主要元件损坏后的故障现象　一般变频器主电路由于通电电流功率大，容易损坏。主电路常损坏的就是整流电路、逆变电路滤波，电路中 D_1～D_6 中如果一组损坏缺一相整流，在电容 C_1 与 C_2 两端电压就会下降或为零，一般损坏为击穿。三相整流一般将两支二极管集成为一个整流条，共三个整流条组成三相整流电路。如果损坏一对，就必须将它们都换掉，这样可保持三相平衡。如果滤波电容器 C_1 与 C_2 其中有一支漏电都会使滤波不良，电压不能自举升压，使 C_1 与 C_2 两端电压会下降，滤波后的直流电不纯，要更换时必须注意耐压值与容量。C_1 与 C_2 两端并联的电阻 R_2 与 R_3 如果开路或阻值增大就会使每次工作后不能自放电。检修时应先用 100W 的灯或大电阻负载放电，否则检修人员容易触电。

逆变电路中共有六支变频管，构成的每两支变频管完成一相交流电的变换，VT_{14}、VT_{15}完成 U 相，VT_{16}与 VT_{17}完成 V 相，VT_{18}与 VT_{19}完成 W 相。有的是六支变频管组成逆变电路，但有的将每两支变频管集成在一起，三相变频器共有 3 个变频模块。无论是什么样的结构，如果损坏其中一支变频管将会使一相交流电不能变换输出，也就是缺相，这样一来电动机缺相将不能运行。如果是小功率变频器，由六支变频管构成，那么我们可以将管子拆下来用电阻法检测变频管的好坏。更换时要注意管子型号和参数。

如果是中型功率变频管采用模块结构，每支模块损坏后都会引起输出送电动机缺相，如果缺相将会导致电动机不能运行。如果变频模块散热不良，将会造成工作一段时间就会停机。一般变频管不会同时损坏，如果同时损坏说明电动机内部线圈三相全部烧坏短路。变频管或变频模块损坏后就会使逆变电路工作条件、工作电压与六相脉冲信号即使都达到，也不会工作。电动机缺相不会运行，但是面板显示器亮，指示灯亮，按启动运行键电动机不动作。

开关电源电路中的 KA3842 芯片，如果内部损坏将不能振荡，而且不能输出脉冲方波信号。这时开关振荡，VT_1 不能工作，L_1 不能产生交变磁场，开关电源将停止工作，脉冲变压器次级输出各脉冲感应电压为零，此时 CPU 及驱动电路面板显示、按键电路都不能工作，变频器处于停止状态。

电源开关管 VT_1 如果 c、e 之间击穿，将会使 R_{10}烧开路，电源不能工作。如果 VT_1 内部性能变坏将导致电源也不能振荡。开关电源脉冲变压器 T 一般 L_1 为振荡，如果 L_1 损坏，电源也是不能振荡的，L_2 为正反馈线圈，如果开路无反馈电压电流，也不振荡。L_3 为＋5 V感应电压，L_3 开路将会使 5 V电压失去。CPU 与各驱动芯片供电均为零。变频器也不能工作，L_4、L_5、L_6、L_7 等线圈如果损坏，PC923 六支驱动芯片就失去了供电，这时驱动芯片不能工作，整机就会停止工作，电动机不运行。

(2) 电路中各元件的作用

① 电路中 R_1 是阻流延缓电阻，在 KA 没有闭合时整流后的电流经 R_1，因为 R_1 阻值大，所以当时通过电流小，不会因瞬间电流过大而烧坏后负载电路，起到延缓保护后负载的作用。KA 是控制接触器触点，在 KA 线圈通电后 KA 方可以闭合，给整流后电路供电。F

是直流熔丝，这个直流熔丝在后负载电路短路时断开，保护后电路。R_5、R_4 是开关电源脉冲信号发生器芯片供电的启动降压电阻。R_4、R_5 主要是将 C_1、C_2 两端 450～500 V直流电降压，降为 KA3842 的 7 脚所需的工作电压，给 7 脚供电。R_4、R_5 的阻值一般要求很大，不容易损坏，因为 KA3842 的功率很小，如果 R_4、R_5 开路使 KA3842 的 7 脚电压为零，这时 KA3842 芯片不工作，6 脚没有脉冲输出。使开关管 V_1 不能工作，电源不工作，变频器也停止工作。

② CX D_{12}、R_{14}是尖峰吸收电路，在开关管 VT_1 开关工作时防止尖峰电流击穿开关管 VT_1 集电极、发射极。此时，尖峰期间分流保护了 VT_1 管，C_3 是 KA3842 的 8 脚对地滤波电容器，滤除基准电压中的交流成分。R_6 是芯片 8 脚基准电压给 4 脚外接 C_4 振荡定时电容器充电的电阻。C_4 与 KA3842 芯片内部振荡电路共同组成振荡。C_4 电容器充放电快慢，决定振荡产生信号的频率，C_4 常采用无极性的电容器。R_7 是脉冲信号输送电阻，将 KA3842 的内部开关脉冲信号输送到 VT_1 的栅极，控制 VT_1 开关工作。R_7 的阻值变大使开关脉冲信号变弱，VT_1 不能工作。R_{10}是开关管发射极对地保险电阻，如果开路，VT_1 将不能工作。R_8 是过流电流反馈电阻，当 C_1 正极经 L_1 经 V_1 c、e 的电流过大时，经 R_8 反馈到 KA3842 的 3 脚控制内部的振荡器停振，6 脚输出脉冲为零，VT_1 不能工作，实现过流保护。R_9 是脉冲信号的压降电阻，将 KA3842 的 6 脚输出的脉冲信号产生了一定的信号压降，控制 VT_1 栅极工作。R_{12}、R_{13}是过压反馈的反馈电阻，将 L_2 的感应电压经 R_{13}与 R_{12}送 KA3842 的 2 脚，电压过高时，芯片内停止振荡，实现过压保护。

③ D_7 与 D_8 共同组成反馈整流电路，倍压的交流转变成脉冲直流电压，然后对 C_5 滤波滤除直流中交流电压得到纯直流电压，再给 KA 线圈供电，当 KA 线圈直流通过时产生磁场，使 KA 触点闭合。KA 是主路中的接触器线圈，M 是散热风扇，D_9、C_6 是负压整流滤波电路。D_{10}、C_7 是＋5 V直流电压整流滤波电路，为正极性整流产生正电压。7812 是三端稳压器电路，将 L_3 降压感应电压进行稳压输出，恒定的直流＋5 V电压给 CPU 电路与 PC923 驱动芯片的入端发光器的发光二极管做正电压供电，内部是集成的稳压电路，只要输入直流电压内部就会自动稳压，输出恒定的直流电压。开关脉冲变压器的次级 L_4、L_5、L_6、L_7 等线圈为驱动器供电的降压感应线圈，它们 4 组线圈都有整流与滤波稳压电路。

④ D_{13}、C_9、R_{15}、D_{17}构成 L_4 的整流滤波。D_{14}、C_{10}、R_{16}、D_{18}构成 L_5 整流滤波，D_{15}、C_{11}、R_{17}、D_{19}构成 L_6 的整流滤波。D_{16}、C_{12}、R_{18}、D_{20}构成 L_7 的整流滤波电路。它们分别由稳压电路组成，小元件一般最容易损坏的就是半导体元件与有极性电解电容器。

4.6.6 主电路、电源、驱动电路的故障检修

驱动电路的故障检修基本原理要十分了解，而且对每一电路检测点正常工作电压要熟悉。要根据机器的故障，分析故障出现在机器的哪一部分。按电路结构来分析测量，检测出故障部位的损坏元件，这样就要求检修工对机器内部电路的每一单元每一部分做以详细的了解，如它的作用、特性、结构，每个元件损坏后可能会出现的故障现象。只有检修思路有了，才能对机器准确检修，不会乱判断。

[故障 1] 开机没有任何反应。

[分析] 开机后，电源灯不亮，面板显示器不显示，风扇不转，负载电动机也不转。由故障现象可见，变频器基本上没有通电，故障出现在整流滤波与开关电源电路。因为面板

显示、电源指示、风扇与负载电动机等设备的供电都与这些电路有关系。先测量主电路变频入端R、S、T三端有无交流三相输入380 V。如果R、S、T三端三相电压为0V，这时可以证明，给变频器供电的配电柜电路出现问题，应检查三相配电柜中的空开、交流接触器，以及接触器线圈的供电控制线路、温度控制开关等元件。如果测量时变频器R、S、T三端有380 V交流输入，证明三相配电柜良好，检查变频器主电路的内部电路。拆机后首先测滤波电容器的两端有无直流电压。如果直流450～500 V为零，说明整流电路与抗干扰电路均有故障。检查三相供电线路中的交流接触器有无开路故障。

三相整流二极管及整流堆是否损坏，如果测量时滤波电容器两端有直流450～500 V，说明抗干扰电路整流滤波等电路是良好的。这时我们再检测开关电源是否良好，如果开关电源脉冲变压器次级各绕组的感应电压均为零，说明开关电源没有工作。先测KA3842的7脚有无直流电压，如果为零，检查启动降压电路，R_5、R_4电阻是否开路或阻值增大，如果KA3842的7脚电压正常，再测8脚基准电压，如果电压不正常说明芯片内部损坏，更换芯片。如果8脚电压正常，检查C_4的好坏。如果4脚电压正常，再测6脚电压与方波脉冲信号。如果方波信号异常，说明芯片内部损坏或与芯片连接的引脚外元件有故障，先检查外围元件再更换芯片。如果KA3842的6脚脉冲电压正常，说明芯片内部良好。然后测开关电源脉冲变压器次级，发现次级的各路电压测量都正常，说明电源良好。然后检查驱动与逆变电路等有无故障。一般三无故障主要检查抗干扰、整流滤波与开关电源，就基本上能使整机的一部分功能实现。电源如果良好就会给面板、显示器等电路供电。这时开机，显示器有数码显示，电源指示灯可以亮。其他电路不工作，负载电动机就会不工作。可以再检查逆变电路与驱动电路，就可以全面检修好整个机器，使负载电动机工作。

［故障2］　开机，电路指示灯亮，面板显示，启动时电动机没反应。

［分析］　根据机器的现象可见整流滤波开关电源均良好，故障出现在MCU电路与脉冲信号驱动电路与逆变电路。

首先要检查CPU的三大工作条件，供电+5 V、时钟、复位等。如果+5 V供电有问题，检查开关电源以及三端稳压器电路。如果时钟信号不正常，检查晶振与谐振电容器，如果复位有故障就可以检查复位芯片等电路。如果CPU的三大工作条件都复合要求再测CPU能否接受面板的输入命令，在CPU入端信号引脚用适合的挡位测量。如果可以接收输入信号，再测CPU输出的六相脉冲信号。如果各相脉冲信号都符合要求，说明CPU芯片内六脉冲振荡器良好。再检查PC923的六支驱动芯片各芯片的直流供电，PC923的2脚+5 V以及PC923的8脚与5脚的直流电压+15 V是否正常。

如果8脚与5脚+15 V电压正常，说明各芯片的静态供电是正常的。再分别测PC923芯片的3脚的方波脉冲信号，如果其中有一支芯片的信号脉冲不正常，说明由CPU到驱动芯片之间传送信号的线路有故障，检查信号线路是否漏电。如果PC923的3脚六相信号均良好。就说明信号入端良好。再测量PC923的6脚输出的信号脉冲。如果六支芯片PC923的6脚输出的脉冲都正常，说明信号驱动电路都良好。

假如某一支芯片的供电与CPU方波脉冲都正常，但是芯片6脚输出脉冲为零，则代换同型号芯片。驱动电路芯片检查完毕，观察电路如果芯片的后面有外加功率放大，此时就再检查功放管的好坏与管子的供电，如果芯片外加电路良好，再测六支变频管的VT_{14}、VT_{15}、VT_{16}、VT_{17}、VT_{18}、VT_{19}等各变频管的六控制电极有无脉冲方波信号，以及这六方波信号的脉冲信号、脉冲幅度是否相同。如果相同，再测六支变频管每两支一对的直流供电电压 450～500 V是否正常。如果正常，再测每两支变频管的中点电压，如果中点电压不正常，检查每两对管子的每个变频管本身的电阻值、内部是否损坏。测量时注意每支变频管的 c、e 之间的保护二极管是否击穿，以及每支管子的 c、e 之间是否击穿。如果变频管采用每两支集成在一个模块内的结构，测量时注意内部每两支变频管之间的连接，根据内部结构对应引脚，判别检测变频管的好坏。如果变频管采用六支管集成在一个芯片内部的结构，那就要根据内部结构与对应主要引脚去判别好坏。

［故障 3］ 开机烧熔丝，整机不能正常启动。

［分析］ 由图 4-36 可见，熔丝在整流之后串接在主电路中，整流滤波之后到逆变电路之间。一般开机快速烧熔丝的原因有，整流电路之后的电路、逆变电路与负载电动机等电路有严重的短路故障。一般应检查电路的短路故障部位再更换熔丝。如果先换熔丝，开机很可能被烧。严禁更换的熔丝比原来的值大，否则开机会烧其他的电路使故障范围加大。先将 U、V、W 三相输出的三相电动机断开，测量电动机的电阻值，如果电阻值符合标准值，说明负载电动机良好，故障出现在逆变电路中的变频模块与变频管，以及出现严重短路管子击穿的故障。

将整机断电后给电容器放电，用 200～100W 之间的白炽灯放电。放完电后用电阻挡位测逆变电路、变频模块供电与地线之间的内电阻值，如果内电阻值比标准值低，说明变频模块内部短路，更换变频模块。要观察变频电路是哪一种结构。如果是两支变频管构成一个模块的结构，就分别检查对比各阻值，更换阻值最小的一个。如果是六支变频管集成在一个模块的结构，就更换整个模块。如果检修的机器多了，有经验，大脑中有参数时，你就可以通过测量保险后电路的对地电阻值，来判断电路的损坏情况，更换变频模块后，再测模块对地阻值。如果更换变频模块后，对地阻值恢复到标准值，就可以通电了。

主电路中最容易损坏的元件是变频整流与变频模块，如果整流有短路故障，就会使配电柜中的接触器跳闸，如果变频模块有短路会烧熔丝。

［故障 4］ 测量变频器 U、V、W 三相输出端电压不平衡。

［分析］ 三相电动机供电，三相不平衡电动机不能运行，故障主要出现在主电路中的变频管、变频模块电路与驱动电路以及 CPU 电路。由于 U、V、W 的三端输出电压是由 CPU 发出的六相脉冲经驱动电路放大，分别控制六支变频管的工作，才输出 U、V、W 三相交流电压，电动机运行。检修时，先测六支变频管两端的直流电压，如果电压在 450～500 V之间，说明供电良好，然后测六支变频管的控制极的脉冲信号。如果六脉冲信号都正常而且六相脉冲相等，就说明驱动电路与 CPU 电路良好，说明变频电路内部变频管有故障或变频模块有故障，同型号更换变频模块或变频管。如果变频模块或变频管的控制极都没有脉冲信号，说明驱动电路有故障。先测量 PC923 的 8 脚与 5 脚有无＋15 V电输入，将六支变频管分别测量，如果电压均正常，再分别测量 PC923 的 2 脚电压，一般 2 脚电压为＋5 V，如果 PC923 的 8 脚与 5 脚＋15 V正常，2 脚＋5 V正常，说明供电正常。然后测量 PC923 的 3 脚的脉冲信号，如果 3 脚脉冲信号都为零，说明由 CPU 送到 PC923 的 3 脚信号电路有故障，检查有无漏电开路的故障。如果信号电路良好，再检查 CPU 芯片输出的六相脉冲是否良好。如果良好，检查 CPU 的工作条件电路、CPU 的供电、时钟、复位。CPU 的供电＋15 V是由开关电源＋5 V线圈得到的，经三端稳压器 7812 稳压形成，同时给驱动芯片的 2 脚供电时，检查 CPU 芯片的外接时钟电路晶振与谐振电容器，以及 CPU 芯片内部振荡电路。测时钟晶振两端的信号脉冲，如果时钟脉冲信号没有代换同信号晶振与谐振电容器，再

测 CPU 复位电路，检查复位芯片出、入端电压以及复位引脚，如果 CPU 三大工作条件正常，六相脉冲为零，更换 CPU 芯片。

4.6.7 主电路、电源、驱动电路实际电路检修分析技巧及电路重要性

(1) 电路检修技巧的总结

① 要了解机器的整体结构，内部由几个主要部分构成（就是由几大部分组成的）。

② 要知道机器内部每个组成部分的作用、结构、特性与相邻电路的连接情况。

③ 要知道电气设备是由许多小单元电路组成的，在工作时都是有先后顺序的。先由一电路工作，才能使另一电路工作，这样在检修电路时就会有顺序。

④ 要知道每个单元电路的工作原理，根据机器出现的故障现象判别故障在哪一部分出现。

⑤ 要清楚整机电路分为多少步可以测出故障点，就是每个机器分多少步可以修好，每个检查点的电压正常是多少伏。

⑥ 无论是工业电气设备，还是家用电器，电路中最容易损坏的是半导体元件，而且带散热片的最容易损坏。

⑦ 在检修机器走线路时，直流供电走铜板线路与皮线路径，在直流供电时可直接走导丝，电感器、电阻器、二极管可以正向导通。走三极管可以 P 到 N 走，但是无极性、有极性电容器都不能直接通直流。各芯片直流可以直接进入直流电，走线时电阻器阻值小的先通过，只要掌握这些走线路技巧就可以在实际中走线路了。

(2) 主电路开关电源、驱动电路等电路的重要性分析 为什么变频器其他的电路不做重点的分析而只对主电路、开关电源驱动电路做以分析呢？因为负载电动机的供电主要通过主电路的几个关键电路，例如整流电路、滤波电路、逆变电路等是交流转变交流的主要电流通过电路。如果整流电路与逆变电路有一个电路由于散热不良就会热保护使变频器停止工作，电动机不能运行。开关电源电路主要是给 MCU 与 CPU 电路供电的，同时给驱动与面板显示电路供电。如果开关电源损坏，MCU、CPU 驱动等电路停止供电。这样，逆变电路的驱动信号消失，逆变电路不能工作，电动机不运行。因为 MCU 与 CPU 电路是逆变电路所需六相方波脉冲的方波脉冲信号产生电路。如果由于开关电源的损坏使 MCU 与 CPU 电路不能工作，六相方波脉冲信号又不能产生，没有方波脉冲，逆变电路就不能工作，机器就不能运行。

关于 PC923 的六支驱动芯片，如果开关电源不能工作，也不能给 PC923 芯片供电。PC923 芯片不能放大六相方波脉冲信号，逆变电路也不能工作，U、V、W 三端电压输出为零，电动机不能运行。PC923 芯片本身损坏，如果某一两支驱动芯片损坏，六相脉冲缺两相脉冲信号，于是逆变电路的变频管就会有两支不工作。U、V、W 三端会缺相，电动机也不能运行。所以我们说主电路、开关电源六相驱动等电路在变频器整机电路中是主要电路。

这三大部分电路是缺一不可的，而且这三大部分电路也是最容易损坏的电路。三相整流容易损坏，是因为它要承担逆变电路的供电以及负载电动机的供电，如果逆变电路与电动机工作电流过大，也就是逆变电路或电动机内阻下降，就会引起主电路电流过大，烧整流电路的整流模块或整流二极管。

电路中逆变电路 VT_{14}～VT_{19} 等六支变频管是大功率元件，如果由于散热或者变频管本身的性能或负载电动机内部三相线圈内阻下降等各原因引起过流，将会烧逆变电路的变频

管，当然变频器主要就是逆变器的变频管承担主要任务。如果逆变器电路有轻微故障也会导致变频器不能工作。开关电源电路虽然不是主电路的大功率电路，但它要给 CPU 及驱动电路等供电。如果 CPU 驱动电路不能供电，产生不了六相方波脉冲信号，那么逆变电路的工作条件就缺一脉冲信号的工作条件，逆变电路将无法工作。我们要记住逆变电路在正常工作时，所需要静态直流 450～500 V的直流供电，同时需六相方波脉冲去驱动六支变频管的工作。所以辅助电路中的开关电源也是相当关键的电路。

在整机检修电路时要再三考虑，要多观察开关电源的结构。根据故障现象去判别与分析，去检测电压，电路中的驱动电路的主要任务是放大来自 CPU 送来的六相方波脉冲信号。工作条件是需＋15 V直流供电。电路中 PC923 的 8 脚与 5 脚，就是＋15 V供电来自于开关电源脉冲变压器次级各驱动线圈的感应的电压。同时由开关电源脉冲变压次级＋5 V绕组线圈感应，经三端稳压器稳压送来的＋5V 给 PC923 的六支芯片分别给 2 脚供电。有了 PC923 的两路供电还需六相方波脉冲信号分别送 PC923 的 3 脚，当驱动电路的工作条件达到后，放大的六相脉冲由 PC923 的 6 脚输出送变频管，由此可见整机中的驱动电路是非常重要的。如果损坏将使变频器不能正常工作。

（3）主电路、开关电源、六相变频驱动电路三大电路分别损坏的故障现象

① 主电路　主电路是变频器的主要电路，也是通过的大电流电路，如果整流电路损坏，将使整机不能供电。当然要看整流电路损坏的情况。如果整流管六支中有一支击穿，就会使整流效果失去，如果电路中 VD_1、VD_3、VD_5 任意击穿一支，整个整流电路将失去整流的意义，而通过整流管还是交流电没有一点整流效果，这样将会使交流大电流进入整流的后电路，将有可能损坏逆变电路中的变频管以及滤波电路与开关电源的有关元件。

如果是 VD_2、VD_4、VD_6 等下管损坏，将使三相交流电中有一路不能形成回路，三相有可能变单相整流。如果 VD_1、VD_3、VD_5 有任意一路开路，就会使整流电路失去一相整流，整个整流电路整流后效果差，整流后的电流小。VD_2、VD_4、VD_6 其中一个二极管开路将使整流的效果变差。如果 VD_1～VD_6 有一支内部性能变差，就会使整流后脉冲电流增大，直流不纯，将使变频管以及开关电源直流供电变差，整机工作性能不稳定，整流电路的损坏原因一般有以下几个：

a. 整流二极管或整流集成模块本身性能差。

b. 整流后的负载电路短路，过流过载。

c. 机器散热不良。在更换整流电路元件时一定要注意功率参数。

现在我们来分析一下滤波电路。滤波电路的主要任务就是滤除整流后脉动直流中的交流电，得到纯直流，而且要自举升压将整流后的直流电进行升压，防止负载电路损耗电流，达不到负载的工作正常电压。如果损坏将会使负载电路不能正常工作。一般主电路中滤波电容器经常会出现顶部凸起、底部流液击穿外壳爆炸等现象。如果外壳可以直接看出有凸起，我们可以认为内部漏电，这时电容两端的端电压会降低，使开关电源、CPU 驱动与逆变等电路工作稳定性差，严重时将不能工作。如果滤波电容击穿将会烧前熔丝。一般滤波电容器损坏的原因是两端电压过高以及电容器的性能不良。

在更换新电容器时一定要注意电容器的质量选择，安装时螺钉要固定紧千万不能装反。逆变电路，一般损坏后，将导致不能将直流转变交流。如果六支变频管 VT_{14}、VT_{15}、VT_{16}、VT_{17}、VT_{18}、VT_{19} 等有一支管子损坏将会使 U、V、W 三相输出端有一相电压异常，将使 U、V、W 输出三相不平衡。如果是每对变频的上管击穿，将使输出的某一相电流增大，电压与另两管不平衡，如果是三相三对变频管的下管损坏将导致某一相线圈电路增大，使输出电压不平衡。如果是变频模块损坏散热不良，将使机器在运行过程中停机。

由结构的框架图与结构的原理图可见，逆变电路是将直流转变成一定频率的交流电给电动机供电。如果六支管中任意一支管损坏都会使输出U、V、W三相交流电不平衡，电动机不能运行，而且三相电动机内部线圈有一相线圈匝数间短路，将会使逆变模块过流，烧逆变模块。

常见的电路结构有：

a. 六支变频管结构构成的逆变电路，这六支变频管是分开的，没有集成。一般用于小功率变频器。损坏时，不会同时损坏，只是损坏其中一支或两支，但是输出U、V、W三相还是不平衡，电动机不能运行。

b. 每两支变频管集成一个模块，一般三相变频器有三支模块，如果由于散热不良或负载短路烧其中一个模块，这样也会使输出电压三相不平衡，电动机不能运行。此结构用于中功率变频器。

c. 将六支变频管集成一个模块，此结构用于大功率变频电路，一般采用进口集成模块构成。如果损坏会使U、V、W三端输出电压为零，或输出三相电压不平衡，电动机不能运行。更换时注意功率参数型号，涂好硅胶固定好散热片。

② 开关电源　首先要知道开关电源的作用以及给哪些电路供电。开关电源主要是采用自励或他励式结构，将主电路整流滤波后送来的几百伏直流转变为各种不同电压、电流的稳恒直流电。一般常见直流电压有+5 V，给CPU电路与驱动电路的驱动信号接收器的发光器的发光二极管供电，同时给CPU芯片供电，产生+15 V直流电压给驱动电路的驱动芯片供电，同时给保护电路以及面板显示电路与接口电路等供电。可见如果开关电源使变频器辅助电路的电源损坏直接影响了CPU驱动保护面板显示灯电路的正常工作。

当然要看开关电源损坏的部位与损坏的程度，如果采用的是他励式变频器开关电源，那么脉冲发生器芯片UC3842芯片一旦损坏，就直接不能输出方波脉冲信号。这时开关振荡管停止工作，脉冲变压器振荡线圈没有产生交变磁场，变压器次级感应电压为零。CPU驱动面板及保护等电路都不能供电，停止工作，主电路中逆变电路不工作，U、V、W三端输出电压为零。电动机不能运行工作；如果开关电源与脉冲开关管以及振荡脉冲变压器次级，有个别电压为零或不正常，但其他各电压良好，那只能使某一电路不工作。

但是注意看是哪一电路供电出现问题。如果是CPU供电为零，不但不能产生六相方波信号，而且也无法接收各种指令，此时驱动电路、逆变电路因没有方波脉冲的驱动信号，而不能工作，U、V、W三端输出电压都为零，电动机不能运行。如果是驱动电路供电不正常或为零，驱动不能放大六相方波脉冲，逆变电路不工作，U、V、W三端输出电压为零，电动机不运行。如果面板供电为零或不正常就会使面板无显示，不能识别机器当前的工作状态。

③ 六相变频驱动电路　我们在讲原理的过程中，已经将变频器的驱动电路的作用以及工作过程与工作条件都已经讲得很清楚了。如果驱动电路的各芯片供电都为零，此时六支驱动芯片都不能放大六相脉冲驱动信号。这时，逆变电路没有六驱动脉冲，不能工作，U、V、W三端不能输出三相交流电压，电动机不能运行。

六支驱动芯片其中一个芯片损坏，将少一相脉冲信号，逆变电路中就会有一对变频管不工作，输出U、V、W三相电压不平衡，电动机不运行，驱动芯片一般损坏有以下原因：由于逆变模块两端电压过高而使内部变频管击穿，大电流由变频管信号电路进入，输出端将烧坏驱动芯片，主要是看变频器电路中，变频模块内部变频管是否击穿。如果都将大电流反馈驱动芯片，会损坏驱动芯片，一般即使驱动芯片的工作条件够，它也不能放大信号。有些芯片由于供电电路中有漏电，供电不足而造成芯片不能工作，有些驱动芯片使送逆变电路信号电流与电压减小，送逆变管的信号达不到要求，而使变频管不工作。一般六支变频管同时损坏的可能性不大，只是六支中某一支芯片损坏，一般引起的故障是 U、V、W 输出三相不平衡，电动机不运行。

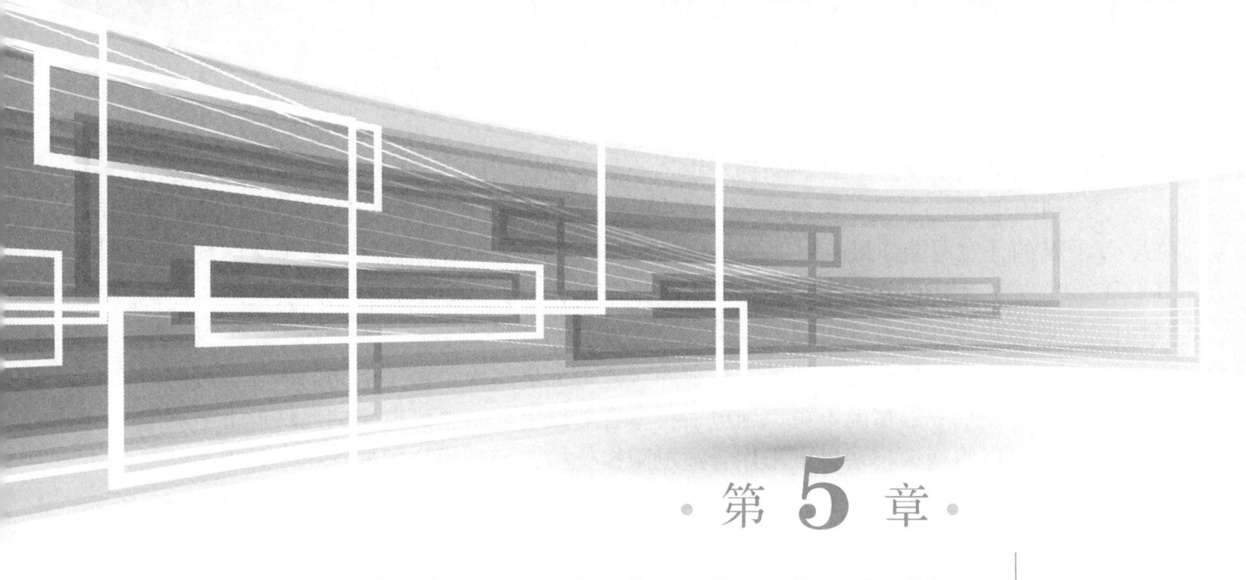

第 5 章

变频器各级电路检修

5.1 变频器的主电路检修

变频器的主电路检修可参考第 3 章图 3-15（41 页），变频器的主电路是大功率电路，一般接负载电动机，电动机内部的线圈稍微有匝间短路就会使主电路出现故障，而主电路中主要是整流与逆变两大电路最容易出现故障。这两部分电路一般出现故障后，使主电路不能通电，所以电机不能运行。主电路中的整流散热与变频管的散热一般都装有散热片与温度传感器，如果散热与温度检测电路出现故障，整流与逆变电路就会损坏，但是我们在检修电路时，首先拆机观察，现实的机器主电路由几部分组成，根据结构分析，主电路分几步可以检测。而且每一步检测要分析一下，检测点的电压会有哪些相连电路与元件影响该测试点电压。

5.1.1 变频器主电路的三步检测分析

如果开机后变频器面板无显示，电源指示灯不亮，同时散热风扇不转，我们初步判别是主电路损坏。

首先断电，用蜂鸣挡位测量 R、S、T 三端相互之间的电阻值。如果 R、S、T 三端每两端之间测量时万用表蜂鸣器响，就证明内部的整流电路有短路故障。整流二极管有击穿现象或整流堆有击穿故障，应拆机检查。如果是每两支整流管组成的整流条，我们应该拆掉整流条，再用 $R\times1k$ 挡测量整流二极管是否击穿，如果由整流堆组成，应更换同型号整流堆。如果是三相整流与逆变电路共同组成的，那么我们就将整个整流堆全部换掉。在测量时如果 R、S、T 三端的每两端的电阻值很小，就证明内部整流器内阻减小，应更换整流电路元件。如果用 $R\times1k\Omega$ 挡或 $R\times1\Omega$ 挡测 R、S、T 三端时每两端之间电阻值大，就证明整流电路内部良好。如果整流电路良好，我们可以进行第二步检查，先用 100W 或 200W 的白炽灯给 P＋与 P－端放电或在 P＋与 N 端放电，等放电完毕，用电阻 $R\times1k$ 挡测量。P＋与 N 端测量时，如果表针从左向右偏转然后由右向左返回说明良好。如果表针直接从左向右偏右零就说明内部电容器击穿。如果表针从右向左返回不到零就说明电容之间有保护电阻。

第三步可以断电测量变频器的 U、V、W 三端的电阻值，一般采用 $R\times1\Omega$ 挡，测量时 U、V、W 的任意两端如果电阻值过小，就证明内部的变频管有故障，有击穿的现象。如果 U、V、W 三端用 $R\times1\mathrm{k}\Omega$ 挡测量时都没有阻值过小现象，就证明变频模块良好。注意在测量时，要将电机连线断开才可以。

读者朋友们，如果由变频器的损坏故障现象可分析出来是由主电路的损坏引起的，检修时为了标准，我们一般情况下可以断电后将电容器放电，将整流电路的元件拆下来测电阻值的好坏。也可以将变频模块拆下来用合适电阻挡位检测变频模块的好坏，同时观察变频模块表面有无裂缝，整流模块有无裂缝、滤波电容器有无鼓包漏液等。主电路是否被拆过，各元件是否安装正确，同时检查主电路与开关电源、CPU 及驱动电路连接是否正确。变频管在检查时主要先观察是什么样的结构。

如果只是六支单独的变频管，可以在电路中用 $R\times1\Omega$ 挡或蜂鸣器挡测每支变频管是否击穿，或将六支变频管拆下来用 $R\times1\mathrm{k}$ 挡分别检测。如果变频电路采用每两支变频管组成一个模块的结构方式，我们可以观察模块上的内部结构图，检测各元件是否损坏。根据各引脚测量能两管是否击穿。如果我们观察到变频电路由一个单独的模块将六支变频管都集成在里面，就必须查出模块各引脚的作用才可以测量。主要测内部变频管是否击穿。

读者朋友们，如果想自行提高检修水平，那么在每修一个机器时就必须将模块的各重点引脚作用与工作正常电压值做记录，这样才能保证你将来检修机器时标准，同时要多收集一些关于检修的资料。

5.1.2 主电路通电检修

① 变频器在通电之前，首先确定主电路中各元件无短路故障，方可以通电。在断电状态下用电阻挡位 $R\times1\Omega$ 挡或蜂鸣器挡位测内部整流电路的整流元件有无击穿或阻值减小，再测变频模块是否击穿与阻值减小，电容器有无漏电。在主电路中整流滤波与逆变各电路都良好时，可以给主电路通电。采用电压法检测电路，将主电路断开。在滤波电容器与逆变电路之间串联 25W 白炽灯 2 只，这两只白炽灯必须是串联在主电路中的，由于一般三相变频器的主电路中，大部分直流电压在 450～530 $\underline{\mathrm{V}}$之间，要是采用一只 25W 灯泡会烧的。采用两只灯串联可以基本耐 530 $\underline{\mathrm{V}}$直流电压。在检修时，一般变频器的主电路结构会有所不同，要详细观察结构，以免断错电路的位置，一定要在滤波电容器与逆变电路之间断电。电路连接好灯泡后就通电观察现象，在通电前将 U、V 、W 三端的连接电动机断开，同时将六相脉冲信号断开就可以通电了。

② 在变频器没有启动运行时，如果通电在主电路，串联灯泡亮，就说明这六支变频管中有一支或者两支击穿或漏电，使通过灯泡中的电流增大，说明电变频器阻力变小，切断供电后，检查变频电阻值、变频管是否损坏，如果是分离元件，用六支变频管构成的变频电路，可以用 $R\times1\Omega$ 挡一个一个分别测量六支变频管的好坏。如果是每两支管组成一个模块，就将三支模块分别测量，如果测试发现有表针偏向右零或用蜂鸣挡测，蜂鸣器响则说明管子击穿，或者说明模块内部损坏。

③ 当通电后在连接六相脉冲信号时，在启动机器后灯泡随频率而闪烁，说明变频管每一组中有一支变频管损坏击穿，每组中另一个管子没损坏，在脉冲信号作用下，就会导通截止工作，使变频电路的总电阻值不断发生变化。

④ 当变频器通电后灯泡不亮，在连接六相脉动信号启动机器后灯泡也不亮，测 U、V、W 输出端时，三相电压平衡，证明变频器良好，可以带负载电气设备。

⑤ 通电后灯泡不亮，启动机器后灯泡也不亮，说明变频电路没有短路故障。同时测量 U、V、W 输出端时发现三相电压不平衡，说明六支变频管可能有一组没有工作。也可能是由驱动电路送来的六相脉冲某一相信号没有送到逆变电路或者某一相信号达不到标准。我们要先用示波器测驱动电路送来的驱动脉冲信号是不是符合标准。如果那一相信号有问题，就检测它对应的驱动芯片是否良好，工作条件是否达到要求，如果六相脉冲信号都符合要求，就应该检测变频管及变频模块是否良好。

⑥ 在检修变频器时，如果检修现场没有动力交流 380 V就用交流 220 V升压变压器升压后的 380 V给变频器 R、S、T 三端加入一相 380 V交流电压，如果此时启动机器后不能带负载电动机，可以采用 100W 的三只白炽灯泡用星形接法连接在 U、V、W 三端。当启动机器后三只串联灯泡慢慢地由暗变亮，证明 U、V、W 三端输出电压良好；如果三只灯泡亮度由暗变亮后的光的强度一致，就证明 U、V、W 三相平衡。如果启动机器时三只灯不亮，说明逆变器没工作，输出端电压为零，应检修主电路的逆变电路，检查逆变电路的总供电与六相脉冲信号是否到来。如果供电与脉冲信号都有，但是 U、V、W 三端还不能输出电压，就证明逆变器模块内部损坏。如果三只灯有一只暗，证明有一相电缺失或一相电压低，通过连接灯可以看出变频器的好坏。

5.1.3 变频器主电路各部分损坏的原因

（1）逆变电路的损坏原因 一般由于负载电机内部的线圈匝间短路而使通过变频器的电流过大，而造成变频器模块损坏。这是由于电动机长期运行，而且工作在潮湿的环境下，有时由于电动机所带负载加重。还有由于电动机散热不良而引起的电动机内部线圈短路损坏。

变频器的散热要处理好，如果散热风扇损坏或者散热不良都会使变频管损坏，一般都是利用模块进行内部集成而构成逆变电路的。

逆变电路损坏的另一种原因是：由主电路的滤波电路送来的直流电压升高，而使得变频模块内部损坏，同时由驱动脉冲送来的脉冲信号升高而使变频器瞬间饱和，使内部漏源极内阻减小损坏。

逆变电路损坏的主要原因可归纳为四点：

① 端电压升高。

③ 脉冲信号峰值增大。

③ 由于负载过重而引起的内部短路。

④ 逆变模块散热不良。

（2）变频器主电路的整流电路的损坏原因 一般整流电路损坏原因总结为以下四点。

① 变频主电路的负载是逆变电路，由于逆变电路常常因为负载电路的损坏使逆变电路输出电流增大，超过主电路规定的标准电流，这时，由整流电路输出的电流也增大，而且超过标称电流数倍，这使整流元件的温度线性增长，由于温度高而烧坏整流元件。如果是集成整流那会烧整个模块。

② 由于整流器件本身的生产质量问题以及整流元件原本在生产过程中某些参数没有配好，或者没有按标准的参数配，使得整流器内阻力减小而造成。有时整流器是由于在使用过

程中轻微损坏，如果使用时间过长就会损坏。

③ 变频主电路的整流电路散热问题。如果在正常使用的过程中，散热风扇的损坏停止运行或者运行慢都会使整流器散热不良而烧坏。在安装整流器件时，由于整流器件与散热片没有良好的接触，或者硅胶没有涂均匀，使接触面积过小而散热不良损坏。有时整流器与散热片的固定螺钉对角对称紧固，使整流器与散热片没有大面积接触，整流器自身产生的热量没有全部传到散热片上，整流器自身温度越来越高，使整流器烧坏。使用时间较长的变频器由于灰尘盖得太厚，而导致散热不良，在长期使用过程中烧坏整流器。

④ 送整流器的输入端电压升高而引起整流器的损坏。由于电网交流电压的变化，有时会升高，有时会降低，有时在瞬间时峰值电压升高而使整流器内部损坏，动力的 380 V电压会升高到 400 V以上，有些达到 500 V电压，三火线之间的短路以及降压变压器的损坏都会使送整流器的电压升高。

（3）滤波电路的损坏原因 一般变频电路中滤波电容器损坏的原因有四种。

① 整流电路输出送滤波器的直流电压升高将导致整流电路内部烧坏，如果电压慢慢升高，将使整流器内部阻值逐渐减小，电流增大，将损坏整流器。滤波电路的电压是由整流电路送来的，而整流电路的电压是由 380 V或 220 V直接送的，可见滤波电路两端的电压升高是由于送整流的交流电压升高而升高，一般当滤波电路两端电压升高就必须查 380 V与220 V是否升高。

② 电容器本身质量问题会使电容器在工作中损坏，有些电容器在封装时出现问题，而有些是内部极板质量或电解液有杂质所造成。

③ 滤波电容器的固定螺钉没有紧或者连接线出问题。由于滤波电路由几个电容器构成，如果更换时容量耐压配比出问题也会烧坏电容器。

④ 负载短路而引起的电容器损坏。当电容器充满电荷再放电时相当于一个电源，如果滤波后的逆变电路损坏短路后将会使电容器损坏，使电容器放电电流增大而损坏电路。

（4）制动电路的损坏原因 我们在前几章讲原理时都知道，在电动机停止或高速转为低速时，由于电动机的惯性，引起的再生电流通过逆变电路返回给电容器充电，使电容器端电压升高，这样就有可能会损坏，一般制动管在电动机停机或者由高速转为低速时会返给CPU 电路一个信号，CPU 就会向制动管送一个脉冲信号，制动工作，但脉冲信号如果太强就会使制动器损坏，这是损坏的第一个原因。如果电动机返回的再生电流很强也会使制动管损坏，还有制动管本身质量不好而导致的损坏。大家知道制动电阻在主电路中的作用很大，一般外制动电阻与制动管直接连接，如果外制动电阻损坏将引起制动管集电极与发射极击穿。所以在换外制动电阻时一定要注意电阻值的大小与功率瓦数的大小，检修时还要多观察主电路有几个制动电阻，一般有内制动与外制动两种结构，而外制动容易损坏。

5.2 开关电源电路检修

在检修变频器之前，我们要知道在变频器电路中开关电源的主要作用以及一般给变频器哪些电路供电，开关电源所供电的电路如果失去供电，会使变频器造成什么故障，而且要清晰开关电源所供电电路按负载大小可分为哪些电路，或者说按功率大小来划分（如图 4-17所示，见本书 48 页）。

首先我们来说开关电源的作用，将主电路中的整流滤波后的 450～500 V直流电转变为高频交流电，使开关脉冲变压器产生交变磁场，分别进行降压，再整流滤波分别给CPU电路脉冲信号驱动电路、屏显电路、面板操作电路以及过压过流检测电路等电路供电。在正常工作时CPU失去供电将会使方波脉冲不能产生，主电路、逆变电路得不到脉冲，U、V、W三端输出交流电压为零。脉冲驱动电路如果没有供电，不能放大脉冲信号，那么逆变电路也得不到方波脉冲而不能工作，U、V、W三端输出电压也为零。如果显示器不供电则不能显示当前的工作状态。面板操作电路如果失去供电，则各按键操作均无反应。在检修开关电源时我们要观察电源的结构，当前机器的开关电源是自励式还是他励式，根据各结构不同就会形成不同的检修思路。

开关电源中最主要的元件要重点检查。一般在他励式开关电源中，主要元件是频发芯片、电源开关管、保险电阻、脉冲变压器等，这些元件中最容易损坏的元件是电源开关管与保险电阻，在检修电源之前应先测电源开关管是否击穿，保险电阻是否开路。一般测量时用$R\times1\Omega$挡或者蜂鸣挡，可以直接在路测量。

5.2.1　开关电源电路常见故障

一般开关电源损坏的故障有以下几点：开机电源指示灯面板不亮，显示器无显示，小功率变频器散热风扇不转；开机电源指示灯亮，显示器显示字符，但操作面板时无任何反应；开机工作一段时间后自动停机，开机后机器工作时面板显示时有时无，测电源输出端各路电压也是时有时无，开机工作时变频器难以启动，开机工作一段时间脉冲变压器发热；正常工作时电源开关管发热，温度直接上升一段时间后电源振荡器停振；他励式开关电源振荡脉冲芯片不容易起振。

下面对开关电源的各部分故障进行分析检修，各故障用通用检修方法分析。

［故障1］　由开机的状态可以分析出开关电源损坏。

因为显示器面板以及电源指示灯都由开关电源给提供，首先断开开关电源的所有负载，单独对电源进行分析检测，用万用表的直流50 V挡位测开关电源脉冲变压器次级各绕组电压，一般在各组对应的整流二极管与滤波电容器的两端测量。如果各组中有一组有电压，其他各组某些没有电压，说明对应降压绕组线圈与整流滤波有故障，检测整流二极管与滤波电容器。如果测量时各绕组线圈都没有电压，说明开关电源没有振荡，应检查脉冲信号发生器振荡脉冲是否输出正常。如果不正常，再检查脉冲信号发生器芯片的各引脚正常工作电压，以此做分析。例如以UC3842为例，检查7脚总供电、8脚基准电压、4脚振荡脉冲电压、6脚有无开关脉冲信号输出。如果7脚电压为零，检查启动降压电路的降压电阻是否开路与阻值增大，如果7脚有电压，但不是正常值，检查反馈电路及电路开关管与保险电阻脉冲变压器。如果7脚电压正常，检查8脚电压，如果不正常，则换芯片。然后检查4脚电压，如果不正常，检查4脚外接的振荡定时电容器，如果电容器正常可代换芯片。如果4脚电压正常，测量6脚脉冲，若为零，代换同型号芯片。如果6脚脉冲信号正常，再检查开关管是否击穿、保险电阻是否开路。

［故障2］　面板操作无效。

由机器的电源指示灯亮、显示器显示可以看出开关电源基本是良好的，有些机器面板是由电源直接供电的，可说明开关电源脉冲变压器某一绕组有故障，若操作面板供电为零，先测开关脉冲变压器次级各绕组线圈的压降以后的电压，给各电路供电是否正常，如果各路电压都正常，只是面板供电不正常，只检测面板供电绕组，或检查面板本身有无短路现象，一般断开面板供电再测量。同时检查面板的芯片与面板各按键是否接触不良而损坏。

［故障 3］ 开机工作一段时间后自动停机。

这种故障一般是由于热处理电路与半导体元件的故障。先检查逆变电路的变频管以及变频模块是否由于过热问题而损坏引起停机。如果主电路中整流与逆变电路等都很好，那就是开关电源的故障，由于开关电源要给 CPU 与驱动电路供电，如果电压有问题，将会使 CPU 不能产生脉冲，不能输出六相方波脉冲信号，而驱动电路同时也不能工作，整机停机。如果开关电源元件引起停振不能使开关管开关工作，脉冲变压器不能产生交变磁场，脉冲变压器次级各绕组没有感应电压，所以给 CPU 与驱动电路供电为零，整机停机。

电源部分开关散热不良会引起过热保护，有的脉冲信号产生芯片内部也会有过热保护。电路在温度升高时芯片内热保护电路工作，内部振荡器停振，检修时只有在机器过热停振后方可检查，这时可检查开关管此时温度是否过高，可用手试温度，如果过高，采用同型号芯片代换。如果开关管温度正常，试脉冲芯片的温度，如果芯片温度正常，检查芯片外接的体积很小的无极性电容器，特别是振荡定时电容器与温度检测电阻。同时要检查开关电源的后负载电路的半导体大功率元件与芯片，在温升后内部阻值下降，导通电流增大引起过流保护，使电源停振不工作。一般工作一段时间停机的主要故障在脉冲发生器芯片。

［故障 4］ 机器工作时显示时有时无，开关电源的电压也是时有时无。

开关电源振荡器有故障，可能时振时不振，这样电源开关管也是时工作时不工作。重点检查开关电源电路芯片与开关管等电路元件。首先采用切断法，将开关电源的后负载电路全部断开供电，只保留开关电源本身单独电路，对电源做检查，然后再开机测量开关电源脉冲变压器次级各绕组的降压以后的电压。如果各绕组电压都良好，证明是电源后负载电路损坏而引起的，检查相对应电路。如果去掉电源负载后测开关电源输出电压都是时有时无，就证明电源本身有故障。首先，将脉冲信号发生器芯片与开关管断开，测脉冲信号是否产生良好，如果信号良好，检查开关管与脉冲变压器。如果此时脉冲信号没有，证明芯片有故障，按芯片各引脚检查程序检查，或检查振荡定时电容器以及检查各无极性电容器。

［故障 5］ 工作时难以启动。

一般由开关电源损坏引起的较多，通常有三个原因。第一：给开关电源供电时的电压不纯，或者直流电压过低，以及电压不稳等，引起开关电源难以启动。第二：开关电源的负载电路由短路故障而引起电源难以启动。第三：开关电源本身的振荡电路有故障而引起。在检修时，先将电源的所有负载电路供电断开，然后对电源进行空载的检测，如果电源空载时，各电压正常，就说明电源的负载电路有故障，而引起电源难以启动。如果断开负载时开关电源各路电压都为零，说明开关电源本身有故障。应按开关电源的检查顺序来检查，主要对电源中的脉冲芯片做重点检查，以脉冲芯片产生方波信号为基准。

同时芯片的振荡引起所连的定时器电容器也要做重点的检查，一般都是用同型号进行代换。我们在检查开关电源的供电电压时，先测整流滤波后的直流电压。一般在滤波电容器的两端测量，同时要观察开关电源的取电方式。根据取电方式去测量电源的输入端供电是否符合标准。如果供电电压有异常现象，检查供电的来源电路。有些开关电源由于芯片内部振荡器的结构出现问题，而且芯片内部其他的部分也出现问题，使振荡器不能起振，有些是振荡电容器出现问题。

［故障 6］ 变频器工作一段时间后，脉冲降压变压器发热。

根据常规的维修经验，这种现象都是因为电源的后负载电路工作时间过长，电路的内阻减小而引起的过载，使脉冲变压器的负担过重。这时开关振荡管导通力度加强，使变压器内线圈电流过大而使磁场增强，变压器内部铁芯涡流增大而使温度上升。当然也是由于变压器内部本身线圈的质量而引起的。检查时首先将电源的后负载断电才可以进行通电检测。先检查电源部分的所有元件有无烧坏的现象，检查电路有无元件阻值变化的现象。脉冲变压器线圈的电阻值是否变小，匝间有无烧短路。

［故障 7］ 机器在正常工作时，工作一段时间电源开关振荡器发热。

证明电源的负载过大，或者说电源的开关管质量有问题，散热不良。检修时先断开电源给负载供电的所有电路，然后对电源电路做单独的检查。在断开电源负载后通电，如果此时开关管工作时电源开关管不发热，就证明是电源负载过大而引起的故障。如果断开负载后，电源通电，开关管发热，证明电源本身有故障。重点检查电源开关管的散热情况，开关管与散热片是否连接可靠，开关管的内阻值是否变小，检查反馈电路中的元件是否良好，同时检查启动电路的元件以及电源脉冲变压器是否有故障。拆下来检查电源脉冲变压器的线圈内阻值大小，如果阻值过小，电流过大，也会使开关管发热。一般开关管的温度上升，最终使电源停振。大多数在振荡器的正反馈电路出现问题，有可能自励振荡，最终振荡器向饱和状态发展，才使开关管的电流直线上升。温度直线上升，最后停振。重点检查振荡反馈电路的元件、振荡定时电容器，用同型号的代换。开关管本身也用同型号的代换。检修时最好在电源停振后检查。

［故障 8］ 机器开机后面板显示器和指示灯无显示。

可判断开关电源有故障。在检修时，将开关电源的所有供电电路断开，再测电源脉冲变压器次级各降压组电压都为零，证明开关电源损坏。在检查开关管保险电阻都良好时，再测量开关管电源脉冲信号发生器芯片是否振荡。首先测芯片输出的方波脉冲是否正常，以UC3844 芯片为例，直接测 6 脚的脉冲信号，此时脉冲信号为零，检查启动电路的电阻是否开路。

如果 7 脚有电压而不正常，检查整个反馈电路以及振荡电路。然后检查 8 脚基准电压，判断芯片内部以及 8 脚外连的电子元件。如果 8 脚电压正常，再检查 4 脚，主要是 4 脚所连接的振荡定时电容器。如果 4 脚电压正常，再测 6 脚脉冲信号。芯片不起振主要检查振荡定时电容器与正反馈电路。当 UC3844 外围元件检测完全良好时，再用同型号的芯片做代换。重新开机再用示波器检测 6 脚方波脉冲是否正常。如果脉冲正常，接振荡开关管后，脉冲下降，证明振荡开关管有故障，用同型号代换。根据常年的检修经验，一般脉冲信号不振荡，都是由振荡芯片本身引起的，用同型号的代换振荡芯片方可。

5.2.2 开关电源整机电路检修流程

以他励式为例，如果通电没什么反应，先将电源的负载断开，只保留电源部分，然后断电检查电源开关管、保险电阻器等是否损坏；如果正常，再根据芯片的检修程序检查。

以 UC3844 为例，先测 7 脚。如果 7 脚电压为零，检查启动电阻是否开路，给 UC3844 的 7 脚的供电电路是否断开。如果 7 脚有电压，但是不正常，基本证明启动降压电路良好。再检查反馈电路与振荡电路，因为 UC3844 的 7 脚电压是由两部分构成的，一路是启动，另一路是反馈电压。如果 UC3844 没有振荡，开关管也不能开关工作，脉冲变压器振荡线圈不起振，正反馈线圈也没反馈电压，UC3844 的 7 脚电压也不会正常。首先我们要检查 UC3844 芯片的 6 脚有无脉冲信号，一般采用示波器测量，观察方波的波形脉冲的幅度。如果测脉冲时脉冲为零，说明 UC3844 没有振荡。主要围绕振荡检查，要按振荡芯片的顺序去测量，一般我们先测 7 脚，但要考虑启动电路与反馈电路。根据 7 脚所测电压情况去分析，如果 7 脚所测为零，说明启动电路有故障。如果 7 脚有电压，但不是标准的正常电压，说明反馈及振荡电路有故障。常规反馈电路不易损坏，主要是振荡器。一般他励式振荡器是由于脉冲发生器芯片本身能否产生振荡脉冲信号。这时我们可以测到 UC3844 的 4 脚的脉冲信号是否正常，如果 4 脚正常，再测 6 脚的脉冲信号，或代换同型号芯片。

提示：我们在检修电源时，应观察电源是哪一种结构。如果电源是自励式，自励振荡芯片的结构分为三大步检修，如果电源是他励式，他励振荡可分为四大步检修。

(1) 自励式自励振荡 首先我们将电源后负载供电全部断开再启动电源，如果此时电源脉冲变压器次级各绕组感应电压都正常，证明开关电源良好，是电源负载电路损坏引起的电源损坏，然后断开电源负载，一路一路连接，连哪一路启动电源时电源不振荡了，就证明这一路电路也有故障。

如果断开电源所有负载电路后，电源还不能正常工作，就证明电源本身有故障，或电源入端电压有问题，接下来测量电源入端交流电压。一般三相变频器由变频主电路送来的电压大约为 450～500 V。如果电源输入端电压不正常，第一、说明主电路的整流滤波有故障。第二、说明逆变电路损坏引起电压不正常，还有开关电源本身的故障、轻微短路而引起的故障等。如果开关电源入端电压正常，就证明开关电源本身有故障。根据开关电源的结构去检查，一般先检查脉冲发生器芯片，然后再去检查开关振荡与脉冲变压器等元件是否损坏。

(2) 他励式他励振荡 将电源供电的后负载电路全部切断，然后将电源通电再测电源给各路负载供电的各路电压。如果此时电压为零，检查电源。先测电源入端供电是否正常，如果正常，说明电源供电良好。然后检查他励式电源芯片的供电各引脚是否正常，以及有无脉冲信号的输出。如果输出脉冲信号为零，重点检查芯片。如果芯片代换后开机还是不振荡，就检测振荡芯片有无开机脉冲到来。如果没有开机脉冲到来，主要检查 CPU 电路与开机脉冲传送电路。

如果芯片有开机脉冲，芯片还是不能振荡产生脉冲。再检查芯片振荡引脚所连接的振荡定时电容器与充放电电阻。同时检查过压与过流引脚的工作电压是否符合要求。如果电压正常，但还是不能振荡，证明芯片内部损坏需代换同型号芯片。如果振荡芯片已经振荡，脉冲信号也能产生输出，但脉冲变压器的次级没有感应电压输出，说明振荡的主要元件有故障，此时检查开关振荡管与开关管的保险电阻是否开路，开关管是否击穿，脉冲变压器是否损坏，还要检查一下振荡正反馈电路。

5.2.3 开关电源主要检修点正常工作的判别

变频器开关电源按顺序检修时，一般可分为 6 步，下面详细介绍每一步的测试内容。

① 测量开关电源脉冲变压器的次级任意绕组电压，如果有一组电压正常，说明开关电源良好。哪怕是电压＋5V 有也说明开关电源良好。如果各路电压都不正常，说明电源没振荡。

② 如果脉冲变压器次级都没有电压，再测电源开关管 G 极的电压以及脉冲信号。如果脉冲信号正常还不能振荡，就证明开关管或熔丝以及变压器有故障。如果所测脉冲为零，检查脉冲振荡芯片 UC3844 的 6 脚到开关管 G 极之间的信号传送电路。

③ 如果电路元件良好，再测量 UC3844 的 6 脚脉冲电压，如果不正常，代换同型号的芯片。

④ 如果不能振荡再测量 UC3844 的 4 脚电压，如果 4 脚电压不正常，检查 4 脚外接振荡定时电容器。如果良好代换同型号芯片，同时检查 8 脚到 4 脚之间的电阻器阻值大小。

⑤ 然后再检查 8 脚电压，如果 8 脚电压不正常则代换芯片。

⑥ 再测 7 脚电压，如果 7 脚电压为零，检查启动电路的元件，如启动电阻的阻值是否变换以及滤波电容器是否漏电。

5.3 CPU 电路的检修

CPU 电路最关键的任务是将变频器的面板输入的命令进行转换，转变为控制各相应电路的命令，控制对应电路的工作，实现面板人为操作的命令。同时 CPU 电路还要产生振荡六相方波脉冲，这六相脉冲由 CPU 内部运算器放大输出，送驱动电路，由驱动电路再放大去控制变频管的工作。

在检修 CPU 电路之前，我们对 CPU 电路的总体结构做以了解。如图 4-20、图 4-21 所示，CPU 电路一般由 CPU 芯片与外挂储存器以及 CPU 的工作条件电路（供电、时钟、复位）等电路与操作面板、输入电路及显示电路等，还有 CPU 与外设备的通信电路构成。一般外设备由 CPU 接口端电路经各光电耦合器与 CPU 电路连接。我们在学习变频器整机电路结构时，了解整机工作的顺序，在此再将变频器整机工作流程简述一下。

在正常工作时，无论是三相还是单相变频器的交流电压 380 V或 220 V，都是先经抗干扰电路，将高于 50Hz 的杂交流滤除，然后由单相或三相交流整流电路进行全桥式六支整流管组成的三相整流器整流，将交流电转变为脉动直流电，再由滤波电路滤除直流中交流成分并自举升压。一般三相整流后，将直流升压到 450～500 V之间。这个电压一路送逆变电路，另一路送开关电源后，给负载各电路提供合适的直流供电，给 CPU 电路、驱动电路与面板及显示电路等各电路供电。

首先 CPU 电路供电后，在面板人为操作运行命令控制下，CPU 电路内部的六相脉冲振荡电路工作，输出六相脉冲的方波信号送往六相脉冲信号驱动电路，由六相驱动器进行六相方波脉冲信号的放大，再送往逆变电路的六支变频管。于是这六支变频管按一定的顺序进行工作，将主电路整流滤波送来的直流电压转变为一定频率的交流电压输出送负载电动机。由变频器整机工作流程可看出，CPU 电路在整机中有很大的作用。如果 CPU 电路损坏，将不能产生六相脉冲，没有方波脉冲，驱动电路将不能工作，此时逆变电路的变频管不能工作，于是 U、V、W 三端将不能输出交流电，负载的电动机将不能工作，整个变频器将处于待机状态，变频器所连接的所有电气设备将不能工作。

我们对变频器的整机工作流程了解后，可知 CPU 在整机以及电气设备中有着十分重要的作用。下面详细介绍 CPU 电路的检修方法和技巧。

5.3.1 CPU 电路的检修流程

对于 CPU 电路的检修，首先要知道 CPU 电路良好时，机器工作的现象。

① CPU 电路正常工作时，操作面板、各按键、显示器方可显示工作状态。同时，负载电动机的动作也会有相应反应。

② CPU 电路正常后，在六相驱动脉冲产生后，在 CPU 端可以测量出六相方波脉冲。

③ 在操作面板时，显示器显示变频器的菜单，各菜单的代码各功能调试都很正常，当变频器开机时，面板显示各自功能均正常，这时，我们可以基本上证明 CPU 电路没有故障。

一般检修先查 CPU 的工作条件电路（供电、时钟、复位等三大工作条件电路）。

首先测 CPU 芯片的供电，一般 CPU 芯片供电都为＋5 V，且来自于开关电源的＋5 V产生电路。如果测 CPU 芯片＋5 V为零，就说明以下三个问题。

① 开关电源＋5 V产生电路损坏。

② 开关电源给 CPU 供电的电路有开路现象。

③ CPU 芯片本身内部有问题，内阻减小使导通电流增大，拉低电位。先找到开关电源给 CPU 供电的电路，看是否正常，或者先断开 CPU 供电，然后再空载检查开关电源的输出电压＋5 V是否正常。如果正常，就证明 CPU 芯片内部或者 CPU 供电的电路途中有短路现象。检查短路，如果断开 CPU 供电后，电压仍然为零，说明开关电源给 CPU 供电部分电路有故障。如果 CPU 供电正常，再检查 CPU 的第二工作条件时钟，测时钟晶振两端是否有一定频率的交流信号。如果信号为零，采用同型号晶振代换后再测，如果代换后，没有振荡，再代换同型号晶振。如果晶振代换后电路也不振荡，证明 CPU 芯片本身有问题，更换 CPU 芯片。如果测试时钟信号良好，再检查 CPU 复位信号。如果 CPU 芯片复位不能进行高低电平转换，检测复位芯片。如果复位芯片良好，再检查与 CPU 连接的端口。如果测 CPU、供电、时钟、复位工作点良好时，操作整机仍然不工作，再检查其他的方面。然后检查储蓄器芯片的供电与 CPU 芯片的连接情况。再检查面板输入的信号，检查储蓄器芯片是否工作。应测 CS 的片选信号引脚在正常工作时的工作电压与信号是否正常工作。也可以测时钟芯片的引脚的时钟信号是否到来。一般 CPU 电路在正常工作时，显示器可显示当前的工作状态，操作面板时，显示器可反映当前的菜单、功能的代码。

5.3.2 CPU 电路常见故障

［故障 1］ 开机面板显示器无显示，面板指示灯不亮。

根据变频器整机的故障现象可知，开机无显示，一般故障在显示器本身与 CPU 芯片电路以及接口电路。由 CPU 电路结构来看，面板显示要经接口与芯片连接，这个芯片也可称为显示芯片。这个芯片与 CPU 电路相连，在工作时由 CPU 芯片产生各种显示工作状态的信息，由显示芯片处理后，经接口电路送显示器显示。由电路结构可看出，显示器显示要经过 CPU 与显示芯片，所以我们将此故障的部位定在 CPU 芯片、显示芯片与接口电路等范围。

如何检修此故障呢？我们首先对 CPU 芯片的总供电做以检查，如果供电＋5 V为 0 V，则检查电源的＋5 V产生电路以及＋5 V由开关电源到 CPU 之间的电路是否有开路现象。如果 CPU 芯片＋5 V正常，再检查时钟信号。先测时钟晶振的两端电压是否符合标准要求，如果信号电压有异常，再用示波器检测晶振两端的信号波形是否正常。如果波形有问题，代换同型号晶振器后再测信号波形，如果信号仍然不正常，就代换晶振所连接的谐振电容器。代换不能更改容量，必须采用同型号的电容器。如果测晶振两端信号波形时，信号正常，然后检查 CPU 芯片的复位，测量复位引脚时，按下操作面板复位键，如果复位引脚有高低电平转换，就证明复位良好。一般复位引脚在处于高电平时为＋5 V，低电平时为 0 V，我们在检测 CPU 芯片的三大工作条件供电、时钟、复位都正常时，如果开机后显示器仍然无显示，这时再检查与 CPU 连接的显示芯片的供电以及各主要引脚的工作电压是否正常。然后检查

CPU 芯片与显示芯片之间连接电路是否有开路与漏电现象。同时，检查显示芯片与面板显示器的连接，观察接口是否氧化。检查 CPU 工作条件电路以及显示芯片电路都良好时，再检查显示器。首先测量显示器芯片的供电，如果供电正常，没有显示，检查显示器与显示芯片的接口电路是否正常，如果正常，代换同型号显示器数码显示管。

［故障 2］ 开机显示器有固定的字符显示，操作按键失灵。

由故障现象可看出，能显示符号可证明显示器是良好的，面板操作失灵，可证明操作面板有故障。检查按键电路及按键输入电路中的芯片、工作条件电路、按键接口电路等是否有故障。如果我们检查按键输入芯片以及按键板与各按键都良好，操作按键失灵，就应当对 CPU 芯片做重点检查。如果 CPU 芯片工作条件电路与芯片本身电路都良好，再检查储蓄器芯片的工作条件电路是否正常。

在检查时如果是面板所有按键都操作失灵，那首先要测量面板供电是否正常。如果是部分按键操作失灵，就相应检查对应按键。检修电器时我们要考虑 CPU 电路的整个电路，一般分为主 CPU 芯片电路、副 CPU 辅助电路等，还有 CPU 的供电电路。但是要清楚 CPU 的所有电路的结构特性及作用。只有了解作用时，才可以在机器出现故障时，去分析故障在什么电路出现。

［故障 3］ 上次设置的工作状态再次开机后，机器的工作状态没有在原设置状态运行，有些自动恢复到出厂设置。

由故障的现象可表明 CPU 外挂储蓄器不能记忆信息。重点对外储存器做以检查，先测芯片供电，一般为+5 V电压，来自开关电源。如果+5 V电压正常，再检查储存器芯片与 CPU 芯片的连接有无漏电现象。将信号衰减，将储存器芯片各引脚进行测量，如果各引脚电平基本正常再代换同型号芯片，代换后再开机设置参数。再测量，如果还不能记忆，就检查芯片所连的电阻器是否有电阻值变化的故障现象，同时检查芯片信号传送引脚到 CPU 芯片之间的数据连接是否正常，有无漏电现象。

变频器每次设置的数据不能记忆，故障出在外储存器不能正常工作，其原因总结如下：储存器芯片的供电有问题，有可能供电为零，也可能供电电压高于标准电压值，或可能供电电压低于标准值。如果供电电压为零，检查开关电源脉冲变压器次级 5 V绕组降压整流滤波后产生的+5 V送往储存器芯片供电的电路有无开路或有无严重漏电分流现象。特别要检测滤波电容器是否漏电分流。如果储存器供电电压高过标准电压值，由芯片供电引脚跑线路，找到开关电源脉冲变压器次级 5 V电压产生电路再测电源电压。如果电压过高，我们再测一下开关电源脉冲变压器次级各绕组电压，如果各组电压都升高，就证明开关电源本身振荡频率过高使整个电压都升高。这时我们要测开关电源入端来自于主电路的 450～500 V电压是否升高，如果这个电压升高，再测变频器入端的 380 V交流电压是否升高，如果升高证明电网电压升高。但是，如果测 380 V正常而 450～500 V升高，则检查原来的电容器是否容量换大，使自举电压升高，再检测整流二极管或整流堆，内阻减小。如果内阻减小，将会使整流后的直流电流增大，使滤波自举电压有所升高，如果 450～500 V电压升高，将会导致开关电源部分元件有危险，将被击穿，同时脉冲变压器次级降压各绕组电压升高。此时 CPU 电路、驱动电路以及面板显示电路都将会由于电压升高而损坏。如果检测时储存器芯片供电电压低于标准值，有以下几种原因所致。

① 原本的开关电源输出电压过低。

② 由开关电源送到储存器芯片之间的供电电路有漏电或短路等故障。

③ 储存器芯片的内阻减小而使供电电压降低。

根据分析的三种原因去检查，引起储存器芯片供电电压过低的第一原因是开关电源的原本电压过低。这时我们可以测量开关电源脉冲变压器次级各绕组的电压。如果各电压都偏低，那就证明开关电源本身有故障，检查开关电源。如果储存器供电电压过低，但其他电压都正常，我们只检查给储存器芯片供电的各电路。检查供电滤波电容器是否漏电拉低电位，同时测芯片内阻是否降低。如果内阻减小，说明芯片有故障。第二原因与第三原因主要检查的内容如下。

① 供电电路以及储存器芯片本身。

② 外储存器不工作的第二原因是储存器到 CPU 之间的电路开路，或者信号压降电阻有故障。

③ 外储存器本身损坏，芯片的内部电阻值减小。

5.3.3 CPU 电路关键检测点

当我们由变频器的故障现象，判别分析出故障在变频器的CPU 电路时，就要对CPU 电路做检查。在学习CPU 电路时，我们知道CPU 芯片正常工作条件为供电、时钟、复位，那么在检修时就以这三个条件去检测，这也是CPU 电路关键检测点。首先测量CPU 芯片的供电，一般供电都很小，为 5V，先查出 CPU 芯片供电引脚，然后由 CPU 供电引脚开始向反方向跑线路，一直找到开关电源脉冲变压器次级整流滤波电路，也就是 CPU 供电的专用电源绕组。如果测量 CPU 供电 5V 不正常，就检查从 CPU 芯片到开关电源之间的电路有无开路、元件漏电等故障，同时检测 CPU 芯片供电引脚与地线之间的内阻值大小，判断 CPU 芯片是否损坏。如果 CPU 芯片供电正常，我们可以测量时钟电路晶振两端正常时工作电压，或时钟晶振两端的信号波形是否正常，如果 CPU 芯片时钟晶振两端的电压与信号波形都不正常，则用同型号晶振代换，同时更换与晶振相连的谐振电容器，然后通电检测。如果此时通电检测时时钟信号波形工作电压值不正常，说明 CPU 芯片内部有问题。可以根据经验用电阻挡位测试晶振两端对地的阻值，来判断 CPU 芯片内部的电路是否正常。如果没有参数无法判别 CPU 芯片的好坏，可以用同型号芯片进行代换。在检测时钟晶振两端信号时，发现信号波形良好，再去检查 CPU 的第三个工作条件——CPU 电路的复位。找到 CPU 芯片的复位引脚，在测试时将面板的复位按键按下。在按下复位按键时，CPU 芯片的复位引脚应该有高低电平的转换。一般高电平为 5V，低电平为零。如果高低电平不可以转换，证明复位电路不工作，检查复位芯片。如果有高低电平转换，而整机没有复位现象，证明 CPU 芯片内部有故障。三大工作条件检查完好，然后检查 CPU 芯片的辅助电路。如果辅助电路储存器不工作，CPU 就不能完成控制相应电路的工作指令。如果操作面板与显示电路损坏，就会使操作失灵、面板不显示字符或者出现乱码与断码。一般只要 CPU 芯片可以正常工作，辅助电路都可以支配工作。检修机器时，都会详细了解电路的结构并进行分析，测量重点的检测引脚，但是重点的检测引脚有正常工作电压，就要根据电压的变化来分析电路以及元件的损坏。

5.3.4 CPU 电路关键检测点正常工作判断

一般 CPU 电路的工作可以由机器正常工作时的一些现象来体现，也可以用测量 CPU 芯片主要引脚的工作电压的方法来判断。我们知道 CPU 芯片工作的三大条件是供电、时钟、复位。CPU 芯片供电电压都是+5 V，来自于开关电源。这是 CPU 正常工作时的电压，可以作为我们检修机器的参数。测量时有可能没有+5 V电压，应检查 CPU 供电的开关电源电路。有时测量 CPU 供电+5 V过高，也要检查 CPU 供电电源电路为何电压升高。如果测量 CPU 供电+5 V电压过低，首先用断测法，断开电源供电，空测+5 V电压为何过低，检查电源电路中整流二极管与滤波电容器是否漏电。同时测 CPU 芯片供电引脚对地电阻值是否正常，如果阻值过小，证明 CPU 芯片内部短路，再换同型号 CPU 芯片。如果供电正常再测 CPU 第二工作条件——时钟信号。如果时钟信号电压异常，代换同型号晶振与谐振电容器。如果时钟信号正常，再测 CPU 第三工作条件——复位。测试复位时，我们要操作面板的复位按键，如果操作时复位有高低电平的转换，说明复位良好。如果操作复位键机器没反应，再检查复位芯片。CPU 三大工作条件检查完毕，如果良好，我们再检查 CPU 输出的六相方波脉冲。可用示波器测量或用万用表测量信号电压，如果检测不符合标准，说明 CPU 内部没有振荡脉冲信号的产生，或从 CPU 送六相脉冲驱动电路之间的信号传送电路有漏电，减弱了信号电压，检查电路的漏电元件与电路有无轻微漏电。我们一般检修机器时不可能把每个检测点都测到，都是只检测电路的关键部位、关键测试点，这样检修速度快，不误时间。但是通常故障可这样检查，疑难故障需要逐个检查才可以。

5.4　驱动电路与制动电路的检修

变频器的有些故障是由驱动电路引起的。由于驱动电路在整机中是很重要的环节，驱动电路用来专门放大 CPU 送来的六相脉冲，而且放大的脉冲信号，要有足够的电压幅度与信号电流强度去控制逆变电路的正常工作。逆变电路与驱动电路有着紧密的连接关系。有时逆变电路损坏也会引起驱动电路的损坏。

参考图 4-23（57 页）和图 4-28（60 页），驱动电路在供电时，每个芯片是分别供电的，但供电的电压都取自于同一电源降压线圈。所以在开关电源工作不正常时，也就会引起驱动电路各驱动芯片供电不正常，使电路不能正常工作，最后使逆变电路不能正常工作，变频器整机不能正常工作，使整机处于待机的工作状态。驱动电路正常的工作条件有两个。一是驱动芯片的供电，二是六相脉冲信号，两条件缺任一个都不能工作。

5.4.1　驱动电路常见故障分析

一般在检修中最常见的故障有以下几种。

［故障 1］　通电开机启动运行时，面板显示 oC 过流故障代码。测 U、V、W 端输出交流电压没有任何反应。

［分析］　变频器通电开机后，面板可以显示字符。说明主电路中整流电路、滤波、逆变电路与开关电源电路等良好。但是面板所显示的过流代码是由逆变电路反馈到 CPU 芯片的，然后由 CPU 芯片内部处理，经过显示驱动芯片，显示当前机器的工作状态。测 U、V、W 三端时交流电压为零，证明主电路中逆变电路没有工作。驱动电路没有将六相脉冲放大，没有送到逆变电路。也可能是驱动电路损坏。我们要根据电路的结构原理分析去检测逆变与驱动电路。

［检修］　首先将变频器供电断开，用电阻挡位测量 U、V、W 三端电阻值。初步判断

逆变模块是否损坏。测量时用 $R\times1\Omega$ 挡或 $R\times10\Omega$ 挡、蜂鸣挡位。如果测量结果是变频模块没有损坏，再通电。通电后先测变频模块两端直流电压是否正常。三相变频器一般都是 450～500 V，单相变频器一般是 300 V直流电。如果供电正常，再测变频器的六相驱动脉冲是否送来。用示波器或万用表都可以测量，示波器可直接观察脉冲信号波形是否失真，信号脉冲幅度是否正常。万用表只能测正常时的脉冲信号的压降是否正常。但测之前必须记住以前检测过的良好机器标准脉冲值，以它作为参考，这样才有对比，就可以判别出脉冲信号是否正常。如果我们测逆变器脉冲信号入端六相脉冲信号均为零，说明驱动器没有工作。然后直接测六支驱动芯片，看芯片的供电是否正常。如果供电电压不正常，则检查开关电源电路以及由开关电源送驱动芯片的供电电路。同时测六支驱动芯片供电引脚对地电阻值，是否小于标准值。同时检查六支芯片的供电滤波电容器是否漏电。如果测量时六支芯片供电都正常，再测由 CPU 芯片发出的送六支驱动芯片的六相脉冲信号是否送到，直接在每个芯片的信号入端测量。如果六相脉冲信号都没有，就说明故障在信号源。检查 CPU 以及六相脉冲信号传送电路，如果我们测六支驱动芯片的工作条件、供电与脉冲信号都正常，而六支驱动芯片没有放大脉冲信号，到六变频管的信号入端没有脉冲信号，说明驱动芯片内部性能变坏，可用同型号代换。在实际中六支芯片是不可能同时损坏的。检修时要详细跑线路将每个测试点找准确。

当我们检查完逆变电路与驱动电路时，再检查一下过流检测电路与过热传感电路等。

［故障 2］　变频器通电正常，面板各操作显示也正常，按正常程序操作，机器工作在正常状态，一切都正常。但是 U、V、W 三端输出电压均为零。

由故障现象可分析出，通电正常，说明主电路中的整流滤波电路工作正常。面板显示正常，说明 CPU 电路与面板显示电路都处于正常工作状态。各功能操作正常，说明 CPU 所连接的储存器内部的程序正常。但是 U、V、W 三端输出电压为零，这说明逆变电路内部模块没有工作，有可能驱动电路也没有工作。首先断电后用万用表的电阻最小挡位 $R\times1\Omega$ 挡或者蜂鸣挡位测量 U、V、W 三端的电阻值。如果每两端的电阻值为几欧姆，或者蜂鸣器测量时常响，说明内部变频管击穿或者变频模块内部损坏。拆机后重点检查主电路中变频管与变频模块是否损坏，如果损坏，按同型号去更换。如果测量时变频模块没有损坏，再通电测量逆变电路两端工作电压有 450～500 V直流正常电压，用示波器测量六相脉冲是否送到六支变频管的控制极，或者六相脉冲是否送到变频模块的内部六变频管脉冲信号控制引脚。测量时，应注意不能碰到高电压引脚，否则会烧变频模块内部或者损坏示波器。

如果测量时逆变电路六相脉冲没有到来，就说明 CPU 电路没有把脉冲送到变频逆变电路。检查六支驱动芯片脉冲信号输出端到逆变电路之间的信号传送电路有无开路与旁路电容器漏电等现象。如果没有开路与交流元件漏电等现象，再检查驱动电路的工作条件是否符合要求。

测六支驱动芯片的供电 15 V或 18 V是否正常，如果电压正常，再测脉冲信号输入端的静态电压＋5 V是否正常，如果驱动芯片的两路直流电压都正常，再测六支驱动芯片的六相脉冲是否到来。如果脉冲为零，检查 CPU 电路，如果六路脉冲其中有一路或两路脉冲有信号异常的现象，检查由 CPU 电路送六支芯片传送脉冲的电路是否有漏电减弱信号的现象，或信号传送电路有无开路故障。如果测量六支驱动芯片的两路电都正常，而且六路信号也正常，但是驱动芯片没有放大信号输出，可以用同型号的驱动芯片做代换，再启动机器试验。如果此时 U、V、W 三端输出电压正常，就说明驱动芯片内部损坏，内部性能变坏。

［故障 3］　通电后面板显示正常，操作各按键时，显示正常。但是 U、V、W 输出电压

不正常，三相输出电压不平衡，连接电动机后电动机不能运行。

［分析］ 由机器的故障可分析出，本机的主电路中整流滤波电路正常，开关电源的工作良好，面板与显示电路、CPU 电路等都良好。故障有可能出现在逆变电路与驱动电路两部分。

［检修］ 先将变频器连接的电动机断开，再测电动机内部三相线圈是否损坏。用兆欧表测电动机三相线圈的绝缘电阻，如果电动机三相线圈的电阻值基本相等，就证明电动机良好。然后检查主电路中的逆变电路是否有故障。根据当前所检修的变频器逆变电路结构检测。如果所检修的变频器是六支变频管的单独分离结构，就将六支变频管一支一支单独检查，在电路中测量用 $R\times1\Omega$ 挡或蜂鸣挡。先测六支变频管分别有无击穿、开路等故障。如果测不准确就拆焊下来检测，这样可以很标准地判别每支变频管的好坏。一般变频管采用场效应管的结构，可以测场效应管漏极源极之间的电阻值。如果用 $R\times1\Omega$ 挡，红黑表笔测任意漏源极之间的电阻值，表针都偏向右零，说明击穿。如果我们所检修的变频器逆变电路是集成模块结构，要根据模块的各脚去检测模块内部的好坏。如果我们测逆变电路时，逆变电路没有问题，再检查逆变电路的工作条件。如果逆变电路的直流供电良好，而测六相脉冲信号时发现这六相脉冲信号其中有两相脉冲信号为零，其他的四相脉冲良好，就证明逆变电路内部有一相变频工作而有另两相变频没有工作。这时主要检查驱动电路的工作条件以及六驱动电路是否工作。

先测六支驱动芯片的各芯片直流供电电压是否正常。如果各芯片的供电正常（每个芯片的参考电压有 15 V、18 V等，各路电压因为每个电路结构与芯片的不同，所以各电压是有所不同的）与六支驱动芯片的脉冲电平都正常时，我们再测量各芯片的脉冲信号。如果测信号时四路脉冲正常，而两路脉冲为零，检查这两路脉冲信号的传送路线有无开路或漏电现象。要用蜂鸣挡位测信号电路的通断。由于电路板多数采用的是多层电路板结构，故我们要进行正反面测试检查电路通断。如果传送信号的电路中有电容器，就检查电容器是否漏电。在测量六支驱动芯片的工作条件供电与六相脉冲信号输入时，六支芯片的工作条件完全符合要求，但是六支芯片依然不能工作。可以用同型号的驱动芯片进行代换，再测芯片的信号输出是否正常。如果六支驱动芯片输出脉冲都正常，但是测六支变频管控制端的脉冲，有两相没有，就要检查两驱动芯片信号输出到逆变器变频管的输入端是否良好。

［故障 4］ 通电面板显示字符正常，但 U、V、W 无输出电压，检查时，一组变频管击穿。

［分析］ 面板显示字符正常，就说明电源、整流、滤波、面板电路都正常。但 U、V、W 无电压输出，那么故障就出现在逆变电路与驱动电路。

［检修］ 首先断电后用电阻挡位测变频管是否击穿。如果一组变频管击穿，其他各组的变频管都良好，证明驱动电路一部分工作，一部分不正常工作。再通电，按 RUN 运行键，观察六支驱动脉冲各路信号是否正常。一般用示波器进行检测，观察各脉冲信号是否符合标准。检测时发现一路脉冲信号太高，其他各路脉冲的幅度都正常，可以说明，过高的那一路脉冲信号导致变频管击穿。用同型号的芯片进行代换，再检测脉冲信号的幅度是否符合要求。如果代换后仍然脉冲过高，再检查与本驱动芯片各引脚所连的各元件是否损坏。

5.4.2 驱动电路检测点

首先要根据故障现象分析现实的故障在变频器整机电路的什么位置。如果由故障分析出以及测量检测出故障在驱动电路，则按照驱动电路的结构原理去检测驱动电路。一般开机可以显示当前的机器工作状态，但测 U、V、W 三端输出电压为零，说明逆变电路没有工作。

再检测逆变电路的模块，模块没有击穿现象。我们可以进行驱动电路的检查。首先测量六支驱动芯片的各芯片总供电是否正常，如果各驱动芯片供电的电压都正常，就说明驱动芯片没有短路故障，以及驱动电路的供电电源基本良好。如果哪一芯片的供电电压很低，说明芯片内部有短路故障。代换同型号驱动芯片，或检查给该芯片供电的电源脉冲变压器次级的整流滤波电路有无故障。如果六支芯片供电都同时低，说明开关电源本身有问题，检查驱动电路以及各驱动芯片供电的脉冲变压器整流滤波电路是否损坏。检查六支驱动芯片的供电，如果都正常，就说明驱动芯片及供电电源都没有问题。再用示波器测量六支驱动芯片的输入端信号是否正常，如果信号有一路不正常，检查它的信号传送电路有无开路漏电现象。如果六支驱动芯片的各路信号都为零，说明 CPU 电路内部振荡器没有产生脉冲信号或传送电路有故障。如果测量六支驱动芯片输入端脉冲信号时都正常，就说明 CPU 产生的六相脉冲良好。然后测量六支驱动芯片的脉冲输出端的六相脉冲，哪一芯片输出脉冲为零，就说明该驱动芯片内部有故障，检查芯片对地电阻值，或用同型号芯片来代换，再通电测量。如果六支驱动芯片输出方波脉冲都正常，就说明驱动电路都正常。然后检查驱动模块的输入端信号，哪一路为零，就检查该驱动芯片到变频模块之间的电路有无开路漏电故障。如果六相脉冲到变频模块之间的电路都正常，就说明驱动电路良好，故障在逆变电路，检查逆变模块电路。

我们可以总结一下驱动电路的检测要点。一般先检查电源，然后检查信号的输入及输出。只有在供电良好时方可检查驱动芯片的信号输入及输出。当然测量脉冲信号时还要看方波信号的脉冲幅度，而且六相脉冲的信号幅度应基本相同，这样才是良好的。如果我们测量六驱动芯片的供电电压以后，再测驱动芯片入端脉冲信号，这两者都良好，但芯片输出脉冲为零，就说明芯片内部有故障。但是我们把同型号芯片代换后发现脉冲信号并没有输出，这时应该检查芯片各引脚外围电路是否有故障。如果芯片各引脚外围元件没有故障，就说明所代换的芯片内部性能有问题。应检查与重新代换芯片，当然还要切断负载芯片输出脉冲之后的逆变电路的信号传送，防止负载漏电，使脉冲信号减弱。

5.4.3 制动电路引起的故障现象

首先我们要知道制动电路的作用与制动电路在变频器主电路的位置。在变频器的主电路中制动电路处于逆变电路与滤波电路之间。在负载电动机停机或由高速转变为低速时，由于电动机的惯性使转子高速旋转，由于转子的剩磁使定子线圈产生电磁感应，产生再生电流。再生电流会通过逆变电路给滤波电容器充电，使滤波电容器两端的电压升高，损坏变频模块与开关电源制动电路。在工作时将电动机返回的再生电压进行分流，减退再生电流，损坏逆变电路与开关电源。如果制动电路损坏，将会使再生电流不能泄放和变频模块受损坏，或者开关电源受损。滤波电路往往两端电压升高时，同时会使滤波电路中的滤波电容器由于电压升高而损坏。在变频器外接线端连接的制动电阻，如果电阻本身质量差，会使电阻烧坏。有时制动脉冲增大，使制动管损坏。

5.4.4 制动电路的检修

在检修制动电路之前，我们应该十分清楚制动电路的结构与作用，根据电路结构分析一般会出现的故障现象，分析故障范围的电路，再检查各制动元器件。制动电路在变频器的主电路中，设立在逆变器与滤波电路之间。它由制动控制管与制动电阻以及制动脉冲信号传送电路等构成。在负载电动机由高速转变为低速或者电动机需要停止时，由于电动机的惯性，电动机的速度并没有马上下降，也不会立即停止，这时电动机的转子在运行。由于转子的剩磁使电动机定子线圈做切割磁力线运动，电动机就会产生感应电流，这时的感应电流就会由逆变电路给滤波电容器充电。滤波电容器的端电压会升高，导致逆变电路及给开关电源的两端电压就会升高，由于逆变管两端电压过高会损坏。同时开关电源的两端电压升高会损坏。这时，由于制动电路的作用会使电动机的再生电流经制动管放电，使滤波电容器的两端电压降低，保护了逆变电路的变频管，同时保护了开关电源。根据制动电路的结构原理可知，制动电路损坏后常见的故障如下。

① 变频器在速度改变时，以及电动机在停止运行时，再生电流电压过高而使变频管以及滤波电容器损坏，或开关电源损坏。由变频器的故障现象可分析出故障在制动电路。首先用直观法观察制动管以及制动电阻是否烧坏。如果无法看出，我们就采用万用表进行测量制动电阻是否阻值变大或开路，制动管是否开路。如果制动电阻与制动管完全良好，再通电用万用表测量制动管的供电是否良好，如果供电电压异常就检查供电电路的元件。我们在检查制动电路之前首先应测变频器交流输入端供电是否正常，以及整流以后的直流电压是否正常，或用电阻挡测整流器件以及滤波电容器是否正常，同时测 U、V、W 三端之间的电阻值是否正常，以此来判断逆变管或逆变模块是否损坏。

② 变频器加电烧保险电阻，有时空气开关跳闸。由故障现象可分析出故障在变频器的主电路中，首先用万用表 $R\times1\Omega$ 挡位测量整流电路中整流管是否击穿。直接测 R、S、T 三端，如果测量时良好，再测滤波电容器。测量之前，我们用 100W 白炽灯先给电容器放电，然后测量。如果电容器良好，就直接测制动管是否击穿。如果制动管击穿用同型号代换。经检查后我们总结出的结论是，由于制动管击穿后导致整流电路的整流管过流，主电路导通电流过大而引起的烧保险以及空气开关跳闸。

5.4.5 制动电路的驱动原理

我们首先要了解制动电路的结构以及制动电路的驱动原理。一般制动驱动电路由开关脉冲变压器的制动感应线圈与制动控制电流的整流滤波电路、制动驱动芯片的光电耦合芯片放大器组成。变频器制动驱动电路的结构见图 5-1。

由结构图可看出，制动脉冲主要是由开关电源检测到的，在变频器由高速转变为低速时，或电动机停止运行时由检测电路得到的脉冲信号传送给 CPU 电路。此时 CPU 内部得到这一脉冲，经转换后送制动驱动芯片。由芯片 7 脚、8 脚连接的内部开关管导通，此时将脉冲变压器次级线圈感应的电流，经整流电路转变为直流电，由驱动芯片的 8 脚进去然后由芯片 7 脚出来，送控制管 VT_1 基极 b 时制动管工作。将主电路的电流经制动管集电极与发射极分流到地，使再生电流不损坏主电路元件。由制动驱动原理电路可分析出制动驱动故障。在电机停止运行时，由高速转为低速时制动电路不能动作，不能放电。由于电容两端电压升高而损坏逆变电路的变频管以及开关电源的有关元件，这时我们检查驱动管制动电阻等是否良好，再采用示波器测量制动脉冲是否良好，或用万用表测试，如果没有脉冲，再检查制动芯片的供电。如果电压不正常，检查供电电路是否正常工作。主要是检查开关电源电路是否正常工作，检查芯片的单独供电的整流滤波电路，如果驱动芯片供电良好，测 CPU 输出的制动脉冲是否良好。若有异常，检查传感电路以及 CPU 工作条件电路。若 CPU 制动脉冲正常，检查开关电源给芯片供电电路以及信号传送电路。

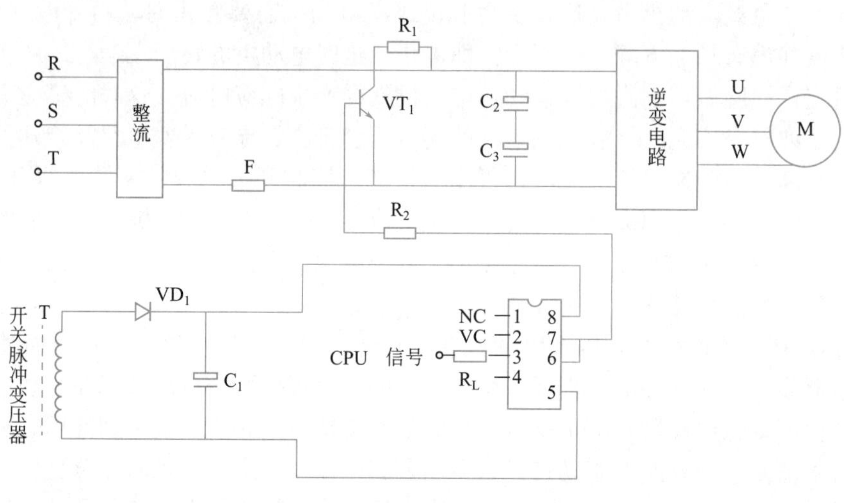

图 5-1 变频器制动驱动电路

5.5 保护电路的检修

在检修保护电路之前，我们要先了解保护电路的类型与各保护电路的作用以及保护电路的结构。在变频器电路中一般有过流保护电路与过压保护电路等两种结构，一般按电子元器件的结构特性分为以下三种：过流保护电路；过压保护电路；缓冲电路。

这三种保护电路采用不同的电子元件，有保险电阻构成的保护电路以及 RC 与晶闸管构成的保护电路、与电源开关管所连接的尖峰吸收保护电路等几种。

5.5.1 过流保护电路的分析

过流保护电路采用熔丝作过流保护器件。熔丝放在不同的位置起的保护作用有所不同。

① 将熔丝放在可控整流电路前。如果整流电路内部损坏，使熔丝过流熔断，使故障范围不再扩大。交流入端的电压升高，也会使熔丝断开，保护整流电路。

② 将熔丝放在整流电路之后。如果整流的后负载电路有故障，将会导致熔丝断开，保护负载电路，故障范围不再扩大。

③ 将熔丝串联在整流电路中。如果整流管有阻值减小或击穿的故障，熔丝将会断开，使整流电路故障不再扩大。

5.5.2 过压保护电路的分析

常见的过压保护电路一般由 RC 电路构成。采用电阻 R 与电容器 C 串联，然后将电容器在过压时充电分流的方式保护变频主电路的整流电路元件。RC 电路有三种结构。

① 将 RC 串联电路连接在全桥整流电路之前。当输入的交流电压由于某些原因升高时，瞬间给电容器充电分流。这时减小了交流电压升高对全桥整流电路元件的损坏。不过这只是一个简易的保护方式。

② 将 RC 串联保护电路连接于整流电路的后面，也就是直流工作供电区。这时交流电压输入升高或者整流后的直流电压升高。由于 RC 电路中电容器的充电分流，使直流输出电

压下降，从而保护了负载电路的元件，也保护了整流电路。

③ 将保护电路的RC串联电路并联于每支整流管的两端。在整流电路输入的交流电压升高时，每支整流管两端所并联的RC电路瞬时给电容器充电分流，使加在每支整流管的两端电压下降，保护了整流二极管，同时也保护了后负载电路。

过压保护电路的另一种方式为采用压敏电阻对变频主电路的整流电路以及整流后负载电路进行保护。压敏电阻的连接一般分为以下三种方式。

① 将压敏电阻并联在整流之前的交流电压输入端。当输入的交流电压升高，高于标准的电压值时，压敏电阻的阻值减小，将输入的交流电压进行分流，使送整流电路的交流电压降低到标准电压值。同时保护了整流电路的元件。单相变频器一般将单支压敏电阻并联于整流电路。

② 将三支压敏电阻分别并联在三相变频器的整流入端。每两支交流火线之间并联一支压敏电阻。这样当输入的380V交流电压升高时，由于压敏电阻的阻值减小，分流保护了三相整流电路的整流二极管。

③ 也可以将压敏电阻并联在整流电路之后，如果整流后的直流电压过高，压敏电阻的会分流，使送整流后的滤波电路的电压降低，避免了电压过高而使滤波电路损坏。

5.5.3 缓冲保护电路的分析

我们一般将缓冲电路称为尖峰吸收电路，在电路中主要保护大功率的变频管以及电源开关管。电路在正常工作时，由于电源开关管或变频管等饱和与截止工作时自身的原因引起开关管两端产生反峰电压，这时会瞬间击穿开关管。吸收电路就是消除开关管工作时产生的反峰电压，不至于击穿开关管。

在实际的电路中将尖峰吸收电路并联于变频开关管集电极与发射极两端，采用RC串联以及RD并联两方式。吸收电路同时在变频管的集电极连接L与RD串联电路，下面我们来分析吸收电路的基本工作过程。

在CPU电路产生的方波脉冲信号作用下，当变频管由导通状态转变为截止状态时，由于变频管两端电压瞬间升高，这时峰值电流就会给电容器充电，同时要经RC串联的电阻，也要经过并联于R的二极管，给电容器充电分流后使变频管两端的电压降低，防止了峰值电流击穿变频管。当变频管在CPU送来的方波信号作用下，由截止转变为导通时，并联在变频管两端的电阻R与电容C就会经变频管集电极与发射极之间分流放电，保护变频管。可见在变频管导通截止周而复始转换时，由于吸收电路的作用，减小了变频管两端的高电压降低的程度，防止了变频管在峰值电压瞬间击穿。所以在变频器主电路中，变频逆变电路的保护电路一般都采用吸收电路的方式进行保护。

5.5.4 过流过压保护电路与缓冲电路结构

(1) 电路中各元件的作用 如图5-2所示，F_1、F_2、F_3是变频器主电路中交流电压输入电路中三相交流熔丝，过压时保护元件，当整流电路与变频管电路有元件击穿与电路短路时，三相交流熔丝就会断开，保护整流与逆变电路。

VD_1～VD_6是三相整流电路的整流二极管。F_4是直流熔丝，当变频主电路中的逆变电路中有元件击穿以及电路短路时，F_4就会断开，使故障范围不再扩大。

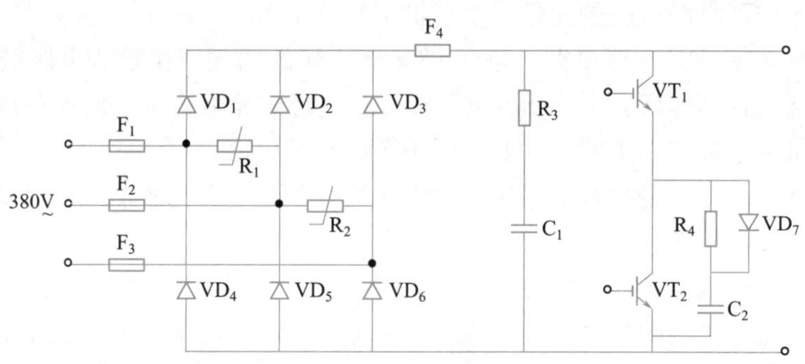

图 5-2 过流过压保护电路

R_3、C_1 组成 RC 过压保护电路。当 380 V 交流电压升高或者整流后的直流电压升高时，给 C_1 充电分流保护。逆变电路中的 VT_1、VT_2 是变频管，R_4、D_7、C_2 是变频管并联的吸收电路。在变频管由导通变为截止时，由于 R_4、D_7 并联使电容器 C_2 充电分流，导致 VT_2 管两端电压降低，保护了变频管。

（2）过压过流缓冲电路的原理 由于某原因使输入变频器的动力 380 V 电压升高，整流后的直流电压升高，这时会损坏整流与滤波元件以及逆变器的元件。此时由于 R_3 与 C_1 组成的 RC 吸收电路的分流作用，使主电路两端直流电压有所下降，保护了整流与逆变电路的元件。

如果整流电路元件的性能以及散热或电路短路等原因，使变频主电路电流过大，这时熔丝（指 F_1、F_2、F_3 等熔丝）烧断开路，使故障范围不再扩大，保护了整流电路。

如果主电路中逆变电路内部短路引起过流，会导致熔丝 F_4 断开，使逆变电路故障不再扩大。

在 CPU 的方波脉冲作用下，变频管饱和与截止周而复始地工作，使变频管两端电压高低不断变化，饱和瞬间变为截止端电压升高。这时，由于 C_2 的充电分流使 VT_2 两端电压降低，防止了峰值电压击穿 VT_2 变频管。其他管与 VT_2 相同。

第6章 变频器整机综合故障的检修

一台完整的电气设备内部的结构有变频器、PLC以及空气开关交流接触器、过热保护器、时间继电器与各功能指示灯按钮等。

以变频器控制的恒压供水的电气设备为例，在出现故障后，首先判断故障在PLC或变频器以及配电柜中的其他电气配件。这时我们首先用断测法，先将PLC与变频器的连线与供电全部断开重新启动，用变频器自身功能控制运行，可以在变频器显示屏的设置菜单中重新设置调回变频器自身运行的模式。如果运行正常，证明PLC内部程序出现问题。检查PLC程序以及PLC的硬件电路。如果我们去掉PLC后，采用变频器不能运行，再检查变频器电路。当然先要检查变频器输入端的交流电压，如果在闭合空气开关以及配电柜的启动按钮时，变频器入端交流电压输入为零，说明配电柜本身有故障。

检修电气设备时，首先要根据总体结构的原理与结构特征大概判别出故障在总电气设备中的哪一部分，再根据这一部分的结构原理判断出故障所在的电路，最后根据电路结构、工作原理分析出故障的精确部位，用仪器仪表检测出有故障的元件。要具有这种化整为零的思路方可检修、检测出故障的元件。

综合的电气设备的检修需要对内部每台电气设备的结构与特性以及工作原理进行十分详细的了解。

6.1 根据整机的框架结构图判别常见故障

我们对变频器进行检修，首先要详细了解变频器整机的内部结构，清楚内部由几个部分组成，每个部分具有什么作用，各部分电路的特征是什么，每一部分与每一部分之间的工作是如何连接的，也就是说哪一部分先工作，哪一部分后工作。检修机器就是在机器出现故障时根据内部各部分的作用与特性分析出故障的部分。下面我们再对变频器内部的结构与特性、工作的连接原理做简要介绍。

如图 1-41 所示(25 页)变频器有主电路与控制电路两大部分。主电路是大电流经过的电路，一般将 380 V及220 V交流电压整流转变为直流，电压滤波自举后由逆变电路变换后直接送电动机，这是主电路的工作程序。正常工作时单位时间内所通过的电流大，功率损耗大。每个元件的工作电压与电流要高，各元件的工作电压与耐电流大小，都是根据负载电机的功率决定的。但是主电路的工作要受到控制电路送来的开关脉冲变频方波信号控制。

变频器的控制电路，用来服务于变频主电路。一般由变频主电路整流滤波后的直流电压，经控制电路中的开关电源电路转变为低压直流电送方波脉冲信号的产生电路。在启动面板操作下，振荡产生方波脉冲信号送驱动电路进行信号电流与电压的放大，去控制主电路的逆变电路。变频管的工作将主电路中整流滤波送来的直流转变为人为所需的一定频率的交流电压送电动机。于是电动机的工作状态就会随着脉冲信号的状态而工作，这样就实现了变频控制。

一般整机变频器详细的结构有以下各电路。

① 交流电压输入电路，或称抗干扰电路。

② 三相或单相整流电路或交变直流电路。

③ 低频交流滤波自举电路，或称平滑电路。

④ 电容储能滤波保护电路，也称缓升电路。

⑤ 再生电流消除的制动电路。

⑥ 逆变电路，指直变交变频电路，也称 IGBT 功率模块电路。

⑦ 二次开关稳压电源电路。

⑧ MCU 脉冲信号产生电路。

⑨ 方波脉冲信号脉冲电路。

⑩ 电压电流检测故障报警保护电路。

⑪ 显示面板操作电路等。

变频器的主要工作电路由整流电路、滤波电路、逆变电路、二次开关电源电路、方波脉冲信号驱动电路、方波脉冲信号产生电路等六部分组成。

检修机器时要对这六部分电路的结构与工作原理作用做详细的了解，才可以在机器出现故障时，检修速度快、故障部位检测准确。但是我们还要深入了解整机变频器各组成部分电路之间工作是如何联系的，也就是说如何按先后顺序工作的。

我们先对整机的六个主要电路之间的工作顺序做以了解，然后了解整机各部分电路详细的工作顺序。

(1) 变频器六大电路之间的工作顺序 动力 380 V或单相的 220 V交流电经输入电路后由整流电路将交流电转变为脉动直流电，再经滤波电路滤除直流电中的交流电，得到纯直流电再自举升压，产生 450 V或 300 V（450 V指三相变频器，300 V指单相变频器）。一路送逆变电路，另一路送二次开关电源电路。经开关电源电路转变，将高电压的直流电压转变为低压直流电，给 MCU 电路供电。于是 MCU 电路内部的振荡器产生振荡，产生方波的脉冲信号，这一方波脉冲信号就会送到驱动电路放大。然后分别去控制逆变电路变频管的工作。于是逆变电路就会将主电路中的直流转变为人为控制的一定频率的交流电压，送电动机控制电动机的工作。

(2) 变频器整机的工作流程 一般先由整流滤波电路工作，产生直流几百伏的电压，由开关电源变换，给 MCU 电路供电产生方波信号，由驱动放大控制变频管的电路工作，同时由显示器显示电路当前的工作状态。人为设置时由面板操作去实现人机对话，设置机器中的电路工作状态，同时由过压与过流保护电路将过压的电流电压经检测电路送 CPU 电路。经过压过流时内部振荡停止，实现变频器过压过流保护。在主电路中刚通电时，由于电容储能电路的作用，先经储能电阻给滤波电容器充电。当电容充满电荷时，使交流接触器的触点闭合。电流经开关 K 给电容器充电，使电路处于正常工作状态。

在电动机由高速转为低速时或在运行状态需要停止时，由于电动机的惯性使电动机产生再生电流，再生电流经逆变电路给滤波电容器充电。电容器两端电压升高，此时制动电路动作。将这一再生电流进行分流，降低再生电压，保护了主电路中的元件。

6.1.1 变频器整机电路各部分的作用与特性故障

6.1.1.1 变频器交流电压输入电路

无论是三相变频器还是单相变频器，交流电压送整流电路之前，都采用了一定的保护与高频杂交流电的滤波。一般在三相火线之间都采用压敏电阻，当输入交流电压过高时进行保护。三火线之间相互牵连接有高频滤波电容器，用于滤除输入的交流电压中高频交流成分，得到纯 380V 50Hz 低频交流电压。有的变频器将整机的散热风扇在变频器主电路交流输入端取出，那么变频器的交流电压在电气配电设备中一般都会来自于交流接触器。在检修时测量三相交流输入电压，如果三相不平衡，检查电气设备中的空气开关与交流接触器以及过热保护器等设备有无各触点接触不良，或检查整流电路有无轻微短路故障。一般交流输入电路常出现的故障是三相不平衡、三相电压缺一相电或三相电压都为零。

6.1.1.2 变频器整流电路

变频器整流电路主要是采用二极管的单向导电特性将交流电压转变为脉动直流电，然后给逆变电路与二次开关电源电路供电，使开关电源产生二次变压，降低直流电压，给 CPU 驱动以及显示面板电路等供电，这样变频器各部分电路便可以正常工作。

一般三相变频电路的整流电路由六支整流二极管构成，大功率变频器由两支变频管就构成一个整流条进行整流，三相共有三个整流条，都带有散热片。也有些将六支整流管都集成在同一个整流堆中，这样就出现入端为三个接线端子，输出端为两个，分别是正电压与负电压输出。如果是单相变频器，就由四只二极管做整流，由四支单相整流桥堆的整流模块构成。无论是单相还是三相整流，都是整流后产生正电压输出送逆变电路与开关电源。

一般变频器的整流电路损坏的现象有以下几类。

① 通电立即断电气设备中的交流接触器与空气开关，证明整流电路中有严重的短路故障。一般是散热不良或整流电路之后的负载有严重短路过流的故障。

② 通电后交流某一相电压低，但是检查电气设备中的交流输入电路与空气开关交流接触器都良好。分析发现整流电路中有某一相整流管内阻减小，必须更换三相整流器且功率瓦数相同。

③ 通电工作一段时间后电气设备中的空气开关自动跳闸，在检查完配电柜中各种电气配件后都良好。分析后得出是整流器件内部工作性能不良而引起的过热保护。在停机一段时间后，重新启动机器，又恢复工作。这就证明整流元件性能不良，需要更换同型号的整流器件。

④ 有些整流器前端有熔丝的，通电立即烧熔丝，证明整流电路内部有短路。一般切断供电后，用万用表的电阻最小挡位测量整流电路的内阻值或用同型号的整流管代换即可。整

流电路的特性是容易损坏。因为它是大功率元件，如果内部性能不良或散热不良就会损坏整流器。

6.1.1.3 变频器滤波电路

由变频器整机结构的章节内容中可知，滤波电路就是采用有极性电容器的通低频交流，隔直流的特性，将整流电路送来的脉动直流电压中，一部分残余低频交流电滤除得到纯直流电压，同时自举升压的电路。如果是三相变频器将自举升压为 450～500 V之间。如果是单相变频器，将自举电压升为 300 V直流电压。一般采用多支有极性电容器进行连接组成滤波电路。单相小功率变频器，采用两支有极性电容器串联，如果是三相变频器就采用四支或六支有极性电容器构成滤波电路，每两支串联后，将各串联的每组并联。每支电容器的耐压与容量要求相同。

一般滤波电路最容易出现的故障是电容漏电、击穿、顶盖凸起或封皮破裂，这些故障可使滤波自举后的电压降低，严重时使主电路的保护电路动作或通电烧熔丝，或电气设备中的空气开关断开，自举电压降低后使逆变电路与二次开关电源电路的工作电压达不到标准值而不能正常工作。

检修时切断变频器的供电再将电容器进行放电，然后用电阻挡位测量电容器的充放电特性，判别是否漏电或击穿。一般最好将电容器拆机后，测量机械表用 $R\times1\text{k}\Omega$ 挡位，数字表用二极管专用测试的蜂鸣挡位。更换时注意工作电压与容量与原损坏的电容器参数相同。

6.1.1.4 主电路中的电容储能电路

为了防止通电瞬间由于电流过大损坏主电路中的元件，我们在整流电路与滤波电路之间设置了一个预充电的充电限流电路，这个电路的主要任务就是在通电时防高电压瞬间击穿损坏滤波电容器。一般充电限流电路由一只电阻与一个交流接触器并联构成。它们串接在整流与滤波电路之间，在机器通电时电流先经过电阻给电容器缓缓充电，然后当电容器充满电荷时就使交流接触器动作，触头闭合，此时主电路的大电流经接触器的触点给滤波以及后电路输电，这样就防止了通电瞬间大电流的冲击损坏滤波元件。有些变频器将整流电路换成具有触发性的元件，可控整流器在电容器充电完成后方可导通。充电限流电路常出现的故障有交流接触器的触头不闭合，出现时检查接触器驱动电路。

6.1.1.5 变频器制动电路

在负载电动机由高速转变为低速或停机时，由于电动机的惯性产生的再生电流，由逆变电路给电容器两端所充的电压升高，为了防止电动机的再生电流损坏电容器以及主电路的其他元件，制动电路就会在再生电流回流的瞬间，将再生电流分流，降低了再生电压，保护了主电路的各元件。制动电路一般由制动控制管与制动驱动电路以及制动电阻构成。

一般制动电路中最容易损坏的元件是制动控制管以及制动电阻。在瞬间电流过大或脉冲过大时，才可以使制动管饱和导致控制管损坏。

在电机停机或由高速转变为低速时，电容器两端的电压并没有降低。此时说明制动检测电路以及制动电路没有动作。检查制动检测与驱动电路以及制动控制管与制动电阻等元件是否良好。要采用万用表的合适挡位来进行检测电路的元件。

6.1.1.6 变频器逆变电路

逆变电路的主要作用是将变频器主电路送来的由整流滤波转变的直流电压转变成具有一定频率的交流电，给电动机输送变频交流电压。在正常工作时，逆变电路由六支带保护的变频管与变频脉冲驱动电路以及变频脉冲方波信号产生电路等构成。

脉冲信号驱动电路以及方波信号产生电路都是给逆变电路服务的电路。逆变电路中的六支变频管在正常工作时需要两个工作条件。一是主电路中送来的几百伏直流电压，二是来自驱动电路的方波脉冲信号。在这个方波脉冲信号作用下，六支变频管才按照一定的顺序工作，将直流电转变为一定频率的交流电给电动机供电。

逆变电路的特征是工作时所通过的电流功率大，而且需要有良好的散热能力，内部变频管导通与截止转换速度快，要求变频管的性能好。

在检修逆变电路时，首先要观察所检修的变频器的逆变电路是什么样的结构。一般常见有以下几种。

① 具有六支独立的变频管，在小功率变频器电路中使用。

② 将变频器主电路整流电路元件与逆变器的变频管全部集成在一个集成芯片内，这个集成芯片称为厚膜块。

③ 三相变频器具有 3 个变频模块，每两支变频管集成在一个模块内，这样的结构是大功率变频器具有的，逆变电路检修方便简易。

④ 三相变频器将 6 支变频管都集成在一个变频模块内部。

一般在检修时要根据不同的逆变电路结构、工作原理与不同电路元件的参数分析故障。

电路结构的检修一般先通电检查逆变电路的工作条件。逆变电路的第一个工作条件是总供电电压。一般三相为 450～500 V直流电压，单相变频器为 300 V直流电压。这个电压是否正常，直接可以证明主电路的整流滤波电路与逆变电路是否有整流管损坏、滤波电容器漏电以及逆变模块内电阻值减小等故障现象。逆变电路的第二个工作条件是各变频管的方波脉冲，一般采用示波器测量波形的状态。如果方波脉冲的波形正常，就证明 CPU 电路以及脉冲驱动电路都处于正常工作状态。如果方波脉冲有异常现象，说明驱动电路以及 CPU 电路以及供电电路有故障。也可以采用万用表的合适电压挡位测量变频管的脉冲电压六相是否都正常，一般六相都是相同的脉冲。

如果根据变频器当前的故障现象分析与测试出故障的部位在逆变器的变频电路，我们可以用冷却法测量逆变电路的各元件阻值，即可以判断逆变电路的元件好坏。冷却法也就是将变频器整机断电后去检测。

对于第一种结构，我们可以直接测六支变频管的阻值。在测量时必须用 $R\times1\Omega$ 挡或者蜂鸣挡，测量时发现有击穿的现象，此时将变频管拆下来，再采用电阻挡位的 1k 挡测量，若变频管的内阻值良好，说明与变频管所连接的外围元件有击穿的现象。再检查电路的变频管所连接的所有元件。如果变频管拆机后测量确实击穿，更换时要用原来的参数或用替换的元件，安装时六支管子的固定螺钉用力要平衡，同时要用硅胶才可以加强散热，或者直接断电后将滤波电容器放电，用 100W 白炽灯或大功率电阻放电。直接测量 U、V、W 的输出端阻值来大概判别变频管是否损坏。

对于第二种结构，在检修时可分为三步。首先用电压检测法先测出交流电压入端三相 380 V是否正常。如果单相 220 V正常，然后测滤波电容器两端的直流电压是否正常（三相为 450～500 V直流电压，单相为 300 V直流电压）。如果整流后的直流电压不正常，可以证明模块内整流电路损坏。同时还要检查滤波电容器是否正常漏电，最后测逆变电路的工作条件电路直流电压是否正常，以及有驱动电路送来的六相方波脉冲是否正常。如果逆变电路的工作条件达到标准，逆变电路输出的变频交流为零，说明模块内逆变电路的变频管损坏，要更换电路中变频模块与整流集成的模块。

第三种结构，将六支变频管每两支集成在同一模块，这样三相变频器用三个变频模块，这三个模块的功率都相同。这样的结构检修方便，好检查。我们一般可以用单独检测的方式分别对模块进行检测，才可以判别准确。一般先采用通用方法测逆变器的直流电压输入端到逆变器的电压是否正常（三相为 450～500 V，单相为 300 V）。如果电压正常，再测六相方波信号是否到变频管，变频管是否按一定的顺序工作。如果六相方波正常，在操作面板时，测 U、V、W 三相交流电压的输出是否正常。如三相电压输出缺相或者三相电压过高或者过低，都说明逆变器变频管有问题。我们一般应该重点分别检查三个模块。

对于第四种结构，我们首先要清楚各引脚的作用。本电路中的模块作用与前面都相同，就是结构特点不同。在检修时首先也是先进行工作条件的检查。先测量逆变电路的直流供电与六相方波脉冲等是否正常。如果工作条件都处于正常，变频输出端在启动工作时没有变频交流输出，就说明模块内损坏，需更换变频模块。

在换模块前就应该清楚模块损坏的原因。一般有三种原因。

① 散热不良。指本机的散热风扇以及模块与散热器的面板接触的问题。如果硅胶没有大面积涂，就会说明局部散热不好而造成损坏。

② 由于负载电动机内部线圈短路，或者说是变频器到负载电动机之间的电缆线内部短路引起损坏。

③ 变频模块两端电压过高以及模块内部性能不良。

6.1.1.7 辅助电路的二次开关电源

由变频器整机结构图可看出，变频器主电路的工作是由辅助电路来控制的，辅助电路中驱动电路提供的方波信号控制主电路变频管的工作。这时变频管按一定的顺序工作，才能将主电路整流滤波提供的直流电转变为一定频率的交流电送给负载电动机。但是辅助电路中的大部分电路的工作都是由开关电源供电的。辅助电路中的 CPU 电路、脉冲信号驱动电路以及面板显示及操作电路等都是靠开关电源提供的低压直流电压而工作的。

在正常工作时，首先开关电源给 CPU 电路提供直流＋5V，使 CPU 内部的振荡电路工作，产生脉冲方波信号。这时脉冲方波信号经驱动电路放大，同时开关电源给驱动电路供电。此时驱动电路才放大脉冲方波信号，去控制六支变频管工作。由此看来开关电源在变频整机电路中是多么重要。如果开关电源损坏，将会导致 CPU 与驱动电路不能工作，方波脉冲信号不能产生，逆变器的变频管不能工作，整机处于截止停机的状态。

在检修开关电源时，首先要知道它是什么结构，是自励式或他励式。因为电路结构不同，工作原理不相同，那么检修方式也就不同。当然他励式开关电源的结构方式较多。他励式由脉冲信号发生器（也就是方波信号的产生电路），开关振荡电路、开关振荡管与脉冲变压器等三大部分构成。此种结构的电源最容易损坏的就是开关振荡器与开关管的对地保险电阻。这两个元件损坏后将导致整个电源不能工作，整机处于停机状态。检修时先检查脉冲发生器芯片的脉冲信号是否产生，然后检查开关管是否工作，测互感脉冲变压器的次级整流滤波以后的各低压直流电是否正常。如果脉冲变压器次级各级电压都为零，说明电流没有振荡。重点检查脉冲芯片与电源开关管以及反馈电路，如果变压器次级有电压而不正常，就说明故障可能在电源的负载以及电源的本身。

我们由变频器整个机器结构与各部分作用可知，开关电源损坏后所表现的特性是开机后面板的电流指示灯不亮，同时在启动机器时变频器 U、V、W 输出端无变频的交流电压输出，负载电动机不运行。虽然我们由损坏的现象可分析出故障的部位，但还是要经过实际检查测出故障的部位以及故障的元件。由于每个开关电源结构不同，它们所用的芯片不相同，所以要将常用的芯片各引脚作用以及正常工作电压记住，在检修时才可以做以对比。同时要将电源中每个重要检测点根据它的工作电压值来分析。

6.1.1.8 MCU 电路六相方波脉冲产生电路

这个电路的内部有 CPU 电路与方波脉冲电路两部分，其作用是在面板操作指令下产生六相方波脉冲信号，放大方波脉冲信号去控制变频管的工作，但是要经过驱动电路的驱动放大。

MCU 电路集成度很高，功率损耗小，供电电压小，外围元件少，芯片的外面有 CPU 的工作条件电路（+5V 供电、复位、时钟等三大电路），同时显示电路与驱动电路，也与芯片相连。MCU 电路的故障一般有六相方波脉冲的信号没有输出，这证明内部振荡器电路停止振荡，还有面板输入脉冲时，整机没有任何反应，证明芯片不能接入信号，检查芯片的工作条件电路与芯片有关引脚外围电路。

检查整机时，如果主电路良好，开关电源良好，驱动电路供电良好，此时重点检查 MCU 电路芯片的工作条件电路，主要是供电。一般芯片内部或+5V 供电电路及开关电源等损坏，都会引起+5V 电压的不正常。

因为 MCU 电路的内部有 CPU 电路，工作时必须给 CPU 电路提供时钟信号，一般时钟由芯片外接晶振与芯片内部电路构成。在晶振两端测量时钟信号是否正常，用示波器或用万用表测量晶振两端脉冲电压，再测 MCU 电路的复位脉冲是否正常。

6.1.1.9 方波脉冲信号产生电路

变频器电路将 CPU 电路与六相脉冲产生电路都集成在同一芯片里，所以 MCU 电路具有两种作用，对于 CPU 电路来说，接收外接的信号各命令进行转换去控制对应电路的工作，但是 CPU 电路要达到正常工作，必须要三大工作条件（供电、时钟、复位）。在 CPU 电路正常工作条件下，六相脉冲信号产生电路才可以工作，产生逆变电路所需的六相方波脉冲信号。经外六相驱动进行放大后去控制逆变电路中的六相变频器的工作，于是六变频管按一定顺序工作，将主电路中的直流电转变为交流电送电动机运行。

六相脉冲信号产生电路集成度高，与 CPU 电路集成在一个芯片内，所以整个芯片引脚较多，检修时不容易判别。而且输出六相脉冲信号不容易，检查具体的引脚一般要从驱动电路查起。此电路常见故障是输出六相脉冲信号都为零，这时证明六相脉冲产生电路内部振荡器没有工作。检查 MCU 芯片的工作条件、电路是否符合标准或者检查芯片外围电路，然后代换芯片。有些机器会出现六相脉冲信号低，说明原本的信号输出幅度低或由 MCU 芯片送驱动电路之间的电路有漏电、减弱信号的现象。要检查六相脉冲信号传送电路有无旁路电容漏电以及支路中对地线有无漏电现象，六相驱动电路内部有漏电现象使六相脉冲减小，我们通过详细检查六相脉冲芯片电路各芯片内部是否漏电短路，测六相驱动芯片信号入端与地之间的电阻值来判断。

6.1.1.10 显示面板操作电路

显示电路在变频器正常工作时用来显示当前机器的工作状态，同时显示机器内部设置参数的状态，通过显示器就可以看出机器当前的运行状况。

操作面板电路是人为给机器内部输入命令的，在变频器设置使用参数时，我们就通过面板各对应按键去设置机器的运行状态。

显示电路的特征是用代码方式将机器的工作状态反应给人眼。通过工作代码以及故障代码，方可知机器内部各电路的工作状态。面板操作电路的特性是轻触或按键操作方便。一般将常用的几个重要按键显示在面板中，例如运行、停止、菜单与上下翻键与复位键，这样可实现变频器基本参数的设置。

显示面板开机后无任何显示，说明显示器损坏或显示驱动电路有故障。首先检查显示器电路的供电并检查显示驱动电路。

一般变频器显示器都是由发光二极管组成的。我们一般要检查发光管是否损坏或者测显示驱动芯片电路等是否损坏。有些变频器工作时可以显示但是显示数码不完全，这证明显示板内部码二极管有个别损坏或者显示驱动电路连接显示器的排线有开路的故障，主要检查排线接口或者采用同型号显示面板代换操作面板，即可完整显示代码。

所有面板键操作失灵，说明面板电路有故障。我们可以重点检查面板的供电，以及每支按键对应的电路是否损坏、有无开路以及短路的故障，同时要检查操作面板的接口是否脱焊、松动或者接口断裂。

6.1.1.11 电压电流检测与故障报警和保护电路的故障分析

在主电路送负载电路的电流电压过大时，由取样检测电路取出一部分电流电压反馈给MCU电路，经内部CPU电路转换后去控制开关电源电路的频率发生器芯片，这个芯片此时停止工作，使开关电源停止工作，对主电路的负载进行保护，同时使故障报警电路工作，发出故障警示的提醒。

如果出现过压过流时，电路可以快速地动作去控制二次开关电源停止工作。同时使主电路中逆变电路停止工作。主电路负载切断供电，保护主电路负载。

此电路出现过压过流时不能保护以及不能立即报警时，我们可以重点检测过压过流的取样与检测电路，同时检查反馈电路是否损坏。

6.1.2 开机无任何反应

在分析变频器的各种故障之前，我们必须回忆变频器的整体结构，才能有效地标准地确定故障出现的部位。

开机器设备无任何反应，指开机变频器面板电源指示灯不亮，面板显示器无任何显示，也就是开机显示器无任何字符，同时操作面板的任何键变频器无任何反应，散热电扇在按运行键时不转，测量U、V、W三端输出电压为零，在测量时变频器与外设备连接的10V与24V电压为零。

由故障现象以及检测数据可以看出，变频器内部电路完全没有工作。我们以变频器整机的结构、各电路的作用以及各电路之间的连接与工作顺序来分析。

在前几章节中学习了关于变频器的整机结构。整机由主电路与辅助电路等两大部分构成。详细可分为抗干扰电路、整流滤波电路与逆变电路、二次开关电源电路、MCU六相方波脉冲信号产生电路以及六相脉冲驱动电路与面板显示与操作电路等。

重要的电路有整流滤波、二次开关电源、六相脉冲信号产生电路以及六相脉冲驱动电路等几个部分。在正常工作时，220V先经整流滤波电路转变为直流电压，再经二次开关电源电路转变分别产生CPU、六相脉冲驱动以及面板操作电路等所需的工作电压，当二次开关电源工作后，先给MCU电路供电，MCU电路内部便产生六相方波信号，经六相驱动电路分别放大后去控制六相变频管按顺序工作，将电路中的直流转变为一定频率的交流电压给负载电动机供电。

由整机电路的结构与各电路之间工作顺序可以对开机无任何反应的故障做分析以及产生检修思路。

首先测变频器交流入端接触点有无交流电压输入，如果入端电压正常，我们可以拆机检查测量主电路中整流滤波之后滤波电容器两端的直流电压是否正常。如果测量时直流电压为零，检查抗干扰电路中交流熔丝与热敏电阻等是否开路。同时检查整流滤波元件，如果滤波电容器两端直流电压正常，再测二次开关电源脉冲变压器次级各整流滤波电路电压是否都符合标准。如果各电压都为零，说明二次开关电源没有振荡。重点检查振荡开关管与正反馈电路以及开关振荡管源极对地保险电阻是否开路。如果我们测试开关电源脉冲变压器次级各路直流工作电压都正常，这时开机电源指示灯应该亮，散热风扇应该转，面板显示器应该显示字符。当我们操作 RUN 启动键时，应测 U、V、W 三端有无变频交流电压输出且各输出电压是否正常，三相电压是否平衡。如果我们按以上思路分析检修就不会走弯路。

由整机电路结构来看，开机无任何反应的故障主要出现在主电路中的抗干扰与整流滤波以及二次开关电源等电路。按电路的工作顺序去检查，可以使电源指示灯亮，面板显示器显示字符，然后再分析检查。最后检修启动后，U、V、W 三端输出一定频率的三相相互平衡的交流电压送电动机。读者朋友们，无论任何电气设备在出现故障时，都是由整机某一单元电路或某一元件损坏而造成的。我们在学习变频器整机电路原理时，一定要将整机每个单元小路工作与结构特点详细搞清晰，然后明白每个单元电路中每个重要容易损坏的元件在本电路所处的位置，在工作时起什么作用，只有掌握了这些电路作用与元件作用特点后，才可以根据故障标准分析测试出损坏电路及元件。

6.1.3　开机电源指示灯、面板显示正常，运行时 U、V、W 三端输出电压为零

操作面板运行键时，U、V、W 三端输出电压都为零。面板指示灯亮，说明主电路的抗干扰电路、整流滤波电路与二次开关电源均良好。面板显示正常，说明 CPU 电路与显示驱动电路以及显示器等电路工作正常。显示器的供电以及显示驱动电路的供电都来自于开关电源，但是开关电源的供电又来自于主电路中的整流电路与滤波电路，所以电源指示灯亮都可以充分说明以上各电路都正常工作。

当我们操作面板运行键时，面板显示运行状态，但负载电动机不运行，说明 U、V、W 三端输出电压为零，故障出现在逆变电路与六相脉冲驱动电路以及六相脉冲产生电路。

首先要根据电路结构原理分析，只有准确掌握了故障的部位才可以检修。对于目前这个故障，我们应先检查电动机，或者将电动机拆开再去检查逆变驱动、脉冲发生器等电路，如果拆开电动机后再按下运行键时，U、V、W 三端还是无电压输出，说明变频器本身有故障。电源指示灯亮与面板显示器显示正常可证明主电路整流滤波、开关电源、CPU 显示驱动与显示电路都正常工作，故障在逆变电路与六相驱动脉冲电路与六相脉冲信号产生电路。首先检查逆变电路的工作条件，逆变电路主路的供电电压是否正常，如果电压正常，再测逆变管的六相脉冲信号是否正常。如果六相脉冲都为零，检查六相脉冲驱动电路。如果逆变电路中供电正常，六相脉冲也正常，但是 U、V、W 三端仍不能输出电压，根据逆变电路采用的结构更换逆变电路中的变频管或逆变模块。如果六相脉冲都为零，再检查六相脉冲驱动电路。先检测驱动器电路的直流供电，如果电路正常，然后测六相脉冲是否送到驱动电路，分别检查驱动管入端。如果六相脉冲已经送到驱动电路，那就应更换驱动芯片。

一般变频器的六相驱动脉冲电路都是由六支驱动芯片组成的，这六个驱动芯片如果直流

供电都正常，但是六支驱动芯片的六信号入端信号为零，就说明故障在 MCU 电路中脉冲信号产生电路，但是我们由面板显示器可以显示机器状态这一点来看，CPU 电路都正常。但是很多变频器六相脉冲产生电路都集成在 MCU 电路的内部，这时应代换 CPU 芯片，或者检查由 CPU 芯片到六相脉冲驱动电路之间的信号传送电路中有无漏电短路的现象。

提示：在检测信号时最好用示波器测量，这样很标准也很直观。因为示波器可以直接观察信号波形的幅度，比较六相脉冲，这样可直接观察哪一相脉冲信号不符合标准。

6.1.4 开机电源指示灯、面板显示正常，运行时 U、V、W 三端输出三相电压不平衡

开机电源指示灯亮，面板显示运行正常，说明主电路中的整流与滤波电路良好，二级开关电源良好，MCU 中的 CPU 电路良好，面板显示电路与显示驱动电路良好，连接电动机时，电动机不运行，初步判别电动机损坏。将电动机与变频器连接断开，检查电动机，测电动机定子线圈电阻值良好，将电动机接在别的变频器上可以启动，证明电动机良好。根据变频器整机结构分析，故障出现在逆变电路与逆变驱动电路。

U、V、W 三端有电压输出，就证明 MCU 电路中的 CPU 电路内部振荡六相脉冲信号基本正常。但是如果由 CPU 内部输出的六路信号有一路不正常，就会导致六相脉冲驱动放大信号输出送逆变电路的信号不正常。

我们已经根据变频器整机电路结构分析出了故障的部位，接下来对逆变电路、六相脉冲驱动以及六相脉冲信号产生电路进行检修。

首先使用冷却法检测变频器整机能不能通电，用测量电阻值的方法来判别变频器的故障。先采用蜂鸣挡位在断开负载电动机时测 U、V、W 三端之间有无短路，就是相互有无阻值变小。检测时如果 U、V、W 某两端有短路故障，蜂鸣器就会常响，则重点检查逆变电路内部的变频模块或变频管。如果在检测时 U、V、W 三端没有短路故障，再测逆变电路两端的供电正端与供电负端有无电阻值减小或严重短路。如果由三个变频模块构成，就分别检查三个模块。如果是将六支变频管都集成在同一模块内部，就测总供电引脚与地线之间有无电阻值变小。如果电阻值变小，就证明模块内部短路。如果是六支变频管就分别测变频管是否损坏。

然后检测变频驱动电路，主要检查驱动芯片是否损坏，各芯片供电引脚与地之间的电阻值是否变小。正常情况下，六支变频管的供电引脚对地电阻值一般都基本相同。主要是看哪一驱动芯片损坏，将某一信号没有驱动放大，导致六变频管中某一相的一组变频管没有工作而导致输出 U、V、W 三相电压不平衡。

如果以上检查电阻值基本都良好，我们再采用电压法去检测，给整机通电，在断开负载时，测逆变电路与六相脉冲驱动电路以及脉冲信号产生电路等各单元电路的标准工作电压。

首先通电测逆变电路两端直流电压。一般如果是三相供电的变频器，标准电压在 450～500 V之间。如果是 220 V供电的单相变频器，标准电压在 300 V左右。如果检测时逆变电路两端电压过低，基本由两个原因引起。

① 逆变电路本身内部电阻值下降而引起两端电压降低。

② 整流与滤波电路损坏而引起滤波电容器漏电或整流器内阻增大进而引起两端电压降低。可以将滤波电容器拆机，单测最好采用指针表的 $R\times1k\Omega$ 挡观察表针变化，在测量前给

电容器放电。由于电容器容量大、耐压高，一般用 100W 白炽灯放电，或用 10W 的大功率水泥电阻放电。如果不放电，电容内存余电将会把万用表内电路损坏。

对于整流电路，可将整流元器件拆机测量内阻大小判别好坏，整流滤波电路检查完后，我们可以测输入端的 220 V交流电，如果此电压过低说明电网有故障。

对于逆变电路，先观察逆变电路的结构，它一般由三种方式构成。

① 由六支单独的变频管构成。

② 由三个变频模块构成，一般将每两支变频管集成在同一模块内，三相由三个模块构成逆变电路。

③ 将六支变频管都集成在一个变频模块内，对于不同的结构我们有不同的检测方式。

六支变频管的结构，可以将六支管子拆机进行单个测量三个模块构成的，可以将模块拆机单独检测，主要测变频管漏源之间的内电阻值，不能小于标准值。如果是六支变频管都集成在同一模块内，我们可以检测这个模块总供电与地线之间的内电阻值，如果减小，证明内部损坏。

测量检查完逆变电路入端供电，并对整流滤波电路检查完后，我们对六相脉冲驱动电路的驱动芯片的供电做以检测。先测每支芯片的总供电引脚电压。一般六支驱动芯片的总供电压都基本相同，如果哪一芯片的供电有问题，我们就检查这一芯片的供电电路有无分支路线、有无漏电现象。一般供电的滤波电容器容易漏电，如果芯片总供电的线圈没问题，就断电测芯片总供电引脚对地之间的电阻值是否变化。

如果我们在检测过程中各驱动芯片总供电引脚都正常，说明六相驱动芯片总供电没有问题。接下来我们就采用信号检测方法来判别故障。

根据 U、V、W 三端输出的电压三相不平衡做以分析。

如果六相脉冲信号出现问题，也会造成 U、V、W 三相电压输出不平衡，所以我们现在就从 CPU 电路输出的六相脉冲信号来检测判别。用示波器先测 CPU 直接输出的六相脉冲信号波形当前工作频率以及脉冲的幅度与宽度来判断。将六相脉冲的波形做以对比才可以判断出来，可以直接在每个驱动芯片的信号入端测试六相脉冲信号，这六个测试点可以判别六支驱动芯片本身以及 CPU 电路本身，或者 CPU 六相脉冲送六支驱动芯片之间的信号传送电路有无故障，如漏电衰减信号或者开路断开信号等。

如果在测六支驱动芯片的信号输入端六相脉冲信号时，其中有一相信号的波形频率脉冲宽度以及脉宽都与其他五相不同，波形也不一样，就充分证明这一相脉冲信号不正常。我们可以先断开信号输入连接端与驱动芯片之间的连接。如果断开后测来源处的脉冲信号与其他五相完全相同，就说明对应的驱动芯片有故障，可采用同型号更换。如果断开后依然脉冲信号不正常，就检查信号传送线圈中有无电容器漏电将信号衰减，或本身 CPU 输出的信号不正常。如果用示波器测量六相脉冲输入到六支驱动芯片的信号入端六相脉冲信号波形都正常，而且基本都相同，说明 CPU 电路输出信号良好。然后测六驱动芯片分别放大输出的六相脉冲信号是否正常。如果分不清六驱动芯片的信号输出端，我们就在电脑中查出各驱动芯片的引脚作用，找出放大后的信号输出引脚或翻阅工具书查出信号输出引脚即可检测。

如果检测时有某一支驱动芯片输出脉冲信号波形与其他几相脉冲信号波形不相同，就证明该驱动芯片损坏，更换同型号即可。如果我们测六支脉冲驱动芯片时输出端信号波形都正常，而且比较时，六脉冲的信号频率、脉宽与上升下降时间都相同，就证明六驱动良好，再测逆变电路中的变频管栅极输入信号，如果某一变频管输入信号不正常，就说明这一路信号传送电路有故障。检查这一信号电路有无漏电短路故障，如果逆变电路中六相脉冲信号都正常，而且波形相同，同频同相，说明 CPU 电路六相脉冲信号驱动电路等良好，故障在逆变电路。

对于逆变电路的检查，如果是六支变频管构成的，我们顺着 U、V、W 三端中某两端电压不正常的端子向前检查。与端子连接的变频管，将管子拆机检测，如果检测出变频管损坏，更换同型号的变频管。

如果逆变电路是由三支模块构成的，每两支变频管集成于一个模块，就顺着这两端找到相连的模块，测量模块的内阻来判别好坏。

如果是将六支变频管都集成在同一个模块内的结构，检测 U、V、W 三端时有两相输出电压与其他两相电压不平衡，证明变频模块内部损坏，我们可以顺着不平衡电压的两个端口向模块的连接点去查，最后测量发现模块内电阻值变小，就说明模块已经损坏，更换同型号的模块。U、V、W 三端输出电压不平衡，一般都是由六支变频驱动模块或脉冲信号驱动电路损坏而引起的。总之一般先检测各电路的工作电压是否正常，然后再检测信号传送电路。

6.1.5 开机电源指示灯亮，运行时 U、V、W 三端输出电压正常，显示器显示字符不全

［分析］ 指示灯亮，机器运行时 U、V、W 三端输出电压正常可以证明变频器内部主电路与辅助电路的二次电源、MCU 电路、六相脉冲驱动电路以及 CPU 电路等均工作正常。故障出现在显示驱动电路、显示电路以及数码显示器本身。显示字符不全使人为设置操作时不能实现人机对话，实现正确操作，所以机器不能正常使用。

［检修］ 首先检查显示器与显示驱动的连接接口电路是否松动、接触不良等，然后检查显示驱动电路，主要是检查驱动芯片的供电电压是否正常、电光转换器件是否接触良好。由整机结构可以看出显示器的显示信号取自于CPU 芯片，所以主要是检查CPU 芯片连接显示器的信号传送电路，当然中间要经过显示驱动器才可以放大。也要对显示驱动器做以检修，方可检查出故障的部位。一般由于显示器本身损坏与接口电路损坏较多。

6.1.6 开机电源指示灯亮，操作面板无反应

电源指示灯亮证明主电路中的整流滤波电路工作完全正常，同时也说明二次开关电源良好，由于开关电源的电压分配于每个供电电路，由每个电路给各单元电路分配额定的工作电压，如 MCU 与 CPU 电路、驱动电路以及显示电路，二次电源电路指示灯亮，操作面板无反应的故障，还要看此时显示器的显示状态。如果此时显示器无显示没有数字代码，就说明显示器与显示驱动电路等有故障。先检查显示屏与显示驱动的接口是否有松动断针等现象，再检查显示屏本身是否损坏，同时检查显示屏的供电电压是否为零，检查供电熔丝与供电电路。电压低有三种情况：一是显示器屏本身内部阻值减小；二是供电电路中有短路元件导致漏电现象；三是供电电源本身有故障。如果是电源本身的问题，就测电源给其他供电是否良好，如果其他供电良好，只是显示屏供电电压不正常，检查对应整流滤波的电路，检查整流二极管正反向电阻值是否正常，滤波电容器是否通电。

显示工作代码说明显示驱动电路以及显示器良好，操作面板无反应证明面板操作电路有故障。检查面板电路供电是否良好，如果供电良好检查面板各操作键是否损坏，如果供电电

压有问题检查供电电路还有供电电路中滤波电容器是否有故障。有些显示器是面板编码器芯片有故障而导致面板操作无效。如果所有键操作都无反应就证明编码器芯片损坏。如果各按键不起作用就是个别键损坏。检查各对应的面板触点是否有接触不良的故障，当然有些故障也出现在供电电路以及接口电路等。要按顺序详细检查损坏的情况。

6.1.7　开机工作一般时间保护

工作一段时间保护故障有三种。

① 变频器的工作负载电动机。

② 变频器到负载电动机之间的供电电路。

③ 变频器本身内部电路。

以下我们对工作一段时间保护的故障进行三点详细的分析。

(1) 变频器的工作负载电动机引起的保护　在整个动力系统设备中，由于电动机的负载拖动设备加重而使电动机运行速度下降，使电动机内部线圈温度过高，导致电动机线圈内阻下降，单位时间内导通电流增大，使变频器过载而引起保护。有些设备是由于电动机本身内部线圈老化而引起过载保护的。

(2) 变频器到负载电动机之间的供电电路引起的保护　其电路中电线老化、漏电，引起变频器输出电流增大，而引起过流保护。这种现象一般由设备使用年代久、供电电源线老化引起。

(3) 变频器本身内部电路引起的保护　首先从散热方面来考虑变频模块，如果散热不良或开关电源内部散热不良就会引起保护。许多变频器由于变频模块内部老化，再加上散热片的散热孔堵塞使散热不良，使变频模块过流而引起保护，机器暂停。模块的过热与变频器的负载大小有关。如果负载加大时模块过流，温升过高再加上散热不良，进而使电路引起保护。

由于开关振荡管的功率大以及电源的后负载加重而引起电源振荡管过热，从而引起过热保护。主要也是看开关电源是什么形式的结构。将整流与开关振荡管都集成在一个模块内，这时就说明工作电流大，这样一来，对电源的散热要求相当好，如果散热不良就会引起保护。一般散热风扇要及时保护与清灰，否则就会导致散热不良而引起电路保护。

6.2　综合常见故障分析

分析故障，总是从单一方面分析，但是在实际的设备中，不光是变频器本身的故障。由于变频器是在电气配电设备中安装的，而且接有负载电动机。在故障分析时，我们就会考虑到与变频器连接的这些设备，当然也要看是什么故障。

参考第 4 章图 4-36（70，71 页），在分析故障时要从三个方面来分析。一是电气设备的柜子，二是变频器的负载电动机，三是变频器本身。所有的用电设备，无论是强电还是弱电，首先要了解它的内部结构，如果内部结构与原理清晰了，在故障出现以后就会分析出故障的部位。然后根据这个部位的结构原理去检测出故障的元器件，可以准确地查出损坏的元器件，同时要知道检测点的标准工作电压值，才可以做对比所检测的电压值是否正常。

6.2.1 开机无任何反应

由此故障的现象可以证明通电时变频器的电源指示灯不亮，机壳内的散热风扇不转，当然负载电动机也是不运行的。在现场我们要根据整体结构来分析故障，必须考虑到电气配电柜与变频器的负载电机等设备。开机电源指示灯不亮就说明机器没有加电。由电气设备的总体结构观察，变频器的输入端的交流电压，是由电气配电柜中的自动空气开关，以及交流接触器工作后送来的。但是变频器内部的电源指示灯与变频器内部的CPU电路、面板操作与显示器电路、六相脉冲驱动电路等各负载电路供电，是由变频器内部主电路中的整流滤波与开关稳压电源电路给提供。给电源指示灯供电，同时给CPU电路与驱动电路、逆变器电路等各电路供电。此时变频器的负载电机才可以供电，电机才能正常运行。根据结构的分析，我们才能找出故障的部位，然后进行检修与检测。

对开机无任何反应的故障，我们可以分为以下几点来检测分析。

① 首先测变频器的交流输入端。一般采用交流电压1000V挡位测量变频器的交流入端R、S、T三端的三相输入。我们在R、S、T三端每两端为一相，分别测三次，而且三次测的交流电压都要相同，才证明三相平衡。

有一种现象是R、S、T三相电压都为零，就说明变频器没有加电，主要检查电气配电柜线路中，交流输入控制线路中的主要电气配件，先测三相交流电380V有无送到空气开关的输入端。如果三相电压都为零，说明电网入户电路有开路故障。检测入户电路，如果交流入端三相380V有电压输入，再测空气开关的交流输出端，如果为零，检查空气开关内部。如果三相电压380V良好，再检测交流接触器的输入端。如果三相380V正常，在启动的状态下测交流接触器的交流三相输出电压是否正常。如果三相电压都为零，说明交流接触器内部损坏或者交流接触器线圈供电的控制电路损坏，有控制元件开路使接触器线圈电流不能形成回路，不能产生磁场，吸引三相触点闭合，所以三相交流接触器输出端电压为零。如果变频器交流电压输入端R、S、T三端电压都低于380V，说明故障在三相交流电输入的空气开关与交流接触器。检查接触器三相触点接触是否良好以及空气开关是否良好。

② 拆开变频器后，测三相整流前的三相380V交流电，如果此时三相380V整流输入端都为零，说明整流输入端的抗干扰电路中有元件开路。检查滤波电压与供电电路，如果整流入端三相380V缺一相电，还是要检查整流入端三相抗干扰电路有无开路故障，如果整流入端的380V三相电压都正常，就说明三相输入良好。

③ 测三相整流滤波后的直流电压。这个直流电压一般在滤波电容器两端测，指三相整流之后的滤波电容器，一般三相整流直流电压在450～500V之间，如果是二相，一般是300V直流电压。如果检测时电压过低，检查整流与滤波电路、整流二极管或整流堆正向阻值是否变大，同时检测滤波电容器是否漏电等。

如果主电路的滤波电容器两端的直流电压为零，检查整流二极管与供电电路是否开路，同时检查开机充电接触器是否正常。

④ 如果主电路的滤波电容器两端直流电压正常，我们就检查二次开关电源，因为二次开关电源工作后只给电源供电，同时需要CPU电路、驱动与逆变器电路等供电才可以使整机工作，给负载电动机供电。现在变频器一般都采用他励式开关电源，就是采用一个芯片先产生方波信号去控制开关管的工作。所以我们先测电源开关振荡管的控制极是否有脉冲信号。如果采用场效应管就测栅极，如果采用三极管就测基极，一般用示波器测量。如果脉冲

信号无波形就证明振荡芯片没有振荡，不能产生脉冲，重点检查脉冲信号振荡芯片的工作条件。我们以 KA3842 为例，测 KA3842 的第 7 脚电压，一般有三种情况。

a. 7 脚电压为零，检查给 7 脚供电的启动电路中的启动降压电路中的降压电阻器是否开路，铜电路等有无开路。

b. 如果测量 7 脚有电压，但是不正常，就说明有启动电压而无反馈。因为 KA3842 的 7 脚电压由两路构成，一路是降压启动，另一路是反馈，只有两路电压都正常时 7 脚电压才正常。当然 7 脚电压不正常，还要考虑启动降压电阻以及整流滤波电路的电压是否正常。

c. 如果 7 脚电压正常，测 8 脚电压是否正常，8 脚电压是+5V。如果 8 脚电压不正常，证明芯片内部有故障，更换同型号芯片。如果 8 脚+5V 正常，再测 4 脚电压，如果不正常，检查外接振荡器定时电容器，如果良好，更换芯片，再测 6 脚的脉冲输出。如果 6 脚的脉冲信号波形不正常，就证明芯片内损坏或输出送振荡开关管栅极之间电路有漏电现象，拉低信号电位。

⑤ 由于变频器的辅助电路中 CPU 驱动面板及操作电路等在工作时都需要开关电源提供各路供电，所以我们必须对二次开关电源的脉冲变压器次级各绕组降压整流滤波后的直流电压做以检测。只有各路电压都正常，才可以使负载各级电路工作，电源指示灯才可以亮。检测时，如果脉冲变压器次级各路电压都为零，就说明电路没工作。如果各路电压中有一路电压是正常的，其他各路不正常，说明开关电源振荡是正常的。电压不正常的电路有两种情况。

a. 供电的负载电路有短路故障与元件漏电故障而导致电压不正常。

b. 由于脉冲变压器对应绕组的整流滤波电路中整流二极管损坏或滤波电容器漏电、绕组线圈匝间短路等而引起的电压不正常。

⑥ 如果检测二次电源开关脉冲变压器次级时，各降压整流滤波后送负载电压都正常，测六相脉冲信号是否送到六驱动芯片的入端，用示波器检测时，六相脉冲信号的波形都基本相同。如果六支驱动芯片的入端六相脉冲都为零，证明六相脉冲信号产生电路的脉冲振荡器没有工作。检查 MCU 电路中的脉冲信号产生振荡电路的工作条件电路、CPU 三大工作条件是否符合要求，如果 CPU 工作条件有一个不符合，例如时钟信号没有等，都会导致 CPU 电路不工作。所以我们要详细检查，同时还要检查六相脉冲送六驱动芯片的信号传送电路有无开路，是否旁路元件漏电导致信号电流分流，衰减信号。如果在检测信号时六相脉冲其中有一相信号不正常，其他各相都良好，就检查这一相对应的驱动芯片是否损坏，以及传送电路有无开路、漏电等，或同型号代换这一驱动芯片。如果测量时六相脉冲信号的波形电压都正常，检查下一步。

⑦ 用示波器测量逆变模块六相脉冲信号的入端六驱动脉冲信号是否正常。一般只要六支驱动芯片的入端脉冲信号都正常，输出端一般都会正常，如果出现故障，六相脉冲不可能同时损坏。

检测时，如果逆变电路中六相脉冲有一相或两相脉冲不正常，但其他各相都正常，就说明脉冲信号不正常的这两相信号传送电路或者本驱动芯片有问题，我们可以顺着逆变电路脉冲信号不正常的两端跑线路，向驱动芯片方向跑线路，这样就可以直接检查出故障的所在位置，或者直接将脉冲信号不良的逆变模块对应的引脚断开再测，如果断开后测量正常，就说明是逆变模块内部损坏而导致的。如果断开后信号还是不正常，说明信号传送电路损坏或者对应的驱动芯片损坏，或对芯片的供电有问题，或芯片各引脚外元件损坏，使芯片不能正常放大脉冲信号。例如芯片各引脚电压不正常，是由芯片引脚的外接偏置电路引起的。

⑧ 在通电启动的状况下，测 U、V、W 三端输出电压。有以下几种现象。

第一种，U、V、W 三端输出电压为零，说明逆变电路没有工作。先测逆变电路的直流供电。在电路中，整流滤波后的直流电压一路送逆变电路，另一路送二次开关电源。如果是三相变频器，这个直流电压一般为 450～500 V，如果是单相交流电，为 300 V，如果测逆变电路两端时这个电压为零，检查主电路中的供电电路是否开路，如果逆变电路供电电压正常而六相脉冲信号也正常，就证明逆变电路内部损坏，更换同型号逆变模块。

第二种，测变频器 U、V、W 三端输出电压很低有三种原因。

a. 负载电动机的内电阻值很小而降低了输出电压。

b. 逆变电路本身损坏而引起。

c. 主电路中的直流供电电压过低而引起。

如果分析是由于负载电动机内阻过小而引起的，就将负载电动机先断开，然后再通电启动。如果 U、V、W 三端输出电压正常，就说明负载电动机损坏。检查电动机线圈与电机供电线路。

如果检查电动机良好，再检查逆变电路，观察逆变电路结构。如果是六支变频管构成的，就将变频管拆下后逐个测量。必须用蜂鸣器挡位测量，如发现有击穿可拆机测量。如果逆变电路是由每两个变频管集成在一个模块内构成的，将变频模块拆机后分别进行测量每个变频模块是否击穿，一般采用 $R\times1\Omega$ 挡或蜂鸣挡位。如果是将六支变频管集成在一个模块结构的逆变电路，先测供电，按模块的主要引脚测内电阻值，看模块内是否阻值变小。且要与标称值对比，方可判断变频模块是否损坏。

6.2.2 通电立即烧主电路熔丝或通电空气开关跳闸

由故障现象可以说明变频器内部电路有严重的短路故障，要分两层意思分析。

对于通电立即烧熔丝，主要是看这个熔丝在整个机器的电路位置。一般在主电路的三相整流电路与滤波电路之间，是串联在主电路中的。如果通电快速烧熔丝，就会使主电路整流电路以后断电，同时说明主电路中滤波以后的电路有严重的短路故障。这样我们可以检查滤波电容器是否漏电，同时检查逆变电路中的变频管是否有击穿的故障，同时检查二次开关电源电路是否有短路的故障。

对于通电空气开关跳闸，说明变频器整机内部有严重短路故障。要详细对主电路、辅助电路都做以检查，同时还要检查三相是否缺相。我们进行分析过后便可知故障的部位以及检测步骤。

开机烧熔丝，如果烧主电路的熔丝，我们可以观察熔丝烧的状况。如果熔丝只是内丝在瞬间烧断，就证明通电瞬间电流过大。可以用同型号熔丝代换，再次启动。如果仍然烧，就证明主电路滤波电容器之后有严重短路，主要检查滤波电容器与逆变管或逆变模块是否损坏、电容是否击穿。如果更换同型号熔丝管后电路正常工作，说明是通电瞬间损坏熔丝的。如果主电路中的熔丝内部严重烧黑或熔丝电阻外壳烧开，说明主电路滤波电容器后负载有严重短路。重点检测电容器有无严重漏电或变频模块内是否阻值变小。

对于开机快速烧熔丝，在检修时一般都采用冷却法。在变频器没有通电时用电阻挡位检测。一般在电路中检测时用 $R\times1\Omega$ 挡或用数字表或蜂鸣器挡位进行检测。在检测主电路中的滤波电容器时应先给电容器放电，然后进行检测。如果发现电容器有击穿或漏电现象，就将滤波电容器拆机进行检测。如果拆机检测电容器良好，再对逆变电路的变频管或变频模块进行检测，这时如果发现阻值过小或有击穿的现象，就将变频管或变频模块拆机进行检测。如果我们对主电路中的滤波电容器以及变频模块检测时都良好，就应该去检查变频管的负载电路（一般指电动机）。如果变频器负载有短路或严重过载，也会使主电路中的熔丝烧坏。开机快速烧熔丝，按我们经常检修机器的经验与各种机器结构来验证，故障一般都在逆变电路，如果是模块形式构成的逆变电路，最容易损坏的就是逆变器的变频模块内部电路。

整个变频配电柜的系统中，通电空气开关立即跳闸。此种故障就要对变频器整机做以故障分析，同时也要考虑变频的配电柜中的主交流接触器以及过热保护器等电气分配电路。

由于空气开关在整个配电系统中的最前端，如果快速跳闸，证明空气开关后有严重短路。重点在空气开关与交流接触器以及变频器等三个主要的设备及配件之中，同时变频器负载有故障也会造成空气开关短路。

我们可以将此故障标记，根据整体电路的结构划分为三段。

① 将变频器的负载电动机断开，然后闭合空气开关。如果正常，说明负载电动机损坏，一般是内部线圈严重短路而引起的。同时还要检查由变频器传送电动机的信号传送电路，如果有短路也会使空气开关跳闸。如果断开变频器所连接的电动机后，闭合空气开关还是跳闸，就证明故障有可能在变频器或电气配件中交流接触器与过热保护器等配件。

② 再将变频器与配电柜的连接断开，如果断开后闭合空气开关不跳闸，就证明故障在变频器内部电路。此故障说明，变频器内电路的阻值严重变小，造成电流过流。此时我们由变频器内电路的结构分析出，变频主电路的元件损坏会造成电流过流。主电路中最容易损坏的元件是整流与逆变电路以及滤波电路。

③ 如果我们断开变频器与电气配电柜的连线，闭合空气开关还是跳闸，证明电气配电柜本身有故障，然后再断开电压配电柜与电网入端连线。检查电气配电柜主线路中，交流接触器与过热继电器三火线主触点之间是否短路。

首先用指针表的欧姆挡位测变频器输入端的 U、V、W 三端的电阻值，如果测量只有几欧姆或表针直接偏右零位，证明变频器内主电路严重短路。拆机后先检测内部三相整流电路中的整流二极管是否击穿等。整流电路有两支二极管集成在一起的整流条与将六支整流二极管集成在一起的整流堆等。各结构有不同的检测方法。如果是整流条，就将整流条拆机后进行单独检测，因为路路相通，所以在路检测不准确。如果是整流堆，只对三相 380 V 入端三点做以检测。我们将 U、V、W 380 V 三相入端直接连接整流堆，这样可以直接判别三相整流堆的好坏。如果检测整流电路元件都良好，再对主电路中滤波电容器做以检测。在测量前必须对电容器进行放电，要采用 100W 的白炽灯或 10W、20W 的大功率电阻，最好在路放电。由于电容器并联在一起，故在路同时对多支电容器可进行放电，这样可节省检修时间。放完电后将电容器拆机，对单个的电容器进行测量，如果测量时没有发现电容器击穿，我们可对变频的逆变电路做以检测。首先要观察逆变电路是什么样的结构，一般有三种结构。

a. 由六支变频管分别构成。

b. 将每两支变频管集成在一起。

c. 将六支变频管集成在一起。

结构不同，检测方式就有所不同。六支变频管可以进行单个检测，如果是每两支变频管构成的一个模块形式，我们可以将三个模块拆机进行检测。怎样具体地检测在本书的前第一章讲述过。如果逆变模块是将六支变频管集成在一起的结构，我们可以根据在电路中的结构找出重要的几个点，可以检测本变频模块的内部电阻值是否变小而造成严重短路。

如果将变频器与配电柜连接断开后，闭合闸刀还是跳闸，就证明配电柜中交流接触器或过热保护器的三相火线之间短路而引起跳闸。

6.2.3 操作面板无任何反应

［分析］ 要具体观察当前显示器显示的状态。如果显示器显示字符全面而显示某一工作状态，我们先将基本功能键做以操作。如果基本功能键操作无效说明面板全键无效，有些变频器由于设置问题导致有些键操作无效，将通过接口电路把各功能键设置成通过外连接按钮操作的方式。如果与设置没关系，本显示器自身面板都不能操作，那就要详细检查本变频器自身的面板以及面板供电与各操作键电路。

［检修］ 将显示器的操作面板与主板的连接线拆开，一般都采用接口连接。检查接口是否接触不良，然后测面板操作键的供电。如果失去供电后操作任何键是无效的，再检查各按键对应的电路板是否接触不良、有线路断开等。

同时要详细检测键盘有一连线的编码器芯片各引脚供电是否正常。由于这个芯片有两个任务，可将主板由CPU送来的显示信号进行放大，送显示器显示，同时将键盘的命令进行编码送到CPU电路，如果显示器不显示字符，5V电压过高会损坏芯片。如果显示器显示正常，只是按键操作无效，我们可以判断故障在面板操作接口电路与操作键本身，检查接口的数据连线是否正常或用同型号机器代换面板操作键。

6.2.4 变频器工作一段时间保护

［分析］ 此种故障范围很广，因为在整个电气控制设备系统中由电气柜、变频器以及负载电动机等三大部分组成。此故障分析就必须考虑这三个方面。电气配电柜中有过热保护器，变频器中也有过热保护电路负载电动机，内有过热检测器。负载电动机过热会引起过热保护，有许多电动机工作时间长，内部芯槽线圈会温升过高而导致过热保护。变频器的内部由于工作时间较长或负载变大也会造成过热保护。在变频器主电路中，整流电路与逆变电路由于工作电流大，功率大，所以带有散热片以及温控传感器，在变频器内电路中的大功率元件，由于过热会引起过热保护传感器动作，将断开主电路供电等，机内温度下降到正常温度时，电路就会重新启动，恢复正常工作。大功率变频器内电路都会设计有严格的各种保护电路，过热保护必须有。主要是保护大功率整流与逆变器。电气配电柜中的过热保护器，主要用来保护变频器与负载电动机。变频器内部电路或者负载电动机电路等出现负载变大或温度过高时，工作电流倍增。此时安装在电气配电柜主电路中的过热保护器就会动作，切断变频器与负载电动机的供电。

［检修］ 在出现保护时，我们可以采用断测法进行逐步检测，首先断电将变频器连接的负载电动机断开。然后再次启动，如果闭合空气开关后变频器可以工作，证明负载电动机有严重的过载。用兆欧表测量电动机内部线圈的阻值可以判断电动机的好坏。同时检查电动机供电的电缆线有无短路。如果我们断开电动机的供电，闭合电气配电柜中的空气开关后，变频器通电空气开关就会立即自动跳闸。证明是由变频器过载引起的，有可能是内部变频模块或整流堆损坏由于温升过高而保护。所以此时应该将变频器拆开，重点检查内部的主电路整流电路元件以及逆变电路元件，在拆机前先检测U、V、W三相交流电入端的电阻值。如果电阻值严重变小，证明故障点在主电路中的整流滤波电路。测U、V、W三端电压可以判

断故障在变频器内部电路的哪个部分。检测整流管都良好的状态下，再检测变频器的逆变电路元件。如果逆变管是六支管子组成的，就直接将管子拆机进行单个测量。如果是将每两支变频管集成在一个模块内的，可以拆机对三个变频模块分别检测内电阻值。如果是六支管子都集成在同一模块，可以拆机，根据引脚的作用进行检测。有些机器由于保护电路设置得比较精密，过热时测量大功率元件是否损坏，将温度下降到常温后，元件的内电阻值可以自动恢复到正常值。但是有些机器由于温升过高，将整流或逆变器元件直接烧坏内部击穿。如果检测到变频器内部的整流电路或逆变电路元件击穿，可以等到整个机器与整流管逆变管的温度全部下降到正常值时再测一次。如果阻值恢复正常，就证明是过热，可自恢复元件。或者说当温度升高到最大限度时，温度没有达到击穿管子的最高温度，但此时保护电路已经控制断电了。

如果我们将变频器与电气配电柜断开后，空气开关可以正常闭合，就证明变频器内部损坏。如果检测大功率元件阻值有所下降，但是温度降低可自恢复，证明变频器良好。当断开变频器—电气配电柜连线时，闭合空气开关还是自动跳闸，检查交流接触器良好。但是检测过热保护器时，过热保护器处于断开主触点状态，检查过热保护器内部，发现过热元件损坏，由于负载过重烧坏热保护后不能恢复。更换同型号的过热保护器电气配件。

变频器工作一段时间保护，还有一种原因就是变频器内部的二次开关电源电路保护，使CPU电路脉冲信号驱动电路以及面板操作显示电路等都不能供电，这时变频器就不能工作，因为主电路中的逆变器电路是靠CPU电路以及驱动电路送来的脉冲方波工作的。逆变电路不工作，负载电动机也就不能正常工作。

变频器的开关电源，无论是自励式或者他励式，都具有开关振荡管。由于开关管工作时导通电流很大，所以容易产生过热保护。这种过热保护是由开关电源负载过重或者电源开关管本身的过热而引起的。有些变频器在工作一段时间保护后，等到温度下降到正常值时重新开机可以恢复工作。但有些机器重新开机后不能自动恢复。

在变频器工作一段时间保护时，如果检查主电路中的整流与逆变模块时都良好，测量开关电源脉冲变压器次级各绕组的降压整流滤波电路各路输出的直流电压是否正常，比如CPU电路、驱动电路与面板操作显示电路等。各电路的工作电压是否达到正常电压值，如果各电路供电电压为零，说明开关电源没有工作或者保护。这时将开关电源的负载电路供电全部断开。断开开关电源负载后有以下两种情况。

① 断开开关电源的所有负载后，测开关电源脉冲变压器次级输出的直流工作电压都恢复正常了。证明电源的后负载电路中某电路有严重短路引起开关电源保护。可以再将每一路负载电路一个一个顺次连接供电，判断是哪一路电路短路而引起保护的。在连接某一电路时，如果开关电源停止工作，就证明是这一电路短路而引起的开关电源保护。检查被连接的负载电路中大功率元件以及最容易损坏的元器件。

② 如果我们断开开关电源的所有负载电路供电时，开关电源仍然不能工作，就证明开关电源本身损坏。

首先测量电源的开关管，如果电源的开关管在路测量击穿，拆机再测量时，一定要用指针表的$R\times1\Omega$挡位，或者采用数字表的蜂鸣挡位进行检测。如果开关振荡管击穿，就证明是由于过热或开关管过流或负载过重而引起的开关管损坏。如果当开关管温度下降后测量良好，证明是热击穿，这时可以用同型号开关管代换或者加强散热处理。若代换与过热处理后开机，开关电源仍然保护，就证明起振或反馈电路有故障。检查振荡反馈电路与振荡的启动电路。我们要根据开关电源结构来确定检查方案。如果是他励式主要检查电源的脉冲信号产生的频率发生器芯片，先检查芯片的总供电引脚的电压，如果电压为零，检查启动电路。如果电压低，检查启动电路的电阻值是否变大，同时检查芯片供电的滤波电容器是否漏电。如果芯片总供电引脚正常，再测芯片的基准引脚电压，判断芯片内稳压是否良好，如果基准电压不标准，可更换同型号芯片。如果基准电压符合标准电压值，再测芯片输出的脉冲信号，一般要采用示波器测信号波形是否符合标准。如果信号畸变证明芯片内振荡电路不能稳定工作，同时应检查芯片输出到电源开关管之间的信号传送电路是否有漏电或阻值增大衰减信号。检查完脉冲芯片后，就将开关电源芯片周围分布的各滤波电容器都检查一遍，看是否漏电。如果是自励式开关电源，我们可以按照自励式开关电源结构来检查开关电源。一般自励式开关电源都有启动降压电路、振荡正反馈电路以及过压与过流保护控制电路、开关振荡管与开关振荡脉冲变压器等。对于机器工作一段时间保护，我们可以先检查开关振荡管的性能以及开关振荡管的散热等方面。如果测量开关管损坏，等温度降低以后，开关管内阻值恢复正常，与他励式处理方法相同，也是用同型号代换处理好散热。如果测量开关管良好，我们可以通电用电压检测法来判断。先测开关管的内控制极电压。如果开关管是三极管可以测基极电压，如果是场效应管可以测栅极电压。如果控制极电压不正常，就检查启动降压电路中的各电阻值是否符合标准值，同时检查启动降压电路中的滤波电容器是否漏电，如果启动电路检查良好，再检查振荡正反馈电路是否损坏。检查反馈电路的振荡定时电容器以及反馈信号传送电阻是否损坏。如果振荡正反馈电路检测良好，我们就检查过压反馈电路。一般过压反馈有两种方式。

① 脉冲变压器中一正反馈线圈所感应的电压反馈。

② 在经脉冲降压变压器的次级降压、整流滤波后，给负载供电的电压中取一路电压作为反馈电压。过压取样的电压经光电耦合器传送到振荡开关管。在过压时光电耦合器工作，去控制开关管，此时停止振荡，实现过压控制。我们根据结构去分别检查电路的过压控制元件是否损坏过流控制电路，一般都是在开关振荡管的源极对地线之间串联一保险电阻，如果过流，这一保险电阻就会断开，保护了场效应管、振荡管之外的其他电路元件。保险电阻如果断开，证明开关管的漏源极严重过流。更换同型号开关管，同时还要更换同瓦数、同阻值、同型号的保险电阻器。

6.2.5 变频器正在工作时跳闸

在大多数工作人员心中，此故障与前一个故障是相同的意思。但是如果详细分析，工作中保护，有些机器在温度下降后可以自动恢复工作常态。但工作时突然跳闸，而不能恢复正常工作，证明整个电气设备系统中有设备直接损坏。一般应查三个方面。

① 变频器负载电动机。

② 变频器本身。

③ 电气配电柜等。

先断开电气配电柜与变频器的连接，再闭合空气开关。如果立即跳闸就证明配电柜本身有故障。检查电气配电柜中交流接触器与过热保护器以及空气开关等本身是否损坏。如果断开变频器再闭合空气开关可以正常，测变频器连接端的输出三相交流电压 380 V都正常，证明是变频器内部大功率元件损坏而引起瞬间过流保护。

检查变频器内主电路中的整流器与逆变电路中的变频管等是否击穿，同时检查大滤波电容器是否严重漏电。看逆变模块有无表面炸开，同时看整流堆表面有无炸开。如果检查变频器主电路元件基本良好，再检测变频器的负载电动机是否损坏。应断开与变频器的连接后检测。一般工作时突然跳闸，就出现在这些设备。

6.2.6 变频器接负载立即保护

［分析］ 此故障有两种可能。

① 负载电路有严重的短路故障。

② 变频器本身内部电路故障。接负载快速保护与工作中突然保护的故障完全不同，此故障很明显是一般负载严重短路以及变频器本身故障。

［检修］ 先将变频器的负载断开，通电测变频器的 U、V、W 三端输出电压是否正常。如果输出电压正常，证明变频器良好，重点检查负载，一般变频器都是给电动机服务等。所以先测电动机内部线圈是否良好，一般用万用表或兆欧表测量。我们以三相电动机为例，无论三相电动机采用三角形还是星形接法，我们都将电动机接线盒内部三相线圈引出的六个端头断开，分别独立分出三相线圈的六个端头，然后将这六个端头分别进行测量每一相线圈内部匝间是否短路，所测电阻值是否比原标准的电阻值小。每一相都远远小于标准值证明三相线圈中，每一相都有严重匝间短路。三相线圈每一相与每一相之间在正常情况下是不导通的。如果我们用指针表 $R\times1\Omega$ 挡位相互测量三相线圈时，发现表针都偏向右零位，就证明电动机内部三相线圈相互短路。这样肯定一接负载就会快速保护。如果我们检测三相电动机发现电动机内部三相线圈没有每相匝间短路，也没有出现相与相之间短路，那么故障一定出现在电动机与变频器之间的供电线路，关于供电线路的检查有两种方法。

① 将变频器的连接端与电动机的连接端都断开，然后只剩下供电线。将供电线的一个端头的三端连在一起，用万用表的蜂鸣挡测供电端的另一端的三个端头。如果每测任意两个端头时蜂鸣器响，就证明供电的电缆线没有开路现象。

② 然后将供电线的一端的三个连接头拆开，再分别测供电的三根线有无线与线之间短路。如果有短路也会使接负载时快速保护。如果断开变频器的负载后测 U、V、W 三端输出电压都正常，我们再检查负载电动机与电动机供电线，发现电动机内部线圈阻值良好，供电线也无短路，可以判断是变频器本身有故障，就是变频器带不起负载。

下面我们根据变频器内部结构的不同来分析带不起负载是由哪几部分电路造成的。这个就要先根据变频器内部电路结构来分析。前几个章节，我们讲过变频器的电路结构原理，知道变频器的内部有两大部分，分别是主电路与辅助电路。辅助电路是用来支配主电路工作的。但是主电路在正常工作时是通过大电流的，主要给负载电路供电。所以能否带起负载，主要在主电路中整流电路与逆变电路这两个电路，它们都是大功率元件。如果它们的内电阻值变大，那么单位时间内电流会变小，就会带不起负载。

检查整流电路时，主要看整流电路结构。如果是每两支整流管集成的整流条，我们可以将三个整流条拆下来单个进行测量，用合适的电阻挡位去测量整流管的正向电阻值。若某一支电阻值变大，更换时要用同型号的同功率的代换。否则整流电路三相工作不平衡。更换时注意连线要与散热片固定紧。检查完整流电路后再检查逆变电路中的逆变器元件，它一般有三种结构。

① 六支变频管构成。

② 每两支变频管构成一个模块。

③ 将六支变频管都集成在一起。

在同一个模块内对于不同的结构，我们有不同的测量方法。由六支变频管构成的，可以用万用表的 $R\times1\Omega$ 挡先测变频管在路有无击穿或阻值下降，如果某一支管在路测量时击穿，就将管子拆下来测量。如果是每两支变频管集成在一起构成的模块结构，就将模块连接线路拆开，对模块单独测量。一般也是采用 $R\times1\Omega$ 挡或数字表的蜂鸣挡位测量。主要测大电流通过的接线端的内电阻值。如果是六支变频管都集成在一个模块的结构，我们将变频模块拆机后用 $R\times1\Omega$ 挡测量。但是一定要准确知道每个引脚的作用方可测量。一般在拆模块之前就要记住每个脚与什么连接，这样就会标准地检测。无论是哪一种结构的模块，更换时，一定要给更换的模块先涂上硅胶，然后将固定的螺钉与散热片拧紧，保证良好散热。

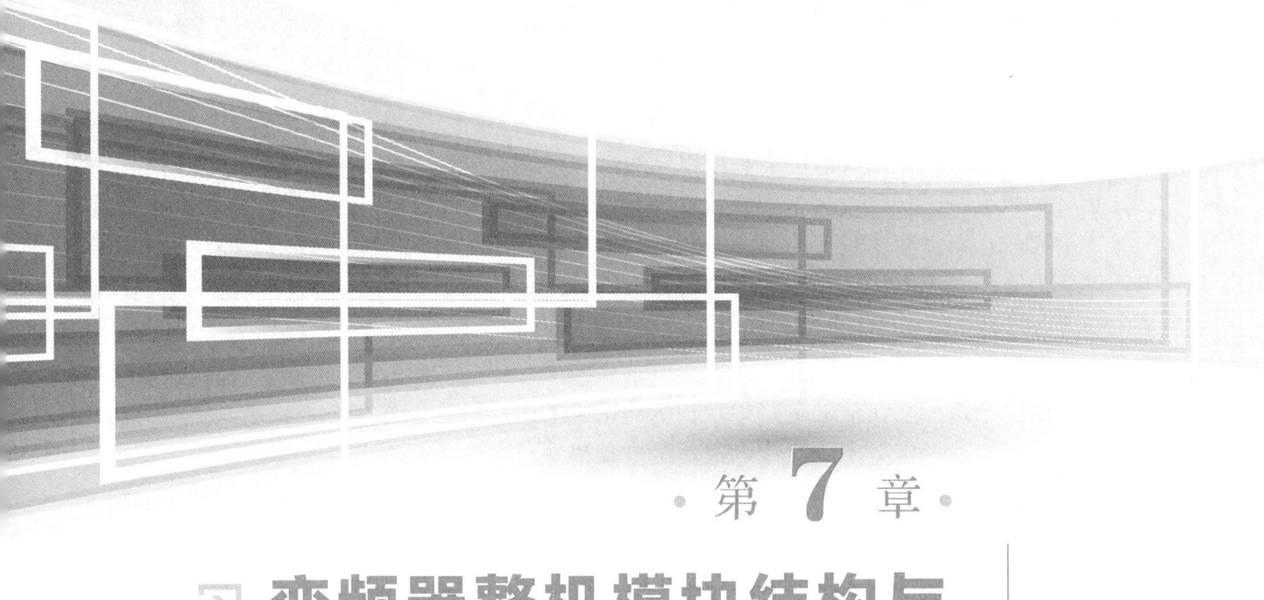

第 7 章 变频器整机模块结构与检修案例

7.1 检修变频器所需的知识要点

由于变频器有三相与两相两种结构，所以我们要分清三相交流电与两相交流电的判断与接线。三相交流电指三根火线分别接变频器入端的 U、V、W 三端。而且这三相用万用表的交流挡位测量时，一般要测三次，U 与 W 一次，V 与 W 一次，U 与 V 一次。每次测量时红黑表笔不分正负，分别接在接线端口。三次所测电压分别是变频后的交流电 380 V，这样就是三相交流电平衡了，属于正常。

如果是单相变频器，只需在交流入端测零线与火线之间是否有 220 V 即可。检修电路时，在电路中要分清交流电与直流电的划分区。一般以整流电路为界来划分。整流前都是交流电区，整流后就转变了，整流后所有电路都是直流电供电区。而且还要分清直流电在检测时冷地线与热地线如何划分。一般电子电气设备的电路中，以开关电源的脉冲降压变压器的初、次级来划分。

一般因为互感脉冲变压器以电变磁磁变电的方式构成的，可以起到隔离作用，可以隔开火线。检修电路时，如果要测脉冲降压变压器之前的直流电，就将黑表笔接在滤波电容器的负极，红表笔任意测量各测试点。如果测开关电源负载电路的电压，就应该再让黑表笔接电源的负载电路中任意有极性电容器负极。但有一些设备脉冲变压器次级各绕组是分别降压的，而且各负载电路地线是分开的。不过这种结构很少。

检修变频器之前，要对整机的六大电路的作用与工作顺序做一详细的了解。这样在分析故障时可以精确地判断出故障在哪一部分电路。下面我们将变频器整机六大电路作用做以简单的叙述。

(1) 抗干扰与整流滤波电路 采用电感通低频阻高频的特性，将交流电中的 380 V 或 220 V 高频交流电滤除得到纯的 50Hz 220 V 或 380 V 交流电，同时在主供电电路中串接有熔丝。在整流电路以及整流以后的后负载电路有严重短路故障时，串联在主电路中的熔丝会断开保护后负载电路。整流电路采用整流二极管的单向导电特性，将交流电的一个半周导通，另一个半周截止，将交流转变为直流电。然后由于整流二极管的结电容效应，整流后的直流电不纯变为脉动直流电。但是经滤波电容器进行滤波，将直流中的交流成分滤除，得到纯直流电，再自举升高送逆变电路与二次开关电源电路。一般三相变频自举后电压为 450～500 V，两相变频自举后电压为 300 V左右。

（2）逆变电路 它在辅助电路中六相脉冲送来的驱动脉冲的作用下，将主电路整流滤波送来的直流转变为一定频率的交流电送负载电动机。

（3）二次开关电源 由于整机电路中 CPU 与三相驱动脉冲电路以及面板与操作电路都需要直流供电方可工作。二次开关电源就是将主电路送来的直流进行高频振荡，然后经脉冲变压器高频降压，分别降压整流滤波，给负载各电路提供直流供电。

（4）MCU 电路与 CPU 电路 在面板操作指令下，振荡产生六相脉冲的驱动信号送六相脉冲驱动电路，在驱动电路放大后去控制逆变电路六支变频管按顺序工作，输出一定频率的交流电送负载电动机，CPU 同时接收面板及各传感器送来的各种命令并执行，去控制相应电路工作。

（5）六相脉冲驱动电路 它主要是将 CPU 与 MCU 电路送来的六相驱动脉冲分别进行放大。然后分别送逆变电路控制六支变频管的工作。这样六支变频管就会按顺序工作。每一相交流电的输出是由两支变频管完成的。而且输出三相变频以后的交流电是按照一定顺序工作的。六支变频管按一定顺序工作，将直流电转换成一定频率的交流电。

（6）面板操作与显示电路 主要用来显示机器当前的工作状态，方便机器的参数设置。可通过面板实现变频器基本功能的调试，同时显示器在变频器出现故障时可以体现出故障代码，便于维修检修。在显示电路与主板接口之间有一芯片可用来处理显示器显示的信息，同时接收面板指令信息。

检修变频器所需的仪器一般有万用表与示波器。万用表用来测量各电路的芯片供电等，同时也可以测量变频电路中的各电子元件好坏。示波器用来测各种脉冲的频率、波形的大小。检修变频器所用工具一般用普通 35W 电烙铁或静电烙铁。普通电烙铁用来焊模拟电子元件等，静电烙铁用来焊接芯片或用来定位芯片引脚。

变频器检修时，首先要记住整机电路中主要检测点的几个电压值。这些电压值一般差异不大，例如整流后滤波电容器两端的直流电压三相为 450～500 V，单相为 300 V左右。CPU 供电为 5V，驱动芯片供电为 15V、18V 等。只要记住变频器六大电路中，每个电路中的各主要检测点直流工作电压值，检修时可以做以对比来分析故障损坏的元件。要对被检修的变频器重新调试之前，我们要了解被检修变频器的功能调试方法，同时对变频器各接线端口的作用做以深入了解。只有掌握了变频器各个外接端口的作用，才能更好地掌握变频器在整个电气设备系统中出现的故障部位。

根据变频器整机结构，我们要知道变频器中最容易损坏的元件是哪些及其在变频器中常见故障，就会快速查找到所损坏的元件。但是变频器整机是由六大电路组成的，这六大电路中，主电路中的整流、滤波、逆变电路等电路，是工作时大电流所通过的主要通道。一般主电路中最容易损坏元件是整流、逆变两电路的元件。

7.1.1 变频器电路中常用的重要元器件

检修变频器，首先要了解变频器电路中有哪些重要元件。而且各自在电路中的作用与结构特性、工作条件、检测好坏，使我们对变频器整机故障做更好的分析。

一般按电路的工作顺序分，在主电路中有三相两相整流器；逆变电路中有变频管或变频模块；还有脉冲信号发生器芯片；在驱动电路中有六支脉冲信号驱动芯片；最后，在主电路中还有充电接触器。

以上这六个元件在电路中起到重要的作用。如果有一个损坏，变频器不能工作。我们要正确掌握各个元件的结构性能、检测方法及大功率元件的损坏原因。在检测这些元件时，我们要正确掌握它们的标准内电阻值，还要知道它们的正常工作电压值。

7.1.1.1 变频器中的电源开关管

电源开关管一般都采用场效应管的结构开关管在电路中与开关脉冲变压器连接。一般将开关管的漏源极与脉冲变压器的初级线圈相串联在一起。在脉冲信号发生器产生的方波脉冲的作用下，使开关管工作在饱和与截止两状态，使脉冲变压器初级产生交变磁场，感应到脉冲变压器的次级，分别降压整流滤波产生不同的直流电压送负载电路。由此可见，电源开关管在开关电源中起到重要的作用。如果开关管损坏或脉冲芯片送来的脉冲信号不良而使开关管不能工作，都会使电源停止工作。所以使开关管正常工作是关键。一般在开关电源损坏后，首先断电用电阻挡位测量开关管在路是否击穿，一般用 $R\times1\Omega$ 挡检测。如果开关管良好，再测开关管源极对地线之间的保险电阻是否开路。开关管漏极（D）、源极、（S）、栅极、（G）与电路是否脱焊。如果以上检查良好，再采用电压检测法去测量开关管 VD、S、G 三极的电压值是否达到标准值，如果三极电压有异常，可检查供电电路的元件是否损坏。一般如果他励式开关电源开关管栅极对地线电压为零，检查脉冲信号传送电路的元件。一般漏极电压都与主电路的滤波电容两端电压相同。如果这个电压为零，检查主电路整流滤波后的滤波电容器正极经脉冲变压器初级送开关管漏极之间的电路有无开路现象。开关管的源极一般由保险电阻直接接地，所以电压为零属于正常。如果检测开关管损坏，一般的原因是开关管的散热不良或开关管的性能不良。检测时如果击穿，更换时需要采用同型号的开关管代换或者查阅代换手册，按规定的型号代换，否则不能工作。更换时要注意管子与散热片的绝缘层隔离，同时要涂硅胶紧固螺钉。一般，最好用正品管子。严禁不同型号的乱代换。更换后通电一段时间，室温观察短时间内有无发热，如果发热就证明管子性能不良或负载重。

7.1.1.2 变频器中开关电源所用脉冲信号产生芯片

现在的变频器开关电源都采用的是他励式开关脉冲振荡稳压电源的结构。它的基本结构是采用一支频发芯片作为脉冲信号的产生芯片。在主电源整流滤波电路送来的直流电的作用下，芯片内部振荡器振荡产生开关脉冲信号去激励开关振荡管的工作，使开关振荡管工作在饱和与截止状态，与脉冲变压器的初级线圈形成振荡产生交变磁场，感应到脉冲变压器的次级降压后分别整流、滤波，给 CPU、驱动以及面板显示等电路供电。可见，脉冲信号振荡芯片在开关电源中十分重要。

通过振荡芯片在电路中工作过程的简单论述，我们知道了脉冲振荡芯片的重要性。接下来，我们对脉冲芯片做以详细的了解。以图 4-17（48 页）和图 4-18（50 页）为参考，我们以 UC3844 芯片为例说明一下芯片各引脚的作用。

(1) 1 脚 为误差放大器的输出，也为环路的补偿。

（2）2 脚 过压反馈信号的输入。一般由开关脉冲变压器的次级降压后取出一部分电压，经光电耦合器传送于 2 脚，在过压时将取出的采样电压反馈 2 脚控制芯片内振荡器停止工作，实现过压保护。

（3）3 脚 过流反馈信号的输入。由开关振荡管的源极取出，过流电流经过过流反馈电阻送到芯片的第 3 脚做过流反馈控制。当过流电流反馈于 3 脚时，芯片内振荡将停止工作。6 脚输出的脉冲信号为零，开关振荡管同时也停止工作。脉冲变压器初级线圈无电流通过，这时脉冲变压器的次级就没有感应电流，所以此时电源停止工作，实现过流保护。

（4）4 脚 外接振荡定时电容器、充放电电阻器与芯片内部的振荡电路共同构成振荡。所以 4 脚外接电容器损坏后将会导致振荡器停振，6 脚输出脉冲为零，开关管就会停止工作，脉冲变压器初级不能产生交流磁场使整个开关电源不工作。

（5）5 脚 指芯片内供电与信号回路的公共地线，简称为地。

（6）6 脚 是芯片内振荡与驱动放大后的振荡脉冲输出。经脉冲信号传送电路传送于开关振荡管的控制极。场效应管的栅极控制开关振荡管饱和与截止工作，使脉冲变压器工作。次级降压整流滤波后给负载各个电路提供额定工作电压与电流。所以 6 脚输出脉冲如果异常，电源不工作。

（7）7 脚 是芯片的总供电，由启动降压电路送来。低压直流电压与脉冲变压器正反馈线圈送来的反馈电压汇合就形成了 7 脚的正常工作电压。

（8）8 脚 是基准电压测试端，可以判断芯片内稳压是否良好，正常时为＋5V。如果这个电压低，证明芯片内稳压不良，更换芯片。

下面我们来讲述在检修开关电源时检查引脚的顺序。一般如果开关电源没有振荡脉冲信号变压器次级输出电压都为零，这时我们先检查开关振荡管与保险电阻以及脉冲变压器。如果元件良好再检查脉冲发生器芯片，这时首先测 7 脚总供电电压是否为零，检查启动降压电路是否开路。如果 7 脚电压很低，检查启动降压电阻阻值是否变大。如果阻值变大，更换同型号电阻器。如果芯片 7 脚电压低，检查启动电阻是否良好，检查 7 脚供电滤波电容器是否良好。再检查正反馈电路。如果检查 7 脚电压正常，再测芯片 8 脚基准电压，如果 8 脚的基准电压低，更换同型号的芯片。如果 8 脚的基准电压正常，再测 4 脚电压。如果 4 脚电压不正常，检查外接电容器，电容器若良好检查充放电电阻是否良好，更换芯片。如果 4 脚的电压正常再测 6 脚脉冲输出信号，如果 6 脚输出脉冲信号异常，代换同型号芯片。如果代换芯片无效，检查信号传送电路电阻值是否增大，传送信号的电容器是否漏电。检修他励式开关电源时，必须按工作顺序来检测芯片的各引脚电压来判别故障所在的部位。

7.1.1.3 变频器中的三相与两相整流器

整流电路在变频器的主电路中采用二极管的单向导电特性，将三相或单相交流电转变为脉动的直流电。但每个机器结构不同，整流电路的结构就不相同。如果是单相变频器整流器，有些由四支整流二极管构成，但有的由四支整流管构成在一起的整流堆组成，但是变频器功率不同，它的整流器功率也就不相同，更换时要注意功率对应。

如果是三相变频器有三种常见的整流电路。将每两支整流管集成在一起构成的整流条，一般主电路中由三个整流条构成整流电路。有些三相变频器将六支整流管集成在一起构成整流堆。还有一种是将三相整流电路的元件，与变频器主电路中逆变电路的六支变频管都集成在一个集成模块内，构成整流逆变综合模块。无论是哪种结构，都是每两支整流管完成一相电。

变频器损坏的原因有以下几种。

① 整流后负载电路严重过载与短路造成，主要检查滤波电容器是否漏电，逆变电路中变频管是否损坏，测变频管内电阻值即可。

② 输入变频器的交流电压升高而引起的损坏。

③ 整流器本身散热不好、整流器本身元件老化或性能不良造成的损块。检测时首先给变频器断电，然后给电容器放电。用万用表 $R\times1\Omega$ 挡或蜂鸣挡位测变频器整流管在路是否击穿。如果在路测量发现击穿，就拆机测量。如果拆机测量良好，检查整流管在路相连接的元件或者电路中有无直接短路。

7.1.1.4 变频器中的变频模块

变频器中的变频模块在主电路中主要是逆变作用，就是将主电路中的整流滤波送来的直流电在驱动脉冲信号电压的作用下，将直流电转变成一定频率的交流电送负载电动机。常见的逆变电路有以下几种组成形式。

① 小功率变频器由六支变频管分别组成，六支变频管的性能基本相同，检修更换时与其他几支管子必须功率大小相同。

② 三相变频器将每两支变频管集成在一个模块，整机共有三个变频模块。此种结构更换时必须良好散热，而且功率型号必须相同，测量内电阻要与其他几个模块相同。

③ 将六支变频管都集成在一个模块内。这种结构适用于大功率三相变频电路中，集成度高，要求散热良好。因为工作电流功率很大，检修时要分清直流电输入引脚与 U、V、W 三相变频后交流电输出引脚，以及六相脉冲信号输入引脚的信号波形，然后测 U、V、W 三相交流电输出引脚的变频交流电压。如果主电路中直流输入引脚电压正常，六相脉冲信号输入良好，但是 U、V、W 三端无输出，证明变频器模块损坏，更换模块。

变频模块损坏的原因如下。

① 变频器的负载电路严重短路或过载，一般变频器的负载是电动机指电动机内部线圈的电阻值变小，三相线圈有匝间短路造成过载或变频器到电动机之间的供电连线有短路故障而造成负载过载。

② 变频模块本身的散热不良而造成工作期间温度升高，电路经过变频模块导通的电流增大而损坏模块。

③ 由于六相脉冲信号送来的脉冲电压升高或脉冲信号频率增高而损坏变频模块。我们可以用示波器测六相脉冲信号波形是否正常，观察六相脉冲信号频率是否升高。

7.1.2 变频器中的六相脉冲驱动芯片

参考图 4-28（60 页），CPU 电路产生六相驱动脉冲信号，由于信号的电流与电压太弱，不能直接驱动逆变电路的六支变频管的工作。如果直接去控制逆变电路的工作当逆变电路损坏后，将会直接影响到 CPU 电路工作，所以在 CPU 与逆变电路之间连接六相脉冲驱动电路。以下是脉冲驱动芯片在电路中的作用。

① 放大六相脉冲的信号电流与电压。

② 由于驱动采用光电耦合器的结构，用电变光光变电等原理传递信号与放大信号，同时对 CPU 与逆变电路来说有隔离作用，使 CPU 电路与逆变电路工作时相互不影响。

一般常用的驱动芯片有两种结构，一种是内部芯片带光电耦合器与两个 OTL 功率放大器。另一种是内部不但有光电耦合器而且还有恒压电路、集成运算放大器与 OTL 功率放大器。常见型号为 PC923 与 PC929 两种。PC929 内部还有保护的功能，我们一般可以采用。关于 PC923 与 PC929 两芯片的内部结构以及各引脚的作用，可以学习第 4 章 4.35 节。现在我们对 PC923 和 PC929 两种芯片检修时所要测试的主要引脚做以讲解，在检测之前，我们要先清楚在哪种故障的情况下，去检修脉冲驱动电路。我们以三相变频器来举例子，一般在正常启动变频器时，测输出端 U、V、W 三端的输出电压有两种情况。

① U、V、W 三端输出电压为零。

② U、V、W 三端输出电压三相电压不平衡。

我们对各故障现象的不同来判断故障部位。对于 U、V、W 三端输出电压为零，检查逆变电路的逆变模块两端，主电路送来的直流电压良好，但是驱动电路送来的六相驱动脉冲信号电压为零，所以 U、V、W 三端脉冲输出电压为零。分析故障出现在驱动芯片，对于驱动芯片，先检查驱动电路的工作条件电路驱动芯片的供电引脚的电压以及由 CPU 送来的脉冲信号和驱动芯片输出的脉冲信号。同时检测脉冲信号的输入与输出以及芯片的直流供电三个引脚。就可以基本判别故障在芯片还是芯片的工作条件电路。PC923 供电引脚为 8 脚，脉冲信号入端引脚为 2 脚和 3 脚。放大以后脉冲信号输出的引脚为 6 脚。PC929 供电引脚为 13 脚，脉冲信号输入引脚为 2 脚，信号放大后输出引脚是 11 脚。在检修六相脉冲驱动芯片时，有以下几种情况。

检测芯片供电引脚电压为零，检查由开关电源脉冲变压器次级降压整流滤波后送到六相脉冲驱动芯片供电引脚之间的电路有无开路现象。如果驱动芯片供电引脚电压过低，有可能芯片内部电阻值下降而导致电压下降，或在开关电源送驱动芯片供电引脚之间的电路中有元件漏电，而使驱动芯片供电电压降低。驱动芯片的信号输入引脚的检测，一般可以采用示波器进行测试。如果用示波器测试时，脉冲信号无任何波形反应，证明 CPU 电路没有将脉冲信号送到驱动芯片的信号输入端引脚，此时可以检测信号路线是否开路。如果检测驱动芯片输入端信号有信号脉冲波形，但检测驱动芯片输出端的信号没有，证明芯片工作条件够但是不能放大，我们代换同型号的芯片。如果逆变模块的输入端六相脉冲都没有，再将六驱动芯片供电都检测一下。如果六支芯片的总供电都良好，证明 CPU 产生的六相脉冲没有送到驱动芯片，再分别检查 6 支驱动芯片的脉冲信号输入端脉冲是否正常。

下面我们来分析变频器 U、V、W 三端输出电压不平衡。首先检查逆变器电路的总供电，一般主电路送来的电压为，三相变频在 450～500 V之间，两相变频为 300 V左右。各电压测量都正常，测逆变电路的六相脉冲信号输入端。发现其中一相脉冲信号不正常，说明这一相脉冲信号所对应的驱动芯片出现故障。我们随着这一信号入端反向找到相对应的驱动芯片，检查这一驱动芯片的供电。如果良好，再检查这一驱动芯片的脉冲信号输入端引脚的信号脉冲是否正常，如果这一芯片的总供电与脉冲信号都正常，但是芯片输出脉冲信号电压为零，这就使逆变电路的六支变频管只有两相对应的变频管工作，一相变频管不工作，所以输出 U、V、W 三端电压不平衡。代换对应的驱动芯片。

7.1.3 变频器中的充电接触器

由于大功率变频器在通电瞬间电流太大，容易损坏主电路中电气元件，所以在变频器的主电路中，整流电路与滤波电路之间串联一个带充电电阻器的充电接触器。在变频器正常通电时，由于主电路整流以后的电流经过充电电阻器给滤波电容器充电。当电容器充满电荷，接触器 KM 的线圈通电，使 KM 接触触点闭合，这时的主电路的整流后的直流电就会经

KM触点将直流电压送逆变器电路。此时经过充电电阻的电流几乎为零，我们知道了充电接触器在变频主电路中的作用。下面我们分析充电接触器损坏后会造成什么样的故障，由于充电接触器串接在变频器的主电路中，在损坏后将会造成逆变器电路直流供电为零整机不工作，U、V、W输出的交流电压为零。这时首先应检查充电接触器的线圈有无电压送到，测充电接触器电磁线圈两端电压。如果线圈两端供电电压正常，但是充电接触器不动作，此时断开充电接触器线圈的供电，用电阻挡位检测线圈的电阻值，看线圈有无开路故障。如果线圈开路，更换同型号的充电接触器。如果线圈通电后充电接触器可以正常动作，但是整流后的直流电压不能通过。在充电接触器的触点输出端，测量直流电压三相为零，说明充电接触器的三相触点不能同时闭合。检查三相接触器接触点是否完全闭合。如果闭合不到位，拆下充电接触器，检查接触器内部的机械部分是否覆盖着，是否将触头动作部分的铁芯卡住，使三相接触器触头不能完全闭合。

7.2 变频器整机六大电路结构特点与主要检测点

7.2.1 变频器整机六大电路的构成以及工作顺序

变频器整机一般由以下六大电路构成（参考图4-36）。

① 抗干扰与三相或者两相整流滤波电路。

② 逆变器变频电路一般由六变频管或集成的变频模块组成，也称逆变电路。

③ 二次开关电源电路，有他励式或自励式两种。

④ MCU以及CPU六相脉冲信号产生电路。

⑤ 六相脉冲驱动电路。

⑥ 面板操作与显示电路等。

另外附加有制动电路以及充电接触器与各类保护电路、各外设设备接口电路等。下面逐一介绍这六大电路的工作顺序，要很清楚地知道变频器可以分为两大部分，分别是主电路与辅助电路。

主电路是负载电动机工作电流通过的主要通道，而且主电路中的逆变电路必须在辅助电路完全支配下方可工作。也就是说如果辅助电路的主要部分电路，如开关电源、CPU驱动等电路任意损坏一个，主电路、逆变电路都是不可能工作的。我们知道主电路与辅助电路的关系后，再将整机电路的工作按顺序论述一下。在变频器通电时，如果抗干扰整流滤波电路中有充电接触器，那在通电时延时几秒，等电流经充电电阻给滤波电容充满电荷后，接触器线圈才会通电吸合，使抗干扰电路经过的电流由整流电路转变为直流电后，经接触器触点再经滤波电路送到制动电路，再送逆变电路，作为待机电压。与此同时，经主电路整流滤波后的直流电压，再送到二次开关电源电路，开关电源振荡工作后，经脉冲降压变压器分别互感降压、整流滤波给MCU电路中的CPU电路供电，于是产生振荡输出六相脉冲方波信号，分别送六相脉冲驱动电路进行分别放大，然后将放大后的六相脉冲分别由六支驱动芯片输出，分别去控制逆变电路中六支变频管按顺序工作，将主电路整流滤波送来的直流电转变为三相变频交流电输出送负载电动机，使电动机运行。与此同时，MCU电路中的CPU电路将显示信号送往显示驱动电路进行放大后，送显示器显示当前变频器的工作状态，同时开关电源给面板供电，操作面板各键可以给CPU输入命令，通过显示器可以显示操作状态。

当按以上论述电路的顺序工作时，首先必须是开关电源工作，脉冲降压变压器次级分别降压整流滤波，分别给六相驱动芯片以及 MCU 与 CPU 电路以及面板操作显示电路等电路供电后方可使整机各电路按顺序正常工作。

我们详细了解了变频器六大电路的工作顺序以后，进行变频器整机检修时，就要有先后的检测顺序。整机电路的工作是一环套一环的，前面电路不工作，后面电路的工作条件将无法达到，所以我们掌握了整机工作顺序后就可以按顺序去检修机器了。但是我们还要熟记具体的每个电路主要检测点电压。在检测时做以比较，才可以更好地检修分析出故障元件。同时我们还要根据整机电路的功率大小分清整机电路最容易损坏的是哪几个电路，而且还要知道先坏哪个电路后损坏哪一电路。

7.2.2 抗干扰与整流滤波电路结构特点与检测

抗干扰、整流、滤波组成了变频器主电路的一半，它是变频器前沿部分电路，现在我们分别对每一部分电路的结构特点以及检测做以论述。

（1）抗干扰电路的组成 抗干扰、整流、滤波风机电路结构见图 7-1。

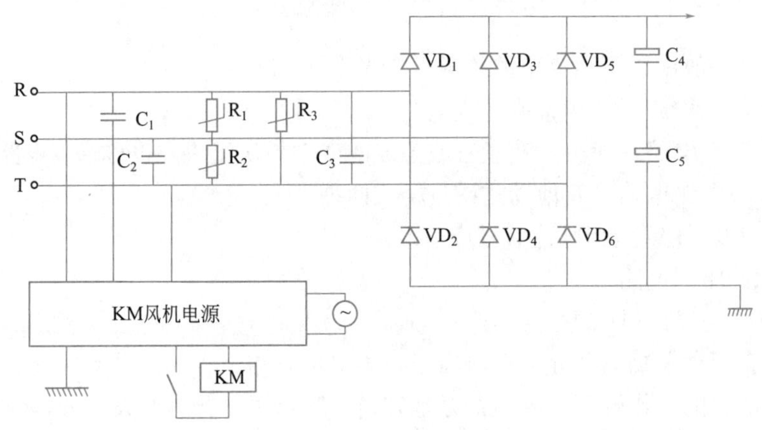

图 7-1 抗干扰电路

由图可见，抗干扰电路一般由无极性电容器以及压敏电阻等构成。无极性电容器在电路中主要将高于 50Hz 的高频交流滤除得到纯 220 V 50Hz 交流电，压敏电阻主要是 R、S、T 三端。输入电压 380 V过高时，压敏电阻分流，保护了整流以后的各电路。抗干扰电路的特点是耐压高，高频滤波效果好。检修时主要检测高频无极性滤波电容器有无漏电，压敏电阻有无阻值变化的损坏。

（2）整流电路的结构与特性检修 整流电路一般都在主电路中，抗干扰电路与滤波电路之间，它主要是将三相或两相交流电转变为脉动直流电。变频器一般有两种：单相变频器和三相变频器。

下面我们对单相与三相变频器的整流电路结构分别做以下分析。

① 单相变频器 其整流器有两种结构，一种是采用四支整流二极管，另一种是采用四支整流管集成在一起的整流堆，它只能用于小功率变频器，一般单相变频器都普遍用于小型机床等场合。

此种整流的特点是功率小、体积小、检修时拆机用 $R\times1\Omega$ 挡检测，测四支整流管的正反向电阻或者测桥式整流堆的内电阻值可以判别出好坏。

② 三相变频器 一般都是将两只整流管集成在一起构成整流条，承担一相交流电的整流。三相交流电共有三个整流条，而且每个整流条的功率耐压必须相同。如果判别故障在主电路中的整流电路，我们可以将整流管拆除后按二极管的方式测量，用 $R\times1\Omega$ 挡或用蜂鸣器挡位。有些变频器将六支整流管都集成在一个整流模块中，这样的整流桥在三相变频器中，整流模块共有五个引入端，三个孔的一端为 380 V，三火线输入三引脚，两个脚端为整流后的整流电压输出端，这样整流器要求大面积散热，指的是散热片的面积要求很大，更换整流器时要求功率与耐压都要相同，这样方可以使用。

有些变频器将三相整流电路与逆变模块集成在一起，形成整流和逆变合成的逆变整流模块，这种结构在检修时一定要在整个机器的电路板中分清楚整流引脚与逆变引脚。当然这样的结构逆变电路损坏，连整流电路整体拆除更换，但如果整流电路损坏，我们可以外接整流管形成整流电路代替本电路的整流堆，这样就更加节省检修机器的成本。三相整流电路损坏的原因一般有两个，一是整流的后负载电路短路，二是整流器本身散热不良或整流器性能不良。如果是两支整流二极管组成的整流条构成的整流电路，我们可以更换，要考虑整流条的功率、耐压与其他两个相同，同时型号相同才可使用。

(3) 变频主电路中的滤波电路特性检测 一般在变频器主电路中滤波电路都采用的是有极性的电解电容器，要求容量大而且耐压高，在电路中主要滤除主电路中整流以后的脉动直流中的交流成分，得到纯直流电压并且自举升压。一般三相变频器整流滤波后的直流电压为 450～500 V之间，如果是单相交流电，一般整流滤波后的电压为 300 V左右。我们在检修时，以这些电压作为参考，如果所检测的电压低于这些电压值，检查电容器是否漏电，整流二极管是否正向电阻值变大，整流滤波以后的负载是否漏电，使滤波电容器的两端电压下降，电路具有的特性是滤波效果好，但是电容器容易击穿。由于绝缘层很薄，如果检测电容的两端自举的直流电压低时，测电容器是否漏电。我们一般将电容拆机后再进行测量，这样测量比较准确，当然要一个一个测量，无论在电气元件测量还是拆机测量，我们一般都要进行放电，用 100W 的白炽灯放电，或 10W、20W 的大功率电阻进行放电，如果不放电测量将会损坏万用表或使人体触电，所以我们测量电容前必须放电才可以测量。主电路的滤波电容器损坏有许多很直观的现象，如电容器表面出现明显的电解液，鼓顶盖凸起，外封装炸裂等。一般不用测量，直接按原容量耐压值更换。但是有些电容器老化，容量失效，一般用万用表无法检测好坏，但是在电路充电时，两端电压大幅度下降，这时变频器报欠电压故障，带负载能力差，有时带不起负载，因为电容器失效后，自举电压下降，使送逆变电路的直流电压下降。在六相驱动脉冲作用下，转变输出的变频交流电，电流减弱，带不起负载。

7.2.3 电路的结构特点与检测

逆变电路一般都由六支场效应管组成，每两支场效应管组成一对，完成一相交流电的直变交转换。一般六支场效应管共同构成逆变器，分别按脉冲驱动电路送来的六相脉冲信号的顺序工作，将主电路送来的直流电转化为有一定频率的交流电并输出送电动机。逆变电路中的变频电路有以下几种结构。

① 小功率变频器由六支变频管单独构成。

② 中功率三相变频器一般由三个变频模块构成，每两支场效应管构成一个变频模块，完成一相交流电的变频。整机由三个变频模块构成，这三个变频模块型号功率耐压都相同。

③ 大功率变频器将六支变频管都集成在一个模块内，来完成三相交流电输出的变换，但是有些变频器将整流电路与逆变电路集成在一起，构成整流与逆变模块。由于变频管都采用场效应管构成，所以工作速度快，功率损耗小。但是逆变电路是主电路中的电流经过的主要通道，所以一般通过电流功率大，要求有良好的散热。逆变电路的特点是集成度高、直变交速度快，输出的交流电受人为设置的频率范围控制。由于由大功率元件构成，所以过流、过压、过热等许多保护电路对变频模块做强大保护。一般逆变电路中的变频管损坏后，将会使主电路中直流电不能转化为交流电，U、V、W 三端输出电压为零，负载电动机不动作。在检修逆变电路之前，先将负载电动机断开，测逆变电路的工作条件。如果工作条件达到 U、V、W 输出电压为零，我们就更换变频模块。

7.2.4　二次开关电源结构特点与检测

他励与自励式变频器的开关电源都有两种结构。

① 他励式开关电源　由一个开关脉冲信号产生芯片与电源开关管以及互感式脉冲变压器两个主要元件与启动降压电路、振荡正反馈电路、直流元件的供电电阻与无极性旁路电容器以及有极性滤波电容器等元件构成。在正常工作时，先由启动降压电路将主电路的直流电压进行降压，然后给开关脉冲芯片供电，于是脉冲芯片就会产生振荡输出，开关脉冲信号控制电源开关管开关工作，使脉冲变压器的线圈产生交变磁场，感应到脉冲变压器次级降压后，整流滤波分别给 CPU 驱动面板电路供电。他励式开关电源的特点是，采用一芯片先产生开关脉冲去激励开关管工作，使开关电源变压器工作，这种方式起振快、容易起振、工作稳定，所以常用于各变频器电路中。

对于他励式开关电源的检修，一般我们先测脉冲变压器的次级，各绕组降压后的电压，如果都为零，说明开关电源没有工作。此时我们先测开关脉冲振荡芯片的总供电电压是否为零，查启动降压电路，如果供电引脚电压有，但是不正常，检查启动电路后，同时再查反馈电路。如果我们检查完毕都没问题，更换芯片。如果芯片总供电电压正常，再测脉冲芯片的基准电压，测试引脚基准电压是否正常。如果基准电压正常，说明芯片内部稳压良好。

如果基准电压不正常，代换同型号芯片，若测量时基准电压正常，再测芯片的振荡引脚电压，如果电压正常，说明振荡良好，如果不正常检查振荡引脚外接定时电容与充放电电阻。如果良好，更换芯片。再测开关脉冲信号输出引脚，如果输出引脚信号波形不正常，或输出脉冲电压不正常，代换芯片。如果输出脉冲正常，再测开关管的控制极脉冲，若不正常检查由芯片信号输出引脚到开关管控制之间的信号传送线路是否正常，如果信号传送正常，代换开关管。重要检测点是芯片供电、基准、振荡、脉冲输出等引脚，同时测开关管控制极与开关管漏极电压，同时测脉冲变压器次级降压整流后滤波各电压。

② 自励式开关电源　主要是由开关振荡管与脉冲变压器自身振荡而引起的振荡。整个电路中，启动降压开关振荡管与振荡变压器以及振荡正反馈电路等构成自励式振荡电路，同时由过流过压控制电路与脉冲变压器次级降压整流滤波电路等构成。在结构上可划分为两大部分。由于起振振荡元件比较多，所以不容易起振。如果损坏不容易检修，因为振荡元件太多，所以至今很多变频器以及许多电气设备不用自励式振荡电路。

对于自励式开关振荡电源电路的检修，若开机无任何反应，在检查了主电路、整流滤波电路之后，我们就来检查开关电源振荡电路。自励式开关电源，应先检测电源开关管是否击穿，而且与电源开关管连接的保险电阻是否开路，如果损坏，按原来的型号更换，如果检查开关管与保险电阻没有损坏，我们再检查电源启动降压电路是否有电阻阻值增大或开路现象，再用电压检测法检测电源开关管的控制极的电压是否为零，若为零，则检查电源启动降压电路。如果开关管控制端电压很低，不但要检查启动降压电路，同时还要检查正反馈电路。如果开关管控制极电压正常，就证明开关电源工作正常，一般电源开关管控制极都是由启动降压电路振荡正反馈电路组成的供电。如果开关管控制极电压正常，就说明电源开关振荡正常。自励式开关电源重要检查点是：开关管控制极一般为栅极与开关管漏极，以及测脉冲变压器次级降压绕组各组对应的整流滤波电路的电压。

7.2.5　六相脉冲信号驱动电路结构特点与电路的检测

一般的变频器都由六支驱动芯片组成，对六相脉冲的信号放大，这六支芯片的型号规格都相同。常用芯片的型号为 PC923 与 PC929 两种，它属于中小型功率芯片。六相脉冲驱动电路，在整机电路中处在 CPU 电路与逆变电路中间，它的主要任务是将 CPU 送来的六相脉冲信号分别进行放大，然后分别去控制逆变电路的六支变频管工作，这六支变频管就会按顺序工作，将直流电转化为一定频率的交流电送电动机使电动机工作。首先有正常的直流供电电压，再有 CPU 送来的六相脉冲信号方可使驱动电路工作。

驱动电路常见故障为变频器 U、V、W 三端输出为零，或 U、V、W 三端输出三相电压不平衡。这样我们在检查了主电路中的逆变电路之后，再检测驱动电路。先通电测量六支驱动芯片的各芯片供电与六相驱动脉冲的脉冲信号是否送到六驱动芯片的脉冲信号输入端，如果两工作条件达到，就更换同型号的驱动芯片。这只是快速检修方法，我们主要看是什么样的故障，才对应去检修。如果 U、V、W 三端输出变频交流为零，我们应该在检查主电路、逆变电路后，去检查驱动电路。这时应检查驱动电路的工作条件，然后再去判断芯片与信号传送电路，如果是 U、V、W 三端输出电压不平衡，我们可以在逆变电路的信号输入端检查六相驱动脉冲信号是否到来，如果某一路信号脉冲电压为零，就检查这一引脚对应驱动芯片的工作条件，如果芯片供电与脉冲工作条件达到，更换同型号芯片。再测输出的脉冲信号电压，如果我们检查这支芯片时供电正常，但是芯片脉冲信号输入端无信号，检查芯片的信号传送电路。

① 驱动芯片的总供电。

② 驱动芯片的脉冲信号输入引脚。

③ 驱动芯片的脉冲信号输出引脚。

从这三个重要的检测点可以判断出开关电源输送驱动芯片的供电电路，同时可以判断 CPU 电路六相脉冲信号输出送驱动芯片信号输入端的信号传送电路，同时也可以判断驱动芯片脉冲信号输出端到逆变电路六支变频管信号输入端的脉冲信号传送电路，同时也可以检测出驱动芯片的好坏。有些变频器驱动芯片供电与脉冲信号输入都良好，但是驱动芯片输出脉冲信号不正常，说明驱动芯片本身有故障，更换驱动芯片后检查芯片输出脉冲信号还是不正常，然后再检查驱动芯片各引脚连接的芯片外接电路，各元件是否正常。

7.2.6　MCU 与 CPU 电路结构特点与检修

MCU 电路内部由运算器、控制器和寄存器等三个部分组成。放大器结构可分为两大部分，由运算部分和控制部分组成，运算器电路中用来逻辑运算、处理数据、传送操作控制的部分是分析与执行指令的部件，MCU 电路的主要任务就是产生六相脉冲驱动信号，这个信号主要在 MCU 芯片的模块内产生。同时 MCU 电路接收外来设备输入的信号，这个信号直接送芯片内经芯片处理后去控制对应电路的工作，MCU 电路中的 CPU 电路的工作条件是供电、时钟、复位，这三个工作条件符合，CPU 电路方可工作。CPU 电路外接有储存器，用来存放控制信息与地址码信息，同时外接显示器以及接收外来键盘的输入命令，接收外传感器和过流过压电路送来的指令。

如果机器操作面板无任何反应，我们可以检查 MCU 电路中的 CPU 电路，先检测 CPU 芯片的供电＋5 V是否正常，如果＋5V 正常，再测 CPU 电路的时钟信号，可以用示波器测，如果时钟脉冲为零，检查时钟晶振与外接谐振电容器等是否正常。如果晶振与外接谐振电容器正常，我们可以更换 CPU 芯片，再检查 CPU 的复位电路，同时，按面板复位按键。此时 CPU 复位引脚有电压突变就说明良好，如果 CPU 芯片复位引脚没反应，证明复位电源损坏，如果检查 CPU 三大工作条件都完全符合要求，操作面板无效，证明 CPU 芯片内部损坏，同时检查面板以及面板操作电路等是否符合要求，面板供电连线等是否良好。

7.2.7 面板显示与操作电路结构特点与检测

操作面板与显示由显示面板、按键操作板与接口电路以及芯片按键输入命令信息的处理芯片等几个部分构成的，一般都采用数码显示方式，此电路工作特点是集成度高，一般采用数字集成芯片进行显示信息的处理，面板采用轻触式按键，这样操作方便，操作灵敏度很高。由于采用机械接口插件方式，所以容易产生接触不良的故障，我们一般在检修时要注意不能强拆。如果显示器不显示时，先检查接口是否接触不良，同时测量显示芯片的供电是否正常，如果供电电压为零，检查＋5 V供电线路，同时检查显示器本身是否损坏。面板如果操作无效检查接口电路，同时检查各按键是否良好。

7.3 变频器在电气系统中综合故障分析与故障快速检修

变频器是安装在电气配电柜中的，所以我们在分析变频器故障时，要全面地考虑电气系统中所连接变频器的每个电气设备，一般与电气配电设备有关的连接有：空气开关、交流接触器、过热保护器、变频器 PLC 与变频器外连接接口的外接各种电器按钮、指示灯仪器仪表，还有变频器、外接的负载电动机等。以上我们将电气系统基本的电气设备做了一番简单介绍。下面我们将变频器在电气系统中基本工作过程做一简述。在工作时首先将空气开关闭合，三相 380 V交流电，经空气开关的三火触点送交流接触器，这时按配电柜的启动按钮，380 V经交流接触器、三相火线触点，送过热保护器，此时再经过热保护器的三火触点送变频器 R、S、T 三端，经变频器内部变频后，再由 U、V、W 三端输出送负载电动机，电动机的运行状态，一般由变频器外接的 PLC 内部程序控制。当我们改变 PLC 内部的程序，变频器内部在 PLC 新的程序下可以改变输出的电压，同时可以改变电动机的运行状态。接下来我们分析一下电气设备的综合故障。

(1) 通电无任何反应 一般指启动时电动机不运行，配电柜电源指示灯不亮。变频器 R、S、T 三端输入电压为零，当然变频器 U、V、W 端输出电压也为零。

根据故障现象可见，在整个配电柜系统中没有通电。我们要从配电柜 380 V来源方向检查，故障有可能出现在电气配电柜中，是由主要电气配件损坏而引起的故障。先测电气配电柜中空气开关的输入端电压 380 V是否正常。如果测量 380 V三火之间都为零伏，故障在动力 380 V，入户进入线路有故障。检查高压柜的低压动力输出端到电气配电柜之间的交流线路有无开路现象。如果我们已检测到电气柜空气开关输入端 380 V正常，再闭合空气开关检查空气开关的 380 V输出端电压是否正常。若三相火线之间 380 V都为零，检查空气开关内部，如果测量空气开关输出端 380 V正常，然后测交流接触器三火线输入端。如果有 380 V，再测交流接触器输出端三火线 380 V，同时要按电气柜的启动按钮，如果按下按钮后交流接触器三火线输出端 380 V为零，主要检查交流接触器线圈供电回路的电气元件是否有开路，在按下启动按钮时，测交流接触器线圈两端，如果此时线圈两端电压 380 V正常，然后断开空气开关，用万用表电阻挡测交流接触器线圈的内电阻值有无线圈开路现象或阻值下降的现象，如果测交流接触器线圈两端电压为零，检查线圈供电回路中的启动与停止按钮以及过热保护器和自锁触点等电气配件是否有开路的现象。如果我们检测交流接触器的输出端三火触点有 380 V，按启动按钮时，接触器有通断反应，证明电气配电柜基本没问题。然后检测交流接触器三火线输入端 R、S、T 三端有无 380 V，如果为零，检查过热保护器。如果 R、S、T 三端三相 380 V正常，然后启动变频器。如果变频器显示器显示正常运行状态，可是检测 U、W、V 三端时，无变频电压输出，说明变频器内部损坏或者变频器的负载电路有故障。我们可以将变频器负载电动机拆掉，重新开机测量 U、W、V 三端。如果此时 U、V、W 三端输出有变频电压，证明是负载短路而引起变频器保护。重点检查变频器负载电路、电动机供电线路与电动机内部线圈匝间是否有短路等。如果断开变频器负载电动机后再启动变频器，同时 U、W、V 三端输出电压也为零，说明变频器本身有故障。检测变频器，整机通电无任何反应，故障点主要在电气配电柜以及变频器本身。因为通电配电柜电源指示灯最起码要亮，配电柜仪表要有所反应。变频器面板指示灯要亮，同时启动变频器时，显示器要显示状态。

(2) 闭合配电柜空气开关时自动跳闸 此故障特别明显是电气配电柜以及变频器和变频器的负载有严重的短路故障。这种现象比较常见，以下我们来检测确定故障的部分。我们应该一步接一步地逐步检查，首先将变频器负载电动机断开，重新闭合空气开关，此时空气开关可以正常闭合，证明变频器的负载电动机有故障。主要检查从变频器到电动机之间的供电线路有无短路，同时检查电动机内部线圈是否匝间短路。如果我们拆开变频器的负载电动机后，闭合空气开关，还是跳闸，再断开变频器 R、S、T 三端的交流三相电输入端，再闭合空气开关，如果此时空气开关可以闭合，证明变频器内部有严重短路的故障。我们应检查变频器内部的主电路是否短路。

如果断开变频器输入端供电后，闭合空气开关还是跳闸，说明电气配电柜中有严重短路故障。重点检查电气配电柜中的三根火线之间有无短路，同时检查空气开关本身。

(3) 水泵连续循环工作，不能按顺序运行 这种自动供水的电气设备，一般用于现代社会的高层楼盘的生活用水、自动化供电设施，而且一般都采用三个水泵循环运行供水。这样使电动机的使用寿命增加。电动机循环运行一般都是自动化的，由 PLC 内部程序控制变频器，再由变频器控制电动机的运行。我们简单了解设备的工作程序后，再对此故障做以下分析。首先从硬件设施考虑，先断电，然后检查每个电动机的好坏，以及电动机对应的电气控制电路。电动机内部线圈要做重点检查，因为电动机是拖动设备，而且处于潮湿的地方。三相电动机的对应控制线路的各接触器以及时间继电器要做重点检查。如果以上检查良好，我们应检查变频器 U、V、W 三端输出的变频电压是否正常，检查电压后如果良好，故障在

PLC。先检查 PLC 与变频器的连接，然后再检查 PLC 在工作时输出的信号。如果不行再将 PLC 与变频器的连接拆开，直接检查 PLC 内部程序，用数据线连接电脑后观看 PLC 是否正常，或者重新导入 PLC 程序，启动观察，同时我们还要检查有无非专业人员操作，破坏了 PLC 内部程序。

(4) 电气系统设备故障分析基本思路 现今的电气设备采用软件控制硬件、弱电控制强电的方式。所以在电气设备出现故障后，我们要以这种思维去分析。而且要清楚现今的电气设备，一般都有电气配电柜与变频器、PLC 自动化控制线路以及变频器负载等设备。所以我们分析的思路要化整为零。根据电气设备主要的检测点去判别故障出现在哪一部分，确定电气设备中哪一设备损坏。然后对损坏设备再次详细检测出现故障的具体部分以及损坏的元件，同时检查完硬件后，检查软件是否损坏，大体上分软件与硬件两大思路。

7.3.1 变频器中最容易损坏的电路与元件

根据笔者多年的教学经验以及电气工程设备检修与实践经验的验证，变频器内部电路按电路功率大小分为逆变电路、整流电路、滤波电路及开关稳压电源，以上四大电路是变频器最容易损坏的电路。下面我们将每个电路损坏的原因做以分析。

(1) 逆变电路 在主电路中，逆变电路由于工作在大电流状态，而且连接大功率的电动机，如果电动机内部的线圈匝间短路，就会使变频器的主电路负载加重。这时，单位时间内所通过变频模块的电流增大，超过正常工作时的标准电流值，逆变电路中的变频模块会由于电流过大而使温度线性上升。这样，当变频模块的温度超过模块的最高耐温时，变频模块就会由于温升过高而损坏，这是变频模块损坏的原因之一。

由于变频模块是大功率的元件，在正常工作时必须要求有良好的散热。如果散热片的灰尘使模块不能及时散发热量，这样也会使模块工作时温度上升，或者是由于散热片与模块没有大面积接触进行大面积传递热量而导致模块温度上升，也会使模块损坏，这是变频模块损坏的原因之二。所以在检修机器时，我们在更换变频模块时，将模块与散热片紧靠的一面涂上导热硅胶，使变频模块与散热片大面积接触，而且紧靠散热片，这样，散热的效果可以达到最佳。

未检修过的机器、原装的模块，由于使用的期限过长而使内部工作性能不稳定而损坏。还有检修过的机器，由于更换的是替换品的模块，也就是说不是正品模块，由于它的耐压值与内部变频器管的参数达不到标准导致工作时损坏。这是变频模块损坏的原因之三。

由于驱动电路送来的驱动脉冲信号的频率升高，或者瞬间脉冲增大而使变频模块内的变频管瞬间饱和，此时导通电流过大而使变频管击穿。同时，也会损坏驱动芯片，这时我们应用示波器测量六相脉冲的脉冲电压。如果脉冲波形变大波峰增大而且频率增高，也会使模块损坏。这是变频模块损坏的原因之四。我们应测六相脉冲，对比脉冲波形。一般六相脉冲的波形会相同，当然我们在测之前首先要知道，以前的脉冲信号波形才可以做以对比。

由于变频器主电路整流滤波送来的直流工作电压过高，超过正常工作的电压值时，变频模块两端的电压比标准电压升高数倍，这时模块内变频管就会被击穿。这是变频模块损坏的原因之五。

① 测变频器交流输入端三相 380 V电压是否正常。

② 观察机器有无检修过，滤波电容器更换的耐压值或容量是否比原来大，导致自举升压后的电压升高。如果滤波电容器全部需要更换，按常规要求重新配电容器，根据多年的维

修经验，多大功率变频器就应该采用多大耐压与容量的电容器，就按变频器电路所需规定去更换电容器。

③ 断电测三相整流电路中的整流二极管或整流堆的内电阻值是否比原来阻值减少，使单位时间内的导通电流增大，使自举滤波电路电容器两端电压升高而导致模块损坏的。

(2) 整流电路　由于整流电路中的整流二极管或整流堆都处在变频器的主电路中，在正常工作时大电流导通，功率损耗大，属于大功率的元件。整流元件要求耐压高，耐工作电流大，而且要有良好的散热。整流电路损坏有以下几种原因。

① 整流以后的负载电路负载过重使整流器单位时间内导通电流增大，使温度上升而损坏。变频器的主电路整流后的负载是逆变电路，也就是说逆变电路中变频管损坏，内阻变小，导致导通电流增大，使整流器损坏。逆变器的变频模块损坏一般都是由变频器的负载电动机损坏而引起的。在更换变频模块后，应检查电动机。

② 变频器的主电路中整流电路后是滤波电路，如果滤波电容器漏电或电容器击穿，都会使单位时间内导通电流增大而使变频器主电路中的整流器损坏。所以除了检查逆变电路之外，还要检查滤波电容器。在检查电容器之前，先给电容器放电。一般放电时用100W的白炽灯，放完电，我们用万用表$R\times1k\Omega$挡测量，测量时表针偏右零不返回证明击穿；返回不到左零表明漏电。

③ 整流器属于大功率元件，在正常工作时，必须要有良好的散热，如果散热效果不好，会使温度升高，导致整流器损坏。还有整流器工作时间过长而使它的性能下降，进而损坏。

(3) 滤波电路　滤波电路在变频器的主电路中，主要是将整流后的脉动直流电中的交流成分滤除，得到纯直流电，而且有自举升压的作用。一般都采用有极性的、耐压高、容量大的电解电容器。损坏常见的现象有：击穿漏电失容故障，一般损坏后外观的特点是顶盖凸起漏液、封装皮炸。检修时先由外表观察。下面我们对滤波器损坏的原因做以分析。

① 击穿的原因　滤波电路两端的直流电压过高而使电容器击穿。有些机器由于使用年限长、机器老化、电容器内绝缘介质的绝缘电阻值下降而使电容器击穿。如果是已经检修过的机器，要检查电容器更换时耐压值是否减小，容量是否变小而引起击穿。

② 电容器漏电的原因　一般都是电容器使用时间过长，使内部的绝缘电阻值下降，导致存储电荷能力下降而漏电。有些不是正品电容器，更换后使用一段时间，就会导致绝缘电阻减小而漏电。也有些变频器是因为工作环境潮湿而引起电容器绝缘电阻下降而漏电。对于电容器的检查，一般都是先给电容器放电，然后再用万用表的$R\times1k$挡测。最好将电容器拆机，单个进行测量，这样比较标准。由于主电路滤波电容器的容量比较大，所以要详细观察表针从右向左返回的情况，才可以准确判别好坏。

③ 电容器失容的原因　电容器生产出厂后都有质量的保障使用期。如生产出来的机器工作年限较长，俗称机器老化，实际上是机器中各电子元件质保期已过，电解电容器内部的电解液干枯，这时，电容器内部存储电荷的极板就会氧化失去导电的性能，所以不能存储电荷，这种现象书面语称为电容的失容。有些电容器受高电压冲击后，电容器底部的电解液流失，而使电解液无法充满电容器的壳，不能把存储电荷的极板电解，有一大半的极板，由于没有电解液而干枯，使电容器失去存储电荷的能力。用万用表电阻挡的最高挡位测量时，表针停在左边零位不偏转，说明电容器失去存储电荷的性能。

(4) 开关稳压电源　我们只有先了解开关电源在变频器电路中的重要性以及开关电源损坏的原因与开关电源电路常损坏的元件，才可以全面了解变频器中的开关电源损坏的一切详细情况。

① 开关电源在变频器中的重要性　在学习变频器整机电路时，我们知道变频器的核心点，就是逆变电路。要将整流滤波送来的直流电转变为一定频率的交流电，送负载电动机。但变频主电路需要辅助电路的支配方可工作。辅助电路中有三大主力电路，开关电源、CPU与六相脉冲驱动电路，正常工作时，CPU要振荡产生六相脉冲，经六驱动电路放大后，去控制逆变电路中六变频管工作，方可将主电路的直流电转变成一定频率的交流电送电动机。

但是CPU电路与六相脉冲驱动电路的供电都来自于开关电源，如果开关电源损坏，CPU与驱动电路将不能工作。这时，整机将停止工作，所以开关电源在整机中最重要。

② 开关电源损坏的原因

a. 开关电源的负载电路因短路或过载而使开关电源负载过重而损坏。在学习开关电源电路工作原理与整机供电之后，我们知道按开关电源的后负载电路的功率大小分，六相脉冲驱动电路、CPU电路、面板操作与显示电路等电路最容易损坏。是引起开关电源过载的电路，所以先检查驱动电路中的六支驱动芯片，然后检查CPU电路以及面板电路。

b. 电源开关管由于散热或性能不良而导致开关管击穿，这时开关管的击穿，也会使开关管对地线之间的保险电阻开路，所以开关管的击穿，除了散热的原因，就是开关管的源极供电电压升高而导致。有时反馈电压线性上升也会使开关管击穿。

c. 现在一般变频器都会采用他励式开关电源的结构。脉冲信号发生器芯片的总供电来自于启动降压电路，如果启动降压电路的降压电阻阻值变大，就会使脉冲发生器的芯片总供电电压降低，芯片不能启动。原因是机器使用时间过长而引起电阻值变大，但是开关电源脉冲变压器输出电压原本降低也有可能，脉冲芯片的内部电阻值变小也会使芯片供电电压降低。

d. 他励式电源的脉冲发生器芯片外接的振荡定时电容器的绝缘电阻值减小而漏电，使连接的芯片不能振荡，导致脉冲芯片内部停止振荡，电源开关管没有脉冲信号，所以开关管不能工作。这样，整个电源脉冲变压器次级各绕组无电压输出，所以电源损坏。可见小小的一个振荡电容器就会引起整机不能工作。在检修时振荡定时电容器是关键，不振荡的原因，有些是由电源脉冲芯片内部性能下降而引起的电源不能振荡，这样我们只有将集成芯片的总供电引脚、基准电压测试引脚、振荡引脚、脉冲信号输出引脚等各个引脚外围所连接的元件都检测完，如果芯片各引脚外连接元件良好，再更换同型号芯片。

(5) 变频器整机电路最容易损坏的元件

① 最容易击穿的元件　逆变电路中的变频管或者变频模块最容易击穿，是由于负载过重或者散热的问题导致模块击穿。同时，三相或两相整流电路的单相整流堆、三相整流堆以及每两支管集成的整流条也容易击穿，一般是由于负载过重或散热问题，以及供电电压过高而引起。在开关电源电路中，开关振荡管最容易击穿。由于性能不良与电源负载过重或供电电压高容易引起在主电路中的滤波电容器击穿与严重漏电。

② 最容易开路的元件　在主电路中，充电接触器容易开路。制动电路的电阻，在开关电源电路中开关管源极对地保险电阻容易开路。损坏后要按原型号更换才可以工作。

7.3.2 在整个电气系统判别损坏的部分以及判别变频器损坏的方法

变频器在整机中可分为六大电路，这六大电路是变频器的主要电路。它们是抗干扰与整流滤波、逆变电路、开关电源电路、MCU电路中CPU电路、六相脉冲驱动电路以及面板显示与操作电路。下面我们来判别这六大电路是否损坏。

（1）抗干扰与整流滤波电路 一般在变频器的主电路的接线端，R、S、T为三相380 V交流输入端，U、V、W三端为变频以后的交流电输出端。送电动机有P+与P−、P+与P或P+与N等三种字样，这可以作为我们检测抗干扰与整流滤波电路的检修测试点。先采用冷却法，断开变频器的总供电，然后用万用表的$R\times1\Omega$挡测R、S、T三端的电阻值，如果测量时阻值只有几欧姆或表针偏右零，证明抗干扰与整流滤波电路有短路故障或有元件击穿。拆机检查整流堆是否内部击穿或整流前抗干扰电路三火线之间是否有两火线相碰，再检查滤波电容器是否漏电击穿。测量之前应先用100W白炽灯给电容放电。如果我们用$R\times1$k挡或$R\times10\text{k}\Omega$挡测量R、S、T三端时阻值很大，说明抗干扰与整流滤波电路没有短路故障，此时可以给变频器通电测量P+与N端的直流电压，将万用表最好拨在直流1000 V挡，将红表笔接P+端，黑表笔接N端，如果此时所测电压在450～500 V之间，说明抗干扰与整流滤波电路良好。我们也可以断开R、S、T三端交流供电，再用100W白炽灯给P+与N端的直流放电，等效于给主电路内部的滤波电容器放电，然后用万用表的$R\times1\Omega$挡测量P+与N两端，如果阻值很小，只有几欧姆或表针偏右零，说明滤波与整流电路损坏。或者是逆变电路中变频模块损坏，拆机检查滤波电容器与整流堆以及变频模块。

（2）逆变电路（变频电路） 逆变电路可以由两个方面准确判断是否损坏。

① 在变频器未通电时，用万用表$R\times1\Omega$挡测变频器U、W、V输出端的电阻值，如果电阻值很小，就证明变频器内部的逆变器变频模块损坏。如果用$R\times1\text{k}\Omega$挡测量U、W、V三端的电阻阻值很大，证明变频模块没有击穿，可以说基本没有损坏。测U、W、V三端的电阻值，只能对逆变电路做初步的判断。

② 测逆变电路的工作条件来判断逆变电路是否良好，变频器拆机后我们测变频模块逆变电路两端的直流电压是否正常。三相变频器逆变电路两端为450～500 V，如果是单相变频器，一般为300 V直流电压，如果逆变电路两端直流电压低于正常电压有两个原因。

a. 整流滤波电路损坏导致。

b. 逆变电路内部短路，使直流电压降低，我们可以分别检查整流滤波电路与逆变电路。如果逆变电路两端直流电压正常，再测逆变电路的六相脉冲信号是否送到逆变电路对应变频管控制端。如果六相脉冲信号不正常，检查六相驱动电路以及逆变电路本身。如果逆变电路的六相脉冲信号都正常，供电也正常，证明逆变电路中的变频模块损坏。

③ 测变频器模块各引脚对地电阻值来判断变频模块的损坏，但是必须分清变频模块各引脚的具体作用，而且还要有模块各引脚在正常时的对地电阻值做检测对比。

（3）变频开关电源电路 在学习整机结构原理时，我们知道变频器的面板供电以及显示器供电来自于开关电源。变频器外设备连接，例如外接小继电器、PLC和各接口端子以及外接供电的24 V或10 V电压都来自于开关电源，所以我们判断内部开关电源好坏时可以由这些电路的状态来判别。

① 开机可以测外接设备接线端口的24 V以及10 V供电直流电压，如果电压都为零，而且显示器无显示，说明变频器内部开关电源基本损坏。

② 开机测接口端的24 V与10 V时，如果电压正常，就说明内部开关电源良好，如果此时显示器不显示，说明显示器或接口电路接触不良。根据这些特征可以判断出开关电源好坏。

（4）六相脉冲驱动电路 此时电路只有变频器，工作时在U、W、V三端初步判断好坏，由外观基本无法判断，只有拆机后测关键测试点的脉冲信号来判断内部好坏。在通电启动变频器时，我们可以测 U、W、V 三端的交流电压，如果这三路交流电压正常，就说明整机良好，六相脉冲的信号电路完全良好，我们可以正常使用。如果 U、W、V 三端有缺相的现象，可以说明逆变电路没有正常工作，同时说明驱动电路也有可能没有完全工作。拆机测逆变电路六变频管信号控制端的脉冲信号，发现有一相没有脉冲，检查对应驱动芯片，测芯片工作电压与 CPU 送来的脉冲。

（5）MCU 与 CPU 电路 根据电路的整机结构与电路构成，我们知道 MCU 与 CPU 电路连接面板显示器，同时连接面板的操作键，判断时，我们就从此电路的工作状态来分析。

① 开机，如果显示器可以显示数字代码，但是操作面板各操作键时，显示器没有反应，机器输出负载也无反应，基本可以证明 CPU 电路有故障。

② 此时可以拆机检查 CPU 电路的三大工作条件是否符合要求。

a. 一般 CPU 供电为＋5V，来自开关电源电路。

b. CPU 工作时需要时钟脉冲信号。测晶振两端的脉冲信号，可以判断出时钟电路是否良好。

c. 一般在储存器复位引脚测复位电路，要按复位开关才可测试。

（6）判断损坏的部分以及变频器损坏的方法 在整个电气系统中，由大的设备来看，有电气配电柜、变频器、负载电动机、PLC 等，其中有一个设备出现问题，都会使整个机器不能运行。在实际中我们要分析与检测出是四大设备中的哪一设备损坏，对于每一部分的设备检测与判断都有着不同的方法。

① 电气配电柜的判断 有两个重要的检测点。

a. 测变频器 R、S、T 三端的交流入端，如果测试为零，说明电气配电柜没有工作，配电柜中交流接触器没有工作。检查接触器的线圈供电回路的电气配件、启动停止按钮是否良好，如果变频器 R、S、T 三端交流电 380 V 正常，说明整个电气配电柜工作良好。

b. 如果测变频器 R、S、T 三端电压为零，再测交流接触器线圈两端电压是否为零，检查交流接触器线圈回路电气配件是否良好。再测空气开关入端的三相 380 V，如果电压三端为零说明配电柜入端供电线路损坏，检查电气配电柜动力电缆线。

② 变频器的判断 我们可以由变频器的 R、S、T 三相交流电入端与 U、W、V 三端变频后的交流电输出端作为两个检测点来检测变频器的好坏。

使用电压检测法。在正常机器运行状态下，我们可以先测 U、W、V 三端的变频后的交流电输出。如果 U、W、V 三端输出电压为零，就说明变频器没有启动或内部电路损坏，或要经过直接启动才可以运行。同时可以测 R、S、T 三端交流输入端的三相交流电压是否正常，如果三相为零，说明配电柜没有工作，当然也可以通过变频器显示面板的显示判断变频器是否正常运行。

③ 负载电动机的判断 我们能从检测电动机线圈的内电阻值以及电动机的供电电压两个方面来确定电动机是否损坏，还可用钳流表检测电动机的工作电流大小来判断。

a. 电阻检测法 我们可以用万用表的电阻合适挡位或欧姆表来测量电动机线圈的内阻来判断电动机是否损坏。首先将电动机供电断开，将电动机接线端的连线分别断开，引出六支接线头，分别测内部三相线圈的每相线圈是否匝间短路，同时测三相中每相与每相之间的线圈是否相互短路，再测每相线圈与外壳是否短路。

b. 电压检测法 我们可以测电动机的三相线圈的三端 380 V 电压，如果三相交流电压都正常，说明变频器工作良好，如果电动机不运行，说明电动机有故障，检测电动机内部线圈。

④ PLC 的判断　一般可以检查 PLC 与变频器的数据连线的输出。读数据脉冲初步判断 PLC 的直流供电，如果 PLC 直流供电正常，主要检查 PLC 与变频器的连接。如果连接正确，供电正常，PLC 不能正常工作，说明内部电路有故障。检查 PLC 内部储存器芯片的各引脚电压以及 PLC 内部电源电路是否正常。PLC 内部电源电路就是给 PLC 内部各芯片供电的二次电源。同时也可以启动变频器，观察能否通过变频器实现基本功能的运行，例如实现正反转功能。

7.3.3　变频器在整个电气设备中的重要性

在工业化许多的电气设备中都会用变频器，如高楼的恒压自动上水设备与变频空调器设备、艺术喷泉的水泵等都会用到变频器，因为这些设备正常运行时一般都需要经常改变电动机的转速，这样就会通过变频器来实现电动机转速的改变。下面我们举几个实际生活中变频器在整个电气设备中的重要性。

(1) 高楼的恒压供水设备　由于楼层中各用户都不是在同一时间用水，故总管道的水压力在不停地改变，要求水泵电动机的转速也在不断地改变。如果用变频器就可以改变转速与频率，与 PLC 连接后可以实现自动化控制。如果不用变频器只采用手动方式，电动机转速那是难以实现改变的。

(2) 变频空调器　根据室内的温度可以自动化地按设定的范围实现自动化控制。根据实际所需，要不停地改变电动机的转速，改变压缩机的运行状态。如果没有变频器是难以实现的。

(3) 大型喷泉的水泵　根据 PLC 内部程序改变来控制变频器的工作状态，从而控制了水泵的运行，水泵电动机的转速是根据 PLC 所设定的程序来改变的，调节喷水的高度与压力的大小，如果没有变频器是难以实现的。

7.3.4　检测变频器的各种仪器仪表与检测工具

一般测芯片各引脚电压以及单元电路所有电压都用指针万用表与数字万用表，测脉冲信号所用的仪器是示波器，常用数字示波器。

我们只需要知道检测变频器时，用万用表的挡位测电路，测主电路整流前用交流 1000 V 挡位，测整流之后用直流 1000 V，因为这两测试点电压高。测开关电源一般用直流 1000 V，测开关管漏极 D、栅极与开关管脉冲芯片一般用直流 50 V或直流 10 V挡位，测驱动芯片各引脚等电压用直流 50 V与直流 10 V挡位，测面板与显示器电路用直流 10 V。同时万用表可以测电阻、电容器、二极管、三极管与变频模块等电路元件的好坏，也可以测各芯片引脚的对地电阻。

7.4　跑线路以及判断各电子元件是否好坏的方法

7.4.1　跑线路

检修某一电气或电子设备，首先要知道这个设备内部由几个单元电路组成，而且要详细了解各组成部分的电路作用以及各电子元件在电路中的作用、电路的直流供电回路与交流信号的经过元件及路线。检修时要学会在实际电路中走路线，就是电路中给各个电路供电时，直流电流所经过的所有元件与线路，然后找到各电路检测测试点。只有测量各测试点的电压，才能分析出与该测试点所连接的所有元件，分析出哪一元件损坏。虽然在检修电路时，拆机一看元件多，分布电路很复杂，但是我们也清楚一条一条的支路连在一起就构成小的单元电路，各单元电路连在一起就构成一台电子和电气设备。它们检修时都是需要跑线路的，其实方法都基本差不多。

下面讲述如何跑供电线路、检修电子电路板。由电源的正极开始出发，电阻可以通过，电感线圈也可以经过，遇到电容器就不能通过，因为电容器通交流隔直流。遇到二极管可以正向导通通过，遇到三极管发射结可以由正向导通。芯片引脚可直接送入，根据多年的检修经验，可归纳为以下几个供电的方式。

① 由电源可以直接给芯片供电，这种称为直接供电，一般在大功率芯片直接供电。

② 由电源可以经过保险电阻给芯片供电，这种方式一般给大中功率芯片供电。

③ 由电源经降压电阻器给芯片供电，这种方式一般给中小功率芯片供电。

④ 由电源经滤波电感器给芯片供电，这样滤波效果好，芯片工作电压稳定。

⑤ 由三端稳压器稳压后再经降压滤波给芯片供电。

⑥ 多路供电是由电源出发分多路，给后负载供电，而且都有降压电阻，按原理讲电源出发后，可以分多路，但是哪一路供电电阻小，电流就先给哪一路给芯片供电。电阻越小的供电电阻，所供电的电路负载功率越大，容易损坏。如果供电电阻损坏是由芯片内部短路损坏而造成的。

一台整机电子电气设备由多个单元电路构成，这些单元电路是由许多条小电路构成的，而且条条小支路都是由电源的正极出发，经小支路到负载回到负极的。

在检修机器时根据故障现象，在什么故障情况下走线路，在测量芯片引脚电压时哪一引脚电压不标准，我们可以检查与这个引脚所连接的所有元件。检查电阻有无阻值变阻、电容器有无漏电，或随这个芯片的引脚反向跑线路一直跑到电源供电端，或者用断测法断开芯片引脚供电，再空载测量，断开后测量电压正常，证明芯片内部损坏。如果断开芯片供电后，测电源供电端电压仍然不变，再检查由电源到芯片之间的供电滤波电容器是否漏电，如果良好再检查与这条供电线路的分支线路有无漏电拉低电位。在测量三极管各引脚电压时，如果哪一引脚电压不正常，检查与这一脚连接的电阻或供电线路。同时检查与这一脚连接的电容器是否漏电，我们一定要随着这一引脚跑线路一直跑到电源供电端。

如果测量芯片时，某一引脚供电电压为零，我们可由芯片引脚进行反方向跑线路，一直跑到电源供电端。如果不知道这个引脚电压是由哪一条电路送来的，我们可以通电，用反方向电压跑路测试方法去测电压。顺着引脚反方向跑线路，一旦遇到电阻可以通过，遇到电感线圈也可以通过，遇到二极管可以正向导通，遇到电容器不能通过，我们可以根据以上总结经验跑线路，直到测出电压为止。如果知道芯片总供电标准电压值，可以在开关电源电路中测量找出，芯片总供所需的标准电压端，然后由该端用细导线将芯片所需电压连接（飞线）到芯片总供电引脚，给芯片供电。

7.4.2 判断各电子元件是否好坏的方法

(1) 芯片在路检测 测供电引脚对地电阻值，如果芯片对地电阻小，有两个原因。

① 芯片本身损坏。

② 与被测引脚所连接的元件损坏，所以我们检查与芯片引脚外围所连的元件。

如图 7-2 所示，电容器 C 漏电也会使芯片 1 脚供电分流，使 1 脚电压下降，二极管 VD 击穿，使 1 脚供电电压下降为零。如果电容器 C 与二极管 VD 击穿，这时芯片 1 脚供电短路，此时测 1 脚电压为零，如果供电脚外接电容与二极管没有损坏，但 1 脚电压变低，证明供电来源的电压降低，或者芯片本身损坏。所以我们要用断测法断开 1 脚供电，如果此时供电端电压正常，说明芯片损坏。

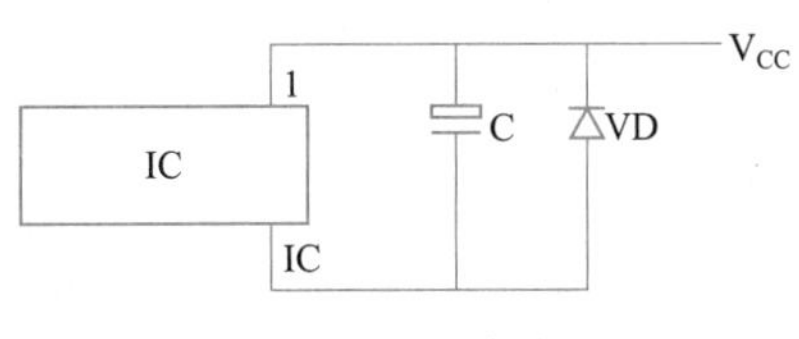

图 7-2　芯片在路检测

（2）三极管的在路检测　如果在电路中测三极管时发现击穿，可是拆机后三极管良好，就说明在电路中与三极管所连接的电路短路或元件有漏电击穿的现象。我们可以由三极管三电极所连接的电路检查。

由图 7-3 可见三极管 b 与 e 直接连接变压器次级感应线圈 L，如果在电路中测 b 与 e 时有击穿特征，但是拆掉三极管后测量良好，就证明与 b、e 连接的线圈 L 本来电阻值都很小，所以这属于正常的现象，这是电路本身设计的结构特性。如果在路测 c 与 e 时发现有击穿的特征，拆机后测良好，就证明三极管与 c、e 连接的二极管 VD 击穿或电容 C 击穿。

图 7-4 电路中 VT_1 是调整管，VT_2 是复合放大管，也可以称控制管，R_1、R_2 是供电的偏置电阻器，R_3、R_4 是电源的负载电阻，也是取样电阻，C_1 与 C_2 为滤波电容器。测量 VT_1 的三电极时，发现 c 与 b 之间击穿，可是拆机后测 VT_1 良好，说明与 VT_1 c 与 b 连接的 VT_2 c 与 e 击穿，所以误认为 VT_1 c 与 b 击穿，如果测量 VT_1 的 b 与 e 极时，发现阻值变小，拆机后管子良好，检查与 VT_1 连接的 C_2 漏电，C_1 也有漏电现象。许多检修人员一般都是在机器没有通电时，在电路中测三极管的好坏，如果在电路中测量时发现三极管损坏，但是将元件拆下来测量时三极管是良好的，这时就没办法分析检修了。其实你可以在电路中，测量三极管三个电极连接的其他元件是否损坏，与此电路连接的其他电路有无损坏，而导致被检测电路元件损坏（图 7-4）。

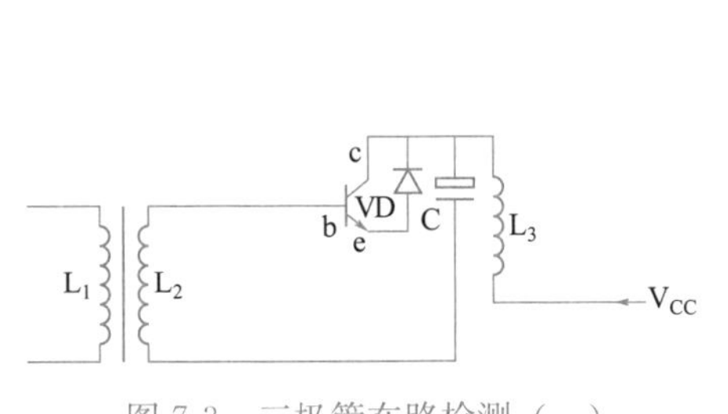

图 7-3　三极管在路检测（一）

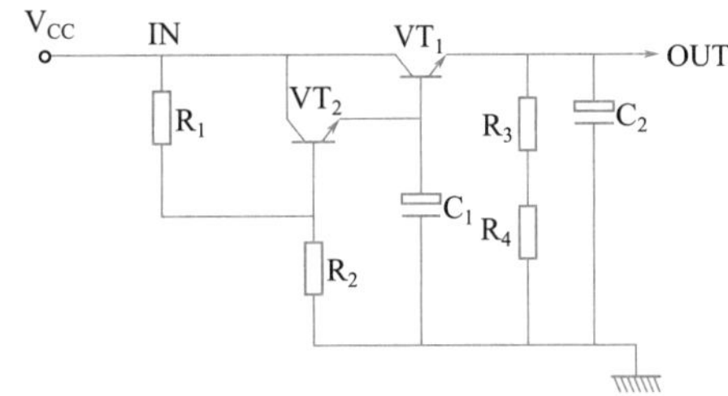

图 7-4　三极管在路检测（二）

（3）场效应管的在路检测　大功率场效应管最容易击穿，但是有些也是由于它的三极管外接元件出问题。我们主要看电路的结构。

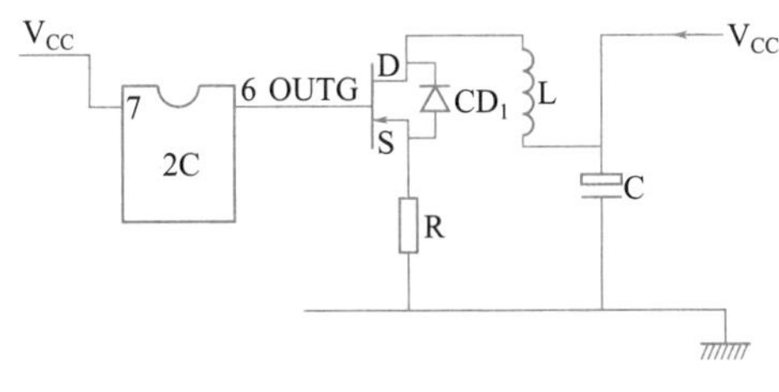

图 7-5　场效应管在路检测

如图 7-5 所示，此电路是由一个脉冲芯片和一个开关管与脉冲变压器构成的开关振荡电路，而且这一电路是他励式电路。如果测 D 与 S 极时发现有击穿的现象，我们可以测外接二极管。拆二极管测是否击穿，然后测场效应管 D 与 S 良好，说明二极管击穿，误解场效应管击穿，检修时，如果 R 开路那么场效应管 D 与 S 一定击穿，拆机测场效应管 D 与 S 两极。

(4) 二极管的在路检测 大功率二极管在电路中是最容易损坏的，在检测时应注意电路结构。

如图图 7-6 所示，二极管 VD 为整流，C_1 为浪涌保护电容器，C_2 为滤波电容器，如果检测 VD 击穿时拆机测量良好，证明电容器 C_1 击穿，同时检查 C_2 是否漏电与击穿。测二极管负极对地电阻时，如果阻值很小，证明芯片内部击穿或 C_2 漏电，拆芯片代换。拆 C_2 单个测量，如果真是二极管击穿，说明芯片内部已经损坏。我们应重点检查芯片内电阻，只有芯片过流才能击穿二极管，所以我们应认真检查芯片与 C_2 电容器。

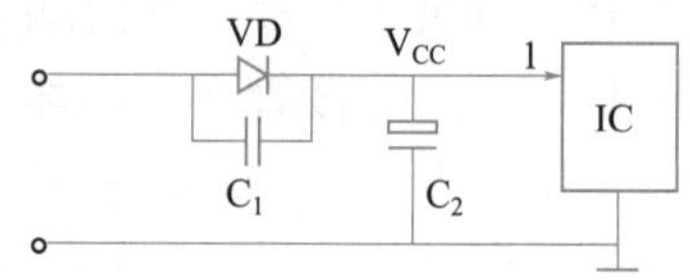

图 7-6 二极管在路检测

(5) 电容器的在路检测 主要看在电路中位置、耐压与容量，如果在主电路中整流滤波电路的位置，一般耐压高、容量大，所以在路检测时一定要放电。如果不放电，测量时会损坏万用表，对人体造成伤害。这时，我们可以用 100W 的白炽灯放电。检测时将电容器拆机，然后单个再次放电，进行检测，用万用表的 $R\times1\text{k}\Omega$ 挡位测量时，表针从左向右偏到一定的角度，表针从右向左返回，当表针返回零位时表明电容器放电完毕。由于电容器容量大，所以表针从右向左返回较慢，要耐心等待。如果表针从右返回不到左说明电容器漏电。漏电的严重看表针从右向左返回时停止的角度，停止后距离左边零位越远，就说明漏电越严重，距离左零越近说明漏电越轻微。

如果是小功率芯片的供电滤波电容器，一般耐压容量都很小，所以用万用表的表笔放电就可以了，放完电可以在路测量，如果在路测量时有漏电的特征，我们就检查与电容器所连接的元件。拆机测电容器良好，就要检查电容器的两端与其他元件。因为电阻器与二极管等连接形成了并联，所以才有一定的阻值，我们可以说是处于正常的。如果在路测有击穿的现象，拆机检测良好，说明与电容相连元件击穿，或由电路短路而引起。

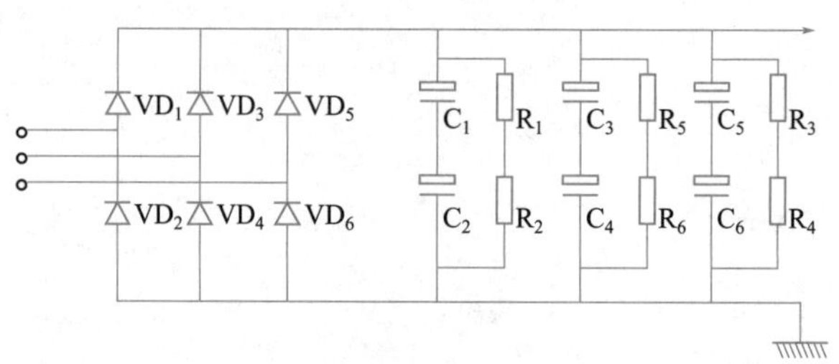

图 7-7 电容器在路检测（一）

如图 7-7 所示，电路中 VD_1～VD_6 是六支三相整流管，C_1、C_6 为滤波自举电容器，R_1～R_6 为充放电保护电阻。在测 C_1～C_6 时表针从左偏右后，没有从右向左返回到左零，这是正常的，因为每支电容器两端并联有充放电电阻。表针从右返回左端停止的，数值是电容两端电阻器的阻值。电容器在路测量有以下几种现象。

① 测量时表针没有回到左边零位。

② 测量时表针回到左边零位。

③ 测量时表针不返回，而在右边零位。

对于电容检测的每一种现象我们做以分析，在路测时表针没有回到左边零位的原因是在电路中与电容器两端并联其他元件存在一定的阻值。如果电容器两端并联二极管，在电路中测量电容器两端时，正向测量时阻值小、反向测量时阻值大，也就是说表针从表盘右端向左端返回时，表针返回停留后指示的电阻值就是电容器两端并联的二极管的实际阻值。这种现象表明电容器是良好的，不能误认为电容器漏电。

如图 7-8 所示，电路中 VD 是整流二极管，C_1 是尖峰保护电容器，C_2、C_3 是滤波电容器，R_1、R_2 是放电电阻，测量 C_1 时用 $R\times1k\Omega$ 挡，指针表黑表笔接左端，红表笔接右端，此时表针从右回到左边，回不到左零，回到表盘的二分之一处。表针没有回到左零不能说明电容器漏电，而是电容器 c、e 两端并联有二极管 VD。如果红表笔接在 VD 的正极，黑表笔接在 VD 的负极，表针由右端回到左端零位，说明二极管反向电阻值很大，所以在电路中测量时有误差，说明正常检修时要仔细检查电路的结构。在路检测 C_2 与 C_3 时表针从右端回不到左端零位，并不能说明漏电，因为 C_2 与 C_3 两端并联的 R_1 与 R_2 本身存在一定的电阻值。总之，电容器在电路中测量有误差时，应拆机进行单个测量，大容量用 $R\times1k\Omega$ 挡，小容量用 $R\times100\Omega$ 挡。表针必须从右端回到左端，表明电容器没有漏电，如果表针没有回到左零，说明电容器漏电。

在电路中测量时表针不返回左零，直接从左边偏向右零，它有两个原因，一是电容器击穿，二是与电容器并联的元件本来电阻很小。电容器在电路中与电感线圈或变压器线圈并联使电容器与线圈形成 LC 振荡电路，这样测量时相当于击穿。

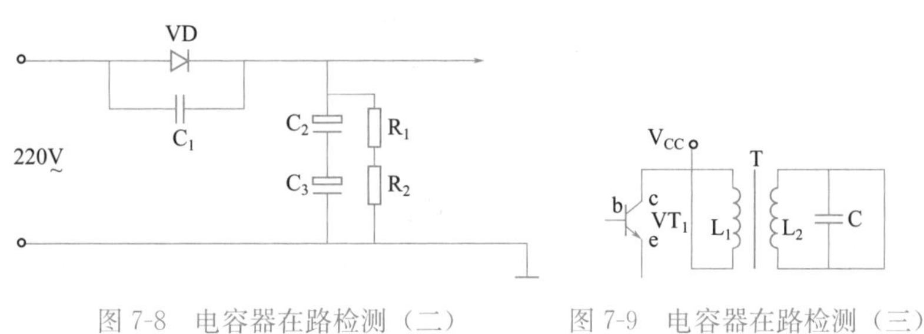

图 7-8　电容器在路检测（二）　　图 7-9　电容器在路检测（三）

图 7-9 中，VT_1 为开关振荡管，T 为互感变压器，L_1 为初级 L_2 为次级线圈，C 为振荡定时电容器，L_2 与 C 组成 LC 并联振荡电路。测量电容器 C 的好坏时，在路检测用指针表的 $R\times1\Omega$ 挡，无论正反测量时，表针都从左偏向右零，不返回左零，按常规表现是电容器击穿。将电容器拆机测量，表针可以返回左零，说明电容器没有击穿。由于变压器的 L_2 与电容器并联在电路中，测量时，由于 L_2 线圈阻值很小，所以正反测量时表针偏右零不返回，说明电容器良好。因此我们从电容器在电路中与各种元件组成的电路来看，检修机器时必须使电容器拆机检测，有极性电容器更要重点检测。

7.5　电子电气设备检修与电路分析

现今的电子电气设备为软件控制硬件、弱电控制强电的流程，例如高楼的恒压供水采用 PLC 内部的软件控制硬件，控制变频器内部的微电子线路的工作状态，然后由变频器内部硬件电路再控制电气设备强电三相交流电动机的工作。所以我们首先要学习好软件 PLC 的编程技术，然后学习 PLC 内部电路的结构原理与硬件电路检修，再学习变频器的结构原理与检修，最后全面学习各种电气配电柜的检修以及设计安装与负载电动机结构原理。软件编程方面，要进行 PLC 专业学习，现在我们学习硬件方面。

硬件方面，我们先学习各种电子元器件的结构、特性、作用、检测、应用；如何采用各种电子元件，组成各种功能不同的电路。掌握了各种电子元器件后，我们应学习电子的基本电路结构、放大振荡以及各电路分析故障的方法。首先掌握好微电子线路的检修，再去更好地学习电气强电自动化电路，最后掌握强弱电电子电气设备综合维修。

7.5.1 各电子元器件在电路中作用及应用分析检测

虽然我们在第1章学习了元器件，但只是初步介绍了各种元器件的结构特性检测，没有详细介绍各元器件在实际电路中的应用，在我们学习完变频器原理结构后，再对电子元器件在实际电路中的应用做以详细论述，使读者朋友更加清楚各电子元件在各电路的重要性以及具体作用。

(1) 电阻器 在电路中用得最多的是数标电阻器、色环电阻器与贴片电阻器、敏感电阻器。电阻器检测可扫本书4～8页二维码看视频学习。

① 数标电阻器 指大功率的保险电阻器。水泥电阻器电阻值大小标在外壳上，一般水泥电阻器在电路中，给某一大功率电路供电，阻值小的、功率大的水泥电阻也可以用来做保险电阻。当负载电路短路与内电阻值下降时，保险电阻容易开路。有些作滤波电容器的放电电阻。

② 色环电阻器 大多数色环电阻阻值在几十欧、几百欧、几千欧等。在电路中，一般几十欧的色环电阻器给大功率电路及芯片各引脚串联分压、并联分流，提供额定的工作电压与电流等。几百欧的色环电阻器给中功率电路芯片各引脚提供额定供电电压与电流。几千欧的色环电阻器给小功率电路的芯片各引脚提供额定供电。总之色环电阻在电路中，大部分都是串联分压、并联分流，给各芯片引脚及三极管或场效应管各引脚提供额定的工作电压与工作电流。色环电阻在模拟电路中可与电容器组成RC电路，许多电阻用大幅度降压作降压电阻，将交流或直流进行降压给发光管供电或给三极管提供启动电压。在变频器主电路中将几百伏的直流电降为发光指示灯所需的低压直流电，同时变频器主电路中电阻并联在滤波电容器两端作电容器放电电阻。在开关电源电路中电阻可以作脉冲降压变压器次级之后的整流滤波之后的压降电阻器，阻值很小，需零点几欧的电阻器。在开关电源中，作开关管源极对地保险电阻。电阻器在开关电源振荡电路以及MCU电路与六相脉冲驱动电路中，一般都是用来串并联分压分流，给电源脉冲芯片与驱动芯片以及CPU芯片各引脚提供额定的工作电压以及电流的。有部分电阻在以上这些电路中，用于信号电压的传送电路。

③ 敏感电阻器 称为非线性元件，它的阻值不是恒定值，随外界环境而变化，一般有热敏电阻、光敏电阻、压敏电阻等三种常见的电阻器。

a. 热敏电阻器 一般在电路中做温度传感器，用于大功率元器件的温度传感的保护，变频器电路中，用于主电路的逆变电路中的变频模块内温度传感保护。如果在工作时温升过高，高于模块的耐温，温度传感器就会转变为信号电流传给保护电路，断开模块脉冲信号使模块停止工作，同时将这一信号反馈给CPU，使CPU送显示的显示模块温升过高。显示模块温度升高，此时电路出现保护的故障代码。但是在有些大功率变频器整流电路中，没有采用温度传感的热敏电阻来检测当前变频器整流电路工作时的温度。检测时一般用电阻的$R\times 1k\Omega$挡，在测量期间给热敏电阻器加温，如果此时电阻值随外加温变化而变化，就证明热敏电阻具有热敏性，可使用。

b. 光敏电阻器　用于光电传感电路，根据入射光线的强弱变化而变化。在许多的电子设备中用于遥控接收电路中，它接收遥控器发射来的信号。在变频器的开关电源电路中，光电耦合器内部都用的是光敏三极管，在各种微电子设备电路中很少用，但是在光电传感设备，例如光电效应的电子设备、光电充电器与光电感应灯，用电阻器合适挡位测量时，表针随光线改变而改变，证明有光敏作用。

c. 压敏电阻器　当两端电压改变时才可以改变电阻值，用于保护电路，一般在变频器的整流电路前端，用压敏电阻来进行过压保护，当输入电压高于 380 V时，压敏电阻阻值减小分流对整流电路进行保护。一般电气设备都会用压敏电阻作整流保护。

在电路中哪一种电阻最容易损坏呢？在电路中阻值小功率大的电阻器容易开路。因为这一电阻是大功率电路的保险电阻器，这一电阻器在负载电路短路或过载时，保险电阻就会断开。此时先将电阻之后的短路故障排除，然后更换同型号的电阻器，这时才可以排除故障。阻值较大的电阻器损坏后，电阻外壳发黄发黑，检修时可以一眼看出，这时可以按原阻值功率更换，同时检查与电阻连接的负载电路有无短路，供电电压有无过压。在电路中测量电阻时，电阻误差值相差很大，需拆机检测。

（2）电容器 C　在工业化电子电气设备中，有极性电解电容器与无极性的涤纶与瓷片这两种电容器由于特性不同，所以用于不同的电路。有极性电容器一般都会用于在电路中作供电滤波，电源电路最多的在电子电气设备中用于整流后做直流电中交流的滤除，以及作自举升压。电路中许多芯片的总供电，一般用滤波电容器给芯片提供纯直流电。在模拟音频或视频放大电路中用于对模拟信号的传送，一般称耦合，在低频电路中也作旁路，滤除有用信号以外的杂信号。这些电路采用有极性电容器都是利用了电容的通交流隔直流的特性，将直流电中低频交流滤除，得到纯交流电，同时自举升压使负载得到额定工作电压。

① 有极性电容器在路检测　对于 220 V或 380 V交流电整流后的滤波电容器，我们一般要先用 100W 的白炽灯给电容器放电，然后测量，因为电路中的电容器由于电压很高，一般单相整流后为 300 V左右，三相整流后为 450～500 V左右，所以要放完电再测，由于许多电容器形成并联，所以有些在电路中测不准确，一般拆机检测。对于芯片供电，滤波电容器由于耐压小容量小，所以用万用表表笔直接在路短接放电即可完成。

② 无极性电容器在路检测　无极性电容器容量小，充放电快，绝缘大，不容易击穿，但有些老化电容器也会漏电，一般在电路中做旁路振荡定时，起 LC 振荡的作用，用万用表的 $R\times1$k 或 $R\times10$k 挡检测，有的容量大小不容易测量出来。

（3）电感线圈 L　在电路中常见的电感器有单脚与多脚电感器两种，在电路中主要用来滤波，它与电容器导电特性不同，它可以用来进行高频滤波低频通过，同时也可以用来对直流电中的交流做滤除。通直流在实际电路中以整流电路为界限，整流之前用来通低频 50Hz 220 V或50Hz 380 V交流电，对高于 50Hz 以上的交流电做滤除。在整流电路之后，电感器用来通直流阻交流，这样可以使负载的直流电更加纯。在许多开关电源电路中，经开关脉冲变压器的次级绕组降压后，再进行整流滤波时，采用多组的电感器进行滤波。某单元电路中，电感器可以通直流阻交流，给单元电路单独供电，称为滤波电感器。电感器与电容器可以组成 LC 滤波电路，也可以组成 LC 振荡电路。

图 7-10 中，L_1、L_2 用来滤除 50Hz 以外的交流电，L_3 具有通直阻交的特性，用来滤除直流电中的交流电，得到纯直流电。L_3 与 C_1、C_2 组成 LC 滤波电路，对直流中的交流滤除效果更好。由电路可看出，电感器所处的位置不同，起到的作用不同。

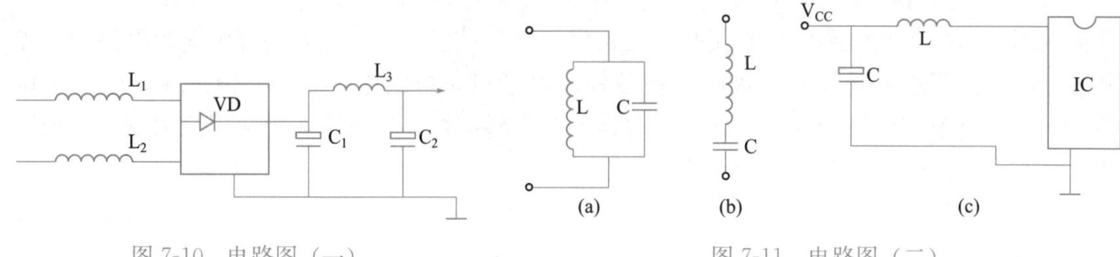

图 7-10 电路图（一）

图 7-11 电路图（二）

在图 7-11（a）中，L 与 C 组成并联振荡器，图（b）中 L 与 C 组成 LC 串联振荡器，图（c)中 L 与 C 组成 LC 芯片供电的滤波器，也称限流电感器。电感器在路检测用 $R\times1\Omega$ 挡，或蜂鸣挡位测量时，断开电路供电，如果蜂鸣器响就证明电感器通着。如果用 $R\times1\Omega$ 挡测时表针偏右零说明电感器没有开路。由于电感器阻值小一般用表测不出来匝间是否短路。

(4) 变压器 T 我们知道变压器是以电变磁、磁变电的原理工作的，有互感变压器与自耦变压器两种。互感变压器常用在实际电路中，可以把 220 V降压的变压器用在老式家用电器的电路中，例如黑白电视机与录音机、老式手机。在电气设备中，充电器可以将 380 V进行互感降压变为微电子线路所需的低压交流，再经整流滤波转变为纯直流电。变压器在任何电路工作时，变压器的通电线圈必须通过交流电，才可以产生交变磁场。这样才可以使通电线圈产生磁场，感应到变压器次级各绕组线圈，分别降压。但是在开关电源电路中，首先交流电 220 V通过整流滤波电路产生的 300 V直流电，送电源开关脉冲变压器的通电线圈以及电源开关管。此时由频率发生器芯片产生的方波脉冲信号去控制电源开关管饱和截止工作，将整流滤波电路送开关脉冲变压器通电线圈将直流电转变为具有一定频率的逆变交流电。然后由开关振荡电路转变为交流电产生交变磁场，感应到脉冲变压器的次级各绕组分别降压。下面我们把变压器在各种电路中的应用做以展示。

图 7-12 是变压器在各种场合的应用电路，可看出变压器在电源电路中应用最多，因为它主要是对电源做交流降压与升压。同时在开关电源电路中，用于直变交进行脉冲高频降压分别整流滤波。当变压器感应线圈的后负载电路短路而引起变压器铁芯的温度超过漆包线的耐温程度后，变压器的初级线圈就会烧坏，使变压器损坏。

变压器损坏的原因有内部线圈老化、变压器的负载过重以及变压器通电线圈电压过高等。如果用电压法测互感变压器，次级各绕组降压线圈全都为零伏，而初级通电线圈两端电压正常，一般都是由于初级线圈损坏开路所导致的线圈不能产生交变磁场，所以次级没有感应电压。有的变压器初级线圈内部有一保险电阻，电阻开路后，使线圈开路导致，没有交变磁场，所以次级没有感应电压。有些变压器由于次级负载过重而损坏变压器的次级线圈。

(5) 二极管 VD 在学习二极管原理结构时，我们知道二极管都有一个共同的特性，就是单向导电特性，指二极管可以正向导通，反向截止。下面我们将二极管在各种电路中的应用进行介绍。

① 整流二极管 将交流电转变直流电，一般在电源电路中有单相交流电与三相交流电整流，这主要由电气设备的结构而定的。

a. 单相单波整流滤波采用一支整流二极管将交流电的一个半周进行整流，另一个半圈

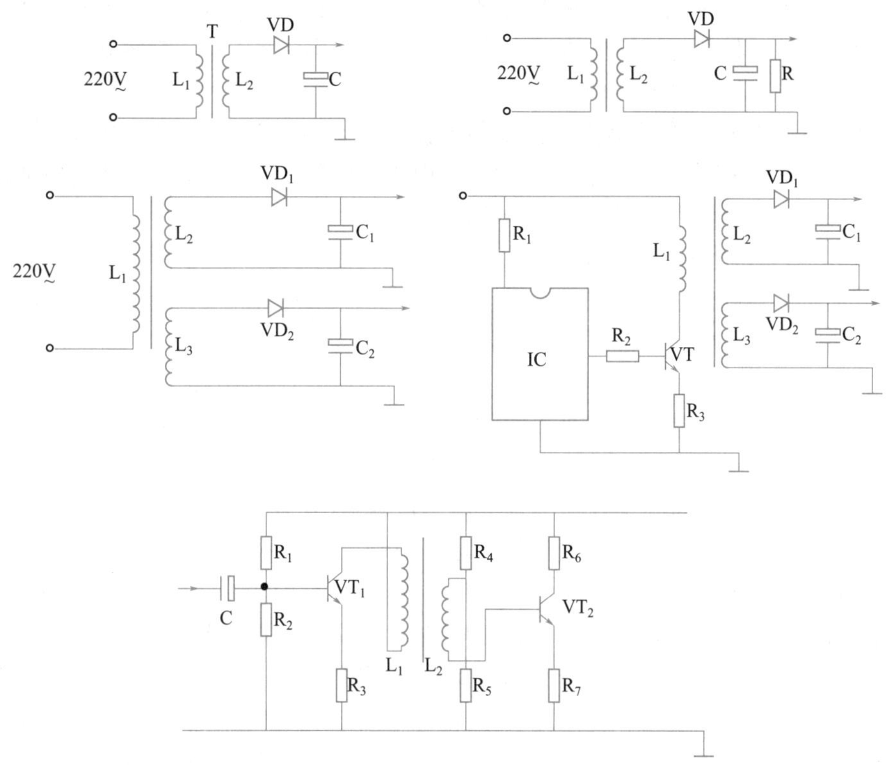

图 7-12　变压器应用电路

截止，这样整流后的直流电不纯，而且不是恒流状态。单波整流电路，应用于普通家用电器、老式收音机、录音机。电池充电器单相整电流分为正极性整流与负极性整流两种电路，整流后输出正电压或负电压。

b. 单相全波整流用两支整流管将 220 V 单相交流电分别对它们的正半周与负半周都进行整流，整流后的直流电恒定、纯，它也分为正极性与负极性整流两种结构，输出正电压与负电压直流，在普通家用电器与少量工业电器采用。

c. 单相全波全桥整流采用四支二极管组成桥式结构，形成桥式整流，一般有四支二极管单独组成的桥式整流或用四支二极管集成组成整流堆的结构。它也分为正极性与负极性整流两种，输出正电压与负电压。桥式整流具有的特点是：输出的直流电保持在恒压状态，而且是纯直流，也就是说桥式整流后整流效果很好。一般在单相电气设备中最常采用，少数的桥式整流电路也应用于三相电气设备。

d. 三相动力设备中，三相整流电路采用六支二极管，每两支管承担一相交流电整流。三相交流就是由六支二极管构成的三相整流电路。这样整流的结构有两种：一是将每两支管集成在一起形成整流条，三相共有三个整流条，这样的三相整流电路的结构在大功率电气设备中常用，例如三相变频器等，二是将六支整流管都集成在一起形成整流堆，这种结构在变频器中也常用，这样集成度高整流的效果好。

e. 整流电路与逆变电路都集成在一个模块内。进口变频器的主电路就是将六支整流管与逆变电路集成在一个模块内。这样集成度高，电路省元件，主电路整体结构简单，检修方便。缺点是容易损坏，如果散热不好，就会使模块损坏。检修时要分清整流引脚与逆变器的逆变引脚，损坏后要分清是模块内部整流损坏，还是逆变的变频管损坏。

f. 开关电源中的正反馈整流，由开关脉冲变压器的振荡正反馈线圈取出脉冲电压，由单相二极管整流后，将变为反馈的直流电压送开关振荡管的控制极，与启动降压电路送来的电压汇合，控制开关振荡管的工作。

g. 开关电源中的脉冲交压器次级降压线圈感应电压的整流与滤波，由脉冲变压器次级各绕组线圈分别感应的低压交流电压，分别经单相单波整流或者经全波桥式整流滤波，产生不同的低压直流电压，给电气设备电路中各部分小单元电路供电。

h. 有些电气电子设备的高压电路中，在脉冲信号的作用下，高压脉冲变压器初级线圈产生交变磁场时，高压变压器次级线圈感应高压经整流二极管转变为脉动直流高压送负载。如笔记本电脑中背光灯电路的高压板电路与 CRT 显示器的行扫描电路中的高压电路的高压整流。

在学习时必须正确掌握各类二极管的结构特性以及应用检测。以上讲述了二极管在八种场合的应用，在哪一种电路应用中二极管容易损坏，说明了损坏的原因。二极管的损坏是按二极管负载大小而定的。全桥整流电路与三相整流电路中的整流二极管最容易损坏，尤其是三相整流电路中，由于负载大，故最容易损坏二极管，这样主要检查负载电路的电阻值。

三相整流中的整流条最容易损坏击穿，因为这样的负载很重。变频主电路中整流的负载是逆变电路的变频模块与负载电动机。如果电动机内部线圈损坏或者变频模块内部电阻值变小时，就会使整流电路中的整流桥击穿。越是大功率电路的元件，集成度越高，就越容易击穿。变频器中将六支二极管集成在一起的整流堆由于集成度高，工作时内部各整流管导通时都会发热，温度升高后就会损坏模块。在许多进口变频器的主电路中将整流电路与逆变电路都集成在一个模块内，这样，工作时由于内部六支整流管的工作与六支变频管工作都会使温度线性上升，当温度上升到超过耐温程度后，就会使变频与整流的共同模块损坏。

② 各整流二极管在电路中的检测

a. 单波单相与全波单相整流电路中的整流管在电路中检测时，用 $R\times1\Omega$ 挡或用数字表的蜂鸣挡位测量。测量前将电路整机断电，将滤波电容器放电，然后测量。正向测量时，电阻值小，反向测量时，电阻值大，说明二极管单相导电性良好。如果正反向测量时表针偏右零或者蜂鸣器响，说明二极管击穿或与二极管连接的元件损坏。

b. 单相全桥整流管在电路中的检测。我们要将二极管拆机后，再进行检测，与单波整流管检测方法相同。如果拆机检测是二极管正反向电阻值都很小，我们要进行单个检测对比。更换时最好将四支全部更换，这样工作参数基本相同，整流后直流纯，整流效果非常好。

c. 三相变频整流电路中的整流条检测。测量前将变频器整机断电，然后用 100W 或 200W 的白炽灯放电，放电完毕，再用万用表的 $R\times1\Omega$ 挡的指针表，在路测量，按每个整流条外表面的二极管的符号找整流条的正负两极，用表测量。测量时用黑表笔接整流条二极管正极，红表笔接整流条二极管负极。如果此时表针偏转阻值很小，然后对调表笔测量，此阻值很大，表明二极管良好。如果两表笔任意测量时，表针都偏向右零，说明二极管击穿或与整流条连接的其他元件击穿。此时将被测量的整流器拆机测量，如果没有击穿，就说明与被测二极管在电路中所连接的电路元器件击穿。为了标准判断六支二极管，全部拆机，检测后再分析。如果一支损坏，最好三支全换。

d. 三相整流与逆变电路集成在一个模块内，变频整流合成模块检测。首先将变频器整机断电，再根据实际电路结构找到模块的三相交流电输入引脚，同时找到整流直流电压的输出正极与负极的引脚，找到直流电输出的正负极是要先找到滤波电容器，由电容器正极找到模块的输出电源正极，由电容器的负极找到模块的输出电源负极引脚。用万用表的 $R\times1\Omega$ 挡测三相交流输出三引脚的阻值。如果电阻值很小，说明模块内部整流损坏。再测整流输出的正负极引脚电阻值，如果阻值减小，说明模块内部损坏。测量前必须用 100W 白炽灯给电容器放电，阻值小，更换模块。检查完模块内部的整流电路后，再根据电路结构找出六相脉冲信号输入的六引脚，再根据 U、W、V 输出的引脚找出电动机输出接线端。用万用表测六相脉冲输入引脚的对地电阻值，判断模块内部逆变电路是否良好。同时测 U、W、V 输出三端相互电阻值，判别内部模块是否损坏。测量时，可以用 $R\times1\Omega$ 或 $R\times10\Omega$ 挡测。如果在路不能准确判断模块的损坏，可以将模块拆机检测。

e. 开关电源电路中的振荡正反馈整流管以及脉冲变压器次级降压后的整流管，在整机断电后可以在路测量，用 $R\times1\Omega$ 挡或数字表蜂鸣挡位来测量。如果测量的表针偏右零或蜂鸣器响，证明二极管击穿。然后将二极管拆机测量，如果拆机测量时管子没有损坏，证明电路与管子连接元器件有故障。再检查与被测元件连接的所有元件以及支路的元件，如果拆机测量时击穿，按原型号更换。

f. 稳压二极管在接反向电压时，反向击穿，两端电压稳定，指在规定的反向击穿电压范围内击穿后，工作电压两端稳定。一般用在电源的稳压电路，稳压电路一般由降压、整流、滤波、稳压等几部分组成。有些电源稳压电路，用稳压二极管与其他元件作简易稳压，但有些电路用三端稳压器作稳压电路，这是普通电源。开关稳压电源电路，用振荡反馈电压来加稳压管、稳压误差放大管，从而控制开关振荡管工作。这样开关振荡管饱和截止转变稳定，使脉冲变压器初级线圈产生交变磁场稳定，使脉冲变压器次级感应电压稳定。感应电压稳定，使输出电压稳定，从而起到稳压效果。

g. 稳压二极管的在路检测。在测量时与普通二极管相同，一般采用 $R\times1\Omega$ 挡测量二极管是否击穿。如果测量时二极管有击穿的现象，拆机测量。如果拆机测量时二极管没有击穿，说明与二极管在路所连接的其他元器件有故障。我们检查在路的其他元件。有些稳压管由于内部性能问题，测量时没有击穿，但在电路中使用时不能稳定电压，可以更换同型号的稳压管。测量时，如果二极管正反向电阻都很小，说明二极管内部的电阻值发生了变化，称为性能不良，在电路中工作时稳压性能一定不是很好。所以我们要对稳压管的内电阻值的正反电阻值认真检测，由于稳压管最容易损坏的是内部性能，不能起到稳压效果。

(6) 三极管 VT 在学习三极管时，我们知道三极管起放大、变阻、振荡开关等作用。

① 放大作用 在模拟电气设备中三极管可以放大模拟的交变信号，如音频功放机、收录音机信号。放大器电路都用三极管作放大器。功率放大器主要以放大信号电流为主，去推动负载设备工作，比如推动扬声器工作，但是三极管作放大器时必须要有给三极管作供电的偏置电路，用电阻的串并联分压分流给三极管的 e、b、c 三极提供额定的工作电压与电流。采用有极性电容器做信号的耦合，将以三极管为放大器的，两个放大器之间用有极性电容器来传递信号。在检修放大器是否工作时，我们先检测三极管三极电压是否符合标准，发射极的 PN 结是否正偏，集电极的 PN 结是否反偏，发射极的 PN 结 b、e 两端的正向电压是否符合标准（硅管 0.6～0.7V，锗管 0.2～0.3V）。只要三极管符合以上工作条件时还不能放大信号，就证明三极管本身损坏。有些三极管测量时是良好的，但在电路中通电后就不能正常工作，证明三极管的内部性能不稳定。在检修电路时，经常用冷却法去检测。一般用 $R\times1\Omega$ 挡在路测量，在路测量时发现三极管击穿，但是拆机后检测时却良好，证明三极管三极所连接的元件有损坏，特别检查电容器。

② 变阻作用 在工作时改变基极电位，也就是改变 b、e 的偏压，就可以改变三极管的 b、e、c 之间的电阻值，改变 c、e 之间导通的电压与电流值，同时改变输出电压在串联调整或稳压电源中，用三极管改变输出的电压与电流值。将稳压电源电路中的三极管称为调整管，可以在取样电路中取出电压来调整改变。图 7-13 为三极管的变阻作用。

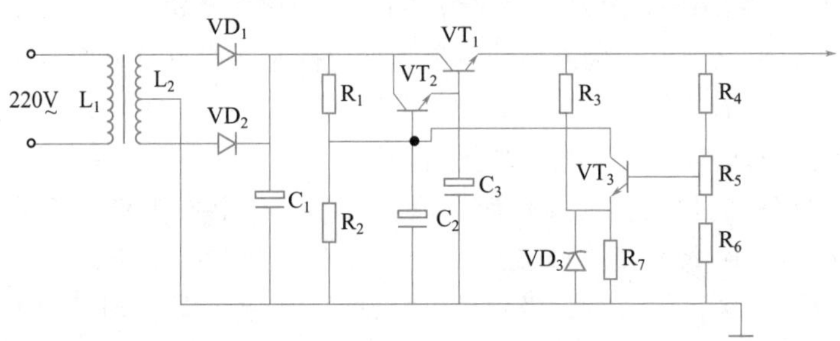

图 7-13 三极管的变阻作用

a. 电路中各元器件的作用 VT_1 是调整管，用来调整输出，电压电流的 VT_2 与 VT_1 组成复合管，用 VT_2 将反馈电压放大去控制 VT_1 管子的工作而改变输出的电压。VT_3 是取样管，将取样电路取出的检测电压进行放大去控制 VT_2 的工作状态，从而控制了 VT_1 的工作，控制了电源输出电压 R_4、R_5、R_6 组成取样电路，由输出端取出一部分电压送 VT_2 基极控制 VT_3 的工作状态。R_3 与 D_3 组成稳压电路，稳定 VT_3 的发射极，从而稳定 VT_2 与 VT_1 的状态，稳定 VT_1 e、c 输出的电压与输出的电流。VD_1、VD_2 为全波整流二极管，C_1 为整流后的滤波电容器。

b. 电路的基本工作原理 交流电 220 V 经 L_1 产生交变磁场，感应到 L_2 降压后再经 VD_1 与 VD_2 进行全波整流，产生脉动直流电，再经 C_1 滤波除掉脉动直流中的交流成分得到纯直流电，并且自举升压后，给调整电路供电。先经 R_1 与 R_2 分压，取中点电压，再经 VT_2 b、e 导通，经 VT_1 的 b、e 导通，经 R_3 与 VD_3 反向击穿到地，稳压电流再经 R_4、R_5、R_6 到地串联分压，再经 VT_3 的 b、e 到 R_7 到地。此时 VT_2 导通整流后的电流再经 VT_2 的 c、e 导通送 VT_1 b 极，使 VT_1 b、e 电压升高，VT_1 饱和，此时 VT_1 导通后，整流后的电流经 VT_1 的 c、e 导通，送电源负载，同时整流后的电流再经 R_1、VT_3 的 c、e 导通，经 R_7 到地形成回路。当我们改变 R_5 电位器时改变 VT_3 的基极电位，改变 VT_3 的 e、c 的内阻和 VT_3 的集电极电位，从而改变 VT_2 的基极电位，改变 VT_2 的 e、c 的电阻值，改变 VT_2 c、e 导通的电流值，从而改变 VT_1 基极电位，改变 VT_1 e、c 的内阻值，从而改变 VT_1 c、e 导通的电流值，改变电源输出的电位。

可见，VT_1 在电路中相当于滑动变阻器，我们调整三极管集电极与发射极之间的内阻，来改变输出电压，在路检测变阻三极管的好坏，可以先用电压检测法去测量三极管在电路中是否工作，再调整状态。用万用表直流电压挡的 50 V 或 10 V，先测 VT_3 基极电位，此时改变 R_5，VT_3 b 极电压随着 R_5 的改变而改变。再测 VT_3 集电极电位，调 R_5，此时 c 极电压不改变，证明 VT_3 损坏。如果 VT_3 集电极可以改变，证明取样电路与取样管都良好。再测 VT_2 基极，因为 VT_3 集电极与 VT_2 基极是同等电路，所以测 VT_3 集电极等效于测了 VT_2 的基极。再测 VT_2 的发射极 e，如果 VT_2 b 极改变，发射极不改变，说明 VT_2 损坏。由于 VT_2 的发射极与 VT_1 基极是同等电位，测 VT_2 发射极相当于测 VT_1 的基极。如果 VT_1 的基极改变而 VT_1 的发射极不变，证明 VT_1 损坏。如果调 R_5 时，VT_1 的发射极改变，就证明整个稳压电源基本工作良好。

电阻法测量如下。在电路中，用 $R\times1\Omega$ 挡位测三个电极的发射结与集电结两个 PN 结内阻。如果两个 PN 结正向电阻值很小，反向电阻值很大，正反向电阻的差异很大，说明三极管良好。再正反测量 c、e 之间的阻值，如果阻值很大，说明良好，如果阻值很小，就证明三极管 c、e 之间击穿。如果两个 PN 结反向阻值也很小，就证明三极管失去了单向导电性。我们在路检测损坏，拆机测量良好，就检查与三极管所连的电路以及其他元件，如果更换管子后再损坏，需查明原因。

③ 振荡开关的作用　三极管在开关电源电路中周而复始工作在饱和与截止状态，经常工作在开关状态。一般用在他励式开关电源中。先采用一个芯片产生方波脉冲电压，去控制开关振荡管的工作。我们必须先了解一下开关电源的基本结构。

电路图 7-14 中，IC 是频发芯片，产生方波脉冲信号，VT_1 是电源开关振荡管，L_1 为初级振荡线圈，L_2 为次级感应线圈，R_1、R_2 为启动降压电阻器，R_3 为信号传送电阻，R_4 为保险电阻，VD 为整流管，C_1、C_2 为滤波电容器。

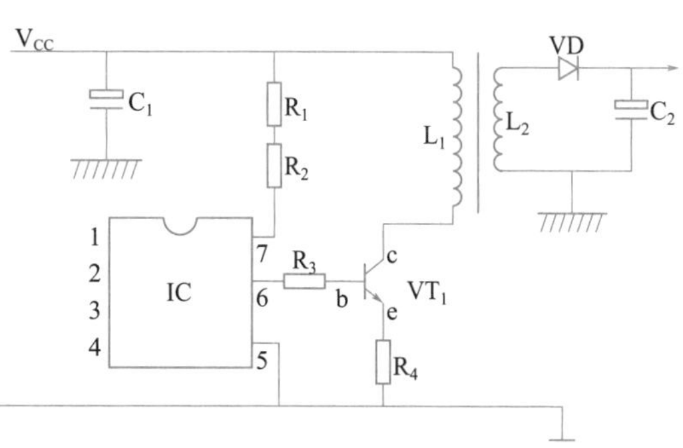

图 7-14　开关的作用

下面我们简述一下工作原理。由整流滤波送来的 300 V直流电，经 R_1、R_2 降压给 IC 芯片第 7 脚供电，在芯片内稳压后，由芯片内与 4 脚外接的 RC 电路形成振荡，在芯片内放大，由第 6 脚输出去控制开关管 VT_1 基极的电位。高电平 VT_1 导通，R_{ec}减小，此时 300 V经 L_1 上进下出，经 VT_1 c、e、R_4 到 VD 形成回路。L_1 产生上正下负的电动势，产生上 N 下 S 的磁场。当低电平到来时，VT_1 基极电位下降，VT_1 截止，使 R_{ec}增大，L_1 产生上负下正的反电动势，L_1 产生上 S 下 N 的磁场。就这样，IC 芯片不断地输出高低电平的电动势，控制 VT_1 不断工作在饱和与截止状态，使 L_1 产生交变磁场，这就是三极管在开关电源中的主要作用。正常工作时，三极管采用外来信号去控制三极管的工作状态，所以我们可以说三极管不停地饱和与截止，饱和时相当于开关闭合，截止时相当于开关断开。这称为三极管的开关状态。

开关管损坏一般由以下几个原因引起。

a. 由于开关电源的后负载电路短路使负载过重，而使开关管 c 与 e 的导通电流值增大，温升过高，引起开关管击穿。这种故障经常是由于负载电路的大功率元件损坏，而使负载电流增大。

b. 由于开关三极管本身散热不良而引起。特点是夏季由于环境温度升高，再加上机器本身温度升高，半导体元件有个特性，只要温度升高后，它的内电阻值就会下降，导通电流就会增大，这时最容易击穿三极管。

c. 电网的交流电电压升高，导致开关管两端电压升高，集电极与发射极两端电压升高后导通电流增大，使自身温度上升，损坏开关管，这种现象也是常见故障。检修时要详细检查开关管的两端电压。

d. 由于脉冲发生器内部振荡频率过高，使输出脉冲信号电压高，而引起开关管的基极电位瞬间升高，使开关管饱和，集电极与发射极导通电流增大击穿，同时发射极连接到地的保险电阻也开路。这种现象在检修机器时也常见。

下面我们介绍开关管在电路中的检测。一般用万用表的 $R\times1\Omega$ 挡或数字表的蜂鸣器挡。在路测三个电极时，如果发现三极管有击穿的现象，拆机测量，如果拆机测量时发现开关管良好，检查电路中与三个电极所连接的其他电路有无短路故障，与三个电极所连接的元件有无短路故障，要详细跑线路检查。

下来我们讲述一下三极管组成的各种电路。在实际电路中三极管可以组成许多电路，无论是数字还是模拟电路，在模拟放大器电路中三极管可以组成单级放大器以及多级放大器与OTL 放大器、各种功率放大器等。单级放大器指用一支三极管对信号的幅度进行放大，多级放大器是指采用两支或三支三极管进行模拟信号的多级放大，这样信号的幅度就会增大。OTL 功率放大器指采用两支三极管周而复始地对模拟信号的正负半周都进行放大。这样放大后，对信号的电流做很大的放大，带负载能力强。下面我们来分析三极管放大器电路中的各种结构。

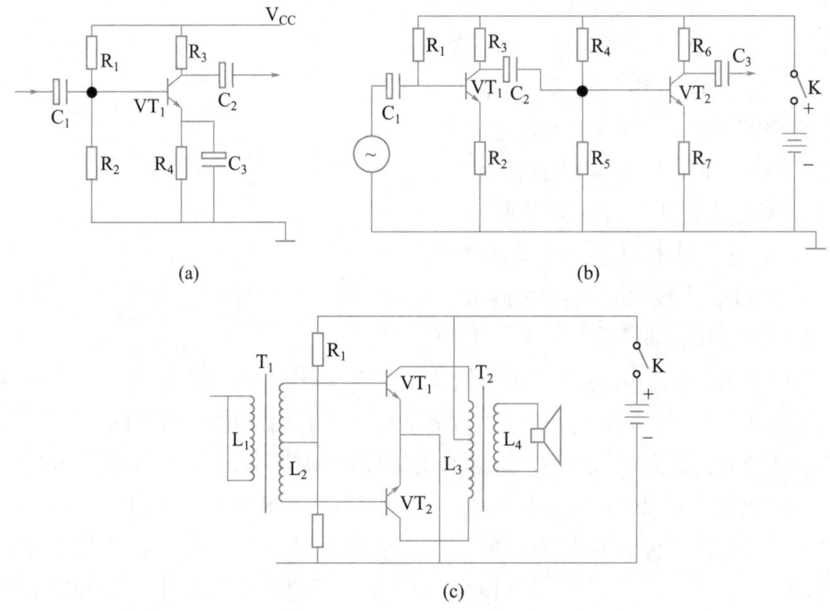

图 7-15 二极管放大器电路

图 7-15（a）中 VT_1 是单级放大器，$R_1 \sim R_4$ 是 VT_1 的三个电极的供电电阻器，C_1 与 C_2 是信号输入与输出耦合电容器。图（b）中 VT_1、VT_2 是两级放大器，它们之间传送信号用阻容耦合式，$R_1 \sim R_7$ 是 VT_1、VT_2 的偏置供电电阻器。这两级放大器都是共发射极放大器，对信号的电流电压都可以放大。图（c）中 VT_1 与 VT_2 是 OTL 功率放大器，对交流信号的正负半周都进行放大，这样信号电流大大增强，带负载的能力强。T_1 与 T_2 是互感变压器，是对信号电流做功率提升的变压器。

三极管在开关电源中的应用如下。

在他励式与自励式开关电源中，三极管可以作开关振荡管。在串联调整电源中，三极管可以作调整供电管。在大功率电源电路中，三极管可以作双管的振荡开关管。下面我们了解一下三极管在实际电路中的各种应用。

图 7-16 中 VT 是振荡管，L_1 与 VT 组成开关振荡电路，L_2 是变压器次级感应线圈，R_1、R_2 为启动降压电路，R_3 与 C_2、VD 组成正反馈电路，R_4 为开关管的对地保险电阻。

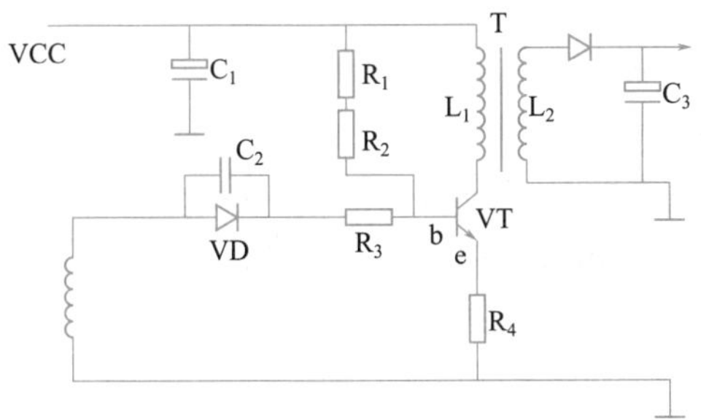

图 7-16　三极管在开关电源中的应用（一）

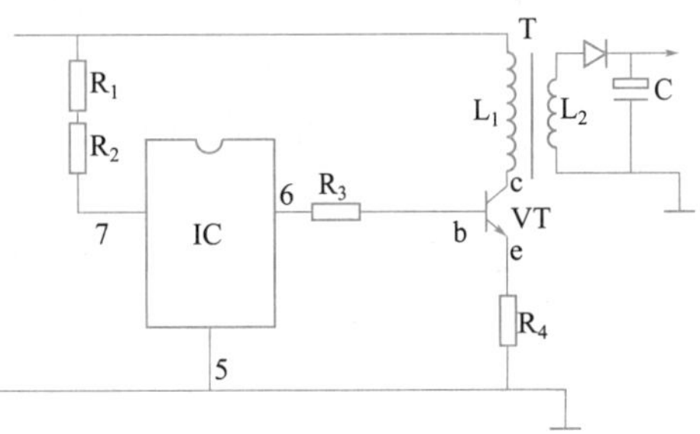

图 7-17　三极管在开关电源中的应用（二）

图 7-17 中 IC 为脉冲信号产生芯片，VT 是开关振荡管，R_1、R_2 为启动降压电阻器，R_3 为脉冲信号传送电阻器，R_4 为保险电阻器，VT 与 L_1 组成开关振荡电路，在 IC 脉冲信号作用下，开关管工作在饱和与截止状态，使 L_1 产生交变磁场，感应到 L_2 降压后，再整流滤波输出直流电。

关于三极管在电源中的使用，还有作取样管、复合的放大管、给某一电路供电的电子供电开关管，还用在控制电路中，如显示器亮度与对比度控制以及音量控制等场合。

（7）场效应管　场效应管在不同的电路中所起的作用不同，但场效应管的特性基本相同。场效应管的总特性是导通速度快、功率损耗小，比三极管的工作效率高。

① 在放大电路中，场效应管与三极管相同，也可以放大模拟交流信号，它的放大能力强，比三极管的速度快，缺点是如果端电压升高容易损坏，温度起升快。

② 在稳压电源与开关电源中，一般都采用场效应管。如现今电子设备中，场效应管在他励式与自励式开关电源中，可以作开关振荡管，场效应管在开关电源振荡电路中起振速度快。

③ 场效应管在变频器电路中可以作逆变电路的变频管。一般在单相变频器电路中用场效应管作变频管，三相变频器逆变电路中将六支变频管集成在变频模块内，因为逆变器必须要求变频速度快，所以采用场效应管。不过作变频管时采用具有保护二极管的场效应管，由于变频器的逆变电路在工作时要求导通截止的转换速度快，再加上逆变电路各两端直流电压很高，如果不带保护管容易击穿，所以要求散热良好，所以散热片要求与变频模块大面积紧靠方可良好散热。

④ 场效应管的检测如下。一般在电路中，用 $R\times1\Omega$ 挡或用蜂鸣挡位测量时，如果电阻值很小或蜂鸣器响，证明场效应管击穿。漏源极是最容易击穿的，原因是电源负载过重或负载短路，以及管子两端电压升高或散热不良，所以带散热片的场效应管应先检测。

（8）光电耦合器　在电路中的主要采用电变光、光变电的原理工作，内部由发光器与受光器两部分组成，一般在各电子设备开关电源中使用，将开关电源的输出端电压反馈经光电耦合器传送到振荡的脉冲发生器芯片，控制芯片的内部振荡器的频率。当输出端送负载电压升高时，经光电耦合器反馈的电压，控制芯片内停止振荡，实现过压保护。在变频器电路中采用光电耦合器将外设备与机器内部连接，采用光电传送的原理与外部所接设备进行通信。光电耦合器所对应的外部端口称数字量端口，也称开关量的端口，用于输出与输入开关信号。一般都会采用本身的 24 V 直流电，经光电器传入内部电路的光电耦合器。一般在变频器驱动电路中，每支驱动芯片内部都采用了光电耦合器。

光电耦合器具有的特性是将输入端与输出端的电路，在工作期间隔开，相互不影响，这样各电路工作稳定。由于光电器是采用光电传送的，所以电路工作时互相不影响，传送信号效率高。光电耦合器损坏的原因，多数是入端的脉冲信号过高，瞬间损坏入端的发光器或使用时间过长而使内部失去光电传送的作用。光电耦合器一般在电路中检测时用 $R\times1\Omega$ 挡测入端，$R\times1k\Omega$ 挡测输出端，这样就可以真实地判断耦合器的光电作用。如果在路测量不准确，就可以将光电器拆机后再测量，检测方法与在路相同。检查光电耦合器损坏后，更换时可用同型号的光电耦合器去代换，输入与输出端不能接反，否则会使电路不能正常工作，误认为所换的元件损坏，拆件时记得标记。

电子元器件应用总结

① 电阻器　在学习时应重点掌握各种电阻器在电路中的作用，以及各电阻器在电路中损坏的原因。电阻从特性来分，有固定电阻，如数标电阻器与色环电阻器，以及敏感电阻器与可变电阻器。一般固定电阻都用于串并联给芯片各引脚提供额定的供电。敏感电阻多用于各状态传感器，如光电与温度传感器等。可变电阻可以调整机器某一电路的工作点。在电路中一般阻值越小、功率越大的保险电阻最容易损坏，其原因是电路的后负载有过载以及短路故障，电路中如果发现芯片周围的电阻器发黄、发黑，就证明芯片内部电阻值变小，而使供电电阻过流。无论是微电子还是工业电子、电气设备中大功率电阻的电阻器，都容易损坏。敏感电阻器一般不容易损坏。可变电阻器使用时间过长容易损坏，一般容易造成滑轨损坏。

② 电容器　常用电容器有三种，有极性、无极性与贴片电容器。有极性电容器常用于电源电路与单元电路，以及各芯片供电电路中做滤波，同时也可以自举升压。一般有极性电容器容量越大，耐压越高，越容易击穿漏电。在电源电路中体积大的在整流后，耐压在450 V或300 V的有极性电容器应先检测。注意检测前放电，用一定负载设备放电，如 100W 灯泡。无极性电容器由于绝缘层厚，绝缘电阻大，不容易击穿导致严重漏电，一般用于高频交流滤波，用在整流前或单元电路的高、中频电路做旁路。电路中常用的有涤纶与瓷片电容器两种。用专用的电容表可以测容量以及是否漏电，指针表则不容易测出。记住电容器在电路中工作时具有的共同特性为通交隔直，通高频阻低频，如有极性电容器容量大充放电慢，用在低频电路，无极性电容器容量小充放电快，一般用在高频与中频电路。贴片电容器用在数码电子设备，如手机、相机、笔记本中，少量用在变频器微电子线路，如 ABB 变频器。一般用贴片电容器较多，注意各电容器在电路中测量的分析，要根据电路中具体结构，分析每一只电容器在具体电路中的作用。有些电容器在电路中测量时有击穿和漏电等现象，但拆机后检测电容器时良好，证明电路中与电容器所连接的其他元件有故障，而误认为被测电容器损坏或电容器在电路中原本就这样。

③ 电感器与变压器　电感器在电路中可以通直流阻交流，在开关电源供电电路中做滤波。电源电路中整流电路之后的电感器可以给电源后负载供电滤波。但是在整流前的电感器可以滤除高于 50Hz 的交流成分的高频交流电。实际电路中有两支引脚的单支电感器与多支引脚的多路滤波器。电感器具有的特性是通直流阻交流，通低频交流阻高频交流。线圈的导线直径越大，单位时间内导通电流越大，所对应的负载功率越大，越容易损坏。检修电路时如果发现电感器有发黄发黑的现象，证明变压器的后负载有严重短路故障，检查负载电路。电感器在电路中还可以与电容器组成 LC 串并联振荡电路，多组线圈组合在一起时可以组成变压器。将多组线圈装在电动机的铁芯片槽中可以组成电动机的定子线圈，同时也可以做成电机转子线圈。

电感线圈通常所见的故障是匝间短路以及线圈开路等，采用数字表的蜂鸣器挡测线圈是否开路与线圈匝间是否短路，一般万用表无法测，因为线圈的电阻值太小。接下来我们对变压器做以了解。

无论是互感或者自耦变压器，都是由多组线圈组成的，而且每个变压器的线圈圈数是由它的负载大小、功率所需而决定的。在电子设备的稳压电源电路中，互感变压器将交流电220 V降压为几十伏的交流电，再分别进行整流滤波之后，给负载各单元电路供电。一般有次级线圈为单绕组的降压变压器，以及次级线圈为多绕组的降压变压器，降压后分别整流滤波给负载供电。也有1∶1隔离变压器，一般用在工厂车间等安全用电的场合。有些大型电气设备需要升压变压器，例如发电厂发电机发出低压交流电，经高压升压变压器升压，将低压交流电转变为几百千伏安的高压，远距离传输再经变电所几次降压转变为低压交流电送用户使用。

变压器的工作特性是采用电变磁、磁变电等方式。一般变压器最容易损坏初级通电线圈。如果变压器负载过重会使芯片温度升高，使内部线圈损坏。检测时用万用表的$R\times1\Omega$挡或$R\times10\Omega$挡测变压器初级线圈的电阻值。如果初级线圈的电阻值减小，说明内部线圈匝间短路，如果用$R\times1\mathrm{k}\Omega$挡，表针不动证明初级线圈内部开路。变压器次级线圈阻值一般都很小，我们在检测时用万用表$R\times1\Omega$挡，如果测不出阻值，证明线圈阻值小于1Ω，无法测出，只能用同型号变压器代换。在实际电路中变压器可在高、中、低频等电路中使用。高频电路中变压器一般可以用于接收无线电高频磁信号。在中频电路中作中频变压器对中频信号做以变换。在低频电路中可以做低频信号的电流变换。在收音机电路中可以作低频放音电路的音频输入与音频输出变压器。在普通的稳压电源电路中可以作单相交流降压变压器与三相交流降压变压器，也就是将220 V或380 V交流电降压，然后整流、滤波、稳压，给负载供电。在开关稳压电源电路中可以作开关脉冲变压器，就是将整流与滤波后的直流电压经逆变电路转变为高频交流电路。经脉冲变压器的线圈后，由电变磁将高频交流电转变成高频磁场，感应到变压器次级线圈降压，然后经整流、滤波、稳压等电路后送负载电路。总之要掌握各种变压器在不同电路中的主要作用，正确分析变压器在实际电路中损坏的原因，如何测量变压器的好坏，要知道每支变压器的工作条件。

④ 二极管　在电子电气设备中常用的二极管有整流二极管、稳压二极管、发光二极管、光电二极管等，不同的二极管有不同的特性与不同的作用。整流二极管主要在电源电路使用，采用二极管的单向导电特性将交流电转变为脉冲直流电。电路中常见的整流有单相单波正极性整流电路、单相单波负极性整流电路、全波正极性整流电路与全波负极性整流电路、全桥正极性整流电路、全桥负极性整流电路、三相桥式整流电路，还有脉冲变压器次级降压后的整流与滤波电路。下面我们全面介绍一下各整流电路。

a. 单相单波正极性整流电路　一般用于普通电子设备、充电器、应急灯等小电子产品。因为它整流后产生脉动直流电内含交流成分较多，输出直流电不纯，带负载电路时工作不稳定。

b. 单相全波正极性整流电路　一般用于单相电气电子设备，例如单相PLC电源以及触摸屏电源等电子电气设备。采用单相全波整流电路。单相全桥整流电路一般用在单相变频器主电路的整流电路，也可以用在普通电气设备的电源电路。

c. 三相桥式整流电路　用于三相变频器主电路中，但是变频器的开关电源电路开关脉冲变压器次级，常规都采用单相整流电路，将脉冲变压次级各绕组感应降压的低压交流电，进行单波整流，将低压交流转变为低压直流电。有些采用全波整流。可以看出不同的电源有不同的整流电路，所用整流二极管的方式有所不同，而且功率也不相同，我们一般在检修时一定要按电路的具体结构分析整流管损坏的原因，当然整流后负载电路负载功率越大，整流管就越容易损坏，所以我们检修时，要根据负载大小来分析整流电路是否损坏。三相变频器主电路中的整流二极管或整流堆容易损坏。

整流管检测好坏时主要采用 $R\times1\Omega$ 挡位或数字表的蜂鸣器挡，再检测二极管是否击穿。对于直接整流 220 V 和 380 V 交流电的整流电路中整流二极管的检测，我们一般要采用先给滤波电容器放电的方法。由于电容器耐压高、容量大，如果不放电测量时，会导致人体触电或者损坏万用表。例如，变频器主电路中的整流后滤波电容器耐压一般在 450～500 V，所以存放电荷较多，用 100W 或 200W 的白炽灯放电即可。如果在电路中测量时有击穿的现象，拆机后再测量。此时如果良好就证明电路中所连接的其他元件损坏，或电路中其他部分短路。正常时整流管正向测阻值小，反向测阻值大。在检修电气设备时带散热片的整流二极管最容易损坏。散热片越大，证明整流管的功率越大，单位时间内导通电流越大，越容易击穿损坏，例如，变频的主电路中的单相或三相整流电路就是这样的整流管，功率大容易击穿。

d. 稳压二极管　其工作时在规定的反向电压范围内反向击穿后两端电压稳定，利用这一特性在电路中做稳压。各电子设备的电源电路都有稳压电路。刚开始用电感器根据输出电压的高低来调整稳压电路输出的直流电压保持一个稳定的电压值，但由于电网电压变化无常，无法保证输出电压一直稳定，所以不常用，最后演变为采用稳压二极管做稳压。无论电网电压如何变化，但稳压管输出电压一直稳定不变。稳压电路中从单支的稳压二极管发展到三端稳压器以及集成稳压等，但内部还是集成有稳压管，我们在检修电源时如何分清哪一元件是稳压管或稳压器呢？一般在电路板中看，电路板中有稳压二极管的符号，证明此处所安装的就是稳压管，或根据电路的具体结构来判断稳压电路中的稳压元件。稳压管的体积一般很小，表面呈红色，圆筒形，内部有金属丝，我们在判断时要仔细观察外形。在电路中测量时方法与整流管基本相同，用 $R\times1\Omega$ 挡测正反方向电阻值。如果正反方向阻值都很小，证明二极管击穿，如果反向阻值也很小，说明失去单向导电性，我们一般要仔细拆机检测。

e. 发光二极管　它是电光转换器，将机器的电信号转换成光能，体现机器当前的工作状态。一般用于电光指示电路，如变频器电源指示灯以及工作状态指示信号。许多发光管组合在一起，组成 LED 指示器，可以显示当前机器的工作状态。一般可显示机器的运行代码等有无故障代码，发光管一般不易用万用表测出好坏，因为管壳内利用惰性气体在电子碰撞下发光，所以只有用同规格代换。我们在电路中检修时先测两端的正向工作电压，如果正向电压良好，我们可以代换再启动，看是否工作。当然在实际中发光管是不容易损坏的，因为它功率小，但是发光管组成的 LED 显示屏有时会因使用时间长而损坏显示屏内个别的发光管。发光管因为结构不同，所以工作电压也会不同。

f. 光电二极管　在电路中，它将光能转变为电信号，它的管壳内有光敏涂层，见光后就会将不同强弱的入射光线转换成对应的动态电流，这个动态电流就是光电转变后的动态信号。这个信号可以作 CPU 接收的信号，一般光电二极管在许多电子设备的遥控接收电路中作遥控接收器，专门接收遥控器发射来的信号，这种是特殊的光电接收器。一般用电阻的合适挡位测量时，如果电阻值随外来光线的变化而变化，就说明具有光电效应，而且内阻良好。如果检测时它的内阻不随外来光线改变而改变，证明二极管失去了光电效应，要采用合适的电阻挡，最好用指针表的 $R\times1\Omega$ 挡位。主要掌握光电管的特性与应用，以及不同场合的检测，其体积与外形都有所不同，我们在检测机器时要详细观察。

⑤ 三极管　要正确掌握三极管在电路中的主要作用。在放大电路中，可以放大模拟的音频或视频信号。在功率放大电路中可以用来放大信号电流，对信号电流做功率提升，然后送大功率负载设备，比如将放大的信号电流，送功率放大器外接音箱，内部的大功率扬声器。

在串联调整电源电路中，三极管可以工作在变阻状态，就是改变三极管基极的电位，从而改变发射极与集电极之间的内阻值，改变三极管发射极与集电极之间的导通电流，改变输出电压。在开关电源中三极管可以工作在饱和与截止状态，不断地周而复始工作，等效于开关闭合与断开的状态。在开关电源电路中，三极管可以工作在放大、变阻、开关等三个状态，这是三极管的主要作用，所以三极管使用在不同电气设备的各种电路中，也是电子设备中主要元件。

在检修电路时，三极管的在路测量以及三极管的工作条件是我们判断三极管是否正常工作的关键。首先我们说一下三极管的在路测量。测量前将三极管所在电路断电，然后用万用表的 $R\times1\Omega$ 挡检测发射结与集电结两个 PN 结的正反向电阻值，同时测集电极与发射极之间的电阻值，如果它们之间的电阻值符合三极管的标准，就说明三极管良好。两个 PN 结正常时正向电阻小，反向电阻大，正反向电阻值差异很大。集电极与发射极之间的电阻值很大，也说明三极管良好。如果测出基极与发射极电阻值很小，为零，有两个原因。一是在电路中原本结构就是这样；二是三极管本身损坏，在测量三极管的三个电极异常时，应先将三极管拆机检测。这时如果拆机测良好，说明电路中有故障，仔细检查三极管在电路中与其他元件的连接。如果拆机检测与在路检测相同，证明三极管已经损坏。

其次我们说三极管工作条件的检测。在放大电路中首先用万用表的直流电压 10 V或50 V挡，测三极管发射结的 PN 结是否正偏，集电结的 PN 结是否反偏，发射结的 PN 结正偏电压是否正常（硅管为 0.6～0.7 V，锗管为 0.2～0.3 V），如果检测时三极管达到这两大条件，说明三极管供电电路良好，而且三极管已经工作。如果在路测量时发射结 PN 结正向电压低于正常值，检查发射结 PN 结的正向供电电路、基极供电电阻以及发射极回路电阻，若良好，再检查与基极和发射极相连的电容器或分支路有无电容漏电，以及分支电路损坏而影响被测三极管的发射结 PN 结的正向电压。如果测集电极不能反偏，说明集电极供电电阻开路，检查集电极供电电路。

接着我们说三极管在串联调整型电源电路中变阻状态的检测。首先断开后用万用表的电阻挡位在电路中进行检测，测发射结与集电结的 PN 结正反向电阻。如果正反向电阻值符合三极管的标准，然后我们测集电极与发射极之间的内电阻值，如果集电极与发射极电阻大，证明三极管良好，然后给电路通电，用万用表的直流电压挡位测量发射极的电压，如果测量时改变基极电位，发射极对地电压也随着改变，就说明三极管在电路中已经起到了变阻作用。如果测发射极对地电压时调基极的电压，这时发射极对地电压不能改变，证明供电电路有故障。检查三极管 e、b、c 三极的供电偏置电路的供电电阻器，我们要详细检测各电阻与电容器以及三极管的 e、b、c 三极所连接的所有电路是否损坏。

最后我们说开关振荡管的检测。检测开关电源前，我们先回忆一下前几章学习过的开关电源。不同结构的电源，具体检测方式有所不同。他励式开关电源可以测振荡管的控制极，如果是三极管就测基极，如果是场效应管就测栅极。测量控制极的方波脉冲，如果正常证明脉冲芯片良好，然后测振荡管供电极。三极管测集电极、场效应管测漏极对地电压。如果电压正常（一般为 300 V，单相三相为 450～500 V之间），就说明振荡管的工作条件已达到。然后测量脉冲变压器次级的整流与滤波电路，看各路电压是否符合标准，如果各电压都为零，重点检测脉冲变压器与振荡管以及源极对地保险电阻是否损坏，同时检查脉冲变压器的初级与次级线圈的电阻值。也可以用万用表的 $R\times1\Omega$ 挡或数字表的蜂鸣器挡位在电路中测量开关振荡管的集电极与发射极之间的电阻值大小。

⑥ 可控硅 MCR　在学习时，应主要了解可控硅在各电子与电气设备和各大电源电路的作用以及实际电路中的应用。可控硅在电源电路中，一般用作过压过流保护电路，在过压过流时使电源停止工作。因为可控硅的导通速度快，用电源取样电路取出的检测电压作为控制信号，去控制可控硅门极，使阴阳极导通与截止，这种属于小功率可控硅。

在大功率电路中，主电路的整流电路常采用带控制的可控硅，开机时由开机脉冲控制可控硅导通，将主电路中输入的交流电整流后转换为脉动直流电，没有开机时可控硅不导通整流，这样电路省电。这种电子电气设备是节能性的。

可控硅在实际电路中的应用如下。一般大功率可控整流的可控硅常用在大功率变频器的主电路中的整流三相变频器的整流电路中，六支整流管都利用可控整流器件。在变频器没有正常启动工作时，待机电路已经工作了，在我们按下开机开关键时，由开机电路送来脉冲信号送可控硅门极瞬间时阳阴极导通，对交流电进行整流给整流之后的负载供电。当开机时，主电路三相整流器不工作，整机处于待机状态，这样节省电而且安全性高，但缺点是当自然界打雷闪电时，有时会损坏待机电路部分，由于这种机器 24h 都在通电的状态，所以容易损坏。这种电路的缺点不可避免。

可用冷却电阻测量法以及电压法进行检测大功率带可控整流的可控硅。

a. 冷却电阻测量法　将整机断开供电，这时采用 100W 或 200W 的白炽灯，对主电路中的大容器的滤波电容器进行放电。然后用万用表的 $R\times1\Omega$ 挡先测可控整流电路中的三相可控整流器的电阻值。主要对阳极 A 与阴极 K 做以正反向电阻值的测量。如果可控硅的内阻值基本上没什么问题，我们再检测可控整流器的工作条件是否符合要求。先用交流电压 1000 V 挡位测三相可控硅六支整流管之间的每两相火线之间的交流 380 V 是否正常。如果检测良好，就说明交流输入电路与充电电路都良好，然后用交流电压最小挡测可控整流器每个整流器门极的脉冲信号是否到来。如果可控整流器门极都没有脉冲信号，检查信号传送电路与脉冲信号产生电路等是否正常工作。

b. 电压法　就是给整个机器通电后，测整流的交流输入端交流电压是否正常，同时测在启动机器时整流堆是否有脉冲开机信号到来。在启动开机后，再测整流电路后的滤波电容器两端的直流电压是否正常。如果直流电压正常，说明整流电路良好。

可控硅主要学习其在每个电路中的应用和在各电路中的作用，以及损坏检测与更换方法。在电气配电柜软启动电路中，采用可控硅以弱电控制强电，还有自动励磁装置，采用可控硅控制，因为在大型电气柜中，由于电流大，直接启动不容易，只有弱电控制强电缓慢启动才可以工作。

⑦ 场效应管　主要了解场效应管的作用、其在各电路中的应用和在路检修与拆机检测的方法，以及场效应管在电路中损坏的现象分析。在许多设备中都会采用场效应管进行放大、变阻、开关等应用。在放大电路中，可以放大模拟的音频或视频信号。在振荡电路中，场效应管可以在饱和与截止状态来回变换。在电源调整电路，场效应管可以工作在变阻状态，因为场效应管功率损耗小而且导通速度快，所以现今设备常用。检测时，可以先断电测场效应管的在路内电阻值，如果电阻值过小或无阻值，特别是 $R\times1\Omega$ 挡测时表针都为零，证明击穿。将检测元件由电路板中拆下来测量元件时是良好的，证明所检测元件在电路中连

接的其他元件有损坏。我们要详细检查。

7.5.2 电源基础电路的基本结构与故障分析

无论是强电电路还是弱电电路、电子或电气设备，其电子电路板中的整机电路都是由一个一个的单元电子电路构成的。各单元电路合成后，就构成一台电子机器设备。电子电气设备由软件控制硬件，弱电控制强电。电气配电柜中有电子电路板，也有电气配件等。例如，智能配电柜内部由空气开关、交流接触器与变频器、PLC 等组成。但是变频器与 PLC 内部都是由一个个单元基础电路汇合成一台整机电路的。内部有整流电路、滤波电路、逆变电路、振荡电路、驱动放大电路以及显示电路、键盘输入电路与储存器电路、接口电路等，所以我们检修这些工业电气自动化控制设备之前，必须要掌握好电子电路基础，同时要熟悉各类型基本电路的结构原理及电路分析。

每个电气设备以及电子电气设备中，都有电源电路。常见电子电气设备中几种电源如下。

① 一次电源。

② 二次电源。

③ 三次电源。

④ DC-DC 转换器电源。

直接把 220 V转变成直流或者将 220 V降压后再整流滤波的电源称为一次电源。它比较简单，电路结构并不是多么复杂，它由抗干扰与整流滤波电路等组成。一次电源一般都由主电路构成，单位时间内导通的电流很大，所以容易损坏，特别是交流保险与热敏电阻器。如果电路的负载过重，会损坏整流二极管的滤波电容器，有时也会击穿与漏电。检修时，我们可以用电压检测法测滤波电容器两端的电压是否符合标准（单相电源大约 300 V，三相电源为 450～500 V）。如果电容器两端测量时电压为零，就说明一次电源损坏。检查熔丝、热敏电阻与整流二极管等电子元件是否有开路以及电阻值增大等。如果测滤波电容器两端电压很低，检查整流管与滤波电容器等是否漏电或滤波之后有无短路，拉低电容器两端的电压。

例如，笔记本电脑中直接用适配器将 220 V经内部整流滤波以及开关振荡脉冲降压等转变为低压直流电压，所以我们将电源适配器称为一次电源。将笔记本内部的 DC-DC 转换器电路称为二次电源，用来分配电压与电流。当然主要看什么样的电气设备，不同电气设备内部电源结构有所不同。

一次电源常见的几种整流电路结构一般有单波整流、全波整流、全桥整流、三相桥式整流、集成整流堆等几种方式，其各结构分析如下。

7.5.2.1 单波整流电路

采用一支整流二极管将 220 V交流电压进行整流，取交流电压一个半周的电压转变为脉动直流电压，有些直接将 220 V整流。也有些电源电路中，先将220 V采用降压变压器降压为几十伏的交流电压，再采用单支二极管进行整流，转变为低压直流电。在很多的开关脉冲电源中，也采用单支二极管将脉冲变压器降压后的高频交流电进行半波整流。半波整流有正极性整流与负极性整流两种方式。在电路中常用的正极性整流，是整流后输出正电压，因为电子设备大部分电路用正电压直流供电工作，有一少部分电路供负电压直流工作。下面以图 7-18 为例，详细分析各单波整流电路中元件的作用。

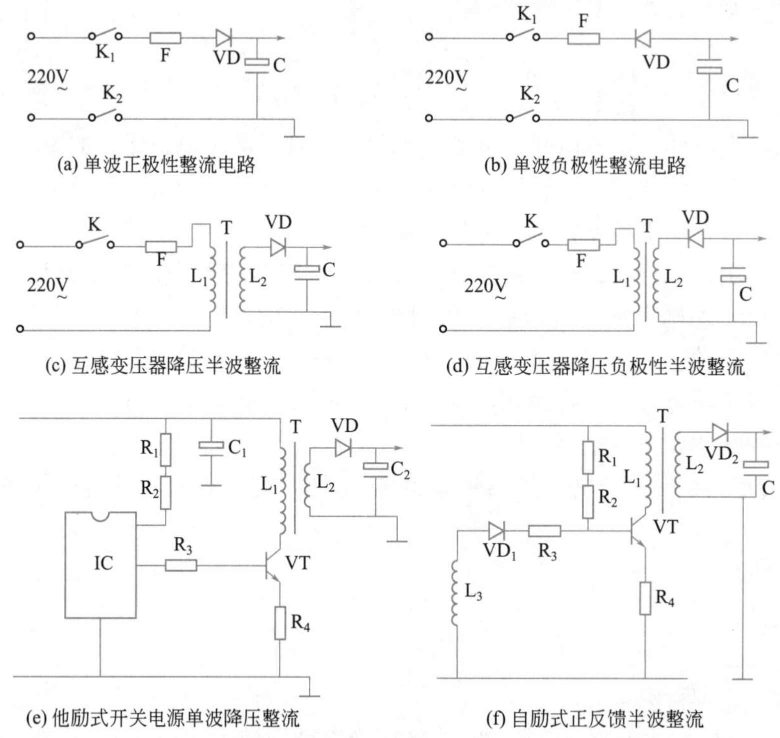

图 7-18 单波整流电路

图 7-18（a）中，K_1、K_2 为双刀开关，可切断与导通 220 V 交流电。F 为交流熔丝。负载电路短路时熔丝断开，可以保护负载电路故障不再扩展。VD 为正极性半波整流二极管，整流后产生正电压。C 为滤波自举电容器，滤除脉动直流中交流得纯直流。

图 7-18（b）中，VD 为负极性整流二极管，对交流电的负半周进行整流，整流后产生负电压。其他各元件都与图（a）电路中的元件相同。

图 7-18（c）中，K 为单刀开关，可以为其切断互感降压变压器的供电。F 为交流熔丝，用来保护变压器。当变压器通电线圈中有匝间短路时，F 就会断开，切断变压器的供电，保护负载电路。L_1 是互感降压变压器初级通电线圈，交流电压 220 V 通过后可以产生交变磁场。L_2 为变压器次级降压的感应线圈，它的圈数远远小于 L_1 线圈的匝数。VD 为互感降压后正极性整流二极管。C 为滤波电容器。

图 7-18（d）中，VD 为负极性整流二极管，其余各元件与图（c）相同。

图 7-18（e）是他励式开关电源单波整流电路，电路中的 IC 为频率发生器芯片，产生方波信号的脉冲信号。V 是开关振荡管，在脉冲信号的控制下，开关振荡管饱和截止工作，此时 L_1 线圈在开关管工作时将线圈中的直流电转变成高频交流电，使 L_1 线圈产生交变磁场感应到变压器次级 L_2 线圈降压。

VD 为正极性整流二极管。C 为滤波电容器。R_1、R_2 为启动降压电阻。R_3 为脉冲信号传送电阻。R_4 为开关管的保险电阻。

图 7-18（f）为自励式开关电源电路。其中，L_3 为正反馈线圈。VD_1 是正反馈线圈感应的电压反馈单波整流管。L_1 与 VT 组成开关振荡电路。L_2 是降压线圈，L_2 与 VD_3 组成单波整流电路。

由以上各电路可以看出，只要在正弦交流电中加入一支整流二极管，就形成单波整流电路。无论是单相交流电还是三相交流电，以及互感变压器降压后的交流电压，只要采用一支二极管，整流就会成单波整流电路。检修时主要看具体电路结构与整流后的负载电路的功率大小。我们可以用电压法与电阻法去检测电路中整流电路的整流器件。

7.5.2.2　全波整流电路

电路中，采用两支二极管对交流电的正负半周都进行整流，称全波整流。一般有正极性全波整流与负极性全波整流两种电路结构。有对 220 V 直接整流以及经降压变压器降压以后的全波整流电路等几种结构。

图 7-19（b）中，VD_1、VD_2 为正负极性整流二极管。C 为滤波自举电容器。L_1 为通电线圈，产生交变磁场。L_2 为次级感应线圈。这种电路的整流方式在电路中较多，采用全波正负极整流方式，输出的直流电压就会不同于单波整流所产生的直流电压，所以故障的分析思路也不同。

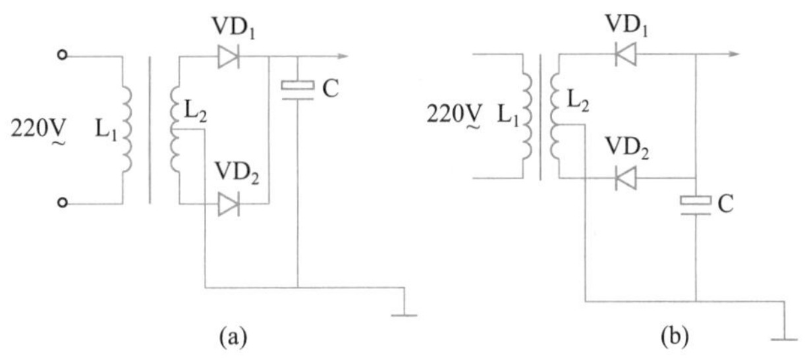

图 7-19　全波整流电路

7.5.2.3　全桥整流电路

一般常用于直接对 220 V 整流的电路，全桥整流也属于全波整流。它由四支二极管构成，有正极性与负极性整流两种。也有由四支二极管和整流堆构成的桥式整流电路。损坏的原因也是负载电路过载或短路，也有是由于二极管本身而引起的。大功率整流要求具有良好的散热，检修代换时，要采用同型号。如果四支中，损坏一支二极管，可以将四支全部更换，这样整流效果好。检测时，主要看电路是什么样的结构。如果是四支二极管的结构，在路测量时，用万用表的 $R\times1\Omega$ 挡检测，这样才可能标准地检测出二极管的好坏。一般正常时是正向电阻小，但表针不能偏右零，反向电阻大，有时表针会左起微摆。如果在电路中检测时已击穿，拆机良好，检测电路中与二极管所连接的其他元件及电路。

电压法分三步检测全桥整流电路。我们在前几章节学习时，知道整流电路是由交流输入的抗干扰电路与整流电路的本身电路以及整流的后负载电路等三部分构成的。

用万用表的交流电压 1000 V 挡位先测全桥整流电路的交流入端 220 V 是否正常，如果为零，检查抗干扰电路中交流熔丝与热敏电阻是否良好。如果熔丝与热敏电阻良好，检查供电铜皮电路以及电路入端交流电源线是否开路，如果熔丝也断开，不要更换，先断电，用电阻法测整流入端的电阻值。看全桥整流器是否有短路和元件击穿。若整流元件良好，检查整流的后负载以及滤波电容器等是否漏电，分析是否负载电路短路而引起过流烧熔丝。所以我们检查熔丝开路的主要原因后，才能更换同型号熔丝。如果整流器件与滤波器件都良好，负载良好，可换熔丝。

如果检测整流入端交流电压 220 V 正常，进行第二步。测全桥整流器输出端的直流电压，一般正常时为 300 V，测量结果有以下几种情况。

① 用万用表 1000 V 直流挡位测量时电压为零，主要检查全桥中各整流二极管以及供电线路是否有开路故障。

② 测量时 300 V 电压很低，先检测 200 V 交流电压是否过低，再测全桥整流中，各二极管的正反向电阻是否符合要求，同时测滤波电路是否漏电所导致 300 V 电压拉低，同时检查

整流滤波的后负载是否短路。

③ 检测时 300 V电压偏高，当然这种现象很少见，此种现象有两种原因。

a. 原本输入端 220 V交流电压升高。

b. 检修过的机器将原滤波电器耐压与容量更换过大而引起自举电压升高。

对于机器通电立即烧熔丝或者开机无任何反应等故障，我们可以直接测量电路入端 220 V交流电压。如果为零检查电源线以及电源插座与入户电网线路等供电线路是否开路以及接触不良。用电压法测量整流堆构成的桥式整流电路的方法与二极管桥式整流电路相同。但是电阻检测时要根据桥式整流的结构去检测。电路中常见的整流堆有两种，即扁平型和一字直插式，一般中间的两个引脚是交流入端，左右两边为整流后的正负电压输出端。这种结构测量时，断开整机的供电，用万用表的 $R\times1\Omega$ 挡测中间两个引脚的电阻值。如果电阻值很小，证明整流堆内部损坏，然后测整流堆左右两端之间的电阻值，测之前要将滤波电容器放电。如果电阻值小，将整流堆拆机再用 $R\times1k\Omega$ 挡测量，如果拆机测量良好，检查在路的电容器是否漏电以及整流与滤波的后负载电路是否有短路漏电、负载电路是否电阻值过小，而影响整流堆电阻值下降。

7.5.2.4 三相桥式整流电路

三相桥式整流电路，用在三相电气配电自动化设备中，如三相变频器电路。三相桥式整流电路由六支二极管组成，每两支整流管完成一相交流电的整流，在大功率变频电路中，一般将两支整流管构成在一个整流条，来完成一相交流电的整流，三相共由三个整流条组成，而且每个整流条的功率型号都相同。常见的三相整流器有三种。

① 两支二极管构成的整流条。

② 六支整流管构成在一起的整流堆。

③ 整流电路与逆变器构成在一起的整流逆变模块。

在实际电路中，由 380V 三相火线入端到充电接触器，其与整流器件之间称为整流电路。这是我们根据电路结构而找出整流电路的，也可以根据整流器件的各种外形来判断。每两支二极管构成的整流条，共有三个整流条。我们检修机器多了，一打开机器就可以认出三个整流条，整流条的外壳上都标有整流二极管的符号。也有三相整流堆拆机后，由三相交流电的三根火线一直送到整流堆三火线接线端。整流堆有两个接线端口，一个为直流电源正极输出，一个为电源负极的输出。一般整流堆外形一眼就可以看出，与逆变电路合成的模块，由变频器三根火线入端到集成模块三引脚，然后由模块内部整流电路整流后输出直流电，连接模块外的滤波电容器，这样我们可以根据电路结构分清模块内部整流器是由哪几个引脚与外电路连接的，方便正确检测，判断模块内部整流电路的好坏。

如何检查三相整流电路的好坏？首先我们来分析一下三相整流电路在正常工作时的电压。在没有打开机器时测变频器的 P＋与 P－端子，正向电压一般正常工作时为 450～500 V之间。三相交流输入端 R、S、T 三端正常时为三相 380 V交流电压，这个电压是三相平衡的，这可以充分证明三相 380 V电压负载变频器内部的三相整流器电路没有损坏。而且三相整流输出与直流电压完全正常，所以说 P＋和 P－端就是我们检测三相整流器是否正常工作的参数，这个也可以证明主电路中的逆变电路也没有损坏。R、S、T 三端也是我们检测变频器内部主电路的抗干扰与三相整流电路是否良好的检测点，只要 R、S、T 三端三相 380V 电压正常，就证明变频器内部主电路的三相整流电路正常。所以检修变频器先由 Y 端接线端的电压初步判断内部电路的工作或损坏情况。变频器内部的三相整流电路损坏有以下几种故障。

［故障 1］ 变频器 R、S、T 三端一通电配电柜的闸刀便自动断开，称为自动跳闸。

给变频器通电时，配电柜的闸刀自动断开，此故障有两个原因：一是电气配电柜本身故障；二是由于变频器内部电路短路，造成的自动跳闸。

我们先检查第一个原因，测电气配电柜中的空气开关的入端三相火线 380 V 电压是否正常，有无缺相保护，同时检查空气开关内部有无短路，然后检查交流接触器以及过热保护器等是否有短路的故障。如果配电柜本身没有故障，我们就检查变频器内部电路。主要检查内部主电路有无短路故障而引起的跳闸。首先我们断开空气开关的三相交流电，用万用表的电阻挡位 $R\times1\Omega$ 挡测量 R、S、T 三端有无内部电阻值变小。如果测量时 R、S、T 三端任意两端阻值都很小，而且用数字表蜂鸣挡测量时蜂鸣器响，就证明变频器的主电路有严重的短路故障，然后拆机后由 R、S、T 三端逐步向前跑线路检查整流器的前端有无短路，如果良好再检查整流电路。

首先要观察一下被检测机器的整流电路结构。如果是六支二极管的结构，也就是每两支整流管组成一个整流条，我们应该将三支整流条都拆下来后分别检查各整流条是否击穿，测量时用 $R\times1\Omega$ 挡或数字表蜂鸣挡位。如果有一支或两支击穿，更换时最好将三支全同型号更换。否则，整流输出的直流电压不稳定，或者三相整流不平衡。如果三相整流条都拆机测量后是良好的，再检查逆变电路与滤波电路是否短路。如果三相整流电路是由三相整流堆构成的，我们应该断开空气开关的三相供电，用电阻 $R\times1\Omega$ 挡或 $R\times10\Omega$ 挡来测量三相整流堆的三相交流入端三端口的电阻值，如果电阻值很小，证明三相整流堆内部损坏，电阻值下降。

如果三相整流电路与逆变电路都集成在同一个模块内，那么我们要拆机后找到三相交流电路输入端口，然后切断电气配电柜的三相供电，用电阻 $R\times1\Omega$ 挡或数字表的蜂鸣挡测量整流逆变模块的三相交流电入端的电阻值，三端电阻值如果很小或用数字表测量时蜂鸣挡时常响，就证明三相整流与逆变模块内部电阻值变小而造成模块内部短路，而使空气开关跳闸。其实我们也可以从变频器接线端子的 P+与 P−端测试电阻值，这样不但可以判断内部模块的好坏，同时也可以判断内部滤波电路的好坏与逆变机器电路是否损坏。所以我们最好在测试之前用 100W 或 200W 的白炽灯对变频内部的滤波电容器放电，由于内部电容在主电路中耐压高、容量大，所以存储电压高。

如果不进行放电，会损坏万用表，或测量电压时导致人体触电。在使用万用表 $R\times1\Omega$ 挡位或者用数字表的蜂鸣挡位测量 P+与 P−端的正向电阻时，如果电阻值很小，证明内部短路，我们拆机后先将滤波电容器拆机，分别测电容器是否漏电或者击穿，如果电容良好，再分别测试整流管是否击穿或者阻值变小。如果整流管都良好，再检测逆变电路中的变频管是否有击穿或阻值变小的故障。为了快速检测变频内部的三相整流电路的好坏，最好将三相变频 R、S、T 三端与 P+与 P−端两个部位做电阻值测试判断，这样比较准确地检测三相整流器。

［故障 2］ 变频器通电后 R、S、T 三端的交流三相电压正常，但接线端 P+与 P−端两端的 450～500 V直流电压不正常，有直流电压为零和直流电压低于 450 V等两种现象。

由故障现象可知，测三相变频器三相交流 R、S、T 三端交流电压时，三相交流电压都正常而且三相平衡不缺相，但是测 P+与 P−端直流电压时 450 V直流电压过低或者直流电压为 0 V。由机器出现的故障分析如下。R、S、T 三端三相交流电压都正常说明电气配电柜良好，同时说明变频器主路基本没有短路故障，但是 P+与 P−两端测量直流电压为零，说明变频器内部主电路中的三相整流电路没有工作，这时拆机后应检查 R、S、T 三接线端与变频主电路内部的交流输入电路有无开路现象和充电接触器是否工作，如果变频器通电时，充电接触器没有动作，检查充电接触器线圈的供电电路以及控制线路。可以测量接触器线圈两端电压是否送来，同时检查充电接触器的主触点到三相整流堆之间的电路是否开路，也可以通电用交流电压 1000 V挡测整流电路三入端的交流电压，如果三相交流电压正常，证明三相整流电路损坏。重点检查三相整流电路中的整流二极管、三相整流堆、整流与逆变电路集成的合成模块等各种结构的整流电路中的整流元件电阻值，同时还要检测 P＋与P－的直流电压是否正常，再检查变频器各个外接线端口是否氧化与接触不良。P＋与 P－端的直流电压过低有以下几种原因。

(1) 电网电压低 如果电网电压过低，那么经变频器主电路后，经三相整流滤波器以后输出的直流电压就很低，所以我们就先测变频器的 R、S、T 三端口的三相交流电压 380 V是否正常，如果三相 380V 交流电压都很低，证明电网电压变低，检查入户三相火线之间有无漏电。或者检查高压配电柜内，将高压 10kV 转变为低压 380V 交流电压是否降低，如果电压降低，检查高电压配电柜。如果很低，重点检查高电压配电柜以及高压降低压的降压变压器内部线圈有无阻值减小与匝间短路的故障。如果测 R、S、T 三端时380 V三相交流电压都正常，说明变频本身内部主电路有故障而引起的 P＋与 P－端电压低。

(2) 变频器内部主电路损坏 我们根据变频器内部电路的主电路结构可以分析出 P＋与P－端直流电压过低有两个原因。

① 由抗干扰充电接触器与三相整流器电路等构成变频器主电路的前半部分。抗干扰电路只起滤波作用，基本不消耗电流，所以不会发生漏电，而当低入端三相 380 V交流电压的充电接触器电路只是控制主电路电流通断也不会产生漏电而降低电位。只有三相整流电路损坏会造成整流后输出的直流电压 P＋与 P－端 450 V下降，用万用表的 $R\times1\Omega$ 挡测量变频器内部整流器件，如整流条以及整流堆或整流与变频模块内部的电阻值是否增大，使整流后的直流电压降低。如果检测变频器内部三相整流电路时，我们发现整流电路的整流器件内阻电阻值都正常，那就说明是由变频器主电路中后半部分电路损坏而引起的。

② 变频器主电路中的滤波与逆变电路损坏而引起的 P＋与 P－端直流电压过低，先用 100W 的白炽灯在 P＋与 P－端给变频器内部电容器放电，放电完毕，用指针表的 $R\times1\Omega$ 挡位或者数字表的蜂鸣挡测量电容器是否漏电击穿。滤波电容器一般应该拆机进行单个测量，但是逆变电路中，主要看电路结构，如果是由单支的变频管构成的，要将六支变频管拆机后方可测量出好坏，因为电路中路路相通，测不准确，我们一定要仔细测量每个变频管。如果逆变电路是采用六支变频管集成在一起的变频模块，我们就要对模块的地线之间测量内电阻值，如果阻值变小，也可以降低主电路的整流滤波后的直流电压。所以我们要详细检测模块以及主电路中滤波电容器，同时检查电路有无乱焊接造成短路。

[故障 3] R、S、T 三端测量时三相交流电压不平衡。但 P＋与 P－端电压基本正常，启动变频器时 U、V、W 三端输出电压低，带不起负载电动机。

变频器的 R、S、T 三端输入的三相交流电压 380 V、P＋与 P－端的直流电压正常，但 U、V、W 三端输出的电压带不起负载电动机，这种故障一般很少见。下面分析一下此故障损坏的原因以及故障部位。检修时测 R、S、T 三端三相交流电 380 V不平衡时，证明电网的输入交流电压 380 V不平衡以及电气三相配电柜电路中有电气配电元件损坏。分析后就可以先测量电气配电柜入网进户线的三相交流电压 380 V是否三相平衡，测量时用万用表的交流 1000 V挡位测量，若测电气配电柜入端的三相火线时，三相电压不平衡，检查高压变低压 380 V的高压变电柜以及高压柜到三相低压配电柜之间的三相火线输送线路电缆线是否有一火线开路或高压变电柜中高压转变低压的降压变压器损坏。

如果检测时电气配电柜三火线入端的三相交流电压 380 V 都正常，再检查电气配电柜中的各电气配件，检查三相空气开关内部脱扣器以及三相接触器是否接触良好，内部弹簧是否松动。断开电气配电柜，用万用表的电阻挡位测量，检测空气开关是否接触良好，然后测量三相交流接触器的三相火线触点是否接触良好，同时测量接触器内部的电子线圈是否电阻值符合要求。再检查接触器内部回位弹簧是否良好，如果三相交流接触器都良好，我们再次检测过热保护器，看过热保护器三相接触点是否良好，内部热敏器件是否良好，如果电气配电柜中有漏电保护器，还要详细检测漏电保护器的内部是否损坏。配电柜中一般最容易损坏三相火线传送的主电路。主电路损坏，电气配件变频器的 R、S、T 三相交流电输入端的三相 380 V 电压不平衡，为什么接线端口的 P+与 P−端直流电压 450～500 V 正常呢？因为它是由三相变频器主电路中的整流电路的结构而决定的，在实际电路中每两支整流管完成一相交流电的整流。三相交流电由六支整流管来完成三相整流，但这三相整流后的直流电并联合成输出的六支整流管组成的整流堆。但最终是由一路正负直流电压输出送滤波电路。在实际检修机器时，我们用升压变压器将 220 V 单相交流电压升为 380 V 接 R、S、T 任意两端，但工作时只有四支整流管工作，但是整流后输出也是 450 V 直流电压，所以虽然 R、S、T 三端输入三相电压不平衡，但是 P+与 P−测出的直流电压应是正常的。虽然直流电压输出正常，但是输出电流小，所以 U、V、W 三端输出变频后的直流电压带不起负载电路电动机，我们分析了变频器故障的原因之后进行检修。

前面我们讲述了 R、S、T 三端三相交流电压不平衡，检查了电网的三相入户线，与电气配电柜中的空气开关、交流接触器、漏电保护器以及过热保护器与三相交流接触器后变频器入端 R、S、T 三端三相 380V 交流电压是否恢复正常。三相交流电压达到平衡时，我们启动变频器，其 U、V、W 三端输出的三相交流变频电压正常，如果接负载电动机，电动机运行慢或不运行，要对变频器以及负载电动机分别进行检测分析。首先根据变频器内部整机电路分析。主电路单位时间内经过的工作电压与电流高，此时主电路中逆变电路的工作又靠变频驱动电路放大的六相脉冲驱动信号去控制，才能将变频主电路整流滤波送来的直流电压 450 V 转为一定频率的交流变频电压送负载电动机，如果变频主电路中的三相整流电路与逆变电路中的变频管内部电阻值增大，就会使整流后的直流电流减小，逆变后由于 U、V、W 三端输出的变频电流减小，所以带不起负载，同时 MCU 电路输出的六相脉冲方波信号电流减弱会使六相驱动放大后的脉冲信号电流减弱，此时使六相脉冲控制的逆变电路中的六支变频管转变的变频交流电压，由变频器 U、V、W 三端输出电压降低使负载电动机不能启动。根据以上电路结构的分析我们来检修变频器的主电路与 MCU 以及六相脉冲驱动电路。

拆机后先测量变频主电路中的整流电路，根据不同的整流电路中整流器件的不同，检测一般都应该将整流器件拆机测量，常见的三相整流器件由两支整流二极管集成的整流条组成，三相整流共有三支整流条。此种结构我们应该将每支整流条拆机后单独检测，用万用表的电阻挡位的 $R\times1\Omega$ 挡检测，要将三支整流条内部的整流二极管都做以正反向电阻值对比。如果三支整流条的内部整流二极管正反向电阻值都相同，且与同型号功率的正常整流条阻值相同，我们就证明三相整流电路良好。如果三相整流电路中三支整流条其中一支整流条的正反向电阻变大，特别是正向电阻变大，就必须更换同型号功率的变频整流条或者将三支整流条同时更换。如果三相变频器主电路中的整流电路由六支整流管共同集成的整流堆构成，先将三相整流堆拆机后用万用表的 $R\times1\Omega$ 挡或 $R\times10\Omega$ 挡以及 $R\times100\Omega$ 挡（根据实际测量变换万用表电阻挡位），测三相整流堆三火线入端的三个端口相互之间的电阻值，然后测三相整流堆正极与负极的直流电压输出端的正反向电阻值。

如果测量三相整流堆交流电输入端与直流电压输出端电阻值时，整流堆内部电阻值增大，应更换同型号功率相同的三相整流堆。如果变频器的主电路中三相整流器采用整流与逆变模块共同集成的整流与变频模块，我们应根据模块在电路中的结构找出模块内部整流电路所对应的三相交流电输入引脚，同时找出模块整流后输出的直流电压的正极与负极。找出三引脚后，先在电路中测量变频模块的整流电路对应引脚的电阻值，如果电阻值变大或与标准电阻不相符合，检查模块引脚对应的外围电路的元件是否影响模块内部整流工作。

如果外围元件良好，拆机后再用万用表合适的电阻挡位检测模块内部所对应的引脚电阻值，如果电阻值与标准阻值误差很大，就证明模块内部损坏，更换相同的整流逆变模块。如果变频器主电路中的整流电路检查完毕，再对滤波电路做以检查。变频主电路中滤波电路的检测用 100W 的白炽灯给电容器放电，等放电完毕，再将滤波电容器拆机后对电容器一个一个进行测量，用 $R\times1\text{k}\Omega$ 挡测量时，每一只电容器表针从左向右偏到零，然后由右零返回左端零位，证明电容器良好。如果没有此反应，证明电容器损坏，表针由右没有回到左零时证明电容器漏电，电容器漏电会分流，送逆变电路的电流变小，输出变频电压的电流减小，所以带负载困难。

7.5.2.5 集成整流堆整流电路

其有两种结构。

① 将六支整流二极管都集成在一个模块内构成三相整流。

② 将六支整流管与六支变频管集成在一起而形成整流逆变模块。

无论是哪一种整流堆整流，它们由于集成度高，不容易散热，所以散热措施要好。集成整流堆的检测要先给主电路的电容器放电，然后用 $R\times1\Omega$、$R\times10\Omega$ 挡测量三相整流堆的交流入端的电阻值以及三相整流输出的电阻值来判断集成整流堆的好坏，或者用同型号的整流堆代换，通电重新启动带负载。

7.5.3 笔记本电脑等微电子设备的二次电源

在笔记本电脑中将电源适配器称一次电源，将台式电脑的 ATX 电源也称一次电源。它们分别将 220 V单相交流电转变为直流电压，一般笔记本电脑 220 V转为 19 V、20 V等，台式电脑将 220 V转为＋12 V与＋5 V、＋3.3 V等直流电压。将笔记本电脑内部 DC-DC 转换器称为二次电源。对于电气配电设备来说，直接对 220 V或 380 V整流滤波的电源称为一次电源。学习一次电源后再分析二次电源。

直接将 220 V交流电压或者 380 V交流电压等整流后转变为直流电压再滤波自举输出高电压直流的电源称为一次电源。一般 220 V直接整流后的直流大约在 300 V。将 380 V交流直接整流后的直流电压大约为 450～500 V。由于一次电源输出的直流电压高、电流大，不能直接给微电子线路中的集成芯片以及三极管、场效应管等各引脚供电，所以电子电气设备都设置有二次电源，也称二次开关电源。它将一次电源送来的高电压，例如 300 V或 500 V进行开关振荡逆变再经高频脉冲变压器产生交变磁场感应到次级，降压后分别整流滤波转变为低电压直流，给电子线路中的集成芯片以及三极管、场效应管等各引脚供电。下面我们对二次电源电路做以分析。

在实际电路中常用的二次开关电源由他励式和自励式两类开关电源。

7.5.3.1 他励式开关稳压电源的电路

他励式就是首先采用一个脉冲信号的频率发生器芯片，在通电振荡时产生方波脉冲信号，输出去激励开关振荡管的工作，在开关状态将主电路整流滤波送来的直流电压转变为高频交流经脉冲变压器线圈产生的交变磁场感应到变压器次级，降压再整流滤波分别给各微电子线路单元电路提供低压直流供电。

由以上他励式开关电源的基本结构与基本的工作过程可见，他励式开关电源电路中主要结构的几个元器件有频率发生器芯片、开关振荡管、脉冲开关降压变压器，这几个器件在电路中是最主要的。我们在检修时一定要注意这几个元件的工作条件以及检测方法与故障的原因。

(1) 他励式开关电源中主要元器件的作用

① 脉冲方波信号产生芯片　在许多开关电源中用 UC3842、UC3843、UC3844 等开关电源的频发芯片，属于自励式振荡器，在启动降压电路送来的直流电压作用下 UC3842 芯片内部开始振荡，内部振荡器与外接定时电容器产生振荡，输出开关脉冲的方波信号，这个方波信号去控制外接开关振荡管的饱和与截止工作，使振荡脉冲变压器初级产生交变磁场感应到次级降压。

我们以 UC3844 为例讲述脉冲频发芯片的重点引脚的作用。7 脚为芯片的总供电，供电电压来自启动降压电路，将 300 V或 450 V的高电压直流降低压直流电给有 UC3844 第 7 脚的供电，不过 7 脚的电压是由启动降压电路与反馈电路共同建立的。8 脚是检测芯片内部稳压是否正常的基准电压测试端。这个电压的高低可以判断频发芯片内部是否损坏。4 脚指的是振荡外接电容器的引脚，4 脚内接振荡电路外接振荡电容器，其电容量的大小可以决定振荡频率的高低。6 脚是振荡方波脉冲信号输出端，外接开关振荡管。如何判断振荡开关脉冲芯片的好坏？在二次开关电源脉冲变压器次级没有任何感应电压时，我们检查脉冲发生器芯片。首先用示波器测量 UC3844 的 6 脚有无方波脉冲输出，如果输出脉冲信号为零，证明芯片的内部没有振荡。然后测芯片的 7 脚，如果所测直流电压为零，证明启动电路有可能损坏。检查启动降压电阻器有无开路，供电线路有无断开，若检查启动电路、电阻都良好，再测启动降压的内部电容器，看电容器是否漏电以及芯片内阻是否减小。如果测芯片 7 脚时有电压，但是电压远远低于正常值，证明有启动电压，但没有反馈电压。检查反馈电路以及开关振荡管的保险电阻器是否开路，4 脚外接定时电容器是否漏电，用同型号代换或代换 UC3844 芯片，一般只要芯片内的电路良好就会在 8 脚体现出标准的基准电压。

二次电源的频发芯片判断时，我们一般只需测两点：

第一，测开关管的控制极，也就是三极管的基极方波脉冲，如果方波脉冲为零，说明芯片没有振荡；

第二，可以测这个芯片的总供电，如果总供电电压为零或低于正常工作电压值，芯片内部就不可能振荡。而且，脉冲频发芯片有两个决定工作电压的条件，一是启动电压，二是正反馈电压。如果这两路电压缺一路，芯片就不可能正常工作。而且是将启动电压送入芯片内，芯片内振荡器才微弱振荡，然后经反馈电路周而复始返回芯片内，振荡才正常起振，7 脚电压才能恢复到正常工作电压。

② 开关振荡管　在电路中是最关键的大功率开关振荡管。电路中它与振荡开关脉冲变压器的振荡线圈相连接，主要作用是在脉冲芯片送来的方波脉冲的驱动作用下工作，在饱和与截止状态时振荡开关脉冲变压器初级线圈产生交变磁场，感应到脉冲变压器次级降压整流滤波送负载供电。可见开关振荡管在电路中也是最为主要的元器件。所以在检修开关电源

时，我们要知道开关振荡管的工作条件。第一需要主电路整流滤波送来的几百伏直流电压，例如 300 V或 500 V，第二就是需要开关脉冲信号，其来自于脉冲的频率发生器芯片，经方波信号输送电路传送过来。开关振荡管在电路中检测时，断开整机供电，用 $R\times1\Omega$ 挡测量开关管是否击穿，如果开关管击穿，拆机后再去检查保险电阻是否开路，更换时应换同型号、同功率的开关管。如果当时没有同型号的，我们也可以用替换件来替换，但要查阅开关振荡管的代换手册。我们一定要查功率电流、电压耐温等使用参数，有些开关管在电路中测量发现击穿，但拆机后测良好，证明与开关振荡管的三个电极所连接的其他元件损坏，或者乱焊接导致损坏，一般发现开关管供电主回路对地连接保险电阻开路，开关管也会损坏，因为它们都串联在一条电路中，特别是开关管导通的瞬间经漏源极导通电流特别大，如果开关管导通时间长，电流大，温升过高，管子就会损坏。

③ 脉冲开关降压变压器　它是一种多绕组的互感脉冲降压变压器，这种变压器具有三大绕组线圈，有振荡起振线圈、振荡正反馈线圈以及变压器次级各降压绕组的感应线圈，每个线圈在电路中的连接元件以及起到的作用是不相同的。

振荡起振线圈与开关振荡管相连接形成串联结构。一般开关管用场效应管，振荡线圈与开关管的漏源极相连。振荡线圈的主要作用是使开关振荡管周而复始地在方波脉冲信号作用下在饱和与截止状态之间转换工作，使振荡线圈产生高频交变磁场。

振荡正反馈线圈在振荡线圈产生交变磁场作用下，感应电压进行反馈送到脉冲芯片，将振荡芯片起振信号做以反馈，维持振荡工作持续而稳定。它以振荡正反馈电路连接，由于振荡正反馈线圈感应的是交流电，所以反馈时做以单波整流才可以反馈。

开关脉冲变压器次级降压线圈要分为几个绕组。因为电源负载电路所用的供电电压有所不同，所以二次开关电源的脉冲变压器次级线圈就会有不同的绕组，分别感应不同的低电压交流，再分别经整流滤波，然后分别给负载供电。各降压绕组必须在开关振荡管工作时，在振荡起振线圈产生的高频交变磁场作用下才可以进行感应、降压等。这就是次级降压线圈工作时所必需的条件，而且不同的负载电路所供低压直流有所不同，负载越大，那么工作时所需的电压、电流越大，所以线圈匝数越多，我们检测降压线圈时各绕组的阻值是不相同的。

④ 保险电阻与开关振荡管串联，也是电源主电流导通的对地电阻　此电阻与二次开关电源开关管相串联对地，当开关管漏源两极端电压过高就会使开关管击穿，同时脉冲发生器芯片送来的脉冲信号瞬间脉冲频率升高，就会击穿开关振荡管。只要开关管击穿，串联的保险电阻就会开路，这个电阻器功率大但电阻值小，一般为零点几欧。如果保险电阻损坏后，更换就用同型号、同阻值的，严禁用细铜线来代替，我们检修时不能随便更换电阻参数，这样会使故障扩大化。有的二次开关电源采用几只保险电阻并联串接在开关管的漏源极之间，这样使保险电阻的功率增大，工作安全系数高。一般用表的 $R\times1\Omega$ 挡或蜂鸣挡位测量保险电阻的通断就可以测出保险电阻的好坏。

（2）他励式开关电源的基本工作过程　通电时由 220 V交流电直接整流滤波以后的直流电 300 V或三相整流后的直流电 450 V经启动降压电路降为几十伏的直流电给二次开关电源的脉冲发生器的芯片第 7 脚供电，在芯片内稳压后，由 8 脚输出基准电压，经外接电阻给 4 脚外接的振荡定时电容器充电。充满电荷后再给芯片内部放电与芯片内部一起振荡便产生方波脉冲信号，由芯片第 6 脚输出送开关振荡管，控制开关管工作，使脉冲变压器初级线圈产生交变磁场感应到次级降压分别整流滤波给各负载电路供电，同时经正反馈线圈把感应反馈电压反馈到芯片的 7 脚，维持正常振荡的工作。常用振荡芯片为 UC3844 或 UC3842 等。

① LC振荡器　此种振荡器采用的是电感线圈与电容器。LC串联与并联振荡电路一般用于无线电模拟接收电路以及开关振荡电路中的尖峰吸收电路与变压器耦合式振荡器电路中作LC吸收电路。

② LC串联振荡电路结构分析　图7-20中L为振荡电感线圈，C为谐振电容器，E为电源。当K闭合，E+经K→L给C充电，左正右负，当C充满电荷后，就会逆电场方向放电，C左端经L→K→E+电源内路，经E−回到C右端放电。可见，当C充电时电流由左向右流，L产生左正右负的电动势，当C充满电和放电时，电流从右向左经过L，L产生了左负右正的电动势，这样C不断地充电与放电，就会将电源供电的静态直流转变为交流电，引起了振荡，这就是LC串联振荡的基本原理。

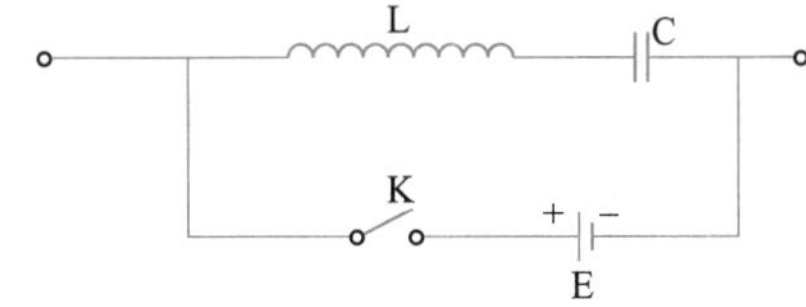

图7-20　LC串联振荡器电路

③ LC串联振荡电路的检修　如果测电容两端无振荡信号时，我们可以先检查电源供电电压是否正常，然后检查振荡电感器的匝间有无短路，电感器总电阻值有无减小，同时检查电容器有无漏电或失容。电感器测量时，用万用表的$R\times1\Omega$挡，电容器的测量时，用万用表的$R\times1\text{k}\Omega$或$R\times10\text{k}\Omega$挡，或用电容表测量大小。一般LC串联损坏的故障都是由电容器受潮或电容器漏电而造成的。

④ LC并联振荡电路的分析　图7-21中，C为振荡定时电容器，L为振荡电感器，K为开关，E为振荡器供电电源。工作时K闭合，E+经K给电容器C充电，为左正右负，当C充满电荷经电感器逆电场方向放电，放电时，电感器便产生左正右负的电动势。C放电时，L消耗一部分电能，这时C右端电位不断升高，高于左端，然后C开始反向放电，从右向左，就这样C来回放电至L消耗完电能再由电源补充，电源又给电容充电，这样L中的电流形成变化的微弱交流引起振荡，这样的理解比较简单。对于检修工作人员，也不需要理解太深，能故障分析与检测就可以了。如果要设计电路，LC串并联振荡要以公式方式理解工作原理，因为要计算产生振荡信号的频率高低与幅度的大小。关于LC并联振荡器的检修方法，与LC串联振荡电路的检修方法相同。

变压器耦合式振荡器电路见图7-22。

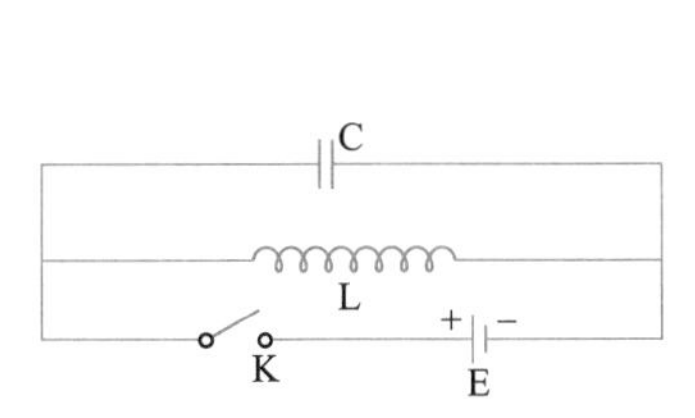

图7-21　LC并联振荡电路

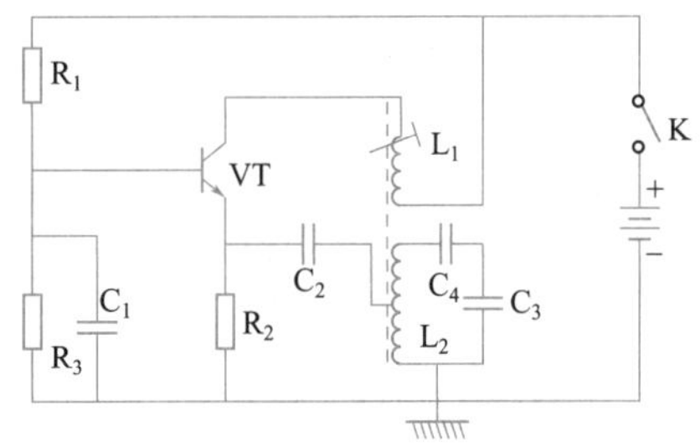

图7-22　变压器耦合式振荡电路

VT是振荡基本放大器，将正反馈送来的信号进行周而复始的不断放大，振荡才能建立起来。L_1为振荡线圈，在VT基本放大器导通的瞬间，L_1便产生磁场。L_2为感应线圈，也称为正反馈线圈，将感应的动态信号电压反馈送基本放大器。C_2为振荡正反馈耦合电容器，将L_2感应信号传送到基本放大器VT。C_1为VT基极旁路电容器消除杂信号。

当K闭合，电流经E+经K→R_1→VT基极→VT发射极→R_3→E−，此时VT R_{ec}减小，E+→K→L_1下进上出→VT c、e→R_3→E−此时I_B、I_E、I_C建立。

当放大器 VT 导通后，L_1 便产生上负下正的电动势，感应到 L_2 为上负下正，经 C_2 耦合到 VT 发射极 e。此时 L_2 线圈下端经 C_1 耦合送 VT 基极。这时 VT b、e 更加正偏导通，L_1 导通电流增大，L_1 产生上负下正，正向电动势增强，感应到 L_2 电动势增强，周而复始反馈 VT 饱和，振荡正常建立，等 C_1、C_2 放完电荷，VT 又开始另一个周期的振荡。

其电路检修如下。用示波器检测 VT 发射极信号时，波形为零，证明振荡器没有起振，此时先检查基本放大器是否正常工作，用万用表直流电压 10 V挡，测放大器的 VT b、e 是否正偏，U_{be}是否为 0.6～0.7 V，同时测放大器 b、c 是否反偏。如果 U_{be}正偏电压不正常，检查 R_1、R_2 与 R_3 等电阻是否正常，VT b、e 正反向电阻值是否正常，同时检测电源供电电压 E 两端是否正常。如果测量 VT 时，b、e 正偏电压正常，但 VT b、c 不能反偏，检查 L_1 线圈是否开路，c 极供电电路是否开路，如果 VT 正偏反偏电压都正常，还是不能振荡，检查 C_1、C_2、L_2、C_3、C_4 等元器件。

我们在学习放大器时，知道放大器需要外加一个交流信号经三极管放大，再输出一个按比例大于输入端的幅度的交流信号。但是我们设法把放大器的输出信号的一部分信号，适当地反馈到放大器的输入端来代替输入端的信号，就可以不再外加输入信号，就能输出交流信号，我们把这种不用外加输入信号就能输出交流信号的放大器叫做自励振荡器。在实际电路中是将电路通电瞬间静态直流转变为动态冲击性的电流作为初始起振的信号，这一起振信号经反馈电路周而复始送放大器的基极不断放大，就形成振荡。

以 LC 并联振荡电路为例分析 LC 振荡原理。

如图 7-23（a）所示，将开关 K 拨到 1，则电源 E 对电容器充电，电容两端电压 U_C 逐渐上升，并可达到电源电压。然后将开关拨到 2，此时电容器与电感线圈形成闭合回路，于是电容器 C 开始经 L 放电，但是由于 L 的自举作用，也就是电感器产生一定阻力，不会让电流突然增大，因此放大电流逐渐加大，电容器所储存电荷经电感形成回路。由上向下放电时，电感就会产生一个新的电动势阻碍电流，所以，放电时电感中的电流慢慢地由小增大，使电容器缓慢放电，随着电容器放电，同时电容两端电压会逐渐下降到零，放电电流都是逐渐上升到最大，此时电容 C 上的电能全部转换成磁能而储存在电感 L 中，虽然电容放完电停止，但同样由于线圈的自感作用，使流过电感 L 的电流不会马上为零而是逐渐减小，并保持方向不变，这个电流便对电容 C 进行反向充电，使电容两端的电压又逐渐上升。其极性为上负下正，于是电感上存储的磁能又转变为电容器 C 上的电能。由于磁能逐渐减小，电感中的电流逐渐减小。当电感中电流减小到零时，对电容 C 充电完成，电容两端电压上升到负的最大值。一旦电感电流为零时，电容 C 又要经电感器放电，放电时，如图7-23（d）所示电容器是自下经电感下进上出回电容器上端，进行反向放电。在不计电感损耗时电容器不断地充放电，周而复始不断进行下去，就会将电流给电容器 C 直流能量，转变成交流的

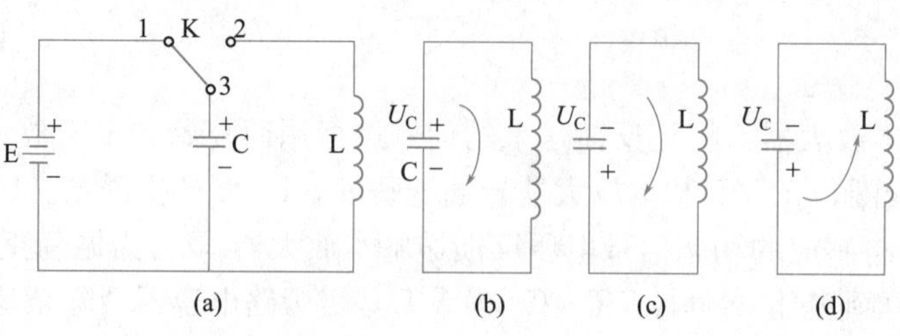

图 7-23　LC 并联振荡电路

电能。我们把这种磁场与电场的周期性转换叫作电磁振荡，电路的这种结构，由于电容器不断地充放电，电感线圈一次次就会将电能转变为磁能消耗。电容所有的电能消耗完毕，就会由电源再给电容器补充，这样就可以持续维持振荡，不断循环下去。

虽然图7-23（a）～（d）中已经详细地说明了振荡器如何起振，怎样将直流提供的能量转换为交流的能量，但是振荡回路中的电感线圈和电容器在振荡过程中都要消耗能量，若不给予补充，则在电能和磁能的转换过程中，能量会逐渐减小，导致振荡最后停止。为了使振荡的能量维持下去，就必须不断地按时按量地给振荡回路补充能量，这就是振荡器能够振荡的必要条件。

要使振荡器维持振荡下去，我们就还需知道另两个条件：振荡器都需正反馈电路，就是从基本放大器输出端，取出反馈输入端的信号，要与输入端原有信号相位相同，这样一次一次反馈回来的信号与输入端信号叠加，这样输入端信号的电压及信号幅度不断增大，才可以正常振荡，所以振荡要符合相位条件。振荡起振还需要符合振幅条件。就是一次一次反馈，必须是振荡信号幅度越来越大，必须达到正反馈才可维持振荡。所以我们可以将振荡的起振条件归纳为三个。

变压器耦合反馈式振荡器电路如图7-24所示。

VT为基本放大器，L_1为振荡线圈，L_2为正反馈线圈，L_3为感应线圈，C_3为正反馈电容，C_2为旁路电容器，C_1与L_1组成LC并联选频电路，R_1、R_2、R_3是VT偏置电阻。

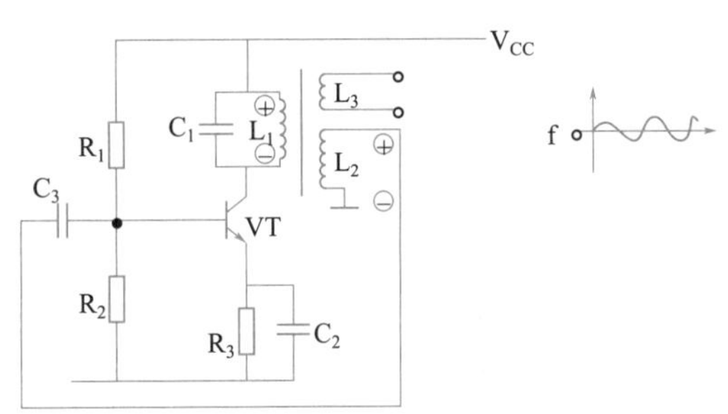

图7-24　变压器耦合反馈式振荡器

通电后，V_{CC+}经R_1与R_2的串联分压后，经VT b、e、R_3到地，使VT导通，此时R_{ec}减小，电流经L_1上进下出，经VT c、e经R_3到地线。此时L_1产生上正下负的电动势，感应到L_2上正下负，经C_3耦合到VT基极，此时VT b极电位上升，使VT b、e正偏，使I_b增大，使VT R_{ec}减小，使L_1上正下负增强，感应到L_2上正下负增强反馈到VT的b极电位，更加增强。如此周而复始地正反馈，VT饱和，引起振荡，此时L_3由L_1所产生的磁场感应到交流信号输出。振荡原理很简单，我们只需要掌握振荡的基本结构元件就可以分析故障。检测时要知道检修的启动电路、反馈电路、振荡基本的放大器VT以及电路中振荡主要元件。L_1、L_2、L_3是起振、正反馈、降压线圈，R_1、R_2、R_3是振荡器VT的偏置电路。

用示波器测L_3两端振荡信号波形为零，或用万用表交流电压最小挡测量L_3两端交流信号电压为零，说明振荡器停振。首先用万用表的直流电压挡，一般用10 V检测放大器的偏置电压，先测VT的b、e两端正向电压，将红表笔接VT b极，黑表笔接VT e极，如果表针正偏，正常时的工作电压硅管为0.6～0.7 V，然后将黑表笔接集电极，此时正常时，表针反偏。如果VT的正反偏电压不正常，先检查VT三极管本身，如果三极管本身良好，检查R_1、R_2、R_3的阻值是否变化。如果在测量VT的正反偏时电压正常，但不能振荡，检查振荡正反馈电路与振荡的起振电路，检查L_1与L_2线圈，同时检查C_3耦合电容器以及L_3感应线圈，一般像变压器耦合振荡器，我们应先检查振荡基本放大器，如果良好，再检查正反馈电路。

电感三点式振荡器电路见图7-25。

电路中VT为振荡放大器，R_1、R_2、R_4为VT的偏置电路，R_3、C_1、L_1为振荡电路，

L_2 与 C_3 组成振荡正反馈电路，C_2、L_1 与 L_2 组成 LC 选频电路。

当 VT 导通时，由集电极输出动态电流，经 C_1 耦合到 L_1 感应到 L_2 经 C_3 反馈送到 VT b 极，周而复始地反馈电路，便不断放大振荡。由于 L_1 与 L_2 组成谐振电路，L_1 上端，经过 C_1 连接在 VT 集电极，L_1 与 L_2 中端经 C_4 连接到 VT 发射极，L_2 下端经 C_3 连接到 VT b 极。由于谐振电感的三端与放大器的 e、b、c 三极相连，所以被称为电感三点式振荡器电路，此种电路结构复杂，不太常用。

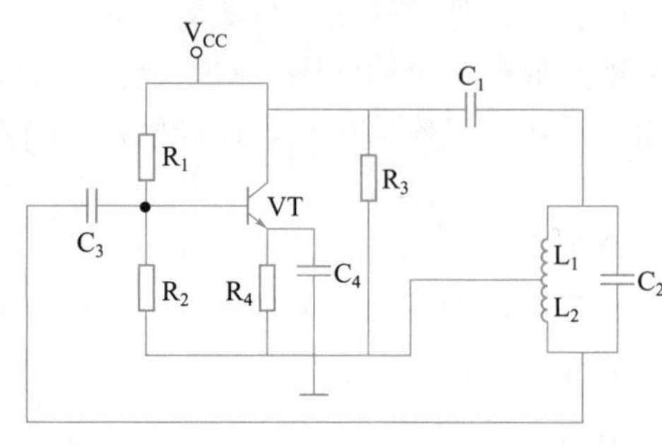

图 7-25　电感三点式振荡器

电容三点式振荡电路见图 7-26。

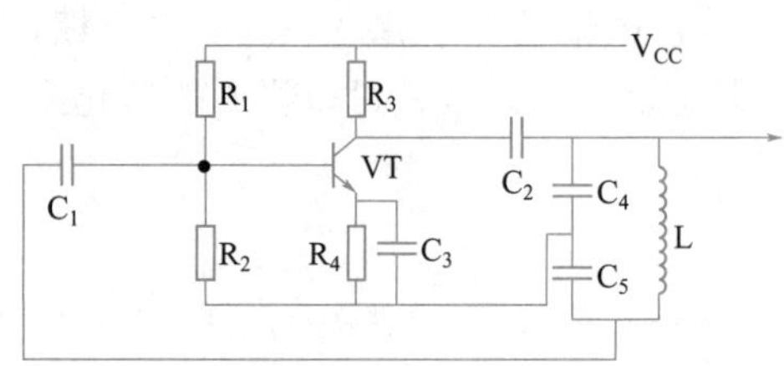

图 7-26　电容三点式振荡电路

此电路由一个基本放大器、LC 选频电路以及振荡正反馈电路和偏置电阻等构成。

VT 为振荡基本放大器，$R_1 \rightarrow R_4$ 是 VT 供电偏置电路，C_1 为振荡正反馈耦合电容器。C_2 为振荡输出耦合电容器，C_4、C_5、L 组成 LC 选频电路，C_3 为旁路电容器。

当 VT 正向导通后，C_2 取出初始振荡信号送 LC 选频电路，选取出的信号经 C_1 耦合反馈到基极，周而复始地振荡正反馈，振荡便建立在电路中。C_4 与 C_5 串联后，与 L 构成 LC 调谐回路，谐振电容器 C_4 上端与 C_2、VT 集电极相连。C_5 经 C_1 耦合与 VT 基极相连，C_4 与 C_5 串联中端，经 C_3 与发射极相连，由于 C_4、C_5 与 VT 的 b、e、c 三极相连，所以称为电容三点式振荡电路。

测振荡器的振荡信号时起振信号为零，说明没有起振，我们可以先检查基本放大器的正反偏工作电压。如果偏压不正常，检查偏置电路，如果正反偏电压正常，检查正反馈电路 C_2 与 C_1、C_4、C_5、L 的电容器耦合的振荡电路，电容三点式振荡电路由于振荡元件多不容易起振，所以不常用。

他激式：指电源开关振荡管工作时，采用振荡芯片产生的脉冲信号来控制电源开关管的饱和与截止工作，这种结构称他激式。它有一个脉冲发生器芯片、一支开关管与脉冲变压器构成。

(3) 他励式开关电源的检修　在前几章学习开关电源时，我们知道构成的一部分是脉冲信号发生器，另一部分是开关振荡部分。在检修时，测脉冲芯片时没有脉冲信号输出，这时我们可以先检查脉冲芯片的工作条件，先测芯片的总供电，若为零，检查启动降压电路。如果芯片总供电引脚电压正常，再测芯片的基准电压，若基准电压不正常，更换芯片。若基准电压正常，我们测芯片振荡引脚的电压，如果电压不正常，查外接振荡定时电容器，如果振荡引脚电压正常，测芯片脉冲输出的方波，若方波信号正常，证明芯片工作良好。再测开关管 b 极电压以及信号，如果电压正常，测开关振荡脉冲变压器的次级电压，若次级各电压正常，证明电源良好。以上只是简单介绍开关电源基本的检修方法。

他励式开关电源最容易损坏的元件是开关振荡管和振荡管与电源对地的保险电阻，开关管损坏的原因有两个。一是散热，二是电源负载，一般电源负载短路就会引起电源保护或者开关管击穿。开关管的散热问题也会引起开关管损坏，保险电阻损坏的原因是开关管过流。开关脉冲变压器一般不容易损坏，脉冲发生器芯片一般损坏不多。有个别机器由于芯片内部性能不良而损坏。因为芯片功率很小，所以一般不容易损坏。

他励式开关电源的主要检修测试点有如下几个。

① 开关脉冲变压器的次级各绕组感应整流滤波后的电压，如果各绕组电压都为零，就说明开关电源没有振荡。如果某一绕组感应电压正常，其他绕组电压不正常，就证明对应绕组的整流滤波电路有故障。若各绕组电压全部正常，说明开关电源振荡工作良好。

② 开关振荡管的集电极电压，如果电压为零，说明开关脉冲变压器初级线圈开路及供电线路开路。若开关管集电极电压很低，检查整流与滤波电路电容器是否漏电以及整流管是否正向电阻变大。

③ 开关振荡管的基极电压，也可以采用示波器测开关管基极的脉冲信号，如果开关管的基极脉冲信号电压为零，证明脉冲芯片内部没有振荡。如果开关管的基极脉冲电压正常，证明芯片内部振荡正常，用示波器或万用表测试基极。

④ 脉冲发生器芯片的总供电，如果总供电引脚电压为零，检查启动降压电阻器是否开路。如果芯片的总供电引脚电压很低，说明给芯片供电的整流滤波电路有元件损坏，同时给芯片供电的电阻值变大，就会造成芯片供电电压低，芯片内部的电阻值变小也会造成芯片供电电压低。芯片的总供电电压由启动降压电路与振荡正反馈电路决定。

提示：在检修电路时，必须记住两个参考电压值。第一个是没有反馈电压只有启动电压时的正常电压，第二个是既有启动电压又有振荡正反馈电压时，芯片总供电的正常电压值。这样检修时才可以对比。如果芯片的总供电电压、启动电压不正常，检查启动电路的启动降压电阻以及供电滤波电容器是否漏电以及芯片本身的电阻值。如果芯片的总供电电压、启动电压正常，但是没有反馈电压，检查反馈电路、芯片的振荡电路、芯片振荡引脚的振荡定时电容器、外接充放电电阻振荡脉冲变压器以及振荡开关管与保险电阻。

所以检修开关电源时，脉冲芯片的总供电电压要进行两个思路分析，启动电压以及反馈电压，才合成芯片的总供电。

(4) 他励式开关脉冲芯片的检修　无论什么样的芯片，什么型号的芯片，只要是他励式开关脉冲芯片，检测时只有四支引脚，可以直接检查芯片是否振荡。

第一引脚用示波器或万用表检测脉冲芯片的脉冲信号输出引脚，如果信号输出引脚电压正常，以及示波器检测的信号脉冲波形正常，证明脉冲芯片振荡工作正常。脉冲信号输出引脚电压或脉冲信号波形为零，是由芯片内以及外接振荡损坏而引起。

第二检测引脚为脉冲芯片的总供电引脚，这个引脚供电电压由启动以及反馈电压决定。这个供电引脚是重点检测的引脚。检测分析时要考虑到其是由各种电路所引起的。快速检修时，可以只测脉冲芯片总供电这一个引脚就可以判断全部电路的工作状态。

第三检测点为脉冲芯片的基准电压测试端，这个引脚可以充分证明芯片内稳压电路是否正常工作，不同型号的芯片，这个引脚电压也不同，所以各常用芯片的基准电压，要以标准值做参考。在只有启动电压没有反馈电压时，这个引脚电压是不相同的，要根据检测经验做以参考。

第四检测点为振荡检测引脚，这个引脚由芯片内的振荡引脚与芯片外的振荡定时电容器共同组成。这个引脚的脉冲信号以及电压关系到判断芯片是否振荡，测试时可以用示波器测信号波形，也可以用万用表测量振荡引脚的直流工作电压，以及脉冲信号电压。测量振荡引

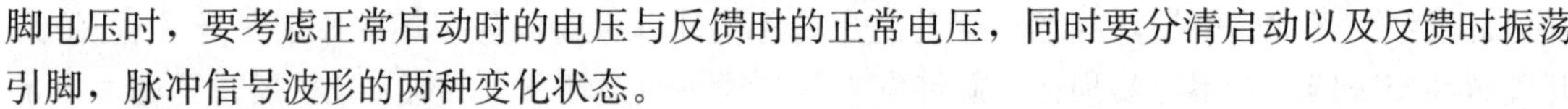

脚电压时，要考虑正常启动时的电压与反馈时的正常电压，同时要分清启动以及反馈时振荡引脚，脉冲信号波形的两种变化状态。

7.5.3.2 自励式振荡电路

检修自励式振荡电路时，要知道电路结构中主要的部分由哪些部件构成。电路由开关振荡部分（由开关管与开关脉冲变压器构成）、启动降压电路与振荡正反馈电路以及过压过流保护电路等构成。电路当中最主要的部分是启动降压与振荡正反馈以及振荡开关管等。下面我们把自励式振荡电路各主要部分做以详细论述。

(1) 启动降压电路 一般由一支或两支以及两支以上的阻值较大的电阻串联构成。主要作用是将整流与滤波后的几百伏直流电压进行大幅度降压，降为振荡开关管基极所需的启动振荡电压，检测时若振荡管基极的启动电压不正常就应该考虑到整个电路中的整流滤波以及降压电路与开关振荡本身。启动降压电路损坏是由于电阻器的阻值变大，电阻器阻值变大一般由时间长而引起的。

(2) 振荡正反馈电路 由开关脉冲变压器的振荡正反馈线圈与振荡正反馈电路元件组成。正反馈电路的主要作用是在启动电路降压后，开关振荡管工作时，将脉冲变压器的初级线圈所产生的交变磁场初始的起振信号，感应到正反馈线圈，经振荡正反馈电路传送到开关振荡管的基极，不断地周而复始地反馈，振荡便正常建立。反馈时将反馈线圈感应到的交流电压转变为直流工作电压，反馈到振荡管基极与振荡管的启动电压汇合。

(3) 开关振荡电路 其由开关振荡管与振荡脉冲变压器初级线圈构成，主要的作用是在正反馈电路的作用下，使开关振荡管在饱和与截止状态不断地周而复始地工作，使脉冲变压器初级线圈产生交变磁场，感应到正反馈线圈与次级降压线圈。

(4) 过压过流保护电路 由脉冲变压器正反馈线圈感应的电压做以反馈过压时，反馈电压控制误差放大管，同时控制开关振荡管过压时停止工作。过压反馈同时从电源开关脉冲变压器次级感应输出电压中取出一部分电压，经光电耦合器传送到控制管，同时控制开关振荡管过压时停止工作。

7.5.3.3 自励式开关振荡电路的检修

自励式振荡不像他励式开关振荡那样先有一个芯片产生方波信号。自励式靠开关振荡管自身起振，靠振荡正反馈电路反馈而引起振荡。检修时主要是启动降压电路与振荡正反馈电路。检修时可以采用冷却法，先将开关振荡管与保险电阻做以检测，然后通电，用电压检测法测各检测点。我们要将各检测点进行详细分析。电压值变化测试点有开关管、集电极、基极，主要是开关振荡管的基极电压，它由启动降压电路和振荡正反馈电路共同汇集而成。如果它的电压正常，就说明开关振荡全是良好的。其他各测试点分析与他励式开关电源相同。

7.5.3.4 多谐振荡电路（芯片内部振荡器）

多谐振荡器无须外加触发信号，完全依靠电路内部自动激励，就能产生包含有丰富谐波的巨型脉冲波形，广泛应用于集成电路。

(1) 无稳态电路 电路中的两个振荡管周而复始工作在导通与截止状态，谁也稳定不了各自的状态，称无稳态电路。无稳态的作用是不断在芯片内产生方波脉冲信号。无稳态振荡电路结构见图 7-27。

此电路由两个振荡管 VT_1、VT_2 和 C_1、C_2 两放电电容器构成。

VT_1、VT_2 使多谐振荡器的两个振荡管交替工作，在饱和与截止两状态周而复始地转换。C_1、C_2 为振荡充放电电容器，决定振荡的时间。R_1、R_2、R_3、R_4、R_5、R_6 为 VT_1、

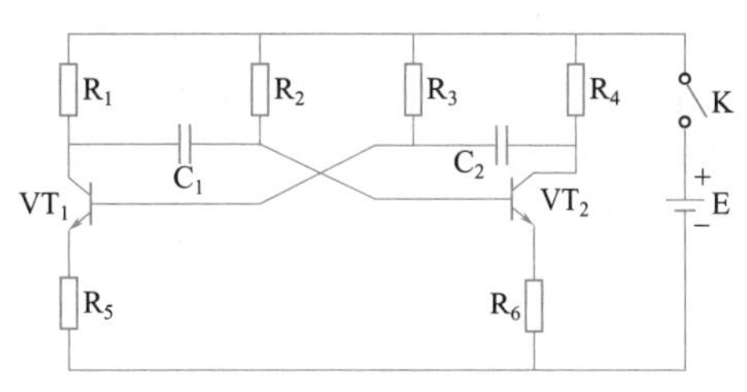

图 7-27　无稳态振荡电路

VT_2 两振荡管的偏置供电电阻，决定 VT_1 VT_2 两振荡管的供电。

当 VT_1 上升 VT_2 下降时，闭合开关K，E+→K→R_3→VT_1 b、e→R_5→E−，使 VT_1 导通，I_b 建立，VT_1 的e、c内阻减小，使 VT_1 c、e导通电流增大。此时 VT_1 的c极电位下降，经 C_1 耦合到 VT_2 的b极电位下降，使 VT_2 的 I_b 减小，使 VT_2 的 R_{ec}增大。此时 VT_2 的c端电位上升，经 C_2 耦合到 VT_1 的b极电位上升，使 VT_1 的b端电位上升，使 VT_1 U_{be}增大，使 VT_1 的 I_b 增大，使 VT_1 的 R_{ec}减小，使 VT_1 的c端电位下降，经 C_1 耦合到 VT_2 b极电压减小，VT_2 的b极电位更加下降，周而复始的正反馈使 VT_1 发展到饱和，VT_2 发展到截止态，所以 VT_1 上升，VT_2 下降，完成了第一个阶段的振荡。

在 VT_1 上升 VT_2 下降时，由于 VT_1 上升使 VT_1 的 R_{ec}减小，将 C_1 的左端经 VT_1 的c、e与 R_5 接地连接，电源的负载充上负电荷，C_1 的右端经 R_2、K连接电源正极充上正电荷。当 C_1 充电时，VT_2 的b极电位逐渐上升，当 C_1 充满电荷，VT_2 的b端电位完全上升到导通电压值，VT_2 的U_{be}达到标准电压值，此时 VT_2 导通，VT_2 的 R_{ec}减小，VT_2 的 I_{ce} 增大、VT_2 的c极电位下降，此时经过 C_2 耦合到 VT_1 b极，电压下降使 VT_1 的b极电位下降，使 VT_1 的 R_{ec}增大，使 VT_1 的c端电位上升，经 C_1 耦合到 VT_2 的b极，电压升高使 VT_2 的b极电位上升，VT_2 的b极电位越高，使 VT_2 的 R_{ec}减小，使 VT_2 的c极电位越低，经 C_2 耦合到 VT_1 的b极电压越低，使 VT_1 的b极电位下降，周而复始反馈。VT_1 由原来的饱和状态发展到截止状态，VT_2 由原来的截止状态发展到饱和状态，完成了第二个阶段 VT_1 上升 VT_2 下降的工作过程。

当 VT_1 下降 VT_2 上升时，由于 VT_2 的饱和，使 VT_2 的 R_{ec}减小，此时 C_2 的右端经 VT_2 的c、e由 R_6 接地连接电源，负极充上负电荷，C_2 的左端经 R_3、K连接电源的正极充上正电荷，当 C_2 充电时，VT_1 的b极电位逐渐上升到 U_{be}，偏压达到标准，正常导通的电压值使 VT_1 导通。当 VT_1 导通后使 VT_1 的 R_{ec}减小，VT_1 的 I_c 增大，VT_1 的c极电位下降，C_1 耦合到 VT_2 b极电位下降，当 VT_2 的基极电位下降时，VT_2 的 U_{be} 减小。此时 VT_2 的 R_{ec}增大，使 VT_2 的c极电位上升，经 C_2 耦合到 VT_1 b极的电位上升，当 VT_1 b极电位越高，VT_1 的 R_{ec}减小，VT_1 的c极电位越低，经 C_1 耦合到 VT_2 的b极电位越低，这样周而复始反馈下去，VT_1 由截止状态转变为饱和状态，VT_2 由饱和状态，转变为截止状态，VT_1 上升 VT_2 下降，又返回到原来的工作状态。

由以上工作过程可知，C_1、C_2 充电与放电导致了 VT_1 与 VT_2 的导通与截止周而复始地工作，所以 VT_1、VT_2 两管各自不能稳定工作状态，所以称此电路为无稳态电路。

（2）双稳态电路　两支振荡管一支工作在饱和状态，另一支工作在截止状态。在没有外来脉冲信号的作用下，两支振荡管都工作在各自状态，此电路称为双稳态电路。

双稳态电路的结构如图 7-28 所示。

VT_1、VT_2 是双稳态管。R_1～R_6 是 VT_1 与 VT_2 的偏置供电电阻，R_7、R_8 是触发电阻。

当K闭合时，E+经K→R_3→R_4→VT_1 b、e→R_5→E−，此时 VT_1 I_b 建立，使 $VT_1$$R_{ec}$减小，此时E+电流→K→$R_1$→$VT_1$ c、e→R_5→E−使 VT_1 的 I_b I_e、I_c 建立。当 VT_1 导通后，

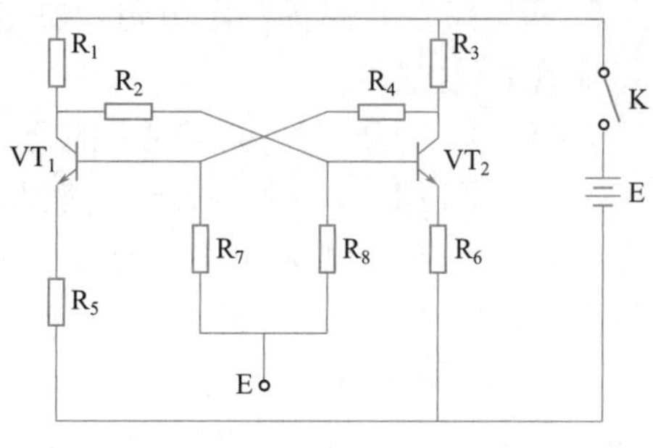

图 7-28 双稳态电路

电源电压经 K→R_1→VT_1 c、e→R_5 到 E 负极进行分流，此时经 R_2 送 VT_2 b 极的电流减小，使 VT_2 的 b 端电位下降，使 VT_2 R_{ec} 增大。此时电源电流 E+→K→R_3→R_4 送 VT_1 b 极电压上升，使 VT_1 的 b 端电位上升。VT_1 U_{be} 增大，使 VT_1 导通，VT_1 的 b 端电位上升，VT_1 R_{ec}减小，电源电流经过 VT_1 c、e→R_5 到 E 负极，分流增大，经过 R_2 送到 VT_2，b 极电压下降，使 VT_2 的 b 极电位下降，这样周而复始下去，VT_1 导通 VT_2 截止，如果此时没有外来脉冲信号，VT_1 一直导通，VT_2 一直截止，稳定各自的工作状态，所以称此电路为双稳态电路。

(3) 多谐振荡器无稳态电路的应用

① 汽车转弯闪光指示灯电路结构原理分析 汽车转弯时，方向指示灯都是一闪一闪地发光，指示转弯方向，以引起其他车辆和行人的注意。汽车转弯闪光指示灯电路结构见图 7-29。

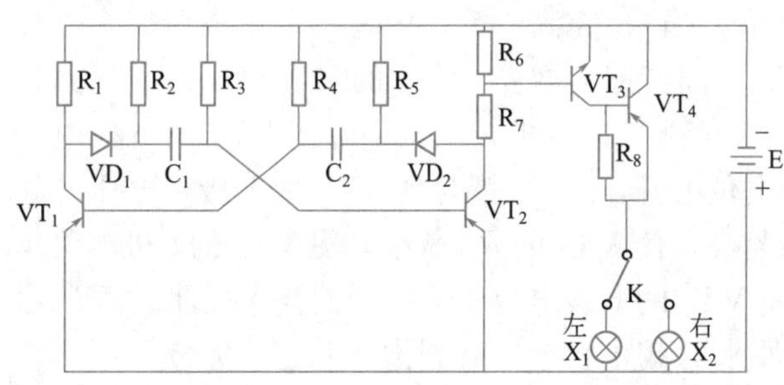

图 7-29 汽车转弯闪光指示灯电路

此电路由 VT_1、VT_2 组成的无稳态振荡器与 VT_3、VT_4 组成的复合放大器与手动控制开关、左右转弯的指示灯等组成。

VT_1 与 VT_2 是无稳态振荡电路中的多谐振荡管，周而复始工作在饱和与截止的状态。C_1、C_2 为充电电容，在充电时 C_1、C_2 可以改变 VT_1 与 VT_2 的工作状态，它们的容量是相同的，VT_1 与 VT_2 两管的功能相同。VD_1、VD_2 是续流二极管。R_1～R_7 是 VT_1 与 VT_2 的偏置供电电阻。VT_3、VT_4 组成复合放大器，用来放大多谐振荡器送来的方波脉冲信号。X_1 是左转向灯，X_2 为右转向灯。K 为手动控制左右转向灯的控制开关。E 为等效电源。此电路可以用集成芯片结构模式，也可以用模拟三极管分离式。

电路通电后，E+→VT_2 e、b→R_3→E 负极，此时 VT_2 b、e 导通，I_b 建立，VT_2 的 R_{ec}减小，电源电流经过 VT_2 e、c→R_7、R_6→E 负极，分流使 VT_1 截止。此时电源电流经 VT_2 e、b，给 C_1 充电，为左负右正，使 VT_2 b 极电位上升而截止，VT_2 截止后由于 R_{ec}增大，电源电流经过 VT_2 的 e、c→R_7、R_6 到地，分流减小，此时 VT_1 导通，电源电流经 VT_1 e、b 给 C_2 左端充电为正，C_2 右端经 R_5 连接电源负极充负电荷，随着 C_2 充电，VT_1 的 b 极电位升高而截止。这样周而复始下去，C_1 与 C_2 充电使 VT_1 与 VT_2 交替工作在饱和与截止两状态，振荡产生的方波信号由 R_6 与 R_7 中取出，送 VT_3 与 VT_4 放大器进行放大。将开关拨到左端时，e 正极经过 X_1 指示灯经 K 后给 VT_4 与 VT_3 供电，当 VT_2 导通时，电源 e 正极，经 VT_2 e、c→R_7 送 VT_3 b 极经 VT_3 b、e 导通回电源，负极使 VT_3 导通，此时 VT_3 的 R_{ec}减小，VT_3 的 c 端电位下降，使 VT_4 的 b 极电位下降使 VT_4 导通，电源正极经 X_1 经 K→VT_4 e、c 回电源负极，此时 X_1 指示灯点亮；当 VT_2 截止时，由于 VT_2 的 R_{ec}增大，电流没有经过 VT_2 e、c 送 VT_3 b 极，使 VT_3 b 端电位下降，使 VT_3 截止。此时 VT_3 R_{ec}增大，VT_3 的 c 极电位升高，使 VT_4 b 端电位升高，使 VT_4 截止。此时 VT_4 R_{ec}增大，

切断 X_1 的回路，X_1 指示灯不亮。由于 VT_2 不断工作在导通与截止状态，不断转换工作，所以转弯指示灯 X_1 不停闪烁，给路人指示左转弯。如果将开关 K 拨在 X_2 右端，指示灯 X_2 就会不停地闪烁，给路人指示右转弯。

当拨转向灯开关时，X_1 与 X_2 都不亮，首先测电源的总电源 E 两端的正向电压，如果正向电压正常，再检查开关是否有接触不良的现象，若开关良好，检查左右转弯的指示灯，可用外接电源进行适当的通电验证，再用示波器测 R_6 与 R_7 之间的方波脉冲信号是否正常，如果方波脉冲信号电压正常，说明多谐振荡良好，如果方波脉冲异常或没有脉冲，就证明多谐振荡器有故障。先检测 VT_1 与 VT_2 两振荡是否正常，再检查 R_1 到 R_7 的电阻值是否变大或电阻器开路，再测 C_1、C_2 是否漏电。

② 石英晶体振荡电路　在实际电路中，经常要求正弦波振荡器电路输出具有一定频率稳定的振荡正弦波信号。我们以前学习过的 LC 电路，振荡的频率稳定度、输出的信号幅度越来越大。在许多电子电器以及电子电气设备中要求有较高的频率稳定，才可以使整个设备工作性能稳定，经常采用石英晶体振荡回路来完成较高频率信号的产生。

在一块石英晶体上按一定的方位角切下薄片，这种晶片可以是正方形、巨型圆形等，然后我们在晶片的表面涂银，并安装一对金属板，接上引线，用金属或玻璃外壳封装，就构成了石英晶体振荡器，简称石英晶振或晶振。石英晶振为什么广泛应用在振荡电路中？是因为它具有压电效应，给石英晶振两个极板外加电场，晶片会产生机械变形，反之，在晶片上施加机械压力，则会在晶振相应方向产生一定的电场。

如果在晶振两极板加交流信号，则晶片会产生机械振动，同时这些机械变形又会产生交变电场，外加交流信号的频率刚好等于晶振的固有频率时，振幅明显增大，伴随产生的交变电场也随之增大，这种现象称为压电效应。

石英晶体的电路符号见图 7-30。石英晶体振荡器内部等效于由 LC 并联与 LC 串联振荡电路构成。在振荡时，它可以产生很大的静态转变动态的频率。

并联石英晶体振荡电路如图 7-31 所示。此电路由一个基本放大器与选频网络构成，基本放大器由 VT 构成，选频网络电路由 C_1、C_2 与 X 构成。电路中 VT 是振荡基本的放大器。R_1、R_2、R_3 组成偏置电路。C_1、C_2 是选频谐振电容器。X 是晶体振荡器，它与 C_1、C_2 构成三点式振荡器。C_3 是振荡正反馈电容器。

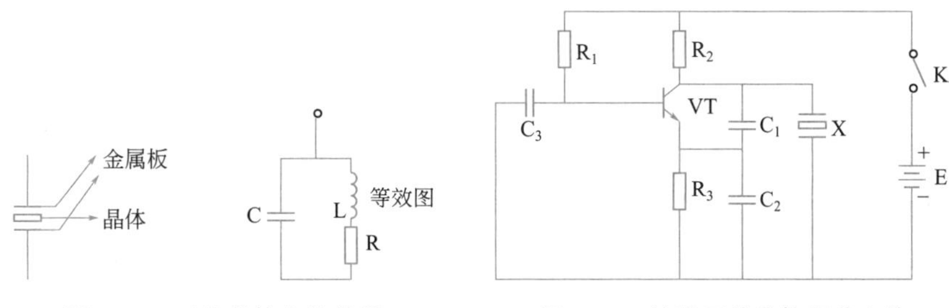

图 7-30　石英晶体电路符号　　图 7-31　并联石英晶体振荡电路

并联石英晶体振荡电路工作过程如下。当闭合开关电源，电流经过 R_1→VT b、e→R_3 到 E 负极，此时 VT 的 I_b 建立，使 VT R_{ec}减小，此时电流经 E+→K→R_2→VT c、e→R_3→E 负极，这时 VT_1 就会建立 I_c 与 I_e，当 VT 导通后，C_1、C_2 的充放电与 X 内部产生动态电场引起振荡，经 C_3 正反馈到 VT b 极，周而复始反馈，振荡便正常建立。

并联石英晶体振荡电路检修时，测量有没有振荡脉冲信号输出，若没有，我们先测量放大器的基本工作点，测量 VT b、e 是否正偏，VT b、c 是否反偏，b、e 的正偏电压是否正常。如果 U_{be} 正偏电压为零，检查电源总电压以及 R_1 电阻与供电线路是否开路，如果阻值变大开路，我们就可以按原阻值更换，焊接电路的开路处。

一般用万用表的 $R\times10k$ 挡检测石英晶体振荡器，红黑表笔分别接石英晶体，振荡器两端在正常情况下为无穷大的阻值。如果测量时表针摆动，说明石英晶体振荡器漏电。如果表针摆动角度大，说明漏电严重。如果表针指向右零，说明晶振已经损坏，还是不能发现故障。最好的办法，是用同型号的晶体振荡器代换，或用示波器测晶体两端波形来判断故障好坏。在更换石英晶体振荡器时，后缀字母也要尽量一致，否则可能使电路无法正常工作，不过对于要求不高的电路，可以用频率相近的晶振进行替换，如果型号不对，可能使频率不对应。

在许多电子电气设备中都会采用石英晶体振荡器来组成振荡器电路，因为石英晶体具有的特点是温度系数很小，振荡频率稳定，常用于电子设备电路中基准时钟的信号产生电路。一般用在电气自动化设备的变频器电路与软件启动电路中。在这些电气设备中，晶体振荡器与 CPU 集成芯片内振荡的电路共同组成了 CPU 时钟振荡电路。同时晶体振荡器的外端加有谐振电容器与集成芯片，共同组成时钟振荡电路。晶体振荡器还应用于电脑主板中的系统时钟电路，同时也用在南桥芯片连接的实时晶体振荡电路，还用在网卡时钟振荡与声卡时钟振荡电路等。

石英晶体振荡器与集成芯片构成的电路见图 7-32。图中 IC 是集成芯片内部电路，X 是芯片外接晶振，C_1 与 C_2 是芯片外接电容，晶体振荡器 R_F 是电阻。

集成芯片与晶体外接谐振电路结构见图 7-33。两输入与非门芯片和 327.68kHz 频率的晶体振荡器与外接 X、C_1、C_2 两谐振电容共同构成振荡电路。我们给芯片通＋5V 电压才可以使芯片内各单元电路工作，共同构成工作振荡，这些结构在电子电路中较多。

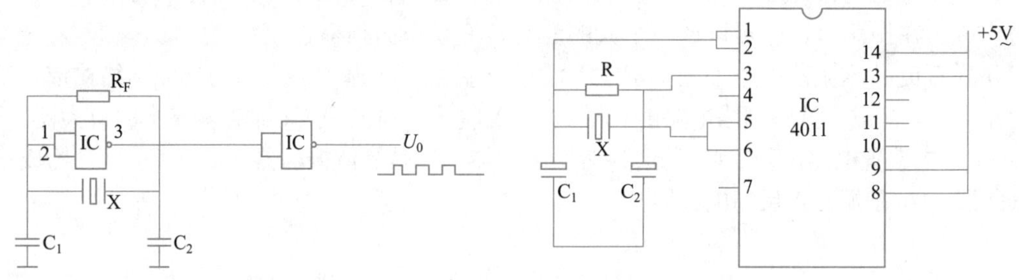

图 7-32 石英晶体振荡器与集成芯片构成的电路　　图 7-33 集成芯片与晶体外接谐振电路

石英晶体振荡电路检修如下。用示波器测晶振两端的信号波形，如果晶振两端信号检测脉冲波形为零，首先检测晶振是否损坏或用同型号的晶振进行代换，如果代换无效果，可以将谐振电容器进行检查或代换，对集成芯片的工作条件进行检测。先测芯片的总供电，如果供电电压不正常，我们检测供电来源电路以及供电来源分支电路与滤波电容器是否漏电。如果供电电压正常，检查复位电路、复位芯片是否工作，再代换晶振与谐振电容器，无效果时，我们可以检查集成芯片是否正常工作，如果时钟信号仍然不正常，检查其他原因。

7.5.3.5 他励式开关电源的检修

根据工业电气控制设备的变频器，来判断开关电源是否损坏。例如，变频器在通电开机后，无任何反应只是电源指示灯不亮，面板显示屏也不显示，操作面板各按键，变频器整机无效，机内散热风扇也不转，这时就证明整机没有工作。由于电源指示灯的供电来自于他励式开关电源，面板显示屏也用二次开关电源供电，机内散热风扇的供电来自于二次开关电源，现在通电开机整机无任何反应，根据整机内供电结构来分析，故障出现在开关电源电路。检测时，先用万用表的直流 1000 V挡位测 P+与 P−端口的直流电压，如果 P+与 P−端直流电压正常，就证明主电路中的整流与滤波电路良好，然后测变频器小接线端口的24 V以及 10 V直流电压，用万用表最小直流电压挡测为零，充分说明变频器内部二次开关电源损坏。24 V与 10 V直流电压都来自于二次开关电源，对于检修机器常用的是冷却法，将整机断开供电，用电阻挡位的 $R\times1\Omega$ 挡或用万用表的蜂鸣挡位进行检测。开关管是开关电源中最常损坏的元件。

一般在开关电源中，最容易击穿的是开关振荡管，最容易开路的是电源开关管的漏极 D、源极 S 的对地电阻器。由于此电阻器功率大，阻值小，开关管导通电流过大时，保险电阻器就会断开。在电路中测开关管的漏源极是否击穿，再测开关管漏源极对地线的电阻是否开路。如果测量开关振荡管与保险电阻器发现没有损坏，这时用电压检测法检查故障原因。

二次开关电源是否工作，可以由变频器工作时对外的特征来判断，比如电源指示灯亮，散热风扇工作，面板显示器工作。但是在实际电路中，可以用万用表直流电压50 V或 10 V挡位测量二次开关电源脉冲降压变压器次级的降压线圈感应的低电压，在脉冲变压器次级每个绕组线圈对应的整流滤波之后，测量滤波电容器的两端各级低压直流电压是否正常，测量时只要有一个绕组感应降压以后的直流电压正常，就证明二次开关电源已经振荡工作。

测脉冲变压器次级降压后的各路电压时，有以下几种情况：脉冲变压器次级降压线圈感应电压都为 0V，脉冲变压器次级线圈感应电压低于正常值。由故障现象可分析此故障的原因。

① 脉冲变压器次级感应线圈感应电压过低。主要是由于脉冲变压器次级的后负载电路短路，或者过载而引起电压过低。首先采用断测法，就是将脉冲变压器次级线圈之后的负载电路断开，然后再测脉冲变压器次级感应电压。如果此时电压正常，就证明脉冲变压器的负载电路有短路故障。然后检查变压器后负载电路中，有极性滤波电容器是否漏电、大功率半导体元件是否击穿，同时检查大功率芯片内阻值是否变小。还要检查有无非专业人员乱焊接，造成短路。

故障检修：更换脉冲变压器次级负载电路的有极性滤波电容器，如果测量大功率三极管或场效应管击穿，按照同型号更换，如果芯片的总供电引脚电阻值过小，可以按同型号芯片替换。更换损坏元件后，再通电检测变压器次级各降压绕组电压是否正常。

② 脉冲变压器次级负载电路断开后，变压器次级电压仍然低。故障原因：很可能是脉冲变压器本身各绕组线圈匝间短路引起，也有可能是开关振荡电路振荡频率下降而引起的。首先将电路断开，用万用表电阻挡 $R\times1\Omega$ 或 $R\times10\Omega$ 挡测变压器各绕组线圈的电阻值是否符合标准。然后检查开关振荡电路中，UC3842 芯片 6 脚振荡输出的信号频率是否符合标准。如果频率不正常，检查 UC3842 的 4 脚外接振荡定时电容器容量大小是否符合标准。

故障检修：替换同型号的芯片与振荡定时电容器，同时替换电源开关振荡管，然后通电再测量变压次级各绕组线圈感应电压。

③ 脉冲变压器次级各降压线圈感应电压，有的绕组电压正常，有的不正常。

由故障现象可分析：开关振荡电路基本良好，故障原因是由于脉冲变压器次级各部分绕组的负载电路短路而引起部分绕组电压不正常。首先将变压器次级电压低的绕组的负载电路断开，再测电压。如果此时电压仍过低，说明变压器次级绕组线圈匝间短路。如果断负载电路后测变压器次级线圈电压正常，说明负载电路有短路故障。

故障检修：检查负载电路、大功率元件，以及芯片是否击穿，如果损坏，替换同型号元件。如果断开变压器次级的负载电路，变压器次级线圈感应电压仍然低，替换线圈对应的整流滤波元件。如果替换整流滤波元件后电压仍然低，替换同规格的脉冲变压器。

下面对开关脉冲变压器次级各绕组电压都为 0V 的情况进行检修和故障排除。

在前几章节学习变频器开关电源电路时，我们知道必须在电源正常振荡时，电源开关管在脉冲芯片送来的方波信号的作用下饱和截止工作，使开关脉冲变压器的通电线圈产生交变磁场，才可以使脉冲变压器各绕组产生感应电压。但此时测脉冲变压器次级各绕组感应电压时都为 0V，说明整个开关电源就没有工作。

按照他励式开关电源的检修步骤去检测。以 UC3844 芯片构成的开关电源为例，先测 UC3844 芯片的 7 脚供电，如果 7 脚电压为 0V，检查启动降压电路中供电电阻有无开路，如果 7 脚电压很低，查启动电路的供电电阻是否电阻值增大。如果启动降压供电电路电阻都良好，再测 UC3842 的第 7 脚对地线电阻值是否变小，将第 7 脚电位拉低。同时检查供电滤波电容器是否漏电分流，使 7 脚电位拉低。然后测 8 脚电压。如果 8 脚电压异常，证明芯片内稳压电路损坏。再测 4 脚电压，如果 4 脚对地电压不正常，查 4 脚外接振荡定时电容器是否损坏漏电，如果外接电容良好，证明芯片内部振荡器损坏，代换同型号芯片。如果测 4 脚电压正常，再测 UC3844 的 6 脚输出的脉冲，如果 6 脚输出的脉冲信号不正常，代换芯片，如果 6 脚输出脉冲信号正常，再测振荡开关管的栅极是否正常，如果栅极脉冲正常，再测开关管的漏极供电。正常时三相变频器为 450～500 V，两相供电为 300 V，如果开关管漏极供电正常，测脉冲变压器次级降压各绕组线圈感应后整流滤波后的直流输出电压是否正常。

可以测量三个点，机器通电后先测开关电源脉冲变压器的次级的整流滤波各路低压直流电压，如果测量时各电压为零，说明开关电源没工作。再测开关电源管场效应管漏极，正常时电压三相为 450～500 V，单相的变频器正常电压为 300 V，若测量时电压为 0V，查主电路中整流滤波后到脉冲变压器漏极之间的供电电路有无开路现象。

如果在测量时，开关振荡管漏极电压正常，最后测脉冲发生芯片的第 7 脚电压，如果 7 脚电压不正常为 0V，检查启动降压电路。如果电阻值增大，需换同型号、同规格、同阻值的电阻，同时查启动供电线路的铜皮是否开路。

如果测脉冲芯片 7 脚电压时，电压很低，有三种原因：

一是启动降压电路电阻值增大；

二是脉冲芯片的内部电阻值变小拉低电位；

三是启动电路供电线路中滤波电容器漏电，以及主电路整流滤波电路输出电压过低。

如果测量时 7 脚电压正常，说明芯片已经振荡，而且可说明整个开关电源都正常，因为 UC3844 的第 7 脚的电压由两个方面决定：一是启动降压电路送来的启动电压；二是正反馈送来的反馈电压。如果 UC3844 内部不能振荡，6 脚不能输出方波脉冲信号，那么开关振荡管也不会工作，脉冲变压器的通电线圈不能产生交变磁场，正反馈线圈没有感应电压，那么 UC3844 的 7 脚也不会有正常的工作电压，所以检修也不会有正常的工作电压。

提示：检修他励式开关电源时，UC3844 的第 7 脚的电压是十分关键的。7 脚可以分析出开关电源是否正常工作。检修时电源开关振荡管的栅极脉冲信号也是关键，其脉冲信号是否正常可以充分证明芯片内振荡是否起振，同时也可以证明正反馈电路是否反馈，开关振荡以及脉冲变压器等是否工作。

7.5.3.6 他励式开关电源电路常见故障检修

［故障 1］ 变频器整机开机工作一段时间自动停机，测 P＋与 P－端电压正常，由故障现象可以分析出故障的大概部分。因为整机工作一段时间，所以整机电路基本上没有损坏，但是工作一段时间后停机，根据故障判断有以下两种原因。

① 负载过重或机内元件性能问题直接将机内某一电路元件损坏。

② 整机内温度过高而使大功率元件过热保护，使整机停机。测 P＋与 P－端直流电压时正常，说明变频器的主电路正常，基本没有短路故障。P＋与 P－端电压正常，证明变频主电路的整流滤波电路工作正常，逆变电路没有短路。

首先断开变频器的负载电动机，再通电检测 U、V、W 三端输出电压在启动时是否正常。如果断开电动机后启动变频器电压正常，就证明是由于负载电动机过热而使变频器保护暂停运行。如果断开电动机后再次启动变频器 U、V、W 三端输出电压为 0，同时面板无显示，电源指示灯不亮，这时基本可推出二次电源损坏，因为变频器中面板显示驱动电路、CPU 电路供电都来自于二次开关电源，所以二次开关电源损坏后显示器面板无反应，CPU 电路以及驱动电路都不工作，这时逆变电路也不能工作，所以 U、V、W 三端输出电压为 0。开关电源内部电路中开关振荡管是大功率管，这个大功率管在正常工作时如果温度升高，会使开关管过流脉冲芯片得到这个反馈电流，就会保护，这样开关电源就会自动停止工作。有些机器由于电动机负载电路有故障时开关电源保护。检修时我们可以用切断法测量，先将开关电源负载电路全部供电断开，只给开关电源供电，再启动电源测开关电源脉冲变压器次级各绕组感应电压是否正常。如果脉冲变压器次级各路正常，就证明开关电源负载电路由某一单元电路引起保护。详细检查开关电源后负载的各单元电路，也可以一条一条地逐个再供电，供哪一路时保护，就检测这一路的供电后的单元电路以及电路中元件是否损坏，或线路是否短路，先断开开关电源之后的所有负载电路，再测电源脉冲变压器次级各绕组感应电压。如果各路电压都为 0，说明开关电源没有工作。可以目测开关电源电路中，各元件有无损坏，如果目测无法看出，在电源断电状态下，用万用表测开关振荡管以及保险电阻是否损坏、开关管是否击穿、电阻是否开路等。如果开关管与电阻都良好，用同型号的开关管代换再通电测各路电压。再检查开关电源中所有的半导体元件电阻值，或用同型号代换。有些机器是由于半导体元件的性能下降，导致整机工作一段时间停机。如果以上检查没有找出故障，我们就按照开关电源的电路结构原理逐步检查各测试点的电压变化，以此来分析故障。

［故障 2］ 开机面板显示操作正常，但 U、V、W 三端无输出电压。

由此故障可以分析出，面板可以显示，就证明变频器主电路中滤波电路良好，而且二次开关电源电路工作正常，因为面板以及显示器供电都是由二次开关电源供电的。由于二次电源供电来自于主电路整流滤波，所以电源可以正常工作。面板显示正常证明开关电源以及显示电路都工作正常，而且操作正常，证明 CPU 电路良好以及面板键输入电路良好。虽然面板操作正常，但是 U、V、W 三端输出电压为零，可证明逆变电路以及六相脉冲驱动电路没有工作。

在未拆机前先测一下变频器 P＋与 P－端的直流电是否正常，可以初步判断机内主电路中逆变电路的好坏，如果 P＋与 P－端电压正常，说明主电路中逆变电路没有短路。在拆机后，先通电启动机器，检查逆变电路的工作条件，先在电路中找到逆变电路、六支变频管或者变频模块的总供电。这个电压直接来自于主电路中的整流与滤波电路。一般三相变频器逆变电路两端电压为 450～500 V，单相变频器电压为 300 V。如果逆变电路两端直流电压正常，再用示波器测变频器的六相方波脉冲信号，六相脉冲信号正常时，六相脉冲的幅度与频率周期都相同。如果六相脉冲都为零，说明六相驱动电路没有将六相脉冲送到或驱动电路没有工作。

检查逆变电路中六支变频管的控制极到六相方波脉冲信号驱动电路之间的脉冲信号传送电路是否良好。检查六相驱动电路中六支驱动芯片的总供电，测量时每支驱动芯片的供电电压都为 0V，证明整个脉冲驱动电路都没有工作。检查由开关电源到六支驱动芯片供电端之间的供电线路有无开路，或者用电压法直接测开关电源脉冲变压器次级的各驱动供电绕组的感应电压。在每个绕组对应整流后滤波电容的两端测量，也可以断开开关电源供电，用电阻挡测量驱动电路供电的整流管的正反电阻值，同时测滤波电容器是否漏电。用示波器测量六相驱动芯片的入端信号全部正常，证明 CPU 电路工作正常，此故障出现在驱动电路，重点检查电源开关脉冲变压器、整流滤波以及六驱动供电线路。

7.5.3.7 自励式开关稳压电源电路分析

有些老式的工控电气设备中仍然用到自励式开关电源。自励式开关电源由于电路结构复杂，故起振困难，损坏后由于振荡电路起振元件较多，检修复杂，因此需详细学习其电路结构原理与检修方法。

(1) 自励式开关电源的基本结构 整个电路由脉冲振荡变压器、开关振荡管、起振降压电路、振荡正反馈电路、过压过流保护电路、脉冲变压器次级降压整流滤波等各电路组成，下面我们对电路的各部分作用、特性以及检修做一了解。

① 脉冲振荡变压器 它是一个多绕组互感式变压器，由振荡起振线圈、振荡正反馈线圈、变压器次级各绕组降压线圈等组成。振荡起振线圈与开关振荡管共同组成振荡逆变电路。在起振时将直流转变为高频交流，产生交变磁场，单位时间内导通电流大，线圈容易损坏。在检修时用合适的电阻挡测量电阻值。正反馈线圈的主要作用是在起振线圈产生交变磁场的作用下，感应反馈电压，经正反馈电路送到开关振荡管的基极，起振电压周而复始地反馈才使振荡电路正常振荡。一般反馈线圈的阻值很小，用万用表电阻挡的 $R\times1\Omega$ 挡测量即可。脉冲变压器次级降压线圈，由于负载电路分别所用的供电电压不同，所以各绕组线圈圈数不同，线圈的电阻值不同，感应电压有所不同，检测时用 $R\times1\Omega$ 挡或数字蜂鸣挡。开关脉冲变压器的主要作用是产生初始的起振信号，进行振荡正反馈以及多组降压等。

② 开关振荡管 其在电路中与脉冲变压器的初级线圈产生振荡，产生高频的交变磁场，将直流转变交流。开关振荡管一般都工作在饱和与截止状态。

开关振荡管是大功率管，单位时间内导通电流大，容易产生很高的温度，所以需要有良好的散热措施。自励式开关振荡管一般用三极管，因为开关管单位时间内导通电流大，所以容易损坏，一般常见为击穿故障。由于开关振荡管的发射极对地线有保险电阻，开关管击穿后会使保险电阻开路，保护开关振荡管。

③ 起振降压电路 一般将直接整流与滤波后的直流电压 300 V经电阻器进行大幅度降压，转变为几十伏的直流电压，给开关振荡管基极提供启动的起振电压。在开关振荡管微导通后，这个电压使开关管的集电极与发射极之间的内阻减小，使导通的电流增大。此时脉冲变压器的初级产生交变磁场，感应到正反馈线圈经正反馈电路反馈到开关管的基极，周而复始反馈，振荡起振。起振降压电路的降压电阻由一支或两支、两支以上的电阻器串联而成，

一般电阻器阻值是几千欧姆或者几十千欧姆、几百千欧姆，这样的电阻器组成启动降压电路。

④ 振荡正反馈电路　主要作用是将脉冲变压器正反馈线圈感应的电压作为正反馈的初始起振的初始信号，正反馈送到开关振荡管的基极，与启动降压电路送来的电压汇合，使开关振荡管更加导通，周而复始的正反馈振荡便建立。这时开关管会导通与截止，不断地交替工作，才能将整流滤波送来的直流转变为一定频率的交流电，使变压器初级线圈产生交变磁场。一般振荡正反馈电路由一支振荡定时电容器与正向整流二极管以及正反馈电阻等几个元件组成。其中振荡定时电容器的容量大小直接决定充放电快慢，决定振荡的频率。

⑤ 过压过流保护电路　这个电路只有在电路出现过压过流时才启动工作。电路没有过压过流时，此电路不动作。在前几章学习开关电源电路时，我们知道过流保护，由电源开关振荡管的发射极对地电阻的上端，取出部分电流经过流电阻送过压控制管。当开关电源脉冲变压器次级感应线圈输出电压过高时，经脉冲变压器的初级通电线圈与开关振荡管的集电极和发射极，电流瞬间过大，经过流反馈电阻送过压控制管的基极。此时开关过压控制管导通，将开关振荡管基极的电流经过压控制管集电极与发射极分流，使开关振荡管基极电位下降，使开关振荡管截止工作，整个开关电源截止工作，实现过流保护、过压保护。电路结构采用开关电源脉冲变压器次级感应的输出电压，由取样电路取出部分电压，再经过光电耦合器传送给过压控制管。此时过压控制管导通，进行开关振荡管的分流，然后使开关振荡管基极电位下降，停止工作。此时整个开关电路就会停止工作，实现过压保护。

⑥ 脉冲变压器次级整流滤波电路　在开关电源正常振荡时，脉冲变压器次级各降压绕组感应电压分别整流滤波，给电源电路各负载提供额定的工作电压与工作电流。由于各负载电路所需工作电压不相同，所以变压器次级绕组的感应电压也有不同，所以对应的滤波电容也有不同。在检修时我们可以通过测量脉冲变压器次级各绕组电压来判断开关电源本身以及负载电路有无损坏。因为脉冲变压器的次级各绕组感应电压是否正常、电源负载电路是否正常工作，对此电压影响很大。开关振荡管工作频率的高低对开关电源正常工作时脉冲变压器次级的感应电压也影响很大。

下面我们来分析，脉冲变压器次级的电压变化情况。我们以变频器为例说明。在变频器整机电路中，开关电源的负载电路由六相脉冲驱动电路以及 MCU 与 CPU 电路、面板显示与面板键输入电路等同时给散热风扇供电，其中，六相脉冲驱动电路功率最大。一般正常工作时的供电电压为 15～18 V。不同的芯片功率不同，它们的供电电压有所不同。如果检测测量时，驱动电路的供电电压不正常，低于工作电压，有两种原因：一是电源负载电路有故障，就是驱动电路内部有短路故障，拉低电源输出的驱动电压，而开关电源脉冲变压器次级感应整流二极管正向电阻值增大，正向导通电流小，而使驱动电压下降，同时有对应的整流滤波电容器漏电，造成驱动电压过低；二是开关电源本身振荡频率低，而使脉冲变压器的初级线圈产生的交变磁场频率降低，磁场减弱，因而造成脉冲变压器次级各绕组电压的下降。检修某一机器前必须知道开关电源输出驱动电压供电正常为多少伏，检测后，才可以做以比较进行分析。如果六相脉冲的驱动供电电压正常，我们再测 MCU 电路以及 CPU 电路供电电压是否正常。

(2) 自励式开关电源的电路分析　其电路见图 7-34。

T 为开关脉冲变压器，L_1 振荡线圈与 VT_1 组成开关振荡电路，在开关管 VT_1 导通与截止工作时，L_1 将 V_{CC}送来的直流转变成高频交流，形成交变磁场。L_2、L_3 为脉冲变压器

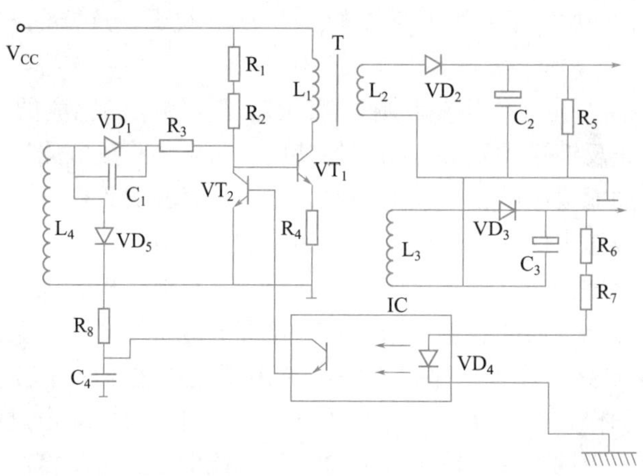

图 7-34 自励式开关电源

次级降压感应线圈。在 L_1 交变磁场的作用下，感应到 L_2、L_3 与 L_4 线圈，L_2、L_3 感应的电压进行降压，L_4 感应的电压为正反馈电压，L_4 称为正反馈线圈，感应一定的交流电压作反馈电压。VT_1 为电源振荡开关管，VT_1 与 L_1 共同组成开关振荡电路。正常工作时 VT_1 时常工作在饱和与截止两个状态。VT_1 管是大功率管，要求有良好的散热。VT_2 与 VT_1 管共同组成复合管，VT_2 管的工作状态决定 VT_1 管的状态。VT_2 管也是过压控制管，VT_2 管属于小功率管，它的工作电流小，一般用小功率塑封装。R_1 与 R_2 组成启动降压电路，将整流与滤波电路送来的几百伏直流电进行大幅度降压，降为几十伏或十几伏的直流电压，作为开关振荡管的启动振荡的初始电压。R_3 为正反馈信号输送电路。VD_1 为正反馈整流二极管。C 为振荡充放电电容器，也称振荡定时电容器。VD_5 与 R_8 组成过压反馈电路。R_4 为开关管的保险电阻。VD_2、VD_3、C_2、C_3 组成脉冲变压器次级整流滤波电路。IC 为光电耦合器，将脉冲变压器次级降压以后整流滤波的直流电压输出端，取出过压时的部分电压，做以检测电压，这个电压经光电耦合器传送到 VT_2 基极，控制 VT_2，同时控制 VT_1 开关管的工作状态。

电路通电后，V_{CC}整流滤波后的直流 300 V，经 R_1 与 R_2 启动降压送 VT_1 的 b 极，由于 VT_1 是 NPN 管，电流经 VT_1 b、e 经 R_4 后回到正反馈线圈形成回路，使 VT_1 b、e 正向导通。此时 VT_1 导通后 R_{ec}减小，电流再经 L_1 线圈再经 VT_1 c、e 导通到地，经 R_4 到地形成回路。此时 L_1 产生上正下负的电动势，感应到 L_4 为上正下负，经 VD_1 整流后经过 R_3 送往 VT_1b 极，使 b 极电位升高，使 VT_1 R_{ec}更加减小，L_1 产生上正下负的电动势增强，感应到 L_1 上正下负增强，周而复始正反馈，VT_1 管饱和，此时正反馈线圈感应电压反馈较缓慢，L_4 所感应的上正下负的电动势给 C1 充电，为左正右负，右端经过 R_3 送往 VT_1 b 极，左端经 L_4、R_4 送 VT_1 的 e 极。这时 VT_1 管 b、e 形成反偏，使 VT_1 管截止。

VT_1 管截止后 R_{ec}增大，此时 VT_1 的集电极电位升高，使 L_1 产生上负下正的反电动势，感应到 L_4 上正下负形成负反馈，这时 VT_1 b、e 反偏截止，此时 C_1 经 VD_1 正向导通放电，等 C_1 放完电荷，VT_1 b、e 恢复了正向导通。VT_1 又开始另一个周期的工作。可见，C_1 的充电与放电、VT_1 的饱和与截止，使 L_1 产生了高频的交变磁场，所以 C_1 的容量大小决定充放电时间，从而决定 VT_1 的饱和与截止的时间，决定 L_1 的交变磁场的频率，决定了脉冲变压器次级降压的交流电压高低，最后决定了整流与滤波的输出送负载电压的高低。当脉冲变压器次级降压输出送负载电压升高时，经过 R_6、R_7 送 VD_4，使 VD_4 导通发光，感应到光敏三极管的光敏涂层上，使光电三极管导通，R_{ec}减小，使正反馈线圈感应的电压经

VD_5 整流经 R_8，再由光电耦合器内部的光电三极管集电极 c 与发射极 e 送 VT_2 基极，使 VT_2 导通，R_{ec}减小，使 VT_1 的基极电位降低，使 VT_1 R_{ec}增大，使 VT_1 c、e 导通，电流减小，VT_1 截止，L_1 基本无电流通过，整个振荡器停止工作，这时实现过压保护。

(3) 自励式开关振荡的电路检修　一般开机机器无任何反应，大多数原因是开关电源损坏。因为机器大部分的电子线路供电都是由开关电源提供，开关电源损坏后，大部分电路不能工作，这时整机处于不工作的停机状态。首先用冷却法检测开关管 VT_1 与 VD_4 这两个容易损坏的元件是否损坏，用电阻挡 $R\times1\Omega$ 挡或蜂鸣器挡位在断电状态下检测 VT_1 开关管是否击穿、R_4 有无开路，这样我们可以不走弯路。如果测量时 VT_1 击穿、R_4 保险电阻开路，按同规格同型号更换即可，如果更换后通电再次损坏，证明振荡电路、反馈电路有故障，我们所更换的元件性能不良或型号不对应，需详细检查。如果冷却法测量时元件良好，再采用电压法判断，通电后检测电源中主要的几个测试点来分析故障，用直流电压挡 1000 V̲测 VT_1 集电极对地电压（正常时为 300 V̲）。

如果 300 V̲电压过低，检查电源主电路整流滤波元件，电容器是否漏电、整流二极管是否正向电阻变大。如果 300 V̲电压为零，检查电源线以及主电路中整流滤波后送电压的供电电路是否开路。如果测量时 VT_1 集电极 300 V̲电压正常，再测 VT_1 基极电压，测试 VT_1 基极电压为 0 V̲，检查 R_1、R_2 电阻有无开路，启动降压供电线路有无开路现象，如果 VT_1 基极电压低于正常值，检查 R_1、R_2 启动降压电阻值是否偏大，主电路中整流滤波后的 300 V̲ 电压是否变低，测量时如果 VT_1 基极电压正常，就证明开关电源工作良好，因为 VT_1基极电压是由启动电路与反馈电路共同汇集而成。如果只有启动电压没有反馈电压，VT_1基极电压也不能达到正常工作状态。其实检修自励式开关电源时，可以直接测 VT_1 基极电压，就可以判断开关电源是否振荡，测 VT_1 b 极与 c 极电压都正常时，可以测脉冲变压器的次级降压与整流滤波后的降压直流是否正常。如果电压不正常，检查负载电路以及对应的整流滤波电路。

7.5.3.8　DC-DC 转换器电路

电源已经将交流电转换成了直流电，DC-DC 转换器就是将原本电源送来的低压直流电进行直流转换直流，一般都采用集成稳压芯片来进行转换，采用三端或五端稳压器在芯片内进行稳压，集成电路称稳压器电路，一般在微电子电路中常用。电路工作时，先将交流电经一次或二次电源转变为整流后的直流电，然后再经降压稳压转变为低压直流电。

为了使负载电路的工作性能稳定，采用 DC-DC 转变电路将直流电转变为负载电路所需的稳定的低压直流电，给负载供电。同时还有反馈电路，将输出的直流电一部分反馈，从而稳定了输出负载电压。DC-DC 转换器一般用于微电子的大规模集成电路，做直流电压处理供电。一般 DC-DC 转换器稳压性能好。DC-DC 转换器电路结构简易，便于维修，电源的稳压性能也很好，在检修时只需将转换器输入端与输出端的工作电压进行测试，做一对比就可以分析出故障。也可以断电测 DC-DC 转换器的输入端与输出端对地电阻值。检测时我们可以先测 DC-DC 转换器输出电压，如果输出电压低于正常电压值，将转换器负载供电断开，此时测量输出电压，如果正常证明负载电路有短路。如果电压还是很低，说明故障在转换器以及转换器输入端电源供电电路，如果输入端电压正常，就证明转换器内部损坏，用同型号代换。

二次电源的总结： 在电子电气设备中，如果将 220 V̲ 交流电直接整流滤波后进行开关振荡变换的整流滤波没有分支电压，这样的电路结构我们称一次电源。如果将 220 V̲ 直接整流滤波后的几百伏直流电分成几路供电，既给开关电源供电，又给其他电路供电，称为二次电源。工业自动化设备中，习惯将变频器主电路整流滤波称为一次电源，将开关电源称为二次电源，这样在检修时可以分清高低电压的部位。也可以认为直接通 220 V 交流或 380 V 交流电的电源称为一次电源，直接供几百伏直流电的电源称为二次电源。而且二次电源都会将高电压直流转换成低电压直流。

二次开关电源损坏的原因可以归纳为以下几点。

① 开关电源的负载电路中，大功率半导体元件以及大功率芯片击穿或有极性滤波电容器漏电而造成电路负载某一单元电路的电阻值下降，而导致单位时间内导通电流增大，使开关电源过流损坏。

② 开关电源大功率元件开关振荡管的散热不好，导致开关管过热击穿，也有些开关振荡管老化，工作稳定性不良，导致开关管不能正常工作。开关电源中，有极性电容器漏电也会造成开关电源不能振荡。半导体的二极管性能不良，也会造成振荡电路不能起振。

③ 开关脉冲变压器的通电线圈内阻减小，也会造成难以起振。变压器次级降压线圈电流负载严重短路也会使线圈损坏。电源输入端 300 V 升高也会损坏电源。

7.5.4 三次电源电路分析

三次电源、二次电源等电路工作时，是如何将降压后的直流电压分配给各单元电路中芯片的总供电引脚呢？以笔记本电脑电路为例说明，CPU 芯片供电只有一点几伏电压，这个三次电源由一个频发芯片与两个场效应管构成，在开机电路送来脉冲信号作用下，控制两支场效应管工作，将适配器经保护隔离层送来的＋19 V 直流电进行调整，转变为一点几伏送 CPU 芯片。可见三次电源就是直接给芯片提供供电的，但有些电器是由开关电源脉冲变压器次级直接给芯片提供低压直流供电的，例如变频器的六相脉冲驱动芯片，就是由开关电源直接供电。也有个别电气设备，在开关电源后，用一三端稳压器进行稳压，稳压后产生几伏电压，给负载芯片或电路供电，三次电源就是将直流电压由最高降低到电子线路各芯片所需的低电压直流。在实际电路中，常见的三次电源有两种方式结构。

① 在外来开机脉冲作用下，某个芯片产生一定的脉冲信号去控制外接场效应管工作，将二次电源送来的十几伏调整变为几伏直流电。

② 采用稳压芯片，将二次电源送来的电压进行芯片内稳压，产生负载电路芯片所需的工作电压。

某种三次电源结构示意图见图 7-35。图 7-35（a）中，IC 为脉冲发生芯片，VT_1、VT_2 为调整电压的场效应管，L 为滤波电感器，C 为滤波电容器，R_1 为芯片供电电阻器。由二次电源以及 V_{CC} 端送来的 10～20V 之间的直流电压，一路给 VT_1 漏极直接供电，另一路由 R_1 给芯片供电。这时芯片如果供电正常，由开机电路送来的开机脉冲送芯片。这时芯片内振荡产生，方波脉冲由芯片的 3 脚与 4 脚输出送 VT_1 与 VT_2 的基极。此时 VT_1 与 VT_2 管工作，将 V_{CC} 端送来的电压经 VT_1、VT_2 端进行分配调整，然后输出一点几伏电压或几伏电压给负载电路

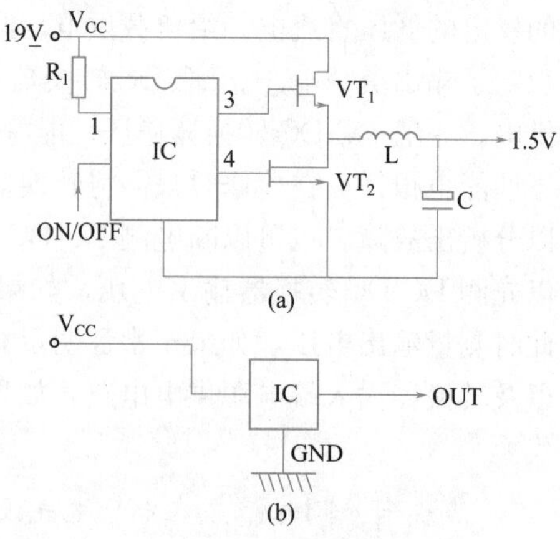

图 7-35 三次电源结构

供电。

图 7-35（b）是一个三端稳压器芯片。由 V_{CC}端将二次电源送来的几十伏直流电压使芯片开始稳压，由 OUT 端输出稳压以后的几伏电压送负载电路。这两种电源在电路中用得最多。

下面我们了解一下三次电源工作的条件。常用的三次电源由脉冲芯片与外接场效应管两种方式构成。此种电源脉冲芯片所需的工作条件是芯片总供电和开机的脉冲。如果具有这两种条件，脉冲芯片内才可以振荡产生方波脉冲，去控制外接场效应管的工作，才可以调整负载芯片的工作电压。对于外接的两支场效应管，一是直流供电，二是需要方波控制脉冲。具备这两种工作条件才可以工作导通，调整后负载所需的工作电压。工作条件，也是我们检修电路的条件，如果三次电源损坏后，我们先测芯片的总供电，如果供电良好，再测芯片的开机脉冲，如果有开机脉冲信号，测脉冲芯片输出脉冲方波是否为零。如果为零，我们可以认为芯片损坏，更换同型号芯片。测调整电压的场效应管漏极时，电压正常，场效应管栅极脉冲信号良好，但两管调整输出电压为零，代换同型号的场效应管。如果脉冲信号产生芯片供电与开机脉冲都正常，但是芯片输出脉冲为 0V，代换同型号脉冲芯片。如果两场效应管调整输出电压很低，先断开电源负载电路再测量。如果断开负载后，电路电压正常就证明负载电路有短路故障，检查对应的负载电路中大功率元件以及有极性电容器与大功率芯片有无短路、击穿。如果断开负载电路后，本机电源有故障，测量场效应管调整输出电压为零，说明本电源损坏。查脉冲芯片的供电与开机脉冲是否到来。如果两工作条件达到，还不能输出正常脉冲信号，更换芯片。

7.5.5 振荡电路及故障分析

将直流转变为交流的逆变电路称为振荡。在电子电器以及工业化控制场合的电路，都会用到振荡电路。如变频器设备中的 CPU 电路的时钟振荡器与二次开关电源的他励式开关电源振荡器以及软启动器电路中的 CPU 振荡器等，在无线电接收设备中老式的有 LC 振荡器与 RC 振荡器与变压器振荡器。要检修这些设备的振荡电路，必须掌握振荡的基础电路基本知识。

7.5.5.1 振荡电路的组成以及各部分作用

一个最基本的振荡器，一般由初始的起振电路、振荡基本放大器、振荡正反馈电路等三个部分构成。这三个部分是振荡器的主要部分，下面对各部分的作用做一论述。

① 初始的起振电路就是在瞬间将直流电转变为脉冲动态电流，将这一动态电流作为初始的起振信号，这个信号的能量大小关系到反馈电流的大小、振荡起振的快慢。如果是变压器感应式振荡器，那么这个脉冲的电流就会变为磁场，形成交变磁场进行反馈才可以引起振荡。初始的起振信号都是在机器通电瞬间产生的。

② 振荡基本放大器将振荡正反馈电路送来的初始的起振信号进行周而复始的放大，这样放大初始的起振信号的幅度越来越大，频率越来越高，这样才可以建立正常振荡。

③ 振荡正反馈电路由正反馈感应式线圈与正反馈信号传送电路将振荡脉冲变压器振荡线圈产生的交变磁场感应到正反馈线圈，再经过正反馈信号的传送电路送基本放大器。

7.5.5.2 模拟振荡器与数字振荡器

① 模拟振荡器一般是由振荡变压器振荡正反馈电路，以及振荡基本放大器等几部分组成的，但是简易的 LC 与 RC 振荡器由振荡线圈与振荡定时电容器等组成，RC 振荡器采用

一个振荡芯片与RC电路外接。在电子线路中还有电容三点式电感器或再生环差分振荡器等电路，还有多谐振荡器无稳态、单稳态、双稳态振荡器等振荡电路，这些振荡器都是由初始起振信号产生电路以及振荡正反馈电路与振荡基本放大器电路组成的。

② 数字振荡器一般由振荡器、芯片内部振荡电容和外接谐振电容器等构成，基本取代了模拟振荡器。数字振荡器结构简单，容易起振，工作性能稳定，一般在实际电路中常用，一般多用于台式电脑与笔记本电脑电路，同时用于变频器以及软启动PLC电路、手机等电路。现今社会上，许多数字化设备以及智能化自动化工业电气设备，多在CPU电路中，采用数字化晶振构成的振荡器电路，只有开关振荡电源电路采用模拟振荡器电路。

7.5.5.3 振荡电路实际应用

① 在变频器的CPU电路中采用数字化振荡器，也就是采用由晶振与外接的谐振电容器以及CPU芯片内的时钟振荡电路共同组成的振荡电路形成CPU所需要的时钟电路，一般采用多谐振荡器组成的时钟电路。为什么变频器的CPU时钟电路采用晶振呢？因为晶振功率损耗小，温度系数低，而且振荡频率稳定，电路结构简单，容易检测，检修时检测方便，只需要检测晶振两端的信号波形或检测晶振两端的脉冲电压，就可以判断是否起振。检修时只需更换同型号、同频率的晶振，外接谐振电容器即可，也可以判断故障在芯片外围还是芯片内。再说CPU时钟晶振也是我们判别CPU芯片工作的条件之一。如果时钟脉冲信号正常，只需检测CPU的总供电，一般正常时都为5V，如果正常我们再测CPU复位引脚，如果复位引脚没有复位脉冲，检测外接复位芯片，如果良好更换同型号CPU芯片。

② 在工业自动化设备开关电源电路中的应用类型：在变频器电路中，开关电源电路常采用他励式开关振荡电路。而他励式开关电源由以下两大电路组成。

a. RC芯片脉冲方波振荡电路，它由一个振荡芯片与外接RC电路共同组成，主要是产生脉冲方波信号，用来控制电源开关振荡管的饱和截止开关工作，才能使脉冲变压器初级产生交变磁场。

b. 由电源开关振荡管与开关脉冲变压器共同组成。

开关脉冲变压振荡电路必须在脉冲芯片产生方波脉冲控制下方可工作。他励式开关振荡电源不但用于变频器，同时也用于软启动器电路以及PLC电路等电气设备的电源电路中。他励式开关电源电路中的脉冲芯片与外接的振荡定时电容器C、充放电电阻R以及芯片内部的多谐振荡器共同组成方波脉冲振荡电路。这种结构是他励式开关电源具有的独立的结构特性，这也是振荡的一种类型。但是他励式开关电源中，开关脉冲变压器与开关管组成的开关振荡类型必须与脉冲芯片电路一起才能构成开关脉冲振荡电源，这是他励式开关电源的第二种类型。

振荡在工业自动化设备开关电源中的另一个类型是在变频器以及软启动电路中，不但用到他励式开关电源振荡类型，而且有些机器也采用自励式开关振荡类型电路，它是一种由开关振荡电路自身引起的开关振荡电源，这种结构现今一般很少采用。由电源启动电路、开关振荡与脉冲变压器组成的开关振荡电路与振荡正反馈电路等三个主要电路组成自励振荡电源，另外附加有过流过压保护电路等。在正常工作时主要先有启动降压电路产生初始的起振电压，使开关振荡管导通，使脉冲变压器初级产生交变磁场，感应到正反馈线圈，经反馈电路反馈送到振荡管，周而复始引起振荡。由启动振荡的工作过程可知，自励振荡电路中，初始振荡信号产生以及振荡正反馈等电路是自励式振荡电路中最关键的电路。如果其中一个电路损坏，就会造成振荡停止工作。所以在检测过程中必须仔细观察电路的结构，在实际电路中找出启动开关振荡管初始振荡线圈、振荡正反馈线圈与振荡正反馈电路等元件所在的具体位置与检测点。

7.5.5.4 集成厚膜开关振荡形成的开关电源

此电路将开关振荡管与控制电路集成在厚膜集成芯片内部，将开关脉冲变压器与振荡正反馈电路以及启动电路过流过压设计在厚膜集成芯片的外面。这样的振荡结构使整个电路结构简单化，检测方便，检测点少，便于故障分析。集成厚膜开关振荡电源电路由于工作时厚膜导通电流大，厚膜芯片会产生很高的温度，容易损坏，因此要有良好的散热方式，减轻开关电源的负担，使电源负载电路不能过重，否则由于过载损坏开关电源。如果送厚膜芯片直流电压过高也会损坏电源，厚膜芯片如果反馈电压过高，也会损坏厚膜。厚膜集成式开关电源此种类型结构的振荡电路，是电气设备中的开关电源振荡的特殊结构类型。

7.5.5.5 振荡电路的检修

检修振荡电路时，必须清楚振荡电路在该电子设备中起到的作用。例如电源开关振荡器电路，无论是他励式还是自励式，都是为了让脉冲变压器产生交变磁场，使脉冲变压器初级通电线圈的静态直流电转变为动态脉冲的交流电，使变压器初级线圈产生交变磁场，感应到脉冲变压器的次级线圈以及正反馈线圈。了解了振荡器在电源电路的重要性后，才知道如何检修。

振荡器在 CPU 芯片的时钟晶体振荡器电路中给 CPU 芯片内部提供一定频率的时钟信号，CPU 内部各单元电路方可工作。LC 并联变频器主要用于选出空间的电磁波频率中所需频点。间歇振荡器一般用在过去 CRT 显示器中做行扫描，振荡器的振荡是通过产生锯齿波扫描信号的。我们只有了解了目前各种常用振荡器在各设备电路中的重要性后，才能对每一类型电容器做以详细的故障分析与故障检修。

(1) 开关稳压电源电路检修分析

① 他励式开关振荡电源第一种故障分析　以工业自动化电气设备的变频器原理为例说明。变频器通电后，电源指示灯不亮，而且面板显示器不显示字符。由于电源指示灯大部分供电都来自于开关电源，面板显示器供电也来自于开关电源，基本初步判断是开关电源损坏。拆机后检查开关电源脉冲变压器次级各绕组降压感应以后的各路电压都为 0 V，这充分表示开关电源损坏。这时我们将如何分析检修这一他励式开关电源呢？首先，再次回顾一下前几章节讲述过的他励式开关电源的结构，由结构可以将电源划分为两大部分：

一是脉冲发生器芯片，也就是产生开关脉冲方波信号的电路；

二是他励式控制的开关振荡管与开关脉冲变压器组成的大功率振荡器电路。不过这个电路在正常工作时，必须要受到脉冲芯片送来的方波信号的控制。了解他励式开关振荡电源结构后，我们可以知道检修的大概思路。

a. 首先要检测脉冲发生器芯片是否正常工作，也就是芯片所产生的方波信号是否正常。可以用示波器先测量芯片的脉冲信号波形，如果波形正常，证明芯片振荡正常。也可以用万用表的直流电压合适挡位测量信号输出引脚的工作电压。当然在检修前你要知道每个引脚正常工作电压是多少，检修时可以作为参考。如果用示波器、万用表检测信号输出端脉冲为 0 V，就说明振荡器没有振荡，检查脉冲芯片的总供电引脚的电压，测芯片基准引脚电压与芯片外接振荡定时电容器引脚的工作电压或者代换同型号芯片。我们要以这样的思路去检修他励式开关电源方波信号产生的芯片电路，这样检修故障不走弯路。如果检测脉冲芯片输出方波信号电压正常，就说明脉冲振荡良好，然后去检查开关振荡管与脉冲变压器构成的振荡器电路的元件。

b. 对于脉冲信号控制的开关管与脉冲变压器构成的他励式振荡的工作电路的检修如下。在检查脉冲芯片工作良好时检修控制电路。此电路的主要部件是电源、起振开关管以及开关脉冲变压器与电源开关管的保险电阻。我们可以在没有通电时用万用表的电阻挡测量开关管对地线的保险电阻是否开路，同时测开关振荡管是否击穿，一般用 $R\times1\Omega$ 挡，也可以用数字表的蜂鸣器挡位检测，同时检测脉冲变压器是否损坏。我们用万用表的电阻挡的 $R\times100\Omega$ 挡或者 $R\times10\Omega$ 挡检测，如果脉冲变压器初级线圈与开关管以及保险电阻没有损坏，我们可以用电压法检测。给他励式开关电源通电，此时检查脉冲变压器的次级线圈各绕组对应的整流滤波输出的各路直流电压是否正常。如果脉冲变压器次级各绕组输出的电压为零伏，可以说明开关电源没有振荡，用示波器测开关振荡管的控制极，如果开关管是三极管，检测三极管的基极，如果开关管是场效应管就测栅极。如果测试时控制极没有脉冲信号，可以证明脉冲芯片脉冲输出电路开路以及滤波元件漏电等。如果测量开关管的控制极时脉冲信号正常，再用万用表直流电压 1000 V挡位测开关振荡管的集电极电压，此电压三相变频器为 450 V左右，如果是单相变频器一般为 300V 左右，我们就以这两个电压值作为参考。如果振荡管集电极电压为零，检查脉冲变压器初级线圈是否开路，变频器的主电路中整流滤波到开关振荡管集电极之间的供电电路有无开路故障。如果开关振荡管集电极电压正常，还是不能振荡，脉冲变压器的次级各绕组电压都为零，就说明开关管还是没有工作。我们代换同型号的场效应管，同时检查电源开关管对地保险。

② 他励式开关振荡电源另一种故障分析　变频器通电后，开机电源指示灯亮，开机很短时间保护。根据变频器整机内部结构可以知道，引起保护的有主电路的整流与逆变电路的逆变变频模块以及开关电源中的电源开关振荡管。因为这些都是大功率元件，容易受热损坏，我们拆机先检查这些元件是否通电短时间内温升过高，我们在通电时整机刚保护就马上检查。

如果这些元件没有温升过高而引起的保护，我们就通电进行检查，先测主电路中整流滤波后 12 V电压是否正常，如果正常，我们再测开关脉冲变压器的次级各降压绕组整流滤波后的直流电压是否正常。如果各绕组电压都很低，用断测法，就是将脉冲变压器次级各绕组对应的负载电路供电断开，然后测开关脉冲变压器的次级各电路电压。此时各路直流电压正常，就说明电源的负载电路有严重性的短路故障。我们可以对各电路进行严格的检查，寻找出短路元件以及各短路部位。这时可以将整机断开供电，进行电阻法检测，测各路的对地电阻值以及电源各负载电路中最容易损坏的元件，应检查各电路中的有极性滤波电容器与大功率半导体元件。我们也可以在整机通电的状态下，将电源的后负载进行逐个通电，给哪一单元电路通电时，这一路对应的脉冲变压器次级绕组整流滤波的输出直流电降低，说明这一负载电路有短路故障，我们应严格检查负载电路。一般整机通电在短时间内保护，就是由开关电源的损坏或电源中半导体元件内部性能变坏引起的，也由于电路中某一集成芯片损坏而引起，因为集成芯片损坏后，通电短时间温升过高，进而导致电源过流保护。有些有极性电容器漏电也会造成电路损坏。

③ 自励式开关振荡电路　在前几章学习时，已经知道了自励式与他励式的区别，检修时要知道主要电路的几个部分。自励式一般由启动降压与振荡正反馈以及开关振荡等几个部分组成。自励式开关电源的故障与他励式基本相同，不过电路结构不同，检修思路也有所不同。自励式开关振荡电路的检测点有三个。一是脉冲变压器次级各降压绕组对应的整流滤波

输出直流电压，这个测试点可以判别电源的负载电路以及开关电源本身是否损坏；二是开关振荡管的控制极的脉冲控制电压，这个测试点很重要，可以判别正反馈电路以及整个振荡器是否正常振荡，也可判别启动降压电路是否良好，以及正反馈电路、开关管与脉冲变压器等电路是否工作；三是开关管的集电极直流供电电压，一般三相变频器的开关电源集电极电压为 450～500 V，如果是单相变频器，集电极电压为 300 V直流。

以上三个测试点可充分判别开关振荡器是否振荡以及故障的部位，下面我们来分析一下开关电源的常见故障。

［故障 1］ 整机通电后，电源指示灯不亮，面板无显示。

由于电源指示灯与面板显示的供电电源都来自开关电源，故由此故障的现象可以证明故障在开关电源本身。检修时我们可以测开关脉冲变压器的次级各绕组对应的整流滤波输出电压，如果此电压都为零伏，就说明开关电源没有工作。再测开关振荡管的控制极的脉冲电压，如果脉冲电压基本正常，说明开关电源已经工作，不用再测量开关管集电极电压，因为开关管的控制极电压是由启动与正反馈电压共同合成的。一般常见的自励式开关振荡电路采用三极管作振荡管，开关管的基极测量时有三种电压变化情况：开关管基极电压为零；开关管基极电压只处于启动降压后的启动电压；开关管基极为正常的工作电压。我们将以上开关管基极的三种现象做以分析。基极电压为零，检查开关管基极的供电启动降压电路的电阻器的阻值是否变大，电阻与供电线路是否开路。如果开关管基极只有启动电压，没有正反馈电压，证明整个开关电源没有振荡，检查开关振荡管与开关管发射极对地保险电阻以及开关脉冲变压器等是否损坏。

如果测试时开关振荡管的基极电压处于正常工作电压，证明整个电源工作正常。自励式开关振荡电路最容易损坏的元件是开关振荡管、保险电阻以及启动电路降压电阻。在检查了电源开关管与保险电阻、变压器以及降压启动电路等各种元件后，如果都良好，通电后电源仍然不能启动振荡工作，证明开关电源中有部分半导体元件和滤波元件损坏以及性能不良。检查电路中的有极性电容器是否漏电，二极管是否正反向电阻值不符合标准值，开关电源电路有无部分元件脱焊，或有无乱焊造成的短路。

［故障 2］ 开机电源指示灯亮，面板操作不能正常启动工作。

此故障要知道变频器的几大组成部分。变频器由主电路与辅助电路两部分构成，主电路有整流滤波与逆变电路，辅助电路有开关电源、六相脉冲驱动电路以及面板显示驱动电路与CPU 电路、MCU 电路（六相脉冲信号产生电路）等。知道变频器的整机有哪些电路后，我们再回顾一下整机工作的流程。无论是三相或两相供电的变频器，交流电压滤波整流后，再进行滤波产生的直流电压，都是一路给逆变电路供电，另一路给开关振荡管提供启动降压的振荡启动工作电压。当开关电源振荡工作后，在脉冲变压器的次级降压后整流滤波产生的各低压直流电，给电源负载电路的 CPU 电路、六相脉冲驱动电路、面板显示驱动电路以及面板显示等电路供电。此时 CPU 电路内部产生六相脉冲的方波信号输出，送六相脉冲驱动电路进行放大，然后分别去控制逆变电路中六变频管的工作。于是六驱动管按顺序工作，将静态的直流电转变为具有一定频率的交流电输出送外接负载电动机，于是电动机按控制顺序运行。我们了解了整机工作顺序后，便可以进行分析以上故障。

此故障表现出电源指示灯亮，可以说明主电路中的整流滤波电路以及开关电源电路都良好。但是启动面板操作键整机不能工作，故障基本处于 CPU 电路、六相脉冲驱动电路以及六相脉冲逆变电路中的变频管等电路。

下面介绍如何在实际电路中分析与检测这些电路并判断出故障的部位。

首先用万用表的直流电压 50 V挡位测量电源脉冲变压器的次级各绕组降压以后的各路直流电压，CPU 电路供电为+5 V，驱动电路为 15 V或 18 V。如果开关脉冲变压器次级各降压绕组电压正常，说明开关电源以及主电路的整流滤波电路等工作正常。

检测 CPU 电路，首先测 CPU 电路的三大工作条件。CPU 正常工作时的供电电压为 5 V，这是 CPU 电路的第一工作条件。再测 CPU 连接的时钟晶振两端的脉冲正弦波信号，这是 CPU 电路的第二工作条件，一般用示波器测量，也可以用万用表的直流电压挡测量。CPU 电路的第三工作条件是 CPU 复位引脚，引脚在按下机器面板的复位按键时，如果 CPU 复位引脚有高低电平的转换，就证明 CPU 电路可以复位。如果 CPU 第一工作条件电压为 0，检查+5 V供电电路以及电源电路等。如果+5 V电压很低，先检查+5 V供电电路中的滤波元件是否漏电，以及分支电路有无轻微漏电。如果+5 V电压正常，检查 CPU 的第二工作条件，用示波器测量晶体振荡器两端的信号波形。如果无信号，检查晶振两端所连的谐振电容器是否漏电，同时代换同型号的晶振。如果晶振两端信号波形正常，再检查 CPU 第三工作条件，找出 CPU 复位引脚，用万用表直流电压最小挡测 CPU 复位引脚是否有复位高低电平跳变。测量时，我们应按面板的复位按键，如果 CPU 电路的三大工作条件符合要求，再测 CPU 输出的六相脉冲方波是否正常。由于 CPU 芯片引脚很多，一时不容易找出 CPU 六相脉冲输出引脚，所以我们只能在电路中找到驱动电路中六支驱动芯片，查一下每支驱动芯片的驱动脉冲输入引脚，然后用示波器的信号探针在每支驱动芯片的信号输入引脚测试六相脉冲信号的波形是否正常。CPU 输出的六相脉冲有以下几种状态：一是六相脉冲都为零；二是六相脉冲有一两相不符合标准；三是六相脉冲信号有一两相为零，其他各相良好；四是六相脉冲信号都符合标准波形。我们将 CPU 输出的六相脉冲四种状态作一分析。

第一种状态，六相脉冲都为零，可能是 CPU 内部六相脉冲振荡电路没有工作。六相脉冲由 CPU 电路传送，所以还有可能是六相驱动之间的信号传送电路漏电减弱信号，或传送信号电路开路。

第二种状态，六相波形只有一两相不符合标准，其他各相良好。应严格检查对应驱动芯片的信号传送电路有无漏电及旁路电容器漏电，或信号传送电路中的电阻阻值增大衰减信号。或者给这几相信号传送电路的各支路有没有漏电分信号电流，而影响这几相信号的波形，同时检查这几相脉冲信号对应的驱动芯片信号输入引脚对地电阻是否减小，而使这几相脉冲信号不符合标准。

第三种状态，六相脉冲的方波信号，其中一两相测试为零，其他各相良好。检查对应各相信号传送电路有无开路或乱焊接造成的。

第四种状态，六相脉冲测试波形都正常，就说明 CPU 工作完全良好，而且六相驱动脉冲信号良好。如果检修机器年限较长，有检修经验，就可以知道六相脉冲输出正常电压为多少，我们就可以只用万用表的直流电压合适挡位检测 CPU 输出的六相脉冲信号电压是否符合标准，如果用示波器与万用表测 CPU 输出六相方波脉冲都正常，我们再检查六相脉冲驱动电路。

要判断六相脉冲驱动电路是否正常工作，首先要分别测量六支驱动芯片放大后输出的六相方波的信号是否正常。一般采用示波器测，要先找出六相驱动脉冲芯片信号放大后的输出引脚，然后将示波器的探针分别接六支驱动芯片的输出引脚，测试输出放大后的信号波形。测试结果有以下几种：一是六相脉冲信号都为零；二是六相脉冲信号其中两相信号电压为零，无信号波形；三是六相脉冲信号中其中两相信号不正常；四是六相信号电压波形都符合标准。现在我们将六相驱动电路测试信号输出波形的四种状态做以下的分析。

第一种状态，六支驱动脉冲信号输出为零，说明六支驱动芯片没有放大 CPU 送来的六相脉冲信号，这时我们应该做两个思路分析。首先，检测六支驱动芯片的总供电引脚工作电压是否正常，如果供电电压有问题，检查供电对应的供电电路与对应的开关脉冲变压器次级整流滤波电路是否损坏，同时检测供电电压不正常的芯片内部是否损坏。如果六支驱动芯片的其中两支芯片的供电电压很低，检查这两芯片对应的供电线路以及对应的开关脉冲变压器次级整流滤波电路滤波电容是否漏电，整流二极管正向电阻是否变大，对应供电驱动芯片是否内电阻减小。如果六支驱动芯片的供电都正常，说明电源电路工作正常。其次，测六相脉冲驱动芯片的输入端的信号波形是否正常，如果六相信号波形不正常，检查 CPU 到驱动芯片之间的传送电路以及 CPU 芯片本身，也就是六相方波脉冲产生电路是否正常工作。如果测试时六相驱动脉冲信号正常，我们可以代换同型号的驱动芯片，或检查六驱动芯片各引脚所连接的元件以及电路板有无开路、芯片与电路焊盘是否脱焊。只要按以上思路检修，我们就可以排除第一种状态的故障。

第二种状态，六支驱动芯片的其中两支芯片输出脉冲信号电压为零，其他各相脉冲经驱动芯片放大后输出正常。这种现象会使变频器的 U、V、W 三端输出三相电压不平衡。此时我们可以先测这两支芯片的直流供电电压是否正常，如果两支芯片中其中一支芯片供电正常，另一支供电电压低，检查这支芯片对应的电源开关脉冲变压器次级整流滤波电路是否损坏，同时测芯片供电的对地电阻值，如果供电引脚电阻值减小，说明芯片内部损坏，更换同型号驱动芯片。如果对应驱动芯片的输入脉冲信号正常，可以代换同型号芯片。然后通电测试故障对应的驱动芯片输出的脉冲信号放大是否正常，如果正常说明故障分析正确。

第三种状态，其中两支芯片输出脉冲信号电压不正常。先在实际电路板中找出故障的两芯片，测芯片总供电以及芯片的输入脉冲信号波形，其检查分析方法与第二种状态基本相同。

第四种状态，六相脉冲的输出端都正常，说明六相驱动脉冲放大电路良好。

我们对六相驱动电路检测时，应当测六相驱动芯片的输入和输出脉冲信号等是否正常，再测六支驱动芯片每支驱动芯片的总供电电压是否正常。

（2）逆变电路的检查 在启动面板操作键时，测六相驱动脉冲方波信号的驱动芯片输出波形都处于正常，此时就对逆变电路做一检查。首先通电启动后检查逆变电路的工作条件是否符合标准，先测量逆变模块的直流供电电压是否正常。若变频器的主电路中整流与滤波以后送变频模块的总供电（三相变频电压为 450～500 V之间，单相变频器电压为 300 V直流电）电压不正常，我们就检查主电路中的整流与滤波电路是否正常，同时检查模块是否内部短路，如果测量时逆变模块供电电压正常，再测变频模块的六相脉冲信号是否到来，如果控制脉冲信号不正常，检查驱动芯片到逆变模块之间的信号传送电路是否损坏。如果逆变模块直流供电电压正常，六相脉冲信号正常，但是 U、V、W 三端无信号电压输出，更换同型号的变频模块。

（3）厚膜开关振荡电路分析 要学习好厚膜集成式的开关电源，首先要了解厚膜振荡电路的基本结构。电路最重要的部分有三相或两相整流滤波电路、开关脉冲变压器以及开关振荡模块与振荡正反馈电路等。此电源将开关管过流过压保护电路同时集成在厚膜内，与外电路共同构成过压过流保护电路。此种电源具有的特点是电路结构简单，而且工作电流大。由于厚膜集成芯片与散热片接触面积大，所以散热效果好，工作热稳定性能力强。由于电路结构简单化，所以检修方便。下面我们论述一下厚膜开关电源常损坏的故障现象。

厚膜开关电源常见的故障有：通电启动工作一段时间，自动保护；通电电源指示灯不亮，同时面板无显示；通电快速烧坏整流前交流熔丝；通电后开关电源输出电压过低；整机有时可以启动工作，但有时不能启动；通电工作很短时间内，滤波电容器炸裂。

下面结合厚膜开关振荡电路的结构以及厚膜电路在变频器整机的电路结构来分析。检修时可以用冷却法对电源中最容易损坏的元件进行检测，也可以用电压法对厚膜开关电源以及电源负载电路进行检测。

［故障 1］ 通电启动工作一段时间后保护。

此故障的现象表明，故障可能发生在电源负载电路中，或者电源本身的大功率元件起保护作用。由于某些大功率元件工作时温度升高，导致电路工作电流过大，导致电源过流保护。检查时，我们可以用冷却法将电源与负载电路断开，先在未通电时用电阻挡位测量大功率元件的内阻是否减小，或者整机通电保护后，我们就拆机测试大功率元件。哪个元件温度很高，就是哪个元件损坏，操作时应速度快。电源法检测是在电源与负载电路断开时，给电源通电后，用万用表的直流电压挡测开关电源脉冲变压器次级输出端各路电压是否符合标准。电源通电应达到半小时以上，观察它自身有无保护。如果自身保护证明电源本身故障。如果测量时电源各路输出电压良好，但是工作一段时间保护，先检查厚膜集成芯片，如果温度过高，可以用同型号替换或者用断电检测法测厚膜芯片外围的各元件，如果各元件良好再代换厚膜芯片。如果反馈电路瞬间反馈电流过大，就会使厚膜温度快速上升，这样温度上升到厚膜的最高温度时，保护电路就会起作用。这时电源停止工作，在电路中由于温度上升而导致故障。保护的元件最常见的就是三极管与可控硅、场效应管等。有些机器由于电源负载电路半导体元件工作时间温升过高过流而引起保护。负载电路中越是大功率元件，我们应越是重点检测，用万用表的电阻合适挡位进行检测。

［故障 2］ 通电电源指示灯不亮，同时面板无显示。

因为电源指示灯与面板显示器电路等供电都来自于开关电源，因此可判断是开关电源以及变频器主电路的整流滤波损坏。此故障用电压法先拆机通电检测开关电源脉冲变压器输出各路电压是否正常，如果输出各路电压为零，说明电源没有工作。直接在滤波电容器的两端测量变频器主电路中整流滤波后的电压（三相一般为 450～500 V，单相变频器为 300 V）。如果这个电压测试为零，说明故障在整流滤波与抗干扰电路中。我们应该检查抗干扰电路中的保险电阻是否断开，同时检查整流器元件以及滤波器元件是否损坏。如果我们测量变频器主电路抗干扰以及整流滤波元件良好，但是滤波电容的两端电压为零，就说明变频器的交流输入端可能无交流输入。此时测变频器交流输入端的交流电压是否正常，如果电压为零，检查电气配电柜中的各元件是否损坏。如果变频器主电路中滤波电容两端直流电压正常，再去检查开关电源。对于自励式开关电源，我们只测开关振荡管基极的电压，因为开关管基极电压是由启动电压与反馈电压共同合成的。如果电源没有振荡，开关振荡管基极电压也不会正常。所以我们将开关管基极电压作为重点的检测点，根据开关管基极电压的变化特性来分析故障在电源的哪一部分。测量时如果开关振荡管的基极电压为零，就说明启动降压电路有故障。如果振荡管的基极有电压，但是不正常，检查反馈电路、开关管、开关管对地保险电阻与开关脉冲变压器。当然振荡管的基极电压为零，也要检查主电路的滤波到启动降压电路以及供电电路有无开路。如果开关管基极有电压，但是不正常，同时还要测振荡管的集电极电压是否正常，如果集电极电压正常，再去检查振荡电路所有元件以及反馈电路的各元件。我们这里所讲述的开关振荡管是集成在厚膜芯片的内部的，所以要先把厚膜芯片各引脚以及芯片内部结构搞清楚，才可以按以上方法检查。对于厚膜集成式开关电源电路的此种故障，快速检修方法是先查熔丝是否断开以及供电线路是否开路。如果熔丝断开，证明整流器以及厚膜内部短路。如果我们代换厚膜与整流器后还烧毁，证明电源负载电路有严重短路故障。应重点检查电源负载电路的大功率元件。我们应进行各路检查，也有许多机器厚膜芯片最容易损坏，因为厚膜芯片工作时，导通电流大，如果散热不良或负载短路，都会引起内部损坏。根据多年的检修经验，由厚膜构成的开关振荡电源是最容易损坏的，所以我们要详细了解厚膜构成的电源结构与工作原理。

［故障 3］ 通电快速烧整流前的熔丝。

变频器的主电路以及辅助电路的供电都由主电路的整流前的熔丝控制，其也是整机供电总电流经过的主要元件。如果通电整流前的交流熔丝快速断开，就会断开变频器整机所有电路的供电，此时变频器整机就会停止工作。

在整机断电时我们进行顺序检查，先用万用表检查整流电路中的元件有无整流管击穿或整流堆击穿。如果整流电路元件良好，再检查滤波电容器是否击穿与严重漏电，最容易损坏的是逆变电路的变频模块，检查变频模块是否损坏，测变频模块的对地电阻值是否减小，模块内部是否严重短路。如果变频器主电路良好，我们可以检查变频器的辅助电路、开关电源、MCU 电源、六相脉冲驱动电路与面板电路。可以先测量开关电源中的电源开关管是否击穿，以及六相驱动电路的驱动芯片是否损坏，测芯片总供电引脚的对地电阻值，同时检查开关电源电路以及 CPU 电路等有无乱焊接造成的短路。

［故障 4］ 通电后开关电源输出电压过低。

由故障的现象可知，电源后负载短路使电源输出送负载电压过低，由于负载电路短路使负载电路的对地电阻值减小，使端电位降压，因此使电源输出电压降低。电源本身电路损坏也会使电源的输出电压降低，如电源开关管的振荡频率降低会使脉冲变压器的初级线圈产生交变磁场的频率降低，而导致电源的输出电压降低。如果是他励式开关振荡电路，应重点检测振荡芯片的振荡频率。如果振荡脉冲的频率降低，就会使脉冲变压器的振荡频率降低，交变磁场输出感应的电压降低。还有变频器主电路中的整流与滤波电路损坏，整流器件的正向电阻值增大与滤波电容器漏电，都会引起整流滤波后的几伏电压变低，送开关电源启动电压降低，使电源输出的电压降低。但是变频器主电路中送逆变电路的逆变模块或变频器的内阻值减小，也会使变频器的主电路整流滤波后的输出直流电压降低，使开关电源的启动降压的电压降低，使开关电源输出电压降低。以上我们分析了开关电源通电输出电压过低的一些原因，下面我们按故障原因逐个检修各电路。

a. 由于电源后负载电路损坏而造成的电源输出电压过低。我们在学习变频器整机电源时，知道变频器整机电路有主电路与辅助电路。辅助电路一般有开关振荡电源、开关电源的负载电路、MCU 电路六相脉冲驱动电路、面板显示与面板操作电路等电路。现在我们对开关电源的后负载电路进行一一检查。根据负载功率大小，第一个负载电路是六相脉冲驱动电路，它是由六支驱动芯片分别组成六相驱动电路的，而且每支芯片的供电都来自于开关电源脉冲变压器次级降压的感应线圈。所以我们可以将六相脉冲驱动芯片的六支驱动芯片的供电都切断，然后再次通电检测给开关电源脉冲变压器次级和脉冲驱动芯片供电的感应线圈所对应的整流滤波后的驱动供电的直流电压是否低于标准电压值。如果此时电压过低，我们可以检测开关电源脉冲变压器次级其他绕组的电压，如果其他绕组电压正常，就要检查给驱动电路供电的感应线圈对应的整流滤波元件：整流二极管是否正向电阻值增大，滤波电容器是否漏电。如果整流滤波元件良好，就证明驱动电路有故障。检查给驱动芯片供电的电路有无元件漏电与分支线路损坏短路而引起驱动芯片供电分流，使驱动芯片供电电压降低。如果供电线路良好，就断电用万用表的 $R\times1\Omega$ 挡测驱动芯片供电引脚的对地电阻值，如果对地电阻值降低，我们可以更换同型号的驱动芯片。

b. 电源的第二负载电路是 MCU 电路，也就是 CPU 电路，如果此电路内部出现漏电，电源电路就会使 CPU 的+5 V供电电压降低。所以我们先切断 CPU 电路的供电，然后空载测量开关电源给 CPU 供电的电源脉冲变压器次级的 CPU 电路对应的供电绕组感应的整流滤波后的直流电压，这个直流电压正常时为 5 V。如果断开 CPU 供电时测空载电压很低，但是开关电源的脉冲变压器次级其他绕组的电压正常，就证明了给 CPU 电路供电的整流器与滤波器以及线圈损坏，要逐个检测元件好坏。如果我们断开 CPU 电路供电时，测电源脉冲变压器次级 CPU 供电感应线圈的感应电压正常，就说明 CPU 电路有故障。检查给开关电源脉冲变压器次级 CPU 电路供电的感应线圈后整流滤波送 CPU 电路供电的电路中有无旁路元件。如果是滤波电容器漏电而引起 CPU 供电电压降低，或者是分支的电路短路分流而使 CPU 电路的供电电压降低，我们检查 CPU 芯片供电引脚对地线之间的电阻值是否减小。如果 CPU 芯片对地电阻值减小，也会使 CPU 供电的电压降低。

c. 变频器的开关电源第三负载是面板显示电路、显示驱动电路。这个电路虽然功率很小，但显示驱动芯片的内部短路也会引起开关电源的输出电压降低。我们也用同样的办法先将面板与显示驱动电路的供电切断，测电源输出送面板与显示驱动芯片的空载电压。若空载电压很低，但开关电源其他各绕组电压正常，说明开关电源脉冲变压器的次级给面板显示驱动芯片供电的对应感应绕组与对应的整流滤波有故障，检查线圈的内阻与整流二极管的滤波电容的参数。如果我们空载测量面板与显示驱动供电的电压时，输出电压正常，检查面板与显示驱动电路，检查供电电路中的滤波元件以及旁路元件有无漏电与供电支路中有无短路而引起供电电压降低。如果供电线路良好，我们检查显示驱动芯片的内阻是否减小，断电后用万用表的电阻挡位测芯片的供电引脚的对地电阻值是否减小，如果芯片的对地的电阻小于标准电阻值，更换同型号芯片。

d. 我们在学习变频器的整机电源结构时，了解了变频器的开关电源电路的供电来自于变频器的主电路中的整流与滤波电路。如果主电路送开关电源电路的直流电压降低，会使开关电源的振荡频率降低，使脉冲变压器初级线圈的磁场减小，脉冲变压器的次级输出感应电压降低。所以要检测变频主电路中的整流滤波电路以及主电路中逆变器电路中的变频管或变频模块内阻减小而引起开关电源供电电压降低，导致开关振荡电源脉冲变压器次级输出的感应电压降低。

［故障 5］ 变频器整机有时可以启动，有时不能启动。

根据变频器整机的结构，我们可以判断为开关电源的故障。一般开关电源的振荡器常规的故障就是不容易启动，也有些机器由于电源负载过重而使开关电源自身不能振荡。此种故障我们可以用分割断测法，就是将整个机器分割成各单元电路去检查，这样分析故障时范围逐渐减小，我们进行各单元电路检测时比较容易。

先将电源的后负载断开，充电测电源负载脉冲变压器的次级各绕组电压是符合要求。如果电源负载断开后多次开机，电源照常工作，证明电源的后负载有严重短路故障，分别检查电源各单元电路，如果断开电源负载电路后，多次开机，电源难以启动，偶尔可以工作，证明电源本身损坏。下面我们对电源进行检测。

这种故障最容易损坏的电源元件是他励式振荡芯片，这个芯片的外围元件以及内部稍微有问题就会引起电源损坏，振荡器时而不能起振。我们先测振荡芯片的供电引脚的电压，如果芯片总供电引脚电压稍低，就说明是由于电压低达不到芯片内的振荡起振电压。主要检查启动降压电路的降压电阻器的阻值是否变大，滤波电容器是否漏电，而引起芯片总供电电压下降。我们要全面检测芯片各重点引脚的供电，若芯片总供电引脚电压正常，再测芯片的基准电压值，如果基准电压值正常，就证明芯片内稳压基本良好。再检查芯片的振荡引起的振荡定时电容器等元件是否损坏。如果芯片振荡引脚的电压正常，我们测芯片的脉冲输出引脚的电压值与输出的方波信号。最快速的方法是代换同型号芯片，检查芯片外各引脚所连接的元件，电容器是否漏电，电阻是否变大，以及二极管的正反向电阻值是否变化。根据多年的检修经验，芯片内损坏的可能性很大，一般都代换芯片。代换芯片以及检查芯片外围元件后，启动无效，检查芯片的各引脚与电路板是否脱焊。如果我们测芯片的输出信号时，输出信号脉冲良好，再检查开关振荡管以及电源脉冲变压器与开关振荡管的对地保险电阻器是否性能变差或接触不良。有些变频器由于使用时间过长，而导致变压器引脚与电路板连接的引脚脱焊，造成时而接触时而断开的故障。所以我们在检查此故障时必须考虑到，电路接触不良以及元件性能变坏等。

［故障6］ 通电短时间内电容器炸裂。

一般电容器炸裂，指变频主电路中的滤波电容器炸裂。它的原因有：输入电压过高；电容器本身性能不良；检修时，更换电容器极性装反。一般此故障都是由这三种原因引起的，其详细检查如下。

用万用表检测变频器交流输入端的电压（三相交流电 R、S、T 输入端三端为 380 V，单相输入端为 220 V）如果三相交流或单相交流输入电压正常，再测整流后滤波电容器两端的直流电压，如果直流电压过高，检查整流器正向电阻值。也可以将炸裂的电容器按容量与耐压值更换同型号的电容器，或者将主电路整流后的所有电容器都拆掉，测量是否漏电，同时检查在路电容器的极性是否装反。

振荡电路的总结： 振荡器主要在什么样的电路中使用，而且在电路中起到什么作用？振荡器正常工作时，输出什么样的信号波形？而且这样的信号可以作用于什么电路？这些问题都是我们在检修振荡电路前必须知道的主要问题。同时我们还要了解各种振荡器在电路中的基本结构，就是一个基本的振荡电路，是由几部分组成的，哪些部分是最重要的。例如，开关电源振荡器电路中有启动降压电路、振荡正反馈电路与开关振荡电路以及过压过流保护电路等。这些电路中启动降压与振荡正反馈电路是最关键的电路。一般损坏时就先检查这些电路，同时要清楚各种开关电源电路中最容易损坏的元件是哪些，比如开关管与保险电阻等。

7.5.6 放大电路

(1) 放大器基本概念 能将模拟交流的视频与音频信号放大的设备称放大器。

(2) 放大器组成 由三极管或场效应管、集成芯片等元件作放大器的核心，用电阻器与电感器以及三极管组成的偏置供电电路和电容器作交流信号的耦合，用无极性电容器做杂信号的滤除。可见，放大器由放大器本身元件与偏置供电以及交流信号的传递耦合等三部分构成。

(3) 放大器的基本结构示意图 见图 7-36。

工作时，首先由话筒将声波转变成声音，转换成电流音频信号，再经放大器对音频电流的幅度与电压放大后送扬声器，进行电声转换，将电转变为声波，这是一个简易放大器的原理结构。

图 7-36 放大器的基本结构

由放大器基本结构示意图可知，放大器是由信号源、放大器核心元件，以及放大器的负载三部分构成。其有共发射极、共基极、共集电极三种基本放大电路。

① 共发射极放大器电路分析 指将三极管的发射极作交流信号的输入与输出的公共电极的放大器，其电路结构见图 7-37。

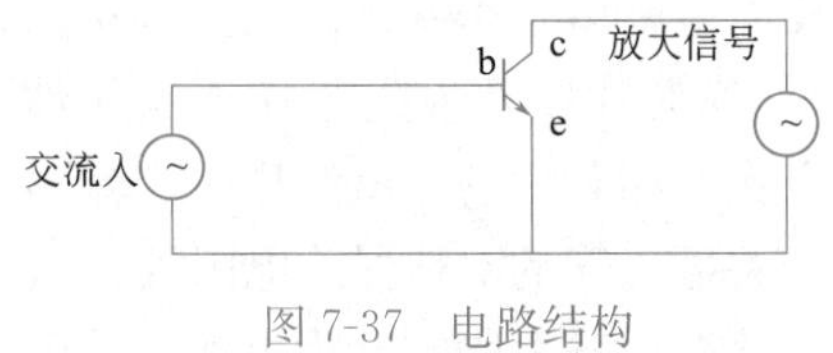

图 7-37 电路结构

图 7-37 中交流电信号由 b、e 极输入放大后由 c、e 极之间取出，发射极是放大器的交流信号输入与输出的关键公共引脚，所以称此电路为共发射极放大器。

a. 共发射极放大器对信号电流的放大特性 共发射极放大器对信号电流放大，根据三极管 e、b、c 三极电流分配关系 $I_e=I_b+I_c$，$I_e>I_c>I_b$，$I_e\approx I_c$，可知，由于 b 极为信号入端，c 极为信号出端，$I_{入}$ 小于 $I_{出}$，说明共发射极放大器对信号电流有较强的放大力。

b. 共发射极放大器对信号电压的放大特性 由于三极管的电阻分配是 $R_c\gg R_b>R_e$，$U_c>U_b>U_e$，$U_c\gg U_e$，$U_c>U_b$，b 极为信号入端，c 极为信号出端，$U_{出}$ 大于 $U_{入}$，说明共发射极放大器对信号电压可以放大。

② 共集电极放大器电路分析 交流电信号由基极与集电极之间送入放大器，放大后的交流信号，由集电极与发射极之间取出。集电极是交流电信号的输入与输出的公共端，所以称为共集电极放大器。此种放大器对信号电流放大力强。

共集电极放大器的电路结构示意图见图 7-38。由于此电路对信号电流放大力强，因此常用于功率放大场合电路中。

a. 共集电极放大器对信号电流的放大特性 根据三极管 e、b、c 三极的电流分配关系，b 极为交流信号的入端，e 极为交流信号的出端，因此 $I_e\gg I_b$，$I_{出}$ 远远大于 $I_{入}$，说明共集电极放大器对信号电流有较强的放大力。

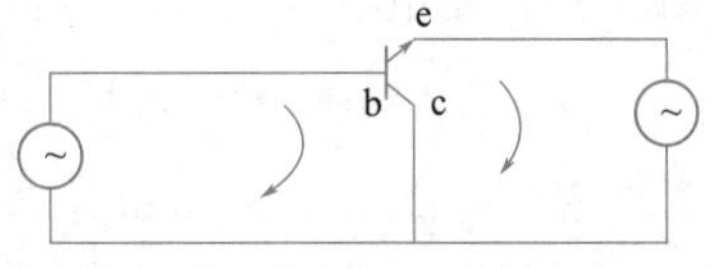

图 7-38 共集电极放大器

b. 共集电极放大器对信号电压的放大特性 根据三极管 e、b、c 三极的电阻和电压分配关系，因为 b 极为信号入端，e 极为信号出端，$U_{入}$ 大于 $U_{出}$，说明共集电极放大器对信号电压没有较强的放大力。

③ 共基极放大器电路分析 指交流信号由发射极与基极之间送入放大器，放大后由集电极与基极之间取出放大器，基极是交流电信号输入与输出的公共端，所以称共基极放大器。共基极放大器结构示意图见图 7-39。

a. 共基极放大器对信号电流的放大特性 根据三极管 e、b、c 三极之间的电流分配关系，因为 e 极为信号的入端，c 极为信号的出端，所以 $I_e>I_c$，$I_{入}>I_{出}$，说明共基极放大器对信号电流没有放大力。

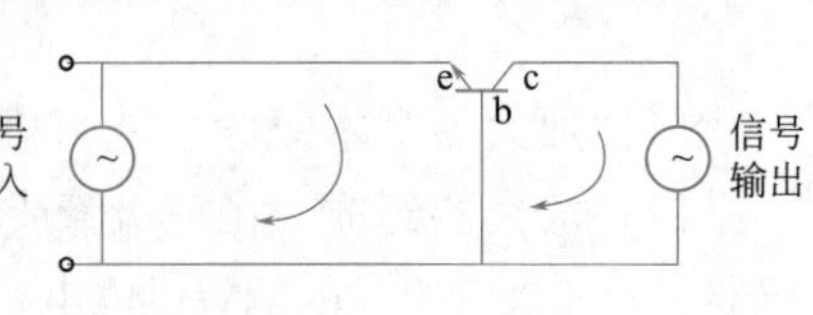

图 7-39 共基极放大器

b. 共基极放大器对信号电压的放大特性 根据三极管 e、b、c 三极的电阻和电压分配关系，因为 e 极为信号入端，c 极为信号出端，所以 $U_c \gg U_e$，说明共基极放大器对信号电压有较强放大力。

(4) 放大器的偏置电路

① 偏置电路的含义 三极管或场效应管以及集成芯片的各引脚工作电压是不相同的。给三极管、场效应管以及集成芯片各引脚提供额定的正常工作电压的电路称为偏置电路。

② 偏置电路的组成 在实际电路中常根据电阻器串联分压、并联分流的特性，给三极管的 e、b、c 三极提供额定的工作电压与工作电流，同时电路中有少量的电感器与二极管以及变压器。把电源提供的总电压电流给三极管、场效应管、集成芯片、各引脚分配额定的工作电压与电流，所以采用电阻串联分压、并联分流，但是有些电路需要加少量的电感及二极管，便可以组成偏置电路。

③ 常见的偏置电路分析

a. 固定偏置电路 我们以三极管作放大器为例，三极管基极的供电电阻器采用固定电阻器，所以称为固定偏置电路。固定偏置电路的结构见图 7-40。

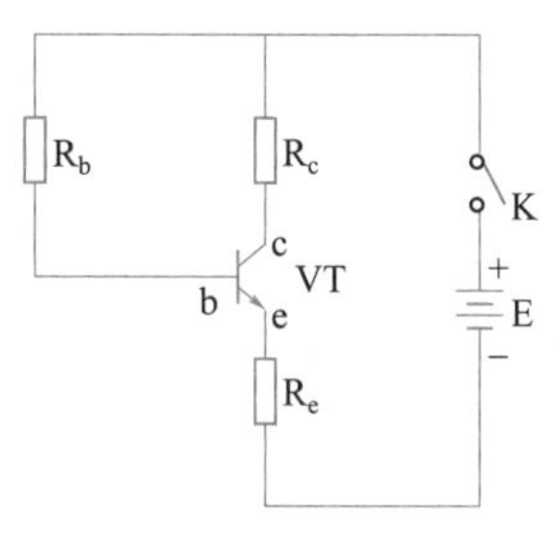

图 7-40 固定偏置电路

ⅰ. 电路各元件的作用 VT 是共发射极放大器，此放大器对信号电流与电压都有放大作用，常用于各放大器电路。R_b 是 VT 基本放大器基极供电电阻，它将电源总电压降压给三极管基极提供供电。由于 R_b 是固定电阻器，单位时间内通过的电流是恒定值。R_c 是 VT 集电极供电电阻，同时也是集电极信号压降电阻器。R_e 是发射极直流回路电阻。

ⅱ. 供电回路 当 K 闭合，电源电压由正极经 K、R_b，经放大器的 R_e 正向导通，经 R_e 回电源负极形成回路。此时 U_{be}建立，I_b 建立，R_{ec}减小，电源电流 I 经开关 K 再经 R_c，经 c、e 极，经 R_e 回电源负极。此时放大器的电流 I_c 与 I_e 建立，三极管 e、b、c 三极电压与电流建立，三极管进入正常工作状态，进入放大状态。

ⅲ. 工作原理 当三极管的 e、b、c 三极静态工作点建立后，U_{be}的正向偏压正常，发射结达到正偏，集电结达到反偏。在常温状态下电路各工作点都处于正常状态，但是环境温度上升后，由于半导体的效应使三极管的电阻值更加减小，I_c 增大，使三极管的温度更加上升，这样半导体的温度与导通电流成正比关系。如果此时减小放大器基极电流，R_{ec}就会增大，I_c 会减小，可以稳定电路的工作点。但是由于 R_b 的电阻是固定值，此时不能改变，I_b 减小，所以固定偏置电路工作热稳定差，只能用于功率小的放大器电路。

ⅳ. 电路检修 当放大器不能工作时，先测放大器 b、e 之间的正向偏压，U_{be}是否正偏，一般用万用表的直流电压 10 V挡测量，红表笔接基极，黑表笔接发射极。如果发射极接 PN 结的正偏压低于硅管的 0.6～0.7 V，检查 R_b 与 R_e 以及放大器 b、e 极的正反向电阻值是否符合标准电阻值，同时测电源总电压是否降低。再测三极管 c、e 极之间的电阻值是否减小分流而造成U_{be}下降。如果放大器的U_{be}的正向偏压正常，再测集电极 PN 结的电压，集电结是否反偏，测量时将红表笔接基极，黑表笔接集电极。如果表针反偏说明电路静态工作点正常。如果集电极不能反偏处于正偏，检查集电极供电电阻是否开路。如果放大器的静态工作点不正常，检查 R_b、R_c、R_e 三电阻是否良好，测三极管本身发射极与集电极 PN 结正反偏向电阻值以及集电极发射极之间的电阻值等是否符合标准，或代换同型号的三极管。

检修时一般是先检查静态再检查动态，也就是先检查各级工作点，然后看能否放大信号。

b. 电压负反馈偏置电路　所谓反馈是指用一定的方式把输出信号的一部分或全部返回给输入端，如果反馈送回来的信号与原来的输入信号相位相反，对输入信号起削弱的作用则称负反馈，反之为正反馈。电压负反馈将放大器基极的供电取自于放大器集电极，这样的电压反馈可以改变放大的工作状态。电压负反馈偏置电路结构见图 7-41。

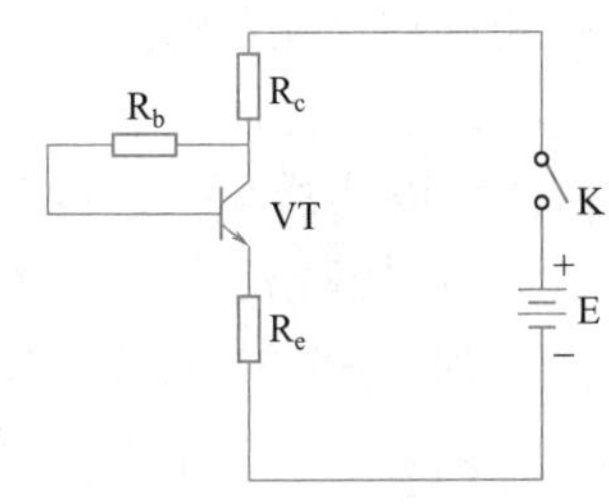

图 7-41　电压负反馈偏置电路

ⅰ. 电路各元件的作用　VT 是共发射极放大器，放大信号的电流电压。R_b 是电压负反馈电阻器，它由放大器集电极信号的输出端取出电流，经过 R_b 反馈到放大器基极，改变放大器工作状态。R_c 是集电极供电电阻，也是放大器输出端信号压降电阻器。R_e 是发射极直流电路电阻器，K 是电源总开关，E 是总供电电源。

ⅱ. 供电回路　当电源开关 K 闭合时，电源 E 的总电压由电源正极经过开关 K，经 R_c、R_b，经放大器的 b、e 极正向导通，经过 R_e 回电源负极形成回路。此时放大器的 I_b 建立，U_{be}建立。当放大器 b、e 极导通时，放大器的 c、e 极的内阻减小。此时电源的电流由电源正极，经过开关 K，再经过 R_c，经过放大器 c、e 极，经过 R_e 回到电源的负极，此时放大器的 I_c 与 I_e 建立。

ⅲ. 工作原理　当放大器的静态工作点正常建立后，在环境温度升高时，由于半导体元件的热效应，此时放大器的集电极与发射极之间的内电阻值减小，经过放大器 c、e 极的电流增大，由于放大器的分流，使 R_b 经过的电流减小，送放大器的基极的电流减小，经放大器 b、e 极的正向电流减小，此时 U_{be}偏压下降，放大器的 c、e 极内阻增大，经放大器集电极与发射极的电流减小，此时 I_e 与 I_c 的电流减小，e、b、c 三极电流减小，稳定了电路的工作点。由于电压负反馈电路稳定工作点性能强，所以经常使用在各电子设备放大器电路中。

ⅳ. 电路检修　用万用表的直流电压 10 V 电压挡测量放大器的 b、e 极之间的正偏电压值，由于放大器采用的是 NPN 三极管，而且是共发射极放大器，故红表笔接基极，黑表笔接发射极，正常时为 0.6～0.7 V，因为一般放大器都用硅三极管。再测集电极的 PN 结是否反偏。将红表笔接基极，黑表笔接集电极。正常时集电极测试电压会反偏，如果测量时发射极 PN 结正偏，而且电压正常，集电极电压反偏，说明静态工作正常。如果静态工作点 U_{be} 正偏，电压不正常，集电极不能反偏，检查 R_b、R_c、R_e 电阻器是否增大或电路开路。如果偏置电阻良好，静态工作点不正偏，代换同型号三极管。同时检查电路的总电源电压是否正常和电路中交流元件耦合与旁路电容器是否漏电。

c. 分压分流式偏置电路　用三极管作放大器，用电阻串联分压将电源总电压进行分配，给三极管基极提供额定工作电压，此种电路结构称为分压分流式偏置电路。分压分流式偏置电路见图 7-42。

ⅰ. 电路的元件名称作用　VT 是共发射极放大器放大信号电流与电压。$R_{b上}$ 与 $R_{b下}$ 是放大器基极的供电偏置电阻。R_c 是集电极供电电阻器，也是放大器的集电极信号压降电阻。R_e 是发射极直流回路电阻器。K 是电源供电开关，E 是电路供电的总电源。此电路的重点在 $R_{b上}$ 与 $R_{b下}$ 的阻值，其决定放大器的 b 极电位，决定工作状态。

ⅱ. 供电回路　当开关 K 闭合，电源正极电流经过开关 K 经过 $R_{b上}$、$R_{b下}$ 串联分压取中点电压，经过 VT b、e 极→R_e，回电源负极。此时放大器 VT 的 U_{be} 与 I_b 建立，R_{ec} 减小，电源电流再经过 K→R_c→放大器 VT 的 c、e 极→R_e→电源负极。此时放大器的 e、b、

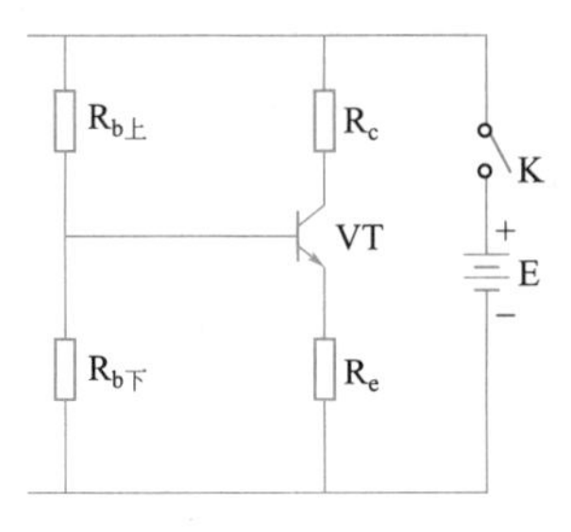

图 7-42　分压分流式偏置电路

c 三极电流已经建立。

ⅲ. 工作原理　当放大器静态工作点建立在环境温度升高时，放大器的 R_{ec}减小，通过放大器 c、e 极的电流增大，使 R_e 的电位上升，U_e 上升，U_{be}电压反偏下降，由于 $R_{b下}$的分流使放大器的 I_b 更加减小，使 I_c 与 I_e 减小，放大器由饱和状态发展到放大态，稳定了工作点，所以分压分流式偏置电路常用于各种电子电器的放大器电路中。

ⅳ. 电路检修　测放大器 U_{be}的正向电压，如果正向电压正常，我们再测集电极是否反偏，用万用表的直流 10 V挡测，将红表笔接放大器 VT 的 b 极，黑表笔接放大器 VT 的集电极。正常时，硅管的偏压为 0.6～0.7 V，如果发射极 PN 结的正向偏压低于 0.6 V以下，我们检查 $R_{b上}$与 $R_{b下}$的电阻值是否变大，同时检查电源总电压是否减小，若以上检查都良好，我们再测三极管 VT 本身的 PN 结正反偏电阻值，同时检查 R_c 的电阻值。如果测量时集电极的 PN 结不能反偏，而变为正向偏压，说明集电极供电可能开路，检查 R_c 的电阻是否阻值变大或者开路。如果放大器静态工作点都不正常，检查偏置电路时，全部良好，放大器本身管子良好，总电源电压正常，此时就必须检查电路中有无乱焊导致电路形成人为的漏电与短路或本身有无开路。

d. 非线性元件偏置电路　非线性元件指它的电阻值不是恒定值，其大小随外界环境条件因素改变而改变，例如热敏电阻、光敏电阻、亚敏电阻、磁敏电阻等。热敏电阻随外界环境温度改变而改变，光敏电阻随外界入射光线强弱改变而改变，压敏电阻随电阻两端电压改变而改变，磁敏电阻随外界磁场强弱改变而改变。将这些非线性元件用在电路中来改变电路工作状态的电路，称非线性元件偏置电路。一般用热敏电阻来改变电路对温度的工作稳定性，电路见图 7-43。

ⅰ. 电路各元件的作用　VT 是共发射极放大器的放大管，对信号的电流电压都有所放大。R_1、R_2 与 R_T 组成放大器基极串联分压电路，将电源总电压分配给放大器的基极供电。R_T 是非线性元件的热敏电阻，R_3 是集电极供电电阻，也是信号压降电阻器，R_4 是发射极直流回路电阻。K 是电路的电源总开关，E 是电源电动势，也就是电路中的总电源。

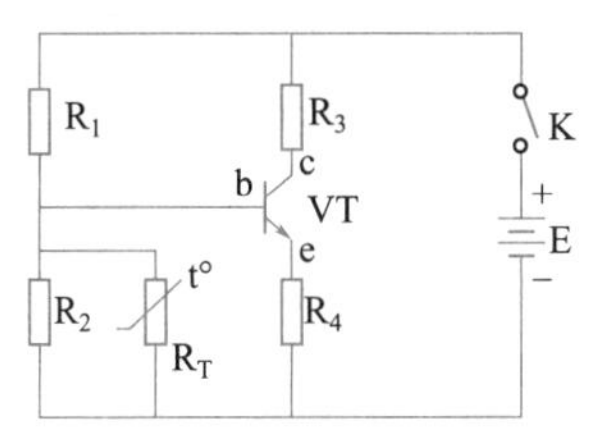

图 7-43　非线性元件偏置电路

ⅱ. 供电回路　当开关 K 闭合时，电源总电压由电源的正极经过 K，再经 R_1，经 VT b、e 极→R_4 到电源负极形成回路，此时 VT 的 I_b 微建立。此时电源电流再经过 K，经 R_1、R_2、R_T 串联回到电源负极形成分压。使放大器的 b 极电位建立。当放大器 I_b 正常建立时，放大器的 R_{ec}减小，电源电流再经过开关 K，经 R_3，经放大器的 c、e 极，经 R_4 回电源负极。此时放大器的 I_e 与 I_c 建立，静态工作点 I_b、I_c、I_e 都建立。

ⅲ. 工作原理　当电路的静态工作点建立后，由于半导体元件的热敏性，使放大器 VT 的 R_{ec}在环境温度升高时，会大幅度减小。此时使放大器的 c、e 极通过电流增大，这样由于 R_e 的阻值不变而使 U_e 上升，使 U_{be}的偏压形成反偏，使 I_b 减小，与此同时 R_T 的阻值减小，此时给放大器 b 极供电的电流经 R_T 到地，到电源负极分流，使 I_b 电流减小，使 U_{be}偏压下降，此时放大器的 R_{ec}增大，通过放大器的 c、e 极的电流减小。此时 I_b、I_c、I_e 三极电流减小，使放大器由饱和状态恢复到放大状态，稳定了工作点。由电路的工作原理可知非线性元件 R_T 的作用，它能在环境温度升高时，改变工作状态，稳定工作点。

ⅳ. 电路检修 一般先测放大器的发射结的偏压，如果偏压正常再测集电结是否反偏。如果发射结偏压不正常，检查 R_1、R_2、R_T 与 R_4 是否电阻值变大。同时测电路总电源电压是否降低，测量放大器的发射极与集电极的两 PN 结的正反向电阻值或更换同型号放大器。如果测集电结的 PN 结的反偏电压小或无反偏，检查 R_c 电阻是否阻值增大或供电线路开路。检查 R_T 热敏电阻器是否有热敏性，测量时用万用表电阻的合适挡位测量，给热敏电阻器加温，如果加温时电阻值逐渐随温度升高而变低，证明热敏电阻良好。如果加热时 R_T 的电阻值不变，证明热敏电阻失去热敏性。

e. 集成芯片偏置电路 集成电路将各单元基本电路集成在芯片的内部，形成集成芯片，各引脚内部所连接电路不同，所以各引脚所需工作电压有所不同。用电阻串联分压、并联分流给芯片各引脚提供不同的供电电压，所以形成集成式偏置电路。集成芯片的偏置电路结构见图 7-44。

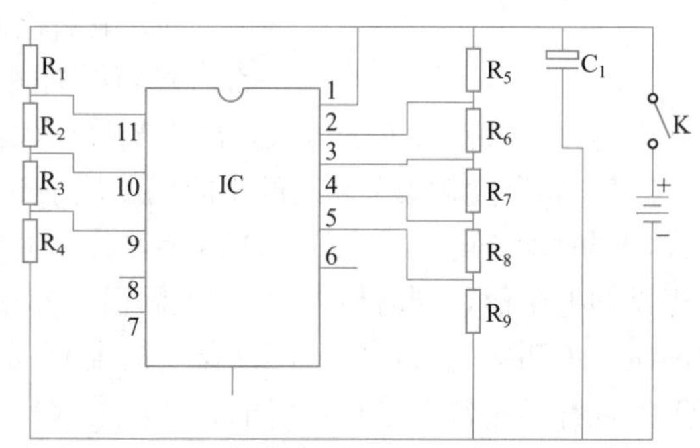

图 7-44 集成芯片的偏置电路

ⅰ. 电路中元件及作用 R_1～R_9 是集成的分压电阻器，阻值大小决定各引脚的电压，C_1 为电源滤波电容器，IC 为集成芯片。

ⅱ. 供电回路 当开关 K 闭合后，电源正极经 K 经过 R_1～R_4 串联分压给 9～11 脚供电，R_5～R_9 分压给 2～5 脚供电。

当开关 K 闭合，电源正极经 K 给 C_1 滤波，直接给 1 脚供电，再给 R_1～R_4 串联分压，给芯片 8～11 脚供电，电源电流再经 R_5～R_9，串联分压给 1～5 脚供电。这时芯片内各单元电路工作。

ⅲ. 工作原理 当电源经各电阻串联分压后给芯片各引脚供电，芯片内部各单元电路工作，进行外来信号的放大。

ⅳ. 电路检修 当集成芯片内不工作时，我们首先用万用表测电源的总电压，如果总电压过低，断开芯片供电，测空载电压，此时空载电压正常，我们就证明芯片内有短路故障。检查滤波电容器，如果电容器没有通电，直接代换芯片。如果我们测电源电压正常，再去测芯片各引脚的电压值，若某一引脚电压不正常，我们就去检查各电阻器是否有阻值变化，测芯片各电阻器是否良好。

(5) OTL 功率放大器电路 功率放大器采用两支功率放大管，一支工作在放大状态，另一支在截止状态，两管交替工作，对信号的正负半周都进行放大，称为 OTL 功率放大电路。OTL 功率放大器电路结构见图 7-45。

① 电路元件及作用 T_1 为音频输入变压器，对信号的电流进行提升，T_2 为音频输出变压器，VT_3、VT_4 是 OTL 功率放大器，VT_1、VT_2 是前置放大器，R_1、R_2、R_3 是 VT_1 的偏置电阻，R_4、R_5、R_6 是 VT_2 的偏置电阻，R_7、R_8、R_9 是 VT_3、VT_4 偏置电阻，C_1 为音频输入耦合电容器，C_2 为音频电容器，C_3 为 VT_1 的信号输出耦合电容器，C_4 为 VT_2 的音频电容器。耦合电容器用来传送信号，音频电容器用来消除杂音信号。

② 供电回路 当开关 K_1 闭合，电源总电压由正极经过 K_2 经 R_1→VT_1 b、e→R_2→电源负极，使 VT_1 导通，$VT_1 I_b$ 建立，使 VT_1、R_{ec}减小，此时电源电流经过 K_1→R_3→VT_1 c、e→R_2 回电源负极，VT_1 的工作点建立。VT_2 的导通电源电流经过 K→R_4→VT_2 b、e→

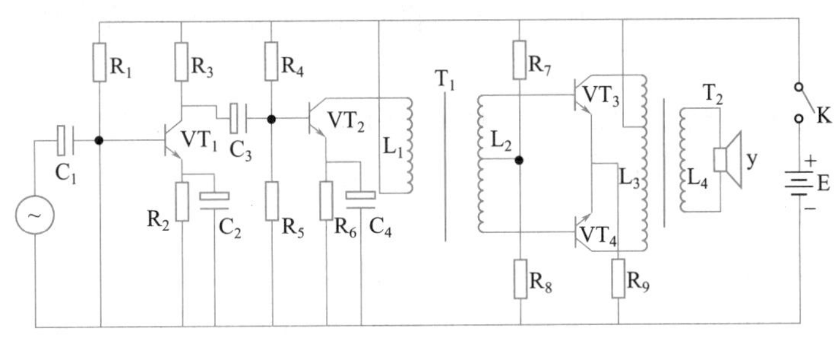

图 7-45 OTL 功率放大器

R_6 回电源负极，使 VT_2 的 R_{ec}减小，此时电流经过 K 给 T_1 变压器，L_1 经 VT_2 c、e→R_6 回电源负极，VT_2 的工作点建立，VT_3 的导通电流由电源正极经过 K→R_7→L_2→VT_3 b、e→R_9→电源负极，同时再经过 R_8 回电源负极，使 VT_3 的 I_b 建立，VT_3 的 R_{ec}减小，电源电流经过 K→T_2 变压器，经过 L_3→VT_3 c、e→R_9 回电源负极。VT_4 的导通电源电流由正极经过 K 给 R_7→L_2→VT_4 b、e→R_9 回电源负极，使 VT_4 导通。此时电源电流经 K 给 T_2 变压器，再到 L_3→VT_4 c、e→R_9 回到电源负极，使 VT_4 的工作点建立。VT_1、VT_2、VT_3、VT_4 工作点都建立后，电源的静态工作点就建立了。

③ 工作原理 当各放大器静态工作点正常建立后，交流电信号经 C_1 耦合送 VT_1 b 极放大，由 c 极取出经 C_3 耦合送到 VT_2 b 极放大后，由 VT_2 集电极取出，送到 L_1 的初级线圈，产生交变磁场，感应到次级 L_2，分别送 VT_3、VT_4 放大，由 L_3 产生交变磁场，感应到 L_4，送扬声器发声。当 L_1 的电动势为上正下负时，L_2 为上负下正，此时 VT_3 反偏截止，VT_4 正偏导通。当 VT_4 导通后 L_3 产生上正下负的电动势，感应到 L_4 为上负下正，扬声器线圈电流由下至上流，发出一个半周的声音，如果 L_1 的电动势为上负下正时，L_2 为上正下负，此时 VT_4 反偏截止，VT_3 正偏导通，此时 L_3 产生上负下正电动势，感应到 L_4 为上正下负，扬声器线圈电流由上向下流动，这样周而复始下去，VT_3、VT_4 交替工作，扬声器发出正负半周声音。

④ 电路检修 如果通电扬声器无任何反应，首先检测电源总电压，如果电源总电压正常，再通电测各放大器静态工作点。如果 VT_1 放大器的 b、e 正偏压降不正常，就检查 R_1、R_2、R_3 三个偏置电阻器阻值是否正常，如果电阻值正常，再检查 C_1、C_2 电容器是否正常，有无漏电现象，如果良好，检查 C_3 电容器是否漏电，同时检查 VT_1 本身 PN 结的正反向电阻值大小。如果 VT_1 的发射结正向偏压正常，再测 VT_1 集电极是否反偏，若不能反偏而变为正偏，检查 R_3 电阻是否变大以及是否开路等。若 VT_1 静态工作点良好，再检查 VT_2 放大器的工作点。VT_2 是发射结正偏，集电结反偏，检测正偏电压是否正常，如果 VT_2 正偏电压不正常，检查 R_4、R_5、R_6 等电阻是否阻值增大或者开路，同时检查 C_4 电容器是否漏电，如果 VT_2 集电极不能反偏而为正偏，检察 L_1 线圈是否开路，若 VT_2 静态工作点正常，再检查 VT_3 与 VT_4 两功率放大管。如果 VT_3、VT_4 两管发射结不能正偏或正偏电压低于标准值，检查 R_7、R_8、R_9 等电阻器是否开路。如果 VT_3、VT_4 正偏电压为零，检查 L_2 是否开路。如果 VT_3、VT_4 发射极偏压正常，我们再测两管的集电极是否反偏，若不能反偏而是正偏，检察 L_3 线圈是否开路。如果 VT_3、VT_4 两管的工作点建立，静态工作点电路都处于正常，再给电路输入交流电信号，观察交流电信号是否可以送入扬声器，能否发声，如果交流信号不能通过，检查 C_1、C_3 以及 T_1、T_2 变压器与扬声器本身，检修放大器电路。

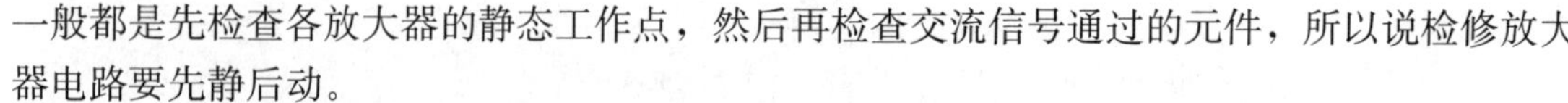

一般都是先检查各放大器的静态工作点，然后再检查交流信号通过的元件，所以说检修放大器电路要先静后动。

(6) 放大电路短路检查 一般电路短路都是由以下三个原因引起的。

① 电路中半导体元件短路击穿，如二极管、三极管；

② 电路中滤波电容器漏电；

③ 人为焊接造成的短路。下面我们来一一检修分析。

首先我们断开电路的供电，测空载电压，如果空载电压正常，而带负载时电源电压不正常，证明负载电路有严重的短路故障。此时先检查半导体元件的三极管，再看是否击穿。一般用万用表的 $R\times1\Omega$ 挡位检测。如果三极管没有击穿现象，再测有极性滤波电容器是否漏电与击穿。此时，应用电阻挡位的 $R\times1k\Omega$ 挡位，如测量不准确就可以拆机测量，如果电容器没有击穿漏电现象，我们就检查电路中有无乱焊接而造成的短路，检查电路元件各焊接点处，一般放大电路中最容易损坏而引起短路的是三极管以及电解电容器。

7.6 变频器电路检修与分析

要更好、更快掌握变频器的检修，还要从以下几个部分进行学习（参考图 4-35）：

① 变频器在电气电路中的主要作用。

② 变频器外接各端子的主要作用。

③ 变频器整机的组成部分，各部分电路之间的连接方式。

④ 变频器各部分单元电路在整机中的作用以及各部分损坏后会引起的故障。

⑤ 快速地检测变频器各电路的方法。

⑥ 变频器各部分电路检修的要点，各电路检测的主要测试点。

(1) 变频器在电气电路中的主要作用 虽然电气配电柜早期都采用人为手动式的点动控制、正转自锁控制与电动机正反转控制以及几台电动机的顺序转控制等多种方式，但是它们只能控制电动机的运行状态，改变不了电动机的运行速度，所以说变频器在整个电气配电柜中是为了改变送往电动机的交流电压的频率，改变电动机内部三相线圈的交变磁场的速度，从而改变电动机的速度，实现实际电气设备在工业中的所需。例如现代化的高楼生活用水的供水设备就是根据当前的所需去不断改变电动机转速的。还有各类型喷泉是用编好的程序去控制变频器的内部工作状态，改变电动机的速度，改变水泵的压力大小，从而改变喷泉的喷水高度。在高层楼的直通电梯中，采用变频器去改变电动机的速度，改变电梯的运行。（当然是在人为设置的频率范围内进行）。变频空调器内部的压缩机的工作也是在变频器设定的频率范围内工作的。由此我们可以看出，变频器在各行业工控电气设备中的作用。在整个电气配电设备系统中，只有单独的变频器是不可能的，还要有电气元件组成的辅助电路才可以组成完整的变频器设备。一个完整的变频柜有空气开关、交流接触器、过热保护器以及启动与停止等按钮，也有运行、停止、故障等指示灯，以及电压与电流指示表，同时也有程序器以及变频器的外接电路等。但是变频柜中，只有变频器在电路中最为重要，其他电气元件只起辅助作用，配合变频器正常工作运行。如果变频器损坏，将会使变频电气柜失去变频作用。无论检修什么样的电气自动化设备，首先要清楚变频器在这台电气设备中的主要作用。虽然变频器大致作用相同，但是不同的电气设备有不同的功能，变频器在实际电路中的作用也有所不同，所以我们检修各电气设备时，要多观察变频器在实际电路中的结构以及具体的作用，这样电气设备损坏后我们才能有效准确地判断故障出现在变频器还是变频器的辅助电路。

(2) 变频器外接端子及外连接电路故障分析 在检修变频器时，我们要清楚变频器各外接端子的作用，才能更好地判断电气设备损坏是由变频器本身引起，还是由变频器的辅助外接电路而引起。一般变频器的外接线端分为两大端口，一是主电路的接线端子，二是控制电路的接线端子。下面我们来详细论述变频器各接线端子的主要作用以及外连接电路的故障分析。

① 变频器主电路接线端子 我们以三相变频器为例。R、S、T 为三相 380 V交流电压输入端，在电气配电柜中，R、S、T 接线端与三相交流接触器的输出端口连接。当操作面板的启动按键时，三相交流电经空气开关再经主电路中的三相交流接触器三火线触点由 R、S、T 三端送入变频器内电路，R、S、T 三端是我们检修变频器输入端（下简称输入端）供电的检测点。R、S、T 三端检修测量时有以下几种现象。

ⅰ. 测 R、S、T 三端三相交流电压为零。由故障现象可见，故障点应在电气配电柜中的交流接触器以及空气开关与配电柜的入端电网电路。先测配电柜入端的三相电压，如果三相电压正常，闭合空气开关，测空气开关出端三相电压。若三相电压正常，操作启动运行按钮。如果主电路的交流接触器不动作，检查交流接触器的线圈供电回路的各配电元件，检查停止按钮、启动按钮以及接触器线圈与过热保护器的常闭触点。如果按启动开关时交流接触器动作，但是变频器 R、S、T 三端交流电压输入端为零，主要检查配电柜中的主交流接触器，一般此故障主要由交流接触器线圈供电控制回路而引起。

ⅱ. 测 R、S、T 三端时三相电压不平衡。此故障由交流电入网电路、空气开关与主交流接触器以及变频器内部主电路的整流滤波电路等四个部分而引起。首先用万用表的交流电压 1000 V挡位测变频配电柜的交流入端的三相 380 V交流电，如果三相电压不平衡，就检查入网电路的三相火线是否有漏电、接触不良、开路等现象。如果电气配电柜入端三相火线的三相电压 380 V正常，再检查空气开关输出端三相火线端口，此时应闭合空气开关。如果闭合空气开关时测输出端三相交流电压不平衡，重点检测空气开关内部的三相火线触点哪一相接触不良。如果闭合空气开关时，测三相火线输出端的交流、三相电源、三相平衡、三相交流 380 V电压正常，则检测主电路的交流接触器的三端三相交流电压是否正常，三相是否平衡，若测主电路中交流接触器三相电压不平衡，检查电气配电柜中从空气开关输出端到交流接触器主触点入端之间的电路是否接触不良。若测量主交流接触器主触点的三相交流电压 380 V平衡，然后按下启动运行按钮，交流接触器动作。再测交流接触器的主触点输出端的三相交流电压是否正常，三相电压是否平衡。若交流接触器的输出端的交流电压不平衡，检查交流接触器的三相触点是否接触不良或三相触点某一触点脱落。一般电气配电柜中的交流接触器由于负载过大，长期闭合与断开，通过电流大，造成触点接触不良，工作期间经常打火花。如果测量交流接触器的三火触点的输出端时，三相电压 380 V正常，而且三相电压平衡，证明变频电气配电柜的交流电的主电路的空气开关与交流接触器以及交流接触器的线圈控制回路的电气配件，以及回路电路都良好。如果在测交流接触器的三火触点的输出端时，三相交流电压不平衡，但是我们断开交流接触器与变频器入端的 R、S、T 三端的连线后，在测量交流接触器三火触点输出端三相电压时三相电压平衡，就说明变频器内部主电路的整流与滤波的电路有漏电或严重的短路，或整流二极管击穿和电容器漏电。

ⅲ. 测 R、S、T 三端三相电压高于 380 V。变频器 R、S、T 三路端电压过高是由电网的入端电压升高而引起的，这样会损坏变频器内部主电路整流滤波元件。测量时如果三相

380 V都升高，则是由电网而引起。如果三火线只有两相或一相电压升高，则只是入网的某一相电压而引起。检测时用万用表的交流电压 1000 V挡位。此时我们应断开空气开关测量入网的空载交流电压，以此来分析电气配电柜的入网电压，一般是由高压变压器将几千伏的高压降为低压动力 380 V与单向照明 220 V等，然后送电气配电柜。如果检测电气配电柜的入端电压时，交流电压三相都升高，主要检查与分析高压配电柜。此时应切断高压配电柜的入端高压供电，详细检查高压配电柜内的高压变压器是否损坏或高压变压器入端高压是否升高。

② 变频器主电路 U、V、W 变频电压的接线端的分析。变频器主电路输出的三端接线 U、V、W 三端，连接三相电动机 U、V、W 三端，不但可以检测变频器整机是否工作正常，还可以检查负载电动机的好坏。当我们在操作面板上按下启动运行按钮时，变频器所连接的负载电动机不运行，先将连接变频器的三相电动机断开，启动变频器，用万用表的交流电压 1000 V挡位测 U、V、W 三端输出电压，若测试交流电压为零，说明变频器没有工作，检查内部电路。内部最容易损坏的是逆变电路以及开关电源电路等。如果断开电动机，测变频器的输出端电压时，三相电压正常，就证明变频器良好，故障出现在三相电动机内部。主要检查三相电动机内部三相线圈有无线圈匝间短路或各相之间短路。常规检查时 U、V、W 三端有以下几种情况。

ⅰ. U、V、W 三端都为零。此种故障由两种原因导致。变频器内部的各个电路没有工作才导致 U、V、W 三端输出电压为零。根据前几章节的内容，我们知道变频器内部整机由六大电路构成，抗干扰、整流滤波、逆变电路与二次开关电源以及驱动电路与面板显示操作电路等。在工作时三相交流电由抗干扰与整流滤波电路将交流转变为直流，然后由开关电源将高电压直流转变为低电压直流，再经脉冲变压器次级各级感应降压后，再整流滤波分别给各单元电路供电，各电路工作。在启动运行时 CPU 电路产生六相脉冲信号，经六相驱动脉冲电路进行放大去控制逆变电路中的六相脉冲放大的变频管。控制相序处理将主电路整流送来的直流转变为有一定频率的交流电送负载电动机，电动机运行。由以上变频器的工作过程简述可知，U、V、W 三端输出电压为零，故障一般发生在抗干扰、整流滤波与开关电源与 CPU 驱动以及逆变电路等。根据前几章节的电路结构原理检修分析，是 U、V、W 输出电压为零的故障。

ⅱ. 测变频器的 U、V、W 三端输出电压不平衡。由故障现象可以分析出变频器内部的逆变电路、CPU 电路以及六相脉冲驱动电路等有故障，同时负载电路电动机的损坏也会引起 U、V、W 三端输出电压不平衡。首先将变频器的负载电动机断开，再启动变频器测 U、V、W 三端，如果这时 U、V、W 三端输出电压 380 V平衡，证明变频器的负载电动机内部三相线圈损坏而引起 U、V、W 三端输出电压不平衡。这时我们将变频器所连接的负载电动机断开后，拆开负载电动机内部定子线圈，观察线圈是否变色，一般发黑或稍微发黄，就证明线圈匝间烧坏，也可以测量电动机定子线圈的内电阻值来判别电动机的好坏。如果我们将变频器所连接的电动机断开后，测变频器 U、V、W 输出端时，输出电压依然不平衡，就证明变频器内部电路损坏。先测变频器的交流输入端 R、S、T 三相电压是否正常，是否三相电压平衡。如果变频器入端的三相交流电压不平衡，检查电网的入端交流电路以及电气配电柜内部是否损坏。若测变频器入端交流电压时，三相交流电压平衡，电压也正常，就证明电网交流入端电路正常。如果负载电动机良好，变频器的入端交流电压良好，则变频器的内部电路损坏。一般变频器内电路会引起变频器输出 U、V、W 三相电压不平衡。能使变频器的

U、V、W 三端输出电压不平衡的电路有 MCU 电路、内部的 CPU 电路以及六相脉冲驱动电路与逆变器电路等。当 CPU 电路内部产生的六相脉冲信号有某两相脉冲信号异常，就证明 CPU 内部的六相脉冲发生器损坏，这样的六相脉冲经驱动放大器放大后，送逆变电路后，将直流转变的交流电输出 U、V、W 三相变频交流电压不平衡。如果变频器内部的六相脉冲驱动电路有某两相驱动芯片损坏，就会使六相脉冲放大后输出的脉冲信号输出波形幅度不相同，导致控制逆变电路内部的六支变频管工作，输出变频后的 U、V、W 三相交流电压不平衡。变频器的六相驱动电路如果有两支驱动芯片损坏，这样其对 CPU 输出的六相脉冲信号放大后，就会出现两路脉冲信号不正常，送逆变电路的六相脉冲信号也不正常，进而导致逆变以后输出的变频三相交流也不正常，U、V、W 三端输出交流电也不正常，不能达到三相交流电平衡。在变频器的主电路中逆变电路损坏也会造成 U、V、W 三端输出电压不平衡，所以变频器在正常操作启动时 U、V、W 三端输出交流电压不平衡，重点检查 CPU 电路六相脉冲驱动电路以及逆变电路等。我们要根据变频器的内电路结构以及工作原理去检修电路，要根据每个检测点的工作电压值来判断故障的部位。

ⅲ. 测 U、V、W 三相交流电缺一相交流电，此故障与故障 ⅱ 相似，但是实际电路中的故障是 U、V、W 三端口有一端口测量时无任何反应，其余两端口测量时有电压，这样称三相电缺一相。此故障与负载电动机关系不大，主要是变频器内部电路损坏而造成的。变频器内部的 CPU 电路、六相驱动电路与逆变电路等任意电路损坏都会使变频器 U、V、W 三端输出的电压缺一相。检修前我们应对这几个电路的工作程序做以简易的了解才能更准确地分析检测出此故障的部位。变频器整机工作时，先由主电路中的整流与滤波电路将三相交流电转变为脉动直流电，再由滤波器将脉动直流中的交流成分滤除，然后自举升压，将直流升为 450～500 V，一路送逆变电路，另一路送开关电源电路。由开关电源转变的低压直流，分别给 MCU 电路、六相脉冲驱动电路以及面板电路等供电。当各电路供电正常后，由 CPU 电路内部产生的六相脉冲信号送驱动电路，然后经六驱动芯片的内部放大，分别送逆变电路中，去控制六支变频管的工作顺序，将主电路中的整流滤波后的直流电转变为交流电。具有一定频率的交流，由 U、V、W 三端输出送负载电动机。了解变频器整机内部电路工作过程后，我们来分析与检修 U、V、W 三端输出缺一相电压的故障。学习变频器逆变电路时，我们知道变频器内的逆变电路由六支变频管构成。有单独六支场效应管以及变频模块两大形式，如果逆变电路内部的某一变频管损坏就会造成 U、V、W 三端输出缺一相交流电。如果六相脉冲驱动电路中有一支驱动芯片损坏不能放大六相驱动脉冲，此时逆变电路缺一相驱动脉冲信号，也会使内部变频管有一组不工作，而导致输出 U、V、W 三端的一端缺一相电，同时 CPU 内部输出的六相脉冲当中，如果缺一相交流脉冲也会使驱动脉冲不放大，也会导致逆变电路内部一组变频管不工作，使 U、V、W 三端输出缺一相电。

分析出故障的原因与部位后，我们来分别检测变频器内部的三大电路。

CPU 驱动逆变检测出故障出现在哪一电路，这样我们就可以对故障电路进行详细检测出故障的元件。由于变频器的 U、V、W 三端可以输出两相变频后的交流电，说明 CPU 内部脉冲振荡是良好的。不用查 CPU 三大工作条件电路，工作条件一定符合标准。

用示波器检测 CPU 输出的六相方波脉冲信号，如果有两路脉冲信号不正常就会引起变频器输出的 U、V、W 三端的电压缺一相电。六相驱动电路的检测用万用表的直流电压50 V 挡位。先将六支驱动芯片的供电进行测量，如果哪一芯片的供电不正常，随着这个芯片的供电引脚向供电来源方向跑线。同时检查芯片供电的滤波电容器是否漏电，如果漏电更换耐压容量相同的电容器。如果没有漏电，我们再检测开关电源脉冲变压器的次级对应的整流滤波电路是否损坏，电源脉冲变压器次级到驱动芯片的供电引脚之间的供电电路有无开路。如果我们检测驱动芯片供电时，供电电压良好，然后测六支驱动芯片的信号入端的脉冲信号波形是否正常，六相驱动脉冲信号的波形幅度周期以及频率是否相同。测量时，用示波器的合适挡位检测才可以准确地根据驱动脉冲的波形去分析故障。如果六支驱动芯片等信号入端的信号波形都正常，而且波形幅度周期频率相同，证明 CPU 电路工作正常。然后测六支驱动芯片的信号输出端的信号是否符合标准。

如果用示波器检测时六相驱动芯片的输出端信号波形有两相信号波形不正常，达不到标准的周期与频率，不足以驱动逆变电路中的变频管的工作，这样逆变电路输出的变频交流电 U、V、W 缺一相交流电。这时我们更换驱动输出信号不正常的那个芯片，更换时也用同型号的芯片去代换，如果我们检测六支驱动芯片的输出端引脚时，信号的波形都正常，而且六相信号的周期、频率、幅度相同，证明六相驱动电路工作都正常，然后对逆变电路做以检测。由于 U、V、W 三端有两相交流电可以输出正常，但是其中有一相工作都确定可以证明，逆变电路供电正常。

我们只有检测信号才可以判别逆变电路的好坏。检测逆变电路之前，我们只有熟悉逆变电路的几种结构才能准确地检测各电路以及分析出故障的元件。不同的电路结构，检测法不相同，这样才可以适用于各种变频器的检修。

第一种结构是小功率变频器，采用六支场效应管作变频管，这六支变频管是分开的，但是每两支变频管承担一相交流电的直变交的输出，这样我们要知道两支变频管输出的连接电动机对应 U、V、W 三端口所对应的变频管。在检测时，我们先测这六支变频管的直流供电，然后再测六变频管的每支管子对应的控制极信号输入端的驱动脉冲信号。如果哪一对变频管供电不正常，也不能变频。而我们知道其他两对变频管供电良好，证明开关电源良好。如果三对变频管供电都正常，再用示波器测变频电路六支变频管的控制极的驱动脉冲信号是否符合标准。我们测每支变频管的控制极信号，如果有两相脉冲信号不正常，检查对应的驱动芯片到变频管之间的信号传送电路是否开路或元件漏电。如果有我们更换旁路元件以及焊接信号传送电路。如果我们测六变频管的六相脉冲输入端的信号时都正常，六变频管的供电也正常，但是 U、V、W 输出的交流电压还是缺一相交流电，这时我们顺着缺相电压的输出端跑线路找到连接的一对变频管，将这对变频管采用电阻法检测，如果测量时变频管阻值不符合标准，我们就更换同型号的变频管，这样故障方可排除。由于变频管内部性能变坏导致不工作，使 U、V、W 三端输出缺一相交流电。

第二种是逆变电路结构，将每两支变频管集成在一起，组成一支变频集成模块，这个集成模块共有三个，分别变频输出三相变频的交流电。此种结构检测时，也是先对每支模块的供电做以测量，从每支模块的直流供电端找到模块的供电引脚分别测量。如果哪一模块的供电电压不正常，就会使这个模块不能工作，不能输出变频电压。所以检查这一模块供电电路有无滤波电容器漏电或供电电路开路等现象。如果检测三支模块的直流供电电压时，各路供电电压都正常，然后用示波器测量每支变频模块的驱动信号是否符合标准，三支模块中，如果有一支模块的驱动信号不正常，我们就检查这支模块驱动信号入端口对应的信号来源，也就是对应的驱动芯片，进行跑线路，找到对应驱动芯片，检查芯片的工作条件。如果芯片的工作条件符合要求，更换同型号的芯片。更换后再检查信号的传送电路有无漏电或旁路元件是否损坏，而使信号不正常。如果三支模块的供电正常，而且信号的入端驱动信号都正常，但 U、V、W 三端输出信号的电压仍然缺一相变频交流电，然后将整机断电，用电阻法测缺相端的端口对地电阻值，如果对地电阻值减小，就说明该引脚对应的变频模块损坏。检查缺相端口对应模块的各引脚连接电路，如果外连接电路良好，我们就更换模块，更换时该模块要与其他几个模块型号对应。

第三种结构将三相桥式整流电路与逆变电路都集成在一个模块内，这样使变频器内部电路结构简单化，检修分析时更为简单，我们将模块在电路板中分清整流电路与逆变电路各引脚，同时分清供电引脚与信号传送引脚。一般整流与变频共同集成模块供电引脚有三相交流电输入引脚与三相变频交流输出引脚，以及 P+与 P−直流电压检测引脚。先用万用表的交流 1000 V挡位测量三相交流电输入电压各相 380 V是否正常。如果三相交流电压入端正常，再用直流电 1000 V挡位测 P+与 P−端的直流电。如果直流电压正常，说明该模块内的整流电路工作正常，然后启动运行后，测变频器 U、V、W 三端的输出变频交流电压，如果 U、V、W 三端三相变频交流电压中，有一相交流电压为零，就说明 U、V、W 三端输出缺相，我们再用示波器检测模块中的驱动信号输入引脚的信号是否正常。如果有两相脉冲信号不正常，检查对应的信号传送电路以及对应的驱动芯片是否损坏，同时检查信号传送电路有无旁路元件漏电与信号传送电路开路等。如果整流与逆变和集成模块的三相交流电输入都正常，而且 P+与 P−端的直流电压也正常，六相驱动脉冲信号也正常，这时变频器 U、V、W 三端输出还是缺相，更换模块。

③ 变频器的控制外接端子的分析　变频器的控制端子与变频器内部的 CPU 电路相连接。这些控制端子可以取代本身变频器面板的基本功能的操作，同时也可以实现变频器其他功能的操作，实现变频器的智能化。经过变频器的控制端子，外连接的电路，是变频器控制及功能操作的辅助电路。下面我们将变频器控制的主要端子做以下论述。一般变频器的主要控制接线端子有正转与反转、启动服务、停止运行。多频段速度选择低压直流供电输出引脚，下面我们将常用的控制端子，做以详细的分析，以及外界连接的元件，与外电路元件损坏后的故障分析。检测时的检测要点要做以说明，变频器的各控制端子是设计在各电气配电柜中的。

a. STF 三相电动机正转启动控制引脚　它经正转启动按钮与控制端的公共地线相连接，工作时按下 HTF 时，变频器内部将正转端口的电位拉低，此时 CPU 得到正转的命令。CPU 发出正转的六相脉冲的驱动信号，经驱动电路放大后，去控制逆变电路的变频管工作。从 U、V、W 三端输出三相正转交流电压，送电动机使电动机正转。如果操作正转按钮时，负载电动机不运行，证明控制端口所接的启动按钮有故障。我们检查启动按钮时可以测变频器的控制端正转 STF 端口的脉冲是否变化，如果电平可以高低变化就证明启动按钮起控制作用。如果按下启动按钮时，STF 端没有高低电平跳转，证明按钮与连线有故障，检查开关启动按钮。

b. 三相电动机反转启动控制引脚 STR　在操作面板中用常开按钮将变频器的控制端口通过开关按钮接地线。然后当按下 STR 反转按钮后，变频器内部的 CPU 电路通过外接反转按钮，使内部光电耦合器工作，将光转换为电信号，然后传送 CPU 电路，此时 CPU 得到反转指令后，便控制内部电路产生六相脉冲信号，经驱动放大后，去控制六支逆变器变频管工作，将直流转变为变频后的交流电输出送负载电动机。点击反转运行，当操作 STR 按钮时，电动机不动作，此时我们先检查 STR 按钮是否开路，控制操作端子接线是否良好，如果开关与接线良好，我们再检查按钮接线端对应的内部光电耦合器元件是否正常工作以及是否损坏，如果元件良好，我们再检测内部光电耦合器对应的 CPU 引脚或检查操作显示面板是否菜单设置良好。

c. RES　本来变频器操作面板中有复位的按键，但是为了使电气配电柜在机柜面板操作方便，将变频器的复位控制端子与外接常开按钮相连接。当操作电气配电柜的面板复位按钮时，使复位按钮所对应的变频器内部的光电耦合器工作，这时光电耦合器工作后，给 CPU 电路输送复位脉冲信号，这时 CPU 内部电路复位产生，使振荡暂停，将以前运行的程序复位，开始另一个程序的工作。当我们操作电气配电柜面板复位按钮时，变频器整机不能复位，检查外连复位按钮以及连线是否正常，同时检查按钮连线端子对应的内部光电耦合器是否损坏，或者变频菜单是否没有调到外接复位状态。

d. 多段速度选择按钮 RH、RM、RL　RH 是高速，RM 是中速，RL 是低速。三支高中低速按钮都与公共地线相连接。机器内部分别与三支光电耦合器相连接，当操作高中低三只按钮时，机器内部的光电耦合器得到低电平分别使内部的光电耦合器工作，同时使机器内部的 CPU 电路得到高中低三速度的命令，CPU 内部振荡产生的六相方波信号会改变频率，从而使逆变电路输出的三相变频的交流电压的频率改变，从而改变电动机的速度。当多段速度选择按钮操作无效时，检查对应的高中低频率按钮，同时检查它们对应的机器内部的光电耦合器的电路，也要检查操作面板的频率设置。

④ 变频器控制端子的输出直流和低压供电　一般变频器的控制端子的输出直流供电有 10 V与 24 V等。这个电压都是用来给控制端子外接的小继电器线圈供电的，在手动电气配电控制的电路中，常用启动按钮控制小继电器的工作，这时小继电器再来控制大功率的交流接触器。大的交流接触器来控制电气主电路的供电。例如控制变频器的主供电，但是小继电器的线圈经常采用的电压为直流，而且电压很小，由于小继电器的常开与常闭触点单位时间内通过的电流较小，所以功率小，所需的吸引力小，所以采用小功率低压直流供电，在正常工作时如果直流电压 10 V与 24 V电压过低，会使外接小继电器不动作。在学习变频器开关电源时，我们知道变频器的控制端子的 24 V与 12 V电压来自于变频器内部电路的开关电源脉冲变压器的次级所对应降压线圈与整流、滤波电路。实际检修变频器控制端外接电路时，测控制端子的 24 V与 10 V电压过低，我们检查 24 V与 10 V对应的开关电源的整流与滤波电路有无整流二极管的正向电阻值增大以及滤波电容器漏电，或者是 24 V与 10 V对应的外接小继电器的线圈过低。检查变频器控制端子所连接的小继电器线圈的电阻值是否远远小于标准值，将 24 V与 10 V电压拉低。

⑤ 学习控制端的重要性　因为变频器在实际电路中是安装在电气配电柜中的。电气配电柜中有给变频器供电的交流供电控制电路，同时有变频器本身以及与变频器控制端子所连接的外连变频器功能操作控制线路等。在检修变频器时，不光是检修变频器本身，还要检修给变频器供电的交流供电控制电路，同时还要检修变频器的功能控制端子电路等。变频器不能正常工作，不光是由变频器本身而引起，同时可能由变频器供电电路与变频器功能控制端子外接电路等引起。所以我们要学习变频器控制端子的基本功能。变频电气配电柜出现变频器不能正常工作的故障，一般是变频器的交流供电电路导致，如果控制电路出现故障，则是主交流接触器不动作导致，将不能给变频器供电。如果变频器入端供电正常，但操作变频器功能控制端子外接的功能按钮时变频器不动作，一是变频器没有设置好，没有将菜单中的功能转换至外部连接，如果设置良好，那就是变频器功能控制端子的外接电路以及操作按钮出现故障，所以我们要详细了解变频器的功能、基本的接线端子的作用以及外界连接与内部电

路连接等。例如正转、反转、停止、复位、运行、多频段选择以及直流供电等。

（3）变频器的组成　要学习掌握好变频器的故障检修，就必须对变频器的整机电路有详细的了解，掌握各级电路之间的连接顺序。是如何使哪一电路先工作，哪一电路后工作的。各单元电路正常工作时的关键工作条件是那些？各单元电路的故障检测点在电路的什么部位，而且每个检测点的正常工作电压参考值是多少？整机各级电路中最容易损坏的元件是哪些？只有详细掌握了以上各问题，才能更准确地分析变频器的故障。

变频器整机由主电路与辅助电路两大部分构成。详细可划分为六大电路以及变频器各功能外接控制端子。虽然我们在前几章节已经学习过变频器的整机结构、电路原理与故障分析，但没有做详细论述，所以在此我们要详细论述如何分析变频器电路，而且指出各单元电路的重点部位。整机由主电路与辅助电路等两大部分构成。

① 变频器主电路

a. 变频器主电路的作用　主要是将交流转变为直流，而且在辅助电路送来的六相方波脉冲作用下将直流转变为一定频率的交流电送负载电动机。主电路也是大电流通过的电路，所以主电路中的各元件要求功率大，耐压高，工作时要有良好的散热。主电路要正常工作，还必须要靠辅助电路的支配。如果主电路不能工作，检查辅助电路送来的工作条件是否符合。

b. 变频器主电路的组成　变频器的主电路共有五大电路，有抗干扰电路、三相或单相整流电路、滤波与自举电路、制动电路、变频逆变电路等。下面将各电路做以简易的介绍，抗干扰电路，采用电感器通低频交流电，阻碍高频交流电的特性。对输入交流电中的高频杂流进行滤波。有些变频器还设置有漏电过压过流保护器件，一般此电路不容易损坏，所以在检测时不要放在重点去考虑。三相或单相整流电路采用二极管的单向导电特性，将交流电转变为脉冲直流电。大功率元件需要良好的散热，而且容易损坏，检修时要根据不同的结构做不同的检查。测量时所用万用表电阻挡位有所不同。

c. 单相变频器的整流电路结构分析　一般单相整流电路有四支二极管组成的桥式整流和四支二极管组成的整流堆整流两种结构。这样整流后的脉动直流较纯，单相对220V交流电整流后的脉动直流电，滤波自举后，为300V直流电。单相整流器的耐压值一般都为220V交流电。检修更换时注意功率、瓦数、型号，由于变频器的功率是不相同的。

d. 三相变频器的整流电路结构分析　三相变频器共有六支二极管，早期有六支整流二极管单独的结构，后来将每两支整流二极管都集成在一起，构成一个整流条，将三支整流条组成一个三相整流桥式电路。这种整流电路的结构将用于大功率的变频器电路，具有良好的散热。还有一种就是将六支整流二极管都集成在一个整流堆里，这样对三相交流电进行整流，共有五个接线端子，三个端子并列成一排，接三相交流电输入，另外有两个端子为直流输出端，一个为正极，另一个为负极，这样整流输出直流电。

三相变频器的另一种整流电路是将三相整流与滤波逆变电路集成在一起形成集成整流。大规模的集成要求散热良好。三相整流电路整流后输出的直流电压为450～500V之间。整流电路在变频器的主电路中连接的是滤波电路与抗干扰电路。在检修主电路时检测整流电路要求考虑：整流电路与整流器的连接，滤波电路与抗干扰电路。

e. 滤波电路　利用电容器通交流隔直流的特性，将整流后的脉动直流中交流成分滤除，得到直流电压，并且自举升压。在变频电路中，电路滤波采用有极性滤波电容器，要求容量大且耐压高。一般在电路中由多支电容器组成滤波电路。变频器的主电路滤波电容最容易损坏、击穿、漏电，因为电容的绝缘层薄，容易被击穿，要求耐压性能好。

滤波电路在主电路中前连接滤波电路，后连接逆变电路。在整流与滤波电路之间连接制动电路。检修整流电路时，应分析到制动电路以及整流电路与逆变电路。

f. 制动电路　在电动机停机或由高速转换为低速时，电动机转速并没有马上停止或减速，由于惯性使电动机继续运行，这时由于电动机转子相碰，使运行时定子线圈产生感应电流，这个感应电流经逆变电路给滤波电容器充电，使电容两端电压升高，这样会损坏辅助电路与逆变电路。采用制动电路将电动机反馈的再生电流分流，消除再生电流，防止损坏变频器的其他电路。制动电路有制动控制管与制动电阻以及制动信号反馈电路。

检修时，检测制动信号是否反馈到达，同时检测制动三极管是否工作或制动管损坏。

g. 逆变电路　在电路中连接主电路的滤波电路，同时连接负载电动机，同时接收六相驱动电路送来的六相脉冲方波信号。逆变电路的工作条件有两点。一是主电路整流滤波送来的纯直流供电，二是来自于六相驱动电路的方波驱动信号，有这两个工作条件逆变电路方可工作，将直流转变为具有一定频率的交流送负载电动机。逆变电路在实际电路中的连接后，在变频器中出现故障时，我们才能正确分析出故障是由逆变电路的工作条件电路引起的，还是逆变电路本身造成的。逆变电路连接可分为三点，一是直流电输入，二是驱动脉冲信号，三是负载电动机。

逆变电路有以下几种结构方式。

ⅰ. 小功率单相变频器，一般由六支变频管分别构成。这六支变频管每两支承担一相变频交流电的变换。此种逆变电路结构，损坏一支变频管，就应该将相对应的变频管也同时更换掉。一定要功率相同，否则变频后输出的三相电压不平衡。六支变频管必须保持耐压等各种参数一致，方可输出三相平衡电压。

ⅱ. 大功率三相变频器一般采用变频模块结构，有一种是将每两支变频管集成在一个模块内，形成一相交流电的直交转换。整机逆变电路内部共有三个变频模块，而且这三个变频模块必须耐压、耐流参数都相同，工作时才能保证变频器输出三相平衡的变频交流。

ⅲ. 三相大功率变频器的第二种结构就是将六支变频管都集成在一支大功率的模块内，这样使整个变频器的电路结构大大简化，使变频主电路的结构不再复杂，使检测分析简单。缺点是如果模块内部损坏一支变频管，那么整个变频模块，都要更换。

ⅳ. 三相大功率变频器逆变电路另一种结构是将主电路中的整流电路与逆变电路的六支变频管都集成在一个大功率的模块内，这样使变频器的主电路结构更加简化，结构简单检测分析故障容易。只需要将变频模块的每个引脚都记住，分清整流与逆变电路的各引脚与整个模块的工作条件以及与其他电路的连接，即可实现分析。

② 变频器辅助电路　变频器的辅助电路是为主电路服务的，变频器核心部分是主电路，如果没有辅助电路的支配，主电路是不可能工作的，所以变频器的辅助电路也是关键的电路。辅助电路主要有二次开关电源电路、MCU 电路以及 MCU 电路中的 CPU 电路、六相脉冲驱动电路、面板操作与显示电路、变频器外部连接接口电路。接下来我们对辅助电路五大电路的结构与各电路之间的连接做以下分析。

a. 二次开关电源电路　应连接于各电路中的整流滤波电路，接收整流滤波电路送来的启动降压后直流电压。同时二次开关电源连接于 CPU 电路，六相脉冲驱动电路，以及面板操作电路。给这些电路提供低电压供电直流。二次开关电源电路在电路中的作用是将直流进行开关振荡转换，使脉冲变压器初级线圈产生交变磁场，感应到变压器次级，分别降压，分别整流滤波，给负载电路、CPU 电路、驱动电路、面板操作显示电路供电。一般开关电源都是他励式开关电源，他励式开关电源有两个结构：一是脉冲发生器芯片；二是变压器与开关管组成的开关振荡电路。当脉冲发生芯片振荡产生方波信号时，去驱动开关管的开关工作，才可使脉冲变压产生变化磁场，使脉冲变压器的次级感应电压。如果开关电源损坏开关电源负载电路不工作，主电路也不能工作，变频器进入停机状态。

开关电源内部的电路分为以下几部分。开关电源启动降压电路、脉冲发生器的振荡芯片电路、开关管与脉冲变压器构成的开关振荡电路以及振荡正反馈电路、过流与过压保护电路等。先由变频器的主电路将整流与滤波后的直流电压经降压电路降压给脉冲发生器芯片供电。于是芯片内部振荡后，经脉冲信号传送电路送开关振荡管。振荡管工作后，使脉冲变压器产生交变磁场，感应到变压器的正反馈线圈，再经反馈电路将反馈电压送芯片。以上根据开关电源的工作顺序论述开关电源内部各电路之间的连接，了解了开关电源的结构后，便于故障分析与故障检修。

b. MCU 电路及 CPU 电路　MCU 电路也称为微控处理器，它将计算机的基本功能都集成在一个芯片内，在芯片内有 CPU 储存器与 I/O 并串行定时器与计算器中断器、系统时钟及系统总线，所以我们说 MCU 电路内部包括 CPU 电路。MCU 电路也是变频器的核心电路。内部 CPU 电路由运算器、控制器和寄存器等组成。运算器用来将 CPU 外部接收的命令做以逻辑运算处理，同时传送命令数据。控制器与寄存器按照一定的时间顺序协调各种命令工作，同时执行外来指令，输出相应的控制脉冲控制信号，将 MCU 电路产生的六相脉冲控制信号送六相脉冲驱动电路。MCU 电路中，储存器用来存放编写好的程序。MCU 电路功率耗损小，应连接以下几个电路：外部面板操作电路以及工作状态显示电路，同时连接六相脉冲驱动电路以及外接设备控制端口电路与 MCU 供电电路。由变频器整机结构可见，如果 MCU 电路损坏，将不能产生六相脉冲方波信号，六相驱动电路不能工作，逆变电路也不能工作，整机将停机。

c. 六相脉冲驱动电路　驱动电路主要是将 CPU 送来的六相脉冲方波信号进行放大，然后去控制逆变电路的各变频管工作。驱动电路与以下三个部分连接：连接各驱动芯片的直流供电电路；连接 MCU 电路，接收 MCU 电路送来的六相脉冲方波信号；驱动电路输出放大的六相方波脉冲信号，送主电路的逆变电路，在实际电路中驱动电路是由六支驱动芯片构成的，每只芯片承担一相方波脉冲信号的放大。只有驱动电路中各芯片的型号相同，而且耐压、耐流、功率也相同，才能工作。六相脉冲信号放大后，周期、幅度相同，如果有一芯片放大脉冲信号不正常，将会使逆变电路工作不正常，输出 U、V、W 三相交流电不平衡。

d. 面板操作与显示电路　此电路在实际中的作用是用来人为操作变频器当前的运行状态，以及实现变频器基本功能的操作。给变频器内部 CPU 电路输入各种命令的基本功能一般有启动、运行、停止、复位、正转、反转以及菜单内设置负载工作程序，以及运行频率，同时显示变频器当前的工作状态，以及各功能的基本显示，也是人机对话窗口。

面板操作显示电路，一般都与变频器的辅助电路中的 MCU 电路中的 CPU 电路相连接，一般用排线或用插槽连接。

e. 变频器外部连接接口电路　此电路主要用来连接外部各功能按钮，连接变频器的各种功能的操作电路，给电路内部供电、耦合，与内部电路的 CPU 电路相连接，采用外部电路所连接的按钮操作，去控制电路内部的光电耦合器的工作，由光电耦合器控制 CPU 的各

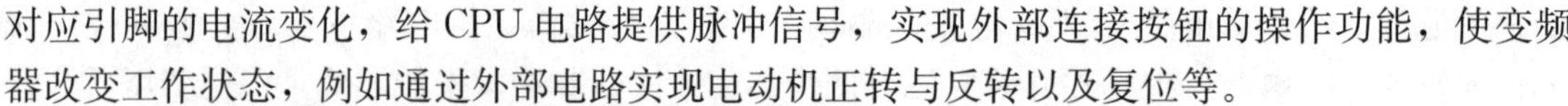

对应引脚的电流变化，给 CPU 电路提供脉冲信号，实现外部连接按钮的操作功能，使变频器改变工作状态，例如通过外部电路实现电动机正转与反转以及复位等。

(4) 变频器整机供电流程以及信号传送流程

① 变频器整机供电流程　检修变频器我们要深入了解整机的供电、各电路供电的电压变化状态以及各电路供电的来龙去脉，才能准确地判断故障的部位。根据各电路主要检测点电压变化情况去分析故障。在实际电路中，我们操作电气配电柜中空气开关时，交流电三相 380 V，由空气开关送入电气柜中的主交流接触器，然后按下电气柜面板的启动按钮，此时主交流器动作，将三相 380 V交流电经过热保护器，由变频器入端 R、S、T 三端送变频器主电路的抗干扰电路，经滤除高频杂交流后，再将交流电三相 380 V送三相全桥整流电路，由整流电路将交流电转变为脉动直流电，再送主电路中制动电路，经制动电路控制，送主电路的滤波与自举电路。三相变频器整流后的直流电自举升压为 500 V左右，如果是单相变频器整流后的直流，自举为 300 V左右，这个电压是我们检测主电路的标准。通过这个电压可以判断整流滤波电路以及逆变电路有无故障。变频器主电路整流滤波的直流电压分两路而行，一路送逆变电路，另一路送开关电源电路。所以主电路整流滤波后是一个公共电压，既能给逆变电路提供工作电压，又能给开关电源提供工作电压。如果这个电压不符合标准电压值，那将会使变频器主电路与开关电源电路不能工作。同时也初步判断主电路整流滤波电路有可能损坏，以及是逆变电路短路而引起的电压不正常。变频器主电路将三相交流电给三相整流滤波，自举的电压虽然送到逆变电路，但是由于逆变电路还没有六相脉冲信号送来，所以不工作。此时，整流滤波送来的电压只能作待机电压。与此同时由变频主电路整流滤波送来的直流电压，先经启动降压电路，将高电压直流降为低电压直流，给他励式频发芯片供电，由芯片内进行稳压输出基准电压，再给芯片外振荡定时电容充电，于是芯片外部的定时电容器与芯片内部同时引起振荡，输出开关脉冲信号，控制开关管工作，使开关脉冲变压器工作，由开关脉冲变压器次级感应各相低压高频交流电压，分别整流滤波给 CPU 电路提供 5V 供电，给六相驱动电路提供 15～20V 之间的驱动供电电压，给面板操作与面板显示提供 5V 直流供电。同时开关电源脉冲变压器次级给散热风扇电动机供电。

下面我们根据变频器整机供电连接各主要检测点做以论述。

变频器整机供电第一检测点是交流电输入端 R、S、T 三端。这个检测点可以判断入端电压的好坏以及电气配电柜的好坏，同时也能判断出整机内部整流电路的好坏。

第二检测点是变频主电路整流的交流输入端。这个检测点可以判断抗干扰电路与变频器交流输入电路的好坏，同时也可以判断内部整流电路的好坏。

第三检测点是变频整流滤波后的直流电压。这个检测点可以判断抗干扰整流滤波电路的好坏，同时也能判断逆变电路有无漏电，短路滤波同时也能判断逆变电路影响了电压的变化。

第四检测点是他励式脉冲发生器芯片的总供电引脚，这个检测点可以判断整个开关电源是否振荡正常。因为他励式开关电源脉冲芯片的总供电由启动降压电路与振荡正反馈电路共同组成。如果开关电源振荡正常，那么芯片总供电引脚就会有正常的工作电压，同时这个引脚也可以判断启动降压电路的好坏以及芯片内部的好坏，也可以判断振荡正反馈电路的好坏。

第五检测点是他励式脉冲芯片基准电压检测引脚，这个引脚可以判断芯片内部稳压电路是否稳压正常。

第六检测点是开关电源脉冲变压器的各级感应线圈的感应绕组对应的整流与滤波电路。这个测试点的电压可以判断负载各级电路供电是否正常，同时可以判断负载电路有无短路的故障，也可以判断脉冲变压器次级的各绕组的好坏。开关电源脉冲变压器次级各绕组的电压给 CPU 电路供电的为 5V、15V、19V、20V，给面板操作与显示供电为 5V。如果测驱动供电 15V 电压过低，但 CPU5V 供电正常，主要检测驱动电路有无短路及驱动电路供电对应的脉冲变压器次级整流滤波。

第七检测点是各驱动芯片、CPU 芯片以及面板显示与操作面板的供电。检测它们供电引脚的供电，如果电压不正常，检查开关电源给芯片供电的电路有无短路，电容器有无漏电以及分支路线的电路有无漏电，如果检查给各个芯片供电电路与旁路电容无漏电，就检查电源电路。

② 变频器整机信号传送流程　整机的主电路整流滤波电路产生几百伏直流电传送给开关电源，使开关电源工作，给 CPU 电路、六相脉冲驱动电路以及面板操作显示电路供电。此时 CPU 电路内部产生的六相脉冲方波信号，送驱动放大电路内的六支驱动芯片进行处理，然后放大，去控制逆变电路中的六支变频管的工作，将主电路的整流滤波送来的直流电转换为一定频率的交流电送负载电动机。

由整机供电流程与信号传送流程可见，电路的工作是有先后顺序的。供电时先由整流滤波电路将交流转变为直流，然后给开关电源供电，这时开关电源就会振荡工作。脉冲变压器次级感应电压整流滤波后，给 CPU、驱动、面板操作等供电。变频器就是按照这样的顺序供电。在检修时，我们按流程检测。我们由信号传送流程可见，CPU 电路、六相脉冲驱动电路以及逆变器的六变频管电路是连续的。检修时先检测 CPU 电路，再测驱动电路，最后测逆变电路。检测时如果不按照信号传送流程以及供电流程去检修，就无法判别电路的好坏。例如，整机各级供电都正常而不能处理信号，那么这时我们应该先测 CPU 输出的六相脉冲信号是否正常，如果六相脉冲正常，再测六相驱动电路，如果驱动电路良好，检测逆变电路。

（5）变频器各部分单元电路在整机中的主要作用以及各部分损坏后会引起的故障

① 抗干扰整流滤波等电路的主要作用　在主电路中主要是将交流电中的高频成分滤除，得到纯交流电流，而且将交流电转变为脉动直流电再进行滤波，滤除直流电中的交流电流，得到纯直流并自举升压，给逆变电路提供纯直流供电，同时给开关电源供电。

如果抗干扰电路损坏，会出现送整流电路的交流电切断，整机主电路无电压，整机停止工作。如果抗干扰电路没有开路故障，而是滤波元件出现故障，就会出现滤波不良，输入整流电路中的直流有高频和交流成分。

变频器主电路中的整流电路损坏，会使整流器失去整流能力，使整流器内部的整流管有部分击穿，就会造成整流后的交流成分增强，使整流电路失去整流效果。如果整流电路中有整流二极管开路，就会使整流器不能将交流转换为直流。

变频器的主电路中滤波电容常见有两种故障，一是滤波电容有漏电现象，如果漏电将出现滤波不良，滤波后的纯直流中，有部分交流成分，而且，电容两端的自举电压会下降，而导致给逆变电路与开关电源供电的直流工作电压达不到标准电压值。如果变频器的主电路的滤波电容击穿，将会导致整流电路中的整流二极管由于负载短路，单位时间内所通过的电流值增大，而使整流二极管烧坏。同时也会使抗干扰电路损坏。保险电阻、滤波电容击穿是非常严重的问题，严重影响主电路的工作。如果滤波电容失容与开路，将会使滤波失去效果，滤波后的直流中的交流成分增多，而且也不能自举升压，用示波器检测时电容两端电压下

降，滤波后的脉冲直流电流增大，使逆变电路与开关电源电路工作不稳定。

② 变频器主电路的逆变电路作用以及故障分析　逆变电路在主电路中主要用来将整流滤波送来的直流电，在六相驱动脉冲信号作用下，转为交流电送电动机。由逆变电路的作用可见，逆变电路的工作条件是直流供电与六相脉冲，这两个条件缺一不可，也是检修时的检测点。逆变电路是电路中最为关键的电路，也是变频器中的核心电路。如果逆变电路损坏，将会造成变频器 U、V、W 三端没有电压输出，此时没有脉冲输出，说明逆变电路本身损坏或工作条件没有达到。要仔细检查逆变电路变频管是否损坏。用万用表的电阻挡位测量变频模块是否击穿或变频管是否击穿。逆变电路损坏有以下几种故障。

a. 开机 U、V、W 三端输出电压为零，这时证明逆变电路内部损坏，或工作条件没有达到。

b. 整机工作时 U、V、W 三端输出电压不平衡。原因如下：一是逆变电路工作条件没有达到，六相脉冲缺相，有一相脉冲没有达到标准幅度；二是逆变电路内部有一相变频管损坏，变频器的负载电动机内部定子有一相或两相线圈短路。检测时我们逐步排查才可以检测出故障的原因，一般逆变电路中变频模块损坏的故障较多。

③ 变频器中开关电源电路的作用以及故障分析　开关电源电路在整个变频器中的作用是将变频主电路送来的几百伏直流电经降压后，给脉冲发生器的芯片供电，然后芯片产生脉冲信号控制开关电源的振荡管工作，开关脉冲变压器产生交变磁场，然后使变压器次级感应电压分别整流与滤波，给负载电路的六相脉冲驱动电路以及 CPU 电路与面板操作与显示电路供电。当开关电源电路损坏后，使开关脉冲变压器的次级各绕组没有感应电压，而且电源的负载电路、六相驱动脉冲电路以及 CPU 电路与面板操作与显示电路都不能供电，所以逆变电路因得不到六相脉冲信号而停止工作，整机 U、V、W 三端输出电压为零。

④ MCU 与 CPU 电路在整机中的作用及故障分析　CPU 电路用来接收外来的面板操作指令，同时用来接收传感器的命令，进行转换后，去控制相应电路的工作，同时产生六相脉冲的驱动信号，输出后去控制逆变电路的工作，同时要经过六相脉冲驱动电路放大，变频器经接口电路外接的各辅助电路经内部光电耦合器传送到 CPU 电路。由此可见，CPU 电路在电路中有很重要的作用，所以 CPU 电路损坏就会引起整机停止工作，使 CPU 电路不能输出六相脉冲信号，这样驱动电路也不能进行放大，逆变电路不能工作，所以不能输出变频器的交流电压，电动机不能工作。检测时，用示波器可以检测出信号的波形。

⑤ 变频器的六相脉冲驱动电路　在整个机器中驱动电路是用来放大 CPU 送来的六相脉冲信号的。一般六相脉冲对信号放大是由六支芯片组成的，这六支芯片的功率、型号是相同的，而且这六支芯片供电电压也是相同的，放大信号也是相同的。如果驱动电路损坏，将会有以下几种故障出现。

a. 六支芯片输出信号脉冲都为零。此故障说明六支芯片都没有工作，这时我们检查各芯片的供电电压，如果正常，再检查芯片的入端信号波形是否正常。

b. 开机后六相脉冲信号缺失一相，说明驱动芯片没有工作。用示波器测六支脉冲驱动芯片时，发现哪一芯片输出信号缺相就检查哪一相驱动芯片供电。如果良好，检查这一芯片的入端脉冲信号，如果入端信号正常，更换芯片。

六相驱动脉冲缺一相信号，一般是驱动芯片以及 CPU 电路等损坏。

c. 开机后六支芯片输出的六相驱动脉冲信号不正常，说明故障出现在六相驱动电路本身，或者出现在 CPU 电路以及信号的传送电路。用示波器检测六支芯片信号输出电路的信号是否正常，如果有异常就检查六支芯片的信号输入端的信号是否正常。如果不正常，再检测 CPU 电路输出的六相信号，如果不正常，检测 CPU 电路。

(6) 快速检查变频器各电路的方法　快速检修要掌握各电路主要检测点以及各检测点的标准直流工作电压，在电路出现故障时，可以做出分析、对比。同时要熟记每个检测点连接的诸多支路节点，才能做重点的检测，并分析出故障在哪一电路出现。

① 逆变电路检测　可以检测以下三个检测点。

a. 测逆变电路输出 U、V、W 三相变频交流电压。这个检测点可以判断负载电动机是否损坏，同时也可以判断逆变电路本身是否损坏。如果测量 U、V、W 三端输出电压为零，检查逆变电路的供电以及逆变电路的脉冲信号是否送到逆变电路六支变频管的控制极。如果逆变电路的供电与六相信号脉冲输入两个工作条件都良好，更换逆变电路的变频模块。如果逆变电路的供电不正常，检查开关电源、开关脉冲变压器的次级整流与滤波电路。如果逆变电路的供电电压正常，而是六相脉冲信号电压有异常，就检查六相脉冲驱动电路与 CPU 电路及六相脉冲信号传送电路等。

b. 测逆变电路的直流供电。一般由三个独立的变频模块，或与单独的变频模块构成的逆变电路，或由六支变频管构成的逆变电路。无论是哪一种结构的逆变电路，总供电有问题，有两个原因：一是逆变电路本身损坏；二是由逆变电路供电的电源电路引起。逆变电路内部变频元件损坏，拉低供电电压，引起供电不正常。此外，主电路的电源电路也会引起逆变电路的电压不正常。比如逆变电路供电的滤波电容器漏电就会引起逆变电路供电电压降低。主电路中整流电路损坏也会使逆变电路的供电电压有所变化。

c. 逆变电路中每支变频管的脉冲控制信号电压。如果这六相脉冲的驱动信号不正常，就会使逆变电路不能进入正常的工作。这样会使 U、V、W 三端输出变频电压不平衡。

② 主电路中的整流与滤波电路快速判断　主电路中的整流与滤波电路的好坏有以下两个检测点。

a. 测量主电路中的滤波电容器两端的直流电压。如果这个直流电压低，就说明逆变电路有短路故障。如果这个逆变电路没有短路，证明滤波电容器本身漏电或整流电路有故障。我们断开供电，用电阻挡测整流与滤波电路本身。

b. 测整流电路的输入端有无交流电输入，如果有交流电输入，而且电压低，断电检查整流电路中的整流二极管。如果整流电路中的元件良好，检查交流电压入端电网的电压。这个检测点可以判断交流电入端电路以及整流器本身电路是否工作。正常滤波电容器的两端电压可以判断滤波后逆变电路的好坏，同时也可以判断出滤波电路本身的好坏。

③ 二次开关电源电路　二次开关电源电路共有六个检测点。

a. 第一个检测点是开关电源。脉冲变压器的次级各路整流与滤波电路、滤波电容器的两端的电压值，一般 CPU 与面板的供电电压为 5 V直流电压，六相脉冲驱动为 15～20 V供电。这个检测点可以判断出开关电源负载电路工作是否正常，同时也可以判断出电源的好坏。如果电压不正常其原因有两个：一是负载电路损坏；二是由于电源本身的原因。

b. 第二个检测点是振荡芯片的总供电引脚电压。如果总供电引脚电压为零时，检查启动降压电路是否开路。如果脉冲芯片的总供电电压低，检查芯片内部是否阻值变小或降压电阻阻值变大而引起芯片总供电电压降低。

c. 第三个检测点是脉冲发生器芯片的基准电压。这个引脚可以直接检测芯片的内部稳压是否良好，一般脉冲发生器芯片的稳压基准电压为＋5V 供电。

d. 第四个检测点是脉冲发生器芯片输出引脚。这个引脚的信号波形的变化可以证明芯片内部振荡是否正常，同时也可以证明芯片的外围连接电路振荡开关管是否损坏，以及脉冲信号传送电路是否正常、是否漏电，将信号电位拉低。一般脉冲芯片的信号输出端的信号，要用示波器检测，观察波形的变化状态。

e. 第五个检测点是开关电源开关管集电极电压。这个电压一般变频器主电路整流滤波后的直流电压，三相变频器为450～500 V交流电压，单相为220 V交流电压。如果这个电压为零，检查变压器初级线圈是否开路。

f. 第六个检测点是开关电源的开关管基极的脉冲电压。这个检测点可以检测出电源是否正常振荡，可以判断出脉冲频发芯片工作好坏，同时也可以判断信号传送电路的好坏以及开关管是否振荡。

④ 变频器电路中六相脉冲驱动电路检测　一般的变频器都是由六支独立的芯片构成，这六支芯片分别放大六相脉冲方波信号。我们将这六支脉冲方波信号输入与输出端作驱动脉冲的第一个测试点。一般最好用示波器检测，这样很好判断信号的波形大小与好坏。每支驱动芯片都有一个总供电引脚，这个总供电的电压可以判断开关电源脉冲变压器次级，同时也可以判断这个芯片本身内电阻值的大小。这样我们由驱动芯片的供电电压来衡量，驱动芯片是否损坏，同时也可以检测芯片正反馈引脚的电压值。

⑤ MCU 与 CPU 电路的检测点　我们可以测 CPU 输出的六相脉冲方波信号，用信号的波形来判断 CPU 电路是否正常工作。CPU 芯片工作的三大条件是：供电、时钟、复位。这三大条件，如果缺一个都是不可能使 CPU 芯片工作的，所以我们要详细检测。用万用表测 CPU 芯片的 5V 供电是否正常。如果电压为零，检查供电线路。CPU 供电电压低，我们可以检查 CPU 芯片是否内阻下降。如果 CPU 芯片良好，就检查 CPU 芯片的供电线路有无电容器漏电或支路漏电。如果 CPU 芯片供电电压正常，我们再测 CPU 时钟信号。用示波器检测 CPU 时钟脉冲信号的波形是否正常。如果信号波形不正常，检测时钟晶振是否击穿与漏电，或用同型号的来代替。如果时钟脉冲信号正常，我们再测 CPU 复位引脚，测量时用示波器或用万用表检测。如果复位脉冲没有变化，我们检查复位芯片，同时我们测复位引脚对应的电阻值判断 CPU 芯片的好坏，测量时要按面板的复位按键方可检查。

⑥ 操作与显示电路　我们测面板电路的供电与显示电路的供电方可检测测面板与操作电路以及显示电路的工作是否正常，同时检测显示驱动电路供电以及显示器的接线电路是否接触不良，同时检查面板操作电路的各按键电路供电，以及各芯片的供电，与脉冲信号的到来。

⑦ 变频器各部分电路检修的要点　检修变频器时，我们可以由几个主要部分电路去检修，而且要测变频器的关键部分、主要的测试点。一般我们测整机时，断电后，测 R、S、T 三端的阻值，这样就可以测出内部整流电路的整流器的好坏。用万用表的 $R\times1\Omega$ 挡测量，测量时，如果 R、S、T 三端只是几欧姆的电阻值，证明内部的整流电路中的整流器件损坏或整流入端有人为的短路故障。如果用 $R\times1\Omega$ 挡测量时，R、S、T 三端的电阻值很大，说明内部没有短路故障。最好再用 $R\times1\text{k}\Omega$ 挡测量，如果电阻值还是很大，就证明整流电路良好。我们用 $R\times1\Omega$ 挡，还可以测 U、V、W 三端的电阻值，这时如果 U、V、W 三端的电阻值很小，为几欧姆，证明逆变电路内部有变频管损坏。在变频器的主电路 P+与 P−的直流端，测试直流电压，如果这个直流电压很低，说明整流与滤波电路有故障。如果 P+与 P−两端直流为零，就说明整流与滤波电路有开路故障。所以，变频器电路检修的要点有三

个：一是变频器入端的R、S、T三端，二是变频器输出端的U、V、W三端，三是变频器的P+与P−的直流测试端。这三个测试点是变频器整机初步判断的主要测试点，也是重要测试点。

下面我们论述一下变频器各单元电路的主要测试点。

① 逆变电路　三个变频输出的U、V、W三端与逆变器电路的直流供电，以及逆变电路的六相脉冲驱动信号的输入端。

② 整流滤波电路　此电路有两个测试点，滤波电容器两端的直流电压和整流的交流入端测试点。

③ 开关稳压电源　他励式开关电源有两个检测部分，一部分是脉冲方波信号产生的频发芯片，另一部分就是开关电源的开关振荡管与脉冲变压器组成的振荡电路。频发芯片的测试点是芯片总供电、芯片基准电压、芯片产生方波信号的输出端和振荡定时电容器所连接的振荡引脚。开关振荡管与脉冲变压器组成的振荡电路测开关振荡管的集电极电压、开关振荡管的基极脉冲信号电压和开关振荡脉冲变压器次级降压后的整流滤波后的电源后负载电路的低压直流供电电压，以及开关电源的脉冲变压器次级的感应降压。各负载电路供电的各电压测试点，可以判断整个开关电源是否正常振荡，同时也可以判别开关电源的负载电路的好坏。

④ 六相脉冲驱动电路　一般驱动电路是由六支芯片构成六相脉冲驱动信号处理的电路，此电路共有三个测试点。

a. 各驱动芯片的总供电。如果各驱动芯片的总供电电压为零，故障在开关电源脉冲变压器次级整流与滤波电路。如果各驱动芯片的供电电压很低，先断开芯片供电端，测开关电源的空载电压，如果空载电压正常，就证明各驱动芯片内电阻值减小，拉低芯片总供电电压。

b. 各驱动芯片的脉冲驱动芯片输入端。如果入端信号正常，就证明CPU电路良好。

c. 各驱动芯片的信号输出端输出的方波信号。如果哪一芯片输出信号不正常，更换芯片。

以上这三个测试点可以判断所驱动电路连接电路是否损坏。

⑤ MCU与CPU电路　MCU电路与CPU电路是变频器的核心电路，用来产生六相脉冲方波信号，同时接收操作面板与外来传感器的信号。检修时要从CPU电路的工作条件查起。

a. 检测CPU电路的供电。正常电压为+5V直流电，如果这个测试点电压很低，达不到CPU的标准正常工作电压，CPU就不能工作。断开CPU芯片的供电端，测电源空载电压，如果正常，证明CPU芯片内部电阻损坏。如果断开CPU电路的供电电压，测空载电压很低，说明开关电源供电端损坏。

b. 测CPU电路时钟电路的时钟信号。用示波器测时钟晶振的两端时钟信号，如果时钟信号波形不正常，检查晶振或振荡定时电容器是否漏电，而使时钟信号不正常。

c. 测CPU的复位引脚的脉冲。此时按下面板的复位键，测CPU芯片的复位引脚的高低电平跳变是否正常，如果复位引脚的复位电平可以跳变，证明复位电路正常，如果复位电平不能跳变，证明复位电路损坏，检查复位芯片。

⑥ 变频器的面板与显示电路　一般将变频器的面板与显示电路的供电作为测试点，同时测显示器的脉冲显示信号是否正常传送，还要检查变频器的主板与操作面板的连接接口电路的数字信号传送线以及供电线等。检查时，要知道各测试点的标准电压，这个标准总供电电压为5V，这个5V供电作为参考电压。根据这个电压可以检测分析电路的故障点。检测时可分为两个思路：显示电路以及显示操作控制电路。

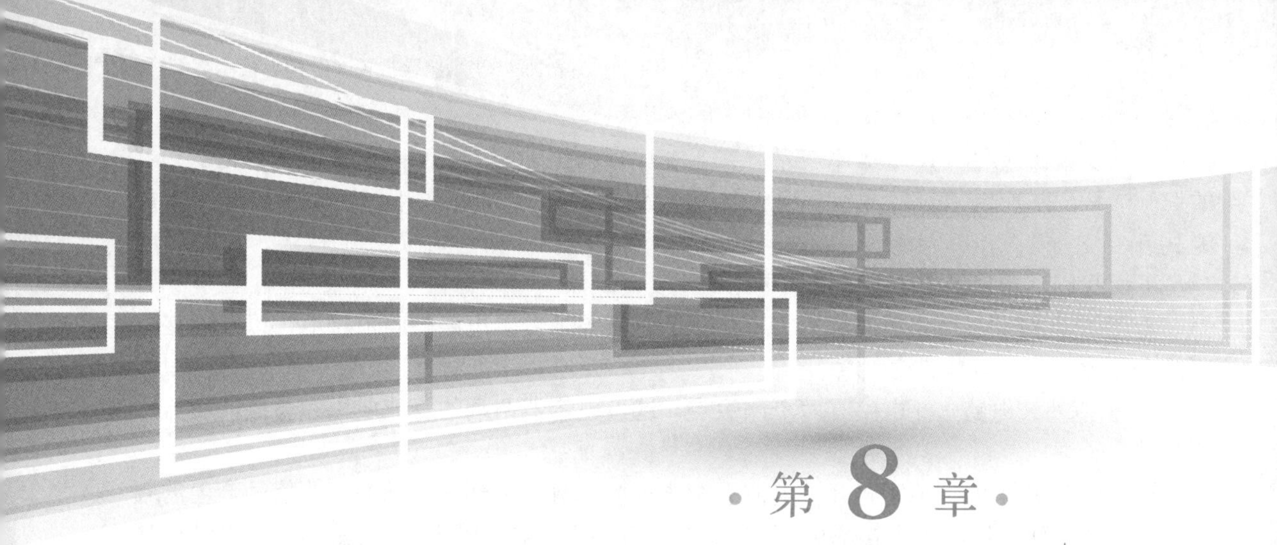

·第 8 章·

变频器在实际中的应用

变频器在实际电路中，是用来改变电动机转速的电气设备，一般都安装在电气配电柜中，或用在电子电气设备的电路板中。

8.1 变频器各端子的功能

应用变频器时，必须要清楚各接线端子的作用以及各端子连接的电路。首先介绍变频器主电路的各接线端子的名称与作用。三相变频器的接线端子有 R、S、T，这三个端子是交流电压输入端，在整个电气系统中，连接在交流接触器的输出端。在变频器的输出端有 U、V、W 三端，用来连接外电动机，输出三相交频的交流电压。R、S、T 与 U、V、W 是变频器的主电路中的主要端子。检修时，这六个端子可以判断出大概是哪一部分损坏。R、S、T 三端可以判断电网电源输入端以及电气配电柜的内部空气开关与交流接触器的好坏。U、V、W 可以判断变频器本身是否工作，同时也可以判断外界电动机的好坏。在变频器的主电路，用 P+、P－来接外接电抗器，在未连接电抗器时，也可以用来测试主电路的直流电压。三相变频器直流电压一般为 450～500 V之间，单相变频器主电路直流电压为 300 V。检修变频器时，如果电压不正常，说明内部主电路的整流滤波电路损坏。也有的变频器用 P 与 N 表示，在 P 与 N 两端也能测量出内部主电路直流电压，有些变频器用 PX 与 PR 端子接短路片，将内部制动电路与内部电路的制动控制器连接起来，但是一般用 P+、P－的标法较多。

以下是变频器控制端子的说明，以三菱 FR-A700 型变频器为例。

① STF 是变频器正转启动外接按钮的连接端，采用常开按钮作启动按钮。按钮的一端连在变频器 STF 端口，按钮的另一端连接地线。由于启动按钮的内部连接光电耦合器发光二极管的负极，二极管正极连内部直流电压 24 V，如果按下正转按钮，24 V经二极管正向导通到启动按钮，由启动按钮到地形成回路。此时变频器内部二极管发光，经光电三极管送 CPU 芯片内，使 CPU 内部工作实现电动机正转运行。

② STR 是反转按钮接线端，常用反转按钮作控制启动，用常开触点。STR 接口端内部与光电耦合器的发光器负端相连，发光器的发光二极管的正端与 24 V相连。当按下 STR 按

钮时，24 V经光电耦合器的发光二极管正极到负极，经 STR 按钮触点到地，形成回路，CPU 内部电路工作，使输出六相方波脉冲信号的状态改变，逆变器输出的三相交流电压相序改变，使电动机反转。等效按下反转按钮，此时给 CPU 芯片一个反转的信号，CPU 内部电路才能控制相序，输出方波，六相脉冲改变，使六相驱动脉冲驱动器分别放大，然后去控制逆变电路中六支变频管按相序工作，实现反转。

③ JOG 是点动模式接口，此接口内部光电耦合器的发光二极管的负端外接点动或常开按钮。当按下点动按钮时，电路内部 24 V经二极管的正极到负极，经按钮到地，形成回路，使发光器发光，光电三极管工作，CPU 芯片得到点动命令，输出六相方波信号由驱动器放大，然后使逆变器工作，给电动机供电，电动机运行。

④ MRS 是输出停止按钮，此接口也是内接光电耦合器的发光器负极。当按下 MRS 停止按钮时，电路的内部 24 V经光电耦合器的发光二极管的正极，再经负极，经停止按钮到地形成回路，然后发光，使光电三极管工作，给 CPU 输出一个停止脉冲，CPU 芯片内电路得到指令，变频器停止输出电动机的控制脉冲，电动机停止运行。这样我们就实现了外接控制电动机停止的工作，一般都是由光电耦合器传送信号的。

⑤ RES 是复位接口，此端口外接复位按钮，内接光电耦合器的发光器的二极管负极，另一端接地。当我们需要电动机重新以另一个状态运行时，按下复位按钮，此时变频器内电路的 24 V经光电耦合器负端，经开关接地，使光电耦合器的发光管导通，光电耦合器工作，光电三极管工作，给 CPU 传送一个复位的信号，使 CPU 内部各程序复位，开始另一个程序的工作。

⑥ RH、RM、RL 是变频器高、中、低速选择端口，外部分别连接三个高、中、低速，三个按钮内部分别连接三个光电耦合器。当要选择高、中、低三速时，我们分别按下高、中、低三速的按钮，这时 RH、RM、RL 三端分别得到三个低电平脉冲，这时变频器内部光电耦合器的发光管负端电位变低而导通。这时 24 V经光电耦合器的正极到负极，经按钮触点到地线，形成回路，使光电耦合器发光，光电三极管接收到三个高、中、低速的命令，经光电耦合器分别送 CPU 芯片内部，使 CPU 芯片内部调整振荡频率，输出的六相方波脉冲达到高、中、低速的变换状态，使逆变器输出送负载电动机的变频交流电压达到高、中、低速的电压，电动机运行状态改变。

⑦ SD 端口是变频器外接控制端的公共端口，也是变频器内部的光电耦合器的发光器的负端控制供电回路的公共地线。

⑧ PC 端口是变频器控制端口，对外接电路的直流 24 V供电，给外部继电器供电。

⑨ CS 是变频器瞬间启动、停电再启动的选择按钮。此种运行，必须重新设置参数。它内接光电耦合器的发光管的负极，外接瞬间启动按钮到地。当我们按下瞬间启动按钮，电路内部的 24 V经内部发光二极管导通，经按钮到地形成回路，使发光器发光，光电耦合器的受光电器工作，给 CPU 启动信号。

⑩ RUN 是变频器输出运行频率的端口，一般这个运行频率是表示电动机正常运行状态的频率。

以上我们对变频器的各控制端子的名称、作用做了详细的论述，这有利于我们在应用变频器时更好地分析。但是不同的变频器有不同的控制端口，而且英文表示各功能有所不同。在应用变频器时应详细阅读每台变频器的说明书。我们知道在实际电路中不同的电气设备，变频器的应用有所不同，所以我们要根据使用的设备选用合适的变频器。以上各控制端口是以三菱 FR-A700 型变频器的控制端口为例讲述的。我们只举出基本常用的变频器端口的名称与作用，在应用时仅供参考。一般常用端口为正反转与复位、停止、高、中、低速选择以及公共地线与 24 V供电。

8.2 变频器常用控制功能的应用

8.2.1 变频器常用基本功能应用

在电动机正转控制电路中，变频器常用的基本功能有两种：采用继电器控制的电动机正转控制电路；采用开关式控制的正转电路。变频器的控制电路的另一种形式，电动机的正反转控制电路：①采用继电器控制的电动机正反转控制线路；②采用开关式控制的电动机正反转控制电路。变频器的另一种基本控制方式就是采用变频器与三相交流电直接给电动机供电、切换电路等。变频器的另一种基本功能控制电路是采用多速控制电动机，控制电路一般有高、中、低速控制等。

8.2.2 采用开关式变频器控制的电动机正反转电路

工业化控制的实际电路中，在电气配电柜检修调试与参数设置时，一般在变频器面板中进行。但是在实际正常工作时，将变频器调试设置为外接控制端口，在电气配电柜的面板中进行变频器的基本功能操作。现在更为先进的是采用触摸屏进行操作变频器的基本功能。如果要实现工业自动化控制就必须采用 PLC 电路；在学习时我们先初步学习，采用开关式外接，控制变频器的正转；用手动控制或逐步演变为触摸屏的控制式；最后发展到自动化的 PLC 程序控制式的自动化。

开关式变频器控制电动机正转的电路，是将变频器的外接功能的控制端口用常闭按钮外接在配电柜面板上，操作时使变频器内部电路的 CPU 工作输出的六相脉冲，经驱动电路放大后，送逆变电路控制输出送电动机，使交流电相序改变，使电动机正转，同时通过变频器所连接的正转启动按钮，控制交流接触器工作，给变频器供电。

(1) 电路结构 其电路结构见图 8-1。

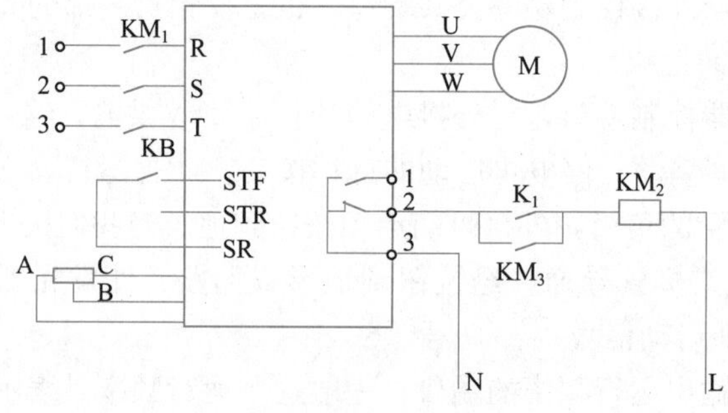

图 8-1 采用开关式控制的电路

(2) 电路中各元件的作用 KM_1 是主电路的交流接触器，是三相触点，KM_2 是交流接触器线圈，KM_3 是自锁触点，K_1 是启动按钮，KB 是正反转控制按钮，M 是电动机，L、N 是 220 V交流输入端。

② 电路的工作过程 当配电柜中的空气开关闭合后，380 V交流电经空气开关的触点，送交流接触器 KM_1 的三相触点。由于此时 KM_1 交流接触器没有动作，所以 KM_1 三火线触点断开，当我们按下 K_1 时，交流电经 N 端经 3 脚进变频器，由 2 脚出变频器，经 K_1，经 KM_2 到 L 形成回路。此时 KM_2 线圈通电后产生磁场，而吸引 KM_1 三火线触点闭合。

这时 380 V交流电经 KM_1 三火线触点，送 R、S、T 三端送入变频器。此时，我们再按下正转的按钮 KB 至 STF 端，此时变频器内部由光电耦合器传送正转信号给 CPU 芯片，经 CPU 芯片内处理，控制六相方波脉冲的状态，经脉冲电路后送逆变电路，将直流电转变为交流电输出送电动机，电动机正转运行。当我们将 KB 至于 STR 端口时，经变频器内部的光电耦合器，送 CPU 芯片反转信号，CPU 控制输出六相方波脉冲，改变了送逆变电路输出的相序，从而使电动机反转。电动机在正转或反转运行时，调整电位器，此时电位器 B 端滑动，改变了变频器内部的六相脉冲方波信号的频率，从而调整了 CPU 送驱动电路的六相方波脉冲的频率，从而也改变了逆变电路中六支变频管的工作顺序和工作频率，从而调整逆变电路送电动机变频器后的交流电频率，从而改变电动机的运行速度。当变频器内部电路出现故障时，此时变频器内部的继电器动作，2 触点接触 1 触点，这时交流电 N 端被切断，KM_2 交流接触器切断了线圈供电，使主电路供电的交流接触器 KM_1 断开三火触点，使 R、S、T 三端输入三相电压为零，实现保护。

（2）故障检修分析

［故障 1］ 启动没有任何反应。

由电路的整个控制结构分析，变频器的三相 380 V输入由主电路的交流接触器与接触器线圈的控制回路组成。如果启动机器没有任何反应，我们先在启动时，测变频器 R、S、T 三相输入端有无三相交流电压。输入端 R、S、T 三端为零，说明 KM_1 主电路供电的交流接触器没有动作，将空气开关断开后，检查主电路交流接触器的线圈 KM_2 有无开路，用万用表的 $R\times1\Omega$ 挡或 $R\times100\Omega$ 挡测量，如果 KM_2 线圈没有开路，检查启动按钮 K_1 是否接触不良或供电电路是否开路，或者采用电压检测法来判断。闭合空气开关，将三相交流电送入主电路交流接触器 KM_1 的输入端的三触点，这时按下启动按钮 K_1 后，测交流接触器的线圈 KM_2 的供电，如果 KM_2 线圈两端交流电压为零，说明交流接触器的线圈供电电路开路。检查启动按钮以及线圈供电电路与变频器的内部继电器是否损坏。如果我们启动 K_1 时 KM_1 的触点动作，同时测变频器输入端的 R、S、T 三端三相电压良好，就证明变频器交流输入端控制电路良好。此时再按下启动正转按钮 STF 时变频器的 U、V、W 三端无电压输出，这时电动机不能运行。根据外接电路以及变频器内部电路的结构分析，检查正转按钮 STF 是否接触良好，变频器内部 CPU 接口电路的光电耦合器对应 STF 端的连接是否良好，检查变频器接口传送电路。

［故障 2］ 启动正转按钮 STF 时电动机不运行，或电动机运行时调电位器无反应。

当空气开关闭合时，三相交流电压送交流接触器 KM_1 后，启动按钮 K_1 时，交流接触器动作，而且变频器 R、S、T 三端输入电压三相 380 V交流正常，但是启动正转按钮 STF 时电动机无任何反应，由故障分析出，故障在正转启动控制电路中。

首先检查变频器是否通过菜单设置为外界控制调试的模式，然后检查正转启动按钮 STF 是否接触良好，同时我们检查变频器内部电路，先查 CPU 接口的信号传送电路、光电耦合器所对应的正转按钮 STF 是否开路，同时检查光电耦合器的供电是否良好，以及光电耦合器到 CPU 芯片之间电路是否良好，CPU 是否输出六相方波脉冲信号。如果变频器正转启动工作正常，但调外接电位器时电动机不能改变转速，这时要检查电位器的好坏。

8.2.3 继电器控制电路的结构

变频器控制端外接电路由开关控制发展到继电器控制。这样控制方式更加先进一步，但电路结构复杂了。下面我们来分析继电器控制电路的结构。

（1）继电器控制电路结构 其结构见图 8-2。

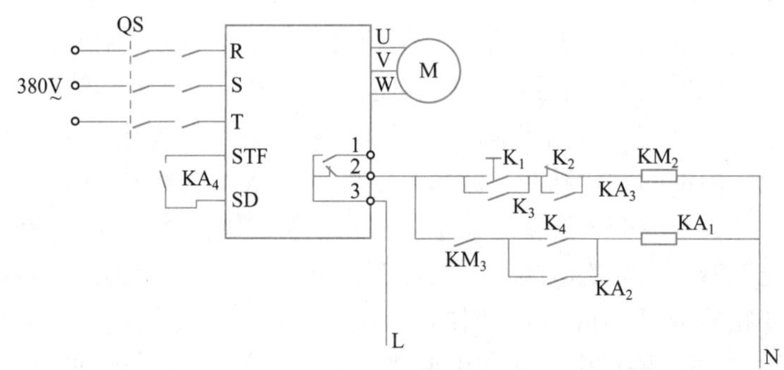

图 8-2 继电器控制电路

（2）电路元件及作用 QS 为空气开关，具有漏电保护与过压缺相保护功能，安装在电气配电柜中的最前端，KM_1 为主电路中的交流接触器三火线触点，M 为三相负载电动机，KA_1 为小继电器线圈，KA_2 为小继电器辅助触点，KA_3 为主电路的控制辅助触点，KA_4 为小继电器的辅助触点，用来控制变频器，给内部电路输送正转控制脉冲的信号，K_1 为变频器启动按钮，K_2 为变频器供电停止按钮，K_3 为启动自锁的触点，K_4 为小继电器启动按钮，KM_2 为启动主电路交流接触器线圈，1、2、3 为变频器内部小继电器。

（3）电路启动正转控制工作过程 闭合空气开关 QS 时，380 V电压经空气开关三火触点，再送主交流接触器 KM_1 的三火线触点的前端作待机电压。在启动供电时，我们按下启动按钮，K_1 交流电经 L 由 3 进入变频器内部的小继电器，再由 2 出来，经 K_1、K_2 送 KM_2 线圈到 N 端形成回路，使交流接触器线圈产生磁场吸引主电路的接触器 KM_1 三火触点闭合，三相 380 V送变频器 R、S、T 三端给变频器供电。此时辅助触点 KM_3 闭合，K_3 自锁。当我们按下启动按钮 K_4 时，KA_1 供电使 KA_2 自锁，KA_4 闭合，变频器内部得到正转脉冲，由内部光电耦合器传送 CPU 电路，于是 CPU 电路内部输出六相正转脉冲信号，使变频器内驱动电路放大后，再控制变频器内部的逆变器电路输出 U、V、W 三相变频的正转交流电压送电动机，使电动机正常运行，这样实现了继电器控制的方式。可见变频器工作时，按钮启动，使接触器动作，再控制小继电器，小继电器控制变频器控制端的小继电器，辅助触点闭合，使电动机正转。

（4）小继电器控制电动机正转电路检修

［故障］ **启动供电时变频器的 R、S、T 入端电压为零，启动正转时，电动机无反应。**

由故障现象可见，故障出现在启动供电电路与启动正转电路。检修时先闭合空气开关，测交流接触器 KM_1 的入端有无交流三相电输入，若为零，检查空气开关。如果电压三相都正常，然后启动按钮 K 观察，KM_1 有无动作，变频器的 R、S、T 三端有无交流电输入，如果此时 KM_1 没有动作，检查主电路的交流接触器 KM_1 的线圈，看 KM_2 的回路。如果回路供电的元件都良好，检查线圈 KM_2 是否开路，用万用表的 $R\times10\Omega$ 挡测量线圈的内电阻值，同时检查 K_1 与 K_2 等元件是否接触不良。如果我们按下启动按钮 K_1 时，KM_2 可以通电，KM_1 也可以动作，变频器的 R、S、T 三端供电电压都良好，但是我们按下正转启动按钮 K_4 时变频器控制端口所接的小继电器辅助触点断开，K_4 不能动作，电动机不能正转运行。此时我们检查 KM_3 主交流接触器的辅助触点是否闭合，小继电器线圈 KA_1 是否通电。当按下 K_4 时，用万用表的交流电压挡测量 KA 线圈的两端电压，如果这两端无电压，检查给 KA 线圈供电的元件及电路。如果 KA 线圈两端有电压，检查 KA_1 线圈内部是否开路，如果按下正转启动按钮 K_4 时，KA_1 通电，KA_2、KA_3、KA_4 等触点动作，电动机不运行，检查变频器内部信号输入电路，而且还要检查 CPU 电路、驱动与逆变电路等。

8.2.4　采用小继电器控制的电动机正反转控制电路

此电路采用两个小继电器，分别做电动机正转与反转的控制，如图 8-3 所示。

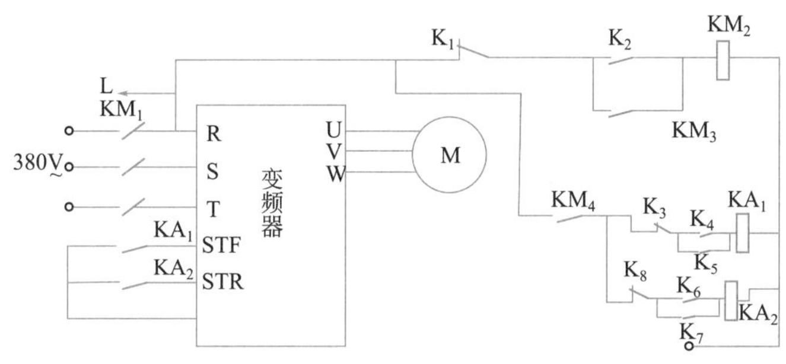

图 8-3　小继电器控制

(1) 电路结构　此电路由主交流接触器、两个小继电器线圈、辅助触点、正转与反转启动按钮等构成。

(2) 电路中各元件的作用　KM_1 是主电路的交流接触器，M 是三相负载电动机，K_1 是停止继电器，K_2 是启动变频器输入供电的启动按钮，KM_3 是启动自锁触点，KM_2 是主交流接触器的线圈，KM_4 是主交流接触器的辅助触点，K_3 是电动机正转控制的停止按钮，K_4 是电动机正转按钮，K_5 是电动机正转自锁触点，KA_1 是电动机正转小继电器控制线圈，K_8 是电动机的反转停止按钮，K_6 是电动机的反转按钮，K_7 是电动机反转自锁触点，KA_2 是电动机反转小继电器控制线圈。

(3) 小继电器控制电动机正反转控制电路的工作过程　当我们按下 K_2 时，交流电经 K_1、K_2 送 KM_2 线圈供电，此时 KM_2 带磁场吸引 KM_3 闭合自锁，KM_1 三火触点闭合，380 V~经 KM_1 三火触点后，给变频器 R、S、T 三端供电，同时主交流接触器辅助触点 KM_4 闭合，经电动机正转与反转控制电路供电。

当我们按下正转按钮的 K_4 时，交流电经 KM_4 再经 K_3 与 K_4 给 KA_1 线圈供电。此时 K_5 自锁，KA_1 辅助触点闭合。STF 端给变频器内部送正转脉冲信号，变频器内部正转脉冲信号送 CPU 电路，送驱动电路，最后送逆变电路，控制六支变频管按顺序工作，输出正转变频交流电压送负载电动机。

当我们按下 K_3 时，电动机正转控制小继电器线圈 KA_1 断电，此时辅助触点 KA_1 断开，电动机正转停止运行。当我们按下反转按钮 K_6 时，交流电压经 KM_4 经 K_8 经 K_6 送线

圈 KA_2 时，KA_2 通电带磁吸引闭合自锁。同时 KA_2 闭合，给变频器内部送反转脉冲。信号内部光电耦合器传 CPU，输出反转六相脉冲信号驱动放大后，送逆变电路，输出三相变频交流电压，给电动机供电，电动机反转。

（4）小继电器控制电动机正反转电路检修

［故障 1］ 启动时变频器的 R、S、T 三端交流入端无三相交流电压输入。

由电动机故障现象可知，变频器的 R、S、T 三端无任何交流电输入，这时我们要检查变频器交流入端启动控制电路。当按下 K_2 时，用万用表测量 KM_2 线圈两端的交流电压为零，说明给 KM_2 线圈供电的元件损坏。检查 K_1、K_2 以及 KM_2 线圈等是否开路。如果 KM_2 线圈通电，检查 KM_1 交流接触器触点是否接触不良。

［故障 2］ 按下启动按钮 K_4 时，电动机不运行。

此故障说明小继电器控制电动机的正转电路不工作。当按下正转按钮 K_4 时，用万用表测 KA_1 线圈的两端交流电压，如果此时电压为零，检查 KM_4、K_3、K_4、K_5 等按钮有无开路故障。如果按下 K_4 时测 KA_1 线圈两端有交流电压，但各触点不动作，断电测 KA_1 线圈的电阻值以及线圈是否开路。

［故障 3］ 操作电动机反转按钮时电动机不动作。

此故障证明小继电器电动机正转控制电路有故障。在按下反转按钮 K_6 时，测小继电器 KA_2 线圈的两端电压，如果电压为零，就检查 K_8、K_6、K_7 等按钮以及触点是否开路。如果按 K_6 时测 KA_2 线圈两端有电压，检查 KA_2 线圈是否开路。

8.2.5 变频器自动跳闸保护电路

当变频器工作出现故障时，自动保护电路就会自动跳闸，保护变频器。

（1）自动跳闸保护电路的结构 其电路结构见图 8-4。

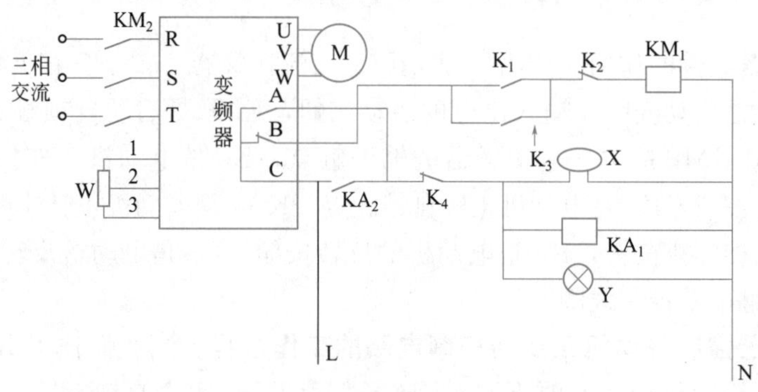

图 8-4 自动跳闸保护电路的结构

（2）电路中各元件的作用 KM_2 是交流接触器主触点，KM_1 是主交流接触器的线圈，W 是频率调节电位器，K_1 是启动按钮，K_2 是停止按钮，K_3 是自锁触点，KA_2 是小继电器的触点，K_4 停止按钮，X 是故障警铃，KA_1 是小继电器线圈，Y 是故障指示灯，A、B、C 是小继电器故障继电器。

（3）自动保护跳闸的工作过程 当按下 K_1 时，交流接触器 KM_1 通电，此时 K_3 闭合形成自锁，同时 KM_2 三火触点闭合。此时三相交流电 380 V 送变频器 R、S、T 三端，变频器处于待机工作状态。当变频器内部的工作不正常时，故障继电器动作，常闭触点 B 断开，

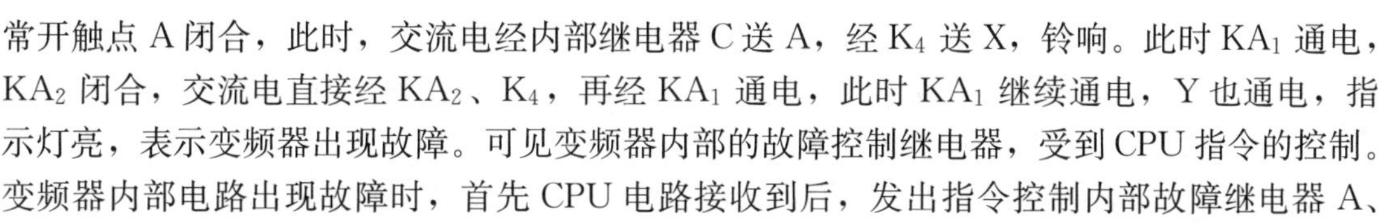

常开触点 A 闭合，此时，交流电经内部继电器 C 送 A，经 K_4 送 X，铃响。此时 KA_1 通电，KA_2 闭合，交流电直接经 KA_2、K_4，再经 KA_1 通电，此时 KA_1 继续通电，Y 也通电，指示灯亮，表示变频器出现故障。可见变频器内部的故障控制继电器，受到 CPU 指令的控制。变频器内部电路出现故障时，首先 CPU 电路接收到后，发出指令控制内部故障继电器 A、B、C 动作，实现保护控制。

（4）自动跳闸保护电路的检修　变频器内部电路出现故障时，变频器不能自动切断变频器输入端的供电，同时也不能报警与故障指示，这时我们要检查变频器内部的继电器。如果继电器在变频器出现故障时不动作，也不能切断变频器入端的供电。我们用万用表检查变频器内部的继电器线圈的供电以及触点是否接触不良，同时检查变频器内部故障控制电路有无损坏。如果变频器出现故障时，内部继电器可以动作，但是外接控制电路不能工作，就证明变频器外控电路损坏。检查外接各小继电器线圈供电回路中的元件是否损坏，以及各继电器触点是否接触不良、按钮是否接触不良。

8.3　变频器开关与继电器控制端子的应用总结

由于变频器本身的面板设置不能方便自如地切换正反转运行，只有采用变频器外接的控制端口的外接电路进行切换工作。将各按钮安装在电气配电柜面板上，采用外接按钮切换，使变频器内部的接口电路，经光电耦合器传 CPU 电路，改变 CPU 电路内部的频发芯片的状态，从而改变驱动放大后，送逆变电路控制六相变频管的工作状态。输出电动机正转变频交流电，或输出电动机反转变频交流电时，负载电动机正转或反转，实现电动机正反转的控制，最后将开关控制方式改变为继电器控制的方式。我们采用小继电器的辅助触点，将常开触点接在变频器控制端口的电动机正转与电动机反转的端口，当操作外接电路正反转按键时，由于小继电器通电线圈产生磁场吸引触点闭合，光电耦合器传送 CPU 电路。信号传送后，输出六相方波脉冲信号，驱动放大，控制驱动电路工作。输出电动机运行的变频交流电改变正反转。

8.3.1　高中低多挡位转换的控制电路

在工业自动化电气控制设备中，有些场合会使用多速变换的控制，例如新能源电动汽车在正常行驶中经常会有多速的转换，观景喷泉在工作期间喷泉的高度需要不断地改变，所以水泵电动机的转速在不停地发生改变。一般电动机的速度分为高、中、低速。下面我们简单论述一下电动机的多速转换电路的结构以及工作原理与故障分析。

（1）多速开关组成的多速控制电路　其电路见图 8-5。

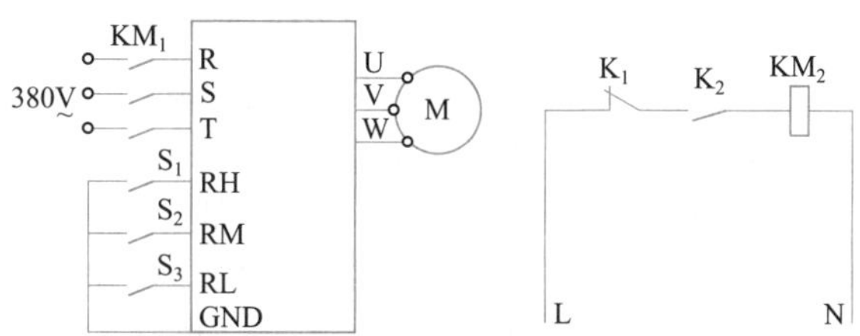

图 8-5　多速开关组成的多速控制电路

① 电路中各元件的作用　KM_1 是主电路中的交流接触器，KM_2 是主电路的交流接触器线圈。K_1 为停止按钮，K_2 为启动按钮。S_1 为高速启动开关，S_2 为中速启动开关，S_3 为低速启动开关。GND 为公共地线。

② 多速控制电路的工作原理　当闭合 K_2 时，KM_2 的交流接触器线圈通电，产生磁场吸引 KM_1 的三相交流接触器的三触点闭合。此时 380 V交流电经 KM_1 的交流接触器开关，变频器 R、S、T 三端处于待机状态。此时我们按下 S_1 开关时，变频器 RH 高速触点得到脉冲信号以后，给变频器内部电路，由光电耦合器传送到 CPU 电路，使 CPU 电路内部控制振荡频率增强，CPU 电路输出的六相方波脉冲信号的频率增强，变频器驱动电路放大后送逆变电路脉冲信号频率增强，使逆变电路输出的变频交流电的频率增强，电动机的运动速度加快，实现了变频器的高速控制。当我们按下 S_2 时，脉冲信号经变频器内部通过 RM 端口，经变频器内部光电耦合器传送于 CPU 电路。此时 CPU 电路内部的六相脉冲信号的频率由高速转换为中速，使驱动电路与逆变电路处理后，送电动机交流电的频率加快，使电动机的转速加快，使电动机由高速转变为低速。当我们按下 S_3 时，脉冲信号经 RL 端口传送到变频器内部光电耦合器后到 CPU 电路，使内部的频率由中速转变为低速，经变频器内部驱动电路与逆变电路后，输出送电动机的交流电压的频率由中频转变为低频，使电动机由高速转变为低速，电动机运行为低速状态。

③ 多速控制电路的故障检修　启动电路后，变频器的输入端 R、S、T 三端有交流电的输入，但是按下 RH、RM、RL 时，电动机没有反应，证明速度选择电路有故障。检查 RH、RM、RL 三端对应的开关以及各速对应接线端是否接触良好，同时检查 CPU 电路所对应的光电耦合器与 RH、RM、RL 三端连接是否良好，以及地线连接是否良好。

（2）采用继电器组成的多速电动机调试电路　虽然直接用按钮连接变频器的 RH、RM、RL 三端，电路结构比较简单，但是我们采用继电器组成的高、中、低速转换电路变速比较灵活，控制更加精准。其电路结构见图 8-6。

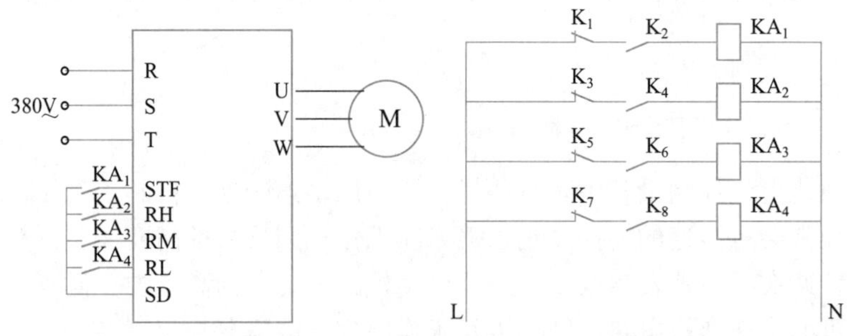

图 8-6　多速电动机调试电路

① 电路中各元件的作用　R、S、T 三端是交流电压 380 V输入端。U、V、W 为变频器变频后的交流电输出端。M 是三相负载电动机。KA_1 是电动机正转的接线端口触点，KA_2 是电动机高速启动的继电器触点，KA_3 是电动机中速启动的继电器触点，KA_4 是电动机低速启动的继电器触点。RH、RM、RL 是电动机高、中、低速的三个端口，SD 为地线。

K_1 是电动机正转的停止按钮，K_2 是电动机正转的启动按钮，KA_1 是电动机正转的继电器线圈。K_3 是电动机高速运行的停止按钮，K_4 是电动机高速启动的按钮，KA_2 是电动机高速启动的继电器线圈。K_5 是电动机中速停止按钮，K_6 是电动机中速启动的按钮，KA_3 是电动机中速启动的继电器线圈。K_7 是电动机低速运行的停止按钮，K_8 是电动机低速启动的按钮，KA_4 是电动机低速启动的继电器线圈，L 与 N 为 220 V交流电压输入端口。

② 继电器多速电动机调试电路的工作过程　当闭合空气开关后，三相 380 V交流电经空气开关的三相触点送 R、S、T 三端，使变频器处于待机的状态。

当按下 K_2 时，KA_1 继电器线圈通电，产生磁场吸引 KA_1 的开关触点闭合，STF 端口得到低电频脉冲信号后，光电耦合器的发光器内发光管负端电位降低，使发光管二极管发光，由光电耦合器传送于光电接收器送 CPU 芯片，于是 CPU 芯片处理后输出六相脉冲信号，经驱动放大后再送逆变器电路，输出变频后的交流电压送电动机，电动机正转。按下 K_4，KA_2 通电产生磁场，吸引 KA_2 触点闭合。RH 端口得到脉冲后经光电耦合器送 CPU 控制 CPU 内部振荡器频率升高，使 CPU 输出六相脉冲信号的频率上升，逆变电路频率上升，输出端 U、V、W 送电动机变频交流频率升高，电动机高速运行。等需要由高速转变低速时，按下 K_3，断开 KA_2，通电使 KA_2 失磁，KA_2 的辅助触点断开，当按下 K_6 时使 KA_3 通电产生磁场，KA_3 闭合，经 RM 触点给内部光电耦合器通电，使光电耦合器给 CPU 输入信号，CPU 内振荡器由高速转为中速。中速转为低速与高、中速转换方法相同。

③ 继电器控制的多速电路检修　通电后测变频器的 R、S、T 三端有 380 V交流电，但是操作 K_2 时，电动机不运行，操作 K_4、K_6、K_8 电动机无反应。此故障说明了电动机正转控制电路以及高中速电动机控制电路有故障。检修时用万用表的交流电挡位测 KA_1 线圈的两端，再按下 K_2 时 KA_1 两端有无交流电压，如果为零，检查 K_1、K_2 以及 KA 线圈的回路供电电路，如果按下 K_2 测 KA_1 两端有电压，但 KA_1 触点不动作，操作 K_2 时 KA_1 对触点有反应，证明电动机正转运行控制良好。如果按 K_4、K_6、K_8 按钮时，KA_2、KA_3、KA_4 都没有任何反应，检查 KA_2、KA_3、KA_4 线圈回路的元件是否开路，同时检查各继电器是否开路，这些都是我们要检查的对象。同时检查开关以及开关所对应的电路是否损坏。

8.3.2　PLC 在变频器中的基本应用

变频器的操作有以下几种方式。

① 变频器本机的面板操作。

② 变频器外接控制电路操作。

③ 触摸屏操作。

④ 变频器外接 PLC 程序操作。

面板的操作功能有限，不能进行多功能操作。变频器外接控制电路由于触点太多容易产生接触不良，而且操作复杂。变频器外接触摸屏操作，操作功能不多。PLC 的程序操作功能较多，而且可以实现自动化的控制。下面我们对 PLC 实现自动化的控制做以下论述。一般 PLC 的连接有程序输入的编程连接（也就是通过信号端的连接）变频器的模拟量控制的连接以及开关量的连接三种方式。它们是 PLC 常用的连接方式，也是基本的连接方式，其余的功能连接都是在这些功能的基础上连接的，我们要注意各种连接方式的结构以及主要连接点。

（1）变频器开关量 PLC 控制的电路结构　其电路结构见图 8-7。

a. 电路中各元件的作用　X001 是 PLC 正转指令的输入端，Y001 是 PLC 的正转指令的输出端，与变频器的 STF 端连接。正转运行指令送变频器内部到 CPU 电路。GND 是地线，R、S、T 是三相 380 V交流输入端，U、V、W 是变频交流电输出端，A、B、C 是变频器内部的继电器，M 是变频器的负载电动机。

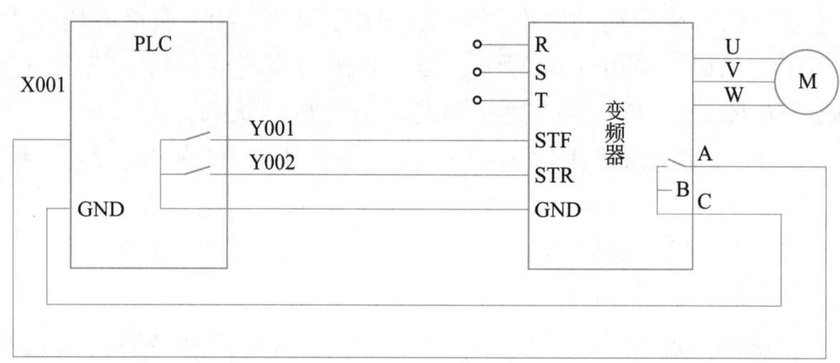

图 8-7　变频器开关量 PLC 控制

b. 电路的工作过程（PLC 程序工作过程）　当 PLC 内部的程序设置运行时，正转的程序使 Y001 端内部的电子开关管闭合，会使 STF 端口得到负的脉冲，使内部光电耦合器传送到 CPU 电路得到正转脉冲驱动放大后，控制逆变器电路工作，输出正转交流电送电动机。PLC 的内部用编写好的变频器各种状态运行程序，去控制相应的电子开关管的工作，从而控制变频器内部 CPU 的工作状态，控制输出六相脉冲的程序，最后控制电动机的运行状态。实际中 PLC 就等效了实际电路中各种继电器，实现了功能的应用。用 PLC 内部程序等效控制了开关控制电动机正反转。

（2）模拟量的连接控制电路分析　变频器在调节频率时，用面板通过菜单去调节，也可以通过外接电位器以及内部变频器本身电位器来调节。用 PLC 内部的程序也可以控制变频器的频率，下面我们来分析其工作原理，图 8-8 是其电路结构图。

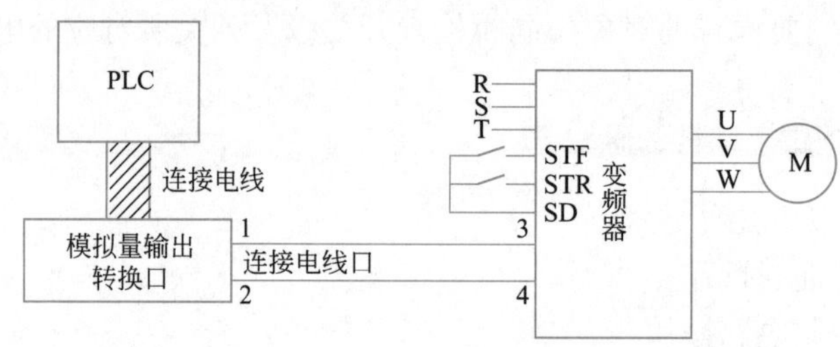

图 8-8　模拟量的连接控制

用 PLC 内部的程序通过模拟量输出模块使变频器的工作频率发生改变，从而改变电动机的转速。

（3）变频器与 PLC 的通信连接　变频器与 PLC 之间有一个数据传送的通信端口，这个端口用来接收 PLC 发送的执行命令。图 8-9 为变频器与 PLC 通信连接的电路图。

图 8-9　变频器与 PLC 通信连接的电路图

SDA 指发送的信号传送线 A，SDB 指发送信号的传送线 B，RDA 指接收信号的传送线 A。RDB 指接收信号的传送线 B。SG 指 PLC 与变频器之间的公共地线。

8.3.3 变频器在日常生活中的运用

在日常生活中有许多地方需要电动机不断改变转速，所以就用变频器来改变电动机的转速。生活中常见的有变频器用于高层楼层供水的水泵电动机的调速，同时变频器还用于电梯以及家用制冷设备。

高层楼居住的各家各户不是在同一时间用水，所以高楼供水的总管道内部的水压在不停地发生变化，这样要求电动机的转速在不停地改变。采用变频器来改变电动机内部线圈的电流方向与频率，来改变电动机旋转磁场的磁极速度，从而改变电动机的转速。在高楼供水的系统中用供水管道的压力检测后，反馈的压力检测信号来控制变频器的工作状态。

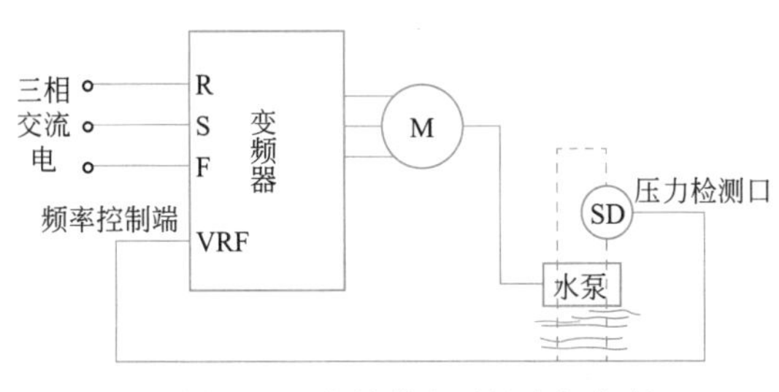

图 8-10 高楼供水系统变频控制

① 高楼供水系统的变频控制示意图见图 8-10。当三相 380 V 交流电由 R、S、T 三端供电时，由变频器的内部电路处理后，将交流转变为直流，然后送逆变器再转换为人为所需的变频交流电，送负载电动机使其工作，于是电动机在设置范围内工作。启动水泵运行使水管中的水流过管道后给高层各用户供水。各用户使用水量大时，管道中压力增大，这时压力检测器检测到水管中的压力不足，反馈给变频器，这时变频器的内部电路就会使逆变器输出变频交流的频率增高，使水泵电动机转速加快，管道压力增大，管道供水的总水量增大，这时各用户供水压增强。当高楼各用户用水量减小时，管道中的供水压力就会减小，那么通过压力检测反馈到变频器的压力反馈信号就会控制变频器内部电路工作频率下降，由逆变器输出的变频交流频率会下降，电动机转速就会下降，供水水泵转速下降，高楼供水总管道压力减小。

② 变频器内部控制高层供水结构图 见图 8-11。

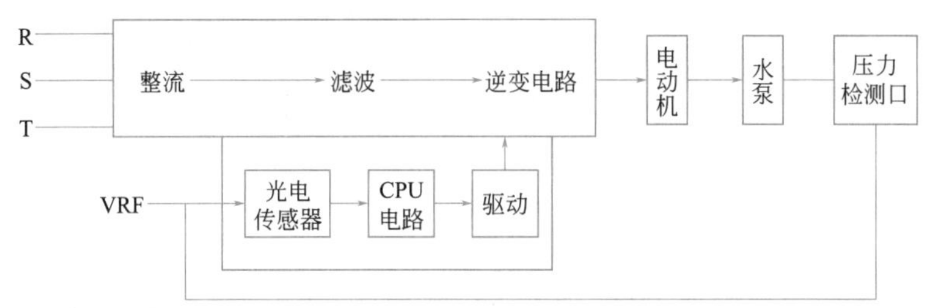

图 8-11 变频器内部控制高层供水

通电后 380 V 三相交流电由 R、S、T 三端输入到整流电路。整流后，将三相交流电转变为直流电，由滤波电路滤除直流中的交流成分，得到纯直流，并且自举升压后得到 450～500 V 直流电压，一路送逆变器电路，另一路送开关电源，转变各路低压给 CPU 电路、驱动电路以及面板电路供电。于是 CPU 电路输出六相脉冲信号，经驱动放大后送逆变电路控制六支变频管按顺序工作，将直流转变为交流，送电动机使电动机运行。此时水泵工作，使高层供水水管中的水压不停地变化，通过水泵压力检测器检测水压力变化，将其转换为相应的信号，送到变频器给 VRF 端口传送到变频器内部的光电耦合器，并给 CPU 电路处理，经六相脉冲驱动电路放大后，控制逆变电路使六支变频管按顺序工作。输出反馈后压力，控制变频交流电送电动机。

8.3.4 单水泵供水变频控制电路

用一台电动机对应的一台水泵控制的电路，在水管道中有压力计量，根据传送到管道中的水的流量，来控制变频器内部的振荡频率，从而改变变频器输出送电动机的交流电的频率，改变电动机转速。电路结构见图 8-12。

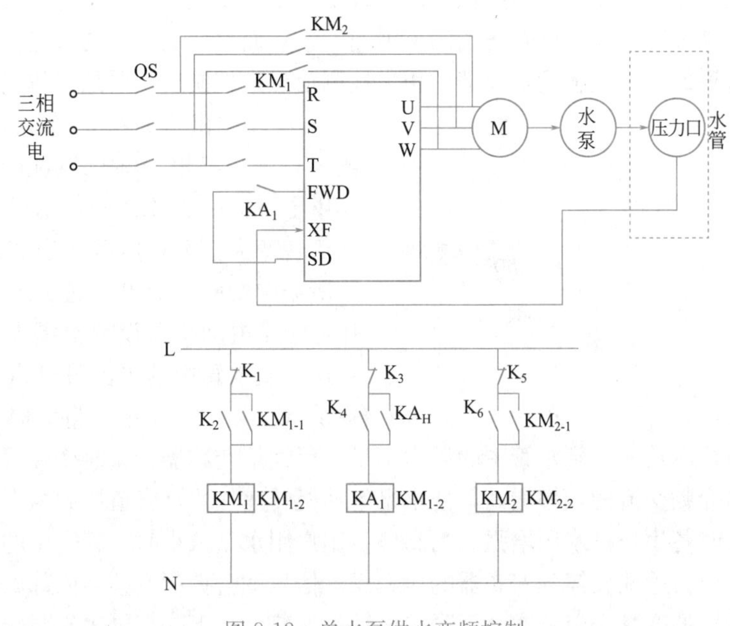

图 8-12 单水泵供水变频控制

(1) 电路中各元件的作用 空气开关 QS 具有过压保护以及欠压保护作用。当负载电路短路时，空气开关就会跳闸，保护变频器与负载电动机。KM_1 为三相交流接触器，一般在主电路中，用来控制变频器的交流电的通断，一般导通电流大，功率大，触点接触面积大。在控制电流的作用下，KM_1 动作，将三相交流电送三相变频器。KM_2 是三相电动机直接供电的切换交流接触器，电动机不需要变频时，操作按钮进行切换供电380 V直接给电动机供电。KM_1 的功率与 KM_2 相同，M 是三相电动机，与 KM_{1-2} 是交流接触器 KM 的线圈。

K_1 是主电路的交流接触器 KM_1 的线圈停止按钮，K_2 是主电路的交流接触器的线圈 KM_1 通电的启动按钮 KM_{1-1} 是交流接触器的自锁触点，它与主交流接触器 KM_1 与 KM_{1-2} 以及 KM_{1-1} 是一体化结构。K_3 是变频器正转控制的停止按钮。K_4 是变频器的正转启动按钮，KA_{1-1} 是正转自锁触点，KA_{1-2} 是变频器正转控制继电器的线圈。K_5 是电动机直接供电的交流接触器停止按钮，K_6 是电动机直接供电的启动按钮。KM_{2-1} 是自锁触点，KM_2 是电动机正转启动的直接供电继电器的线圈。图 8-12 中 FWD 是变频器正转接触点，XF 是变频器过压的反馈控制端口，SD 为地线。

(2) 单水泵供水控制电路工作原理 当闭合 QS 空气开关后，三相 380 V交流电由 QS 的三火线端的三个触点输入主电路的交流接触器 KM_1 的入端作待机电压，同时送 KM_2 三火触点也作待机电压。当我们按下 K_2 时，L 端交流电流经 K_1、K_2、KM_{1-2} 线圈形成回路。

此时产生磁场，吸引 KM_1 三火触点闭合，同时 KM_{1-1} 闭合，自锁三相交流电送变频器 R、S、T 三端。此时我们再按下 K_4 按钮，KA_1 线圈通电后产生磁场吸引 KA_{1-1} 自锁，同时 KA_1 触点闭合，使变频器 FWD 端口得到低电平的脉冲，经内部光电耦合器传送到 CPU 电路，经内部六相脉冲驱动电路六支芯片分别放大再送逆变电路，内部六支变频管按顺序工作，将直流电转换为动态变频交流电，输出送电动机，此时电动机运行。如果要进行工频切换时，我们按住 K_1，切断 KM_{1-2} 线圈的通电，使 KM_1 交流接触器三火触点断开，切断变频器的供电。此时按下 K_6 按钮使 KM_2 通电产生磁场，吸引 KM_2 三火触点闭合，将三相 380 V 交流电经 KM_2 三火触点送电动机使电动机正转。电动机在 50Hz 频率下工作，水泵处于恒压状态。如果我们要由工频电动机直接供电转换为变频供电时，只需要按下 K_5 停止按钮。这时 KM_2 线圈失去供电，使 KM_2 交流继电器断开，三火触点切断电动机供电。此时，我们再次按下 K_2 的按钮 KM_{1-2}，又开始通电，此时 KM_1 再次闭合，三相交流电又进入变频器，经变频后给供电，整个电路又转入变频的工作状态。在变频的状态下，当用户用水量大，总水管道需供水量大的时候，要求电动机的转速提高，由压力传感器将这一信号反馈送到变频器 XF 端口，控制变频器内部六相脉冲方波信号的频率升高，经六相方波脉冲信号驱动电路放大后送逆变电路内部。六支变频管工作静态直流转变为有一定频率的交流电送电动机，使电动机加速，水泵压力增大。

当各用户的用水量减小时，由压力传送器变频器 XF 端口反馈信号，控制变频器内部六相方波脉冲信号频率下降，由驱动电路放大后送逆变电路，使逆变电路内部六支变频管工作后输出送电动机，交流电频率减小，使电动机转速下降，使水泵的压力减小。

(3) 单水泵供水控制电路检修 闭合空气开关，启动变频供电，按下变频器正转按钮时，电动机不能正转运行。由故障的现象可以看出，此时变频器无法启动，有以下四种原因：变频器没有供电；变频器正转按钮启动控制电路损坏；变频器本身内部电路损坏；负载电动机短路。

① 故障原因一 首先闭合空气开关 QS 测量主电路的交流接触器的三火触点的输入端的三相电压，如果三相电压为零，检查空气开关本身是否损坏。如果主电路交流接触器入端，三相交流电压 380 V 正常，然后闭合按钮 K_2，测变频器的三相交流输入端的 R、S、T 三端的三相电压是否正常。如果三相电压正常，说明交流接触器的控制回路供电正常，如果变频器的 R、S、T 三端三相交流电为零，检查交流接触器 KM_1 控制回路的元件是否损坏以及供电的电路是否正常，如果正常，检查主电路的供电电路有无开路现象。

② 故障原因二 闭合空气开关，按下变频器的供电按钮。变频器 R、S、T 三端三相电压正常，但是按下正转按钮后变频器不工作，U、V、W 三端无电压输出，电动机不运行。说明电动机正转控制电路有故障，检查 K_3、K_4 等按钮是否脱接与接触不良。同时检查 KM_{1-2} 线圈是否开路，如果开路，更换中间继电器，同时检查 KA_1 的触点与 KA_{1-1} 触点是否接触良好。

③ 故障原因三 首先拆机后测变频器的主电路滤波电容的两端有无 450～500 V 的直流电。如果 450～500 V 的电压为零，检测主电路的三相交流电输入电路、三相整流电路与滤波电路有无供电以及检查整流元件是否开路、滤波电路是否损坏等。

如果变频器的主电路中滤波电容的两端电压正常，我们再对变频器中的二次开关电源做一检查。通电测二次开关电源的脉冲变压器次级电压是否正常，一般 CPU 供电和面板操作与显示供电都为 5 V 左右，六相脉冲驱动电路供电为 15～24 V。如果开关电源脉冲变压器次级各电路负载供电直流电压都正常，说明开关电源工作正常。如果开关电源脉冲变压器次级各电压不正常，说明对应负载电路有故障，引起开关电源脉冲变压器次级各降压绕组对应的整流滤波电路有故障。如果开关电源脉冲变压器次级的各级电压为零，说明开关电源没有工作。

我们按开关电源的电路结构原理检查。一般的开关电源都是他励式开关电源。以UC3844 频发芯片为中心的脉冲开关电源检修为例，我们先用万用表的直流电压 50 V挡位测量 UC3844 的第 7 引脚电压。如果第 7 引脚电压为零，检查启动降压电路电阻是否阻值增大，以及电阻与供电电路是否开路。如果 UC3844 的 7 脚有电压，但是不正常，检查振荡正反馈电路以及 UC3844 芯片本身是否损坏，同时检测启动降压电阻的阻值是否无穷大。如果UC3844 的 7 脚直流电压正常，就证明 UC3844 芯片振荡，整个振荡电路良好。再测UC3844 芯片第 8 脚基准电压。如果基准电压不正常，更换芯片。如果 UC3844 8 脚基准电压良好，再测 UC3844 4 脚电压。如果 4 脚电压不正常，检查 4 脚外接振荡定时电容器是否损坏，如果电容器良好，更换芯片。如果 UC3844 4 脚工作电压正常，示波器测量芯片的第 6 脚脉冲信号，如果脉冲信号不正常，更换芯片。如果芯片的 6 脚脉冲信号波形正常，而且 6 脚电压也正常，说明 UC3844 内部振荡正常。再用示波器测电源开关管的控制极脉冲信号是否正常，如果信号不正常，检查芯片到开关管的控制极之间的信号传送电路是否有元件漏电，以及信号传送电阻是否阻值正常。如果电源开关管的栅极的脉冲信号正常，说明开关电源整个电路工作正常。在我们检修时如果 UC3844 芯片的 7 脚电压不正常，可以直接测电源开关振荡管的漏极或三极管的集电极，正常时电压与主电路整流滤波后的直流电压基本相同。

开关电源电路最容易损坏的元件是电源开关管以及开关管的源极对地线的保险电阻。如果变频器的开关电源开关脉冲变压器的次级各级电压都正常，证明开关电源良好。然后先检查变频器内部的CPU 电路是否正常，检查 CPU 电路的三大工作条件是否正常。用万用表的直流 10 V挡测 CPU 芯片的总供电电压 5V，如果电压为零，检查开关电源脉冲变压器的次级到 CPU 芯片之间的供电电路是否开路。如果 CPU 芯片的供电 5 V电压正常，再检查 CPU 芯片的时钟脉冲信号是否正常，用示波器直接测 CPU 时钟晶振端的时钟振荡信号。一般正常时为正弦波脉冲，如果测量时时钟脉冲信号为零，代换时钟晶振，同时更换时钟谐振电容，如果更换后时钟信号仍然为零，说明 CPU 芯片内部损坏。如果检测时钟信号正常，再测 CPU 芯片的复位。如果复位脉冲不正常，检查复位芯片。如果复位脉冲信号正常，说明 CPU 三大工作条件符合要求，然后操作变频器面板，观察变频器显示面板是否有字符变化。如果没有字符变化，检查面板操作电路以及变频器的显示电路；如果操作面板显示器有反应，我们再用示波器测 CPU 电路输出六相脉冲方波信号的波形是否正常。如果不正常，检查六相脉冲信号传送电路有无开路与漏电现象。如果 CPU 输出的六相方波脉冲信号波形正常，再检查六相脉冲驱动电路是否工作正常。先检测驱动电路的工作条件电路是否正常。

在学习变频器的驱动电路时，我们知道驱动电路一般是由六支相同的芯片分别组成的六相驱动脉冲信号放大器电路。先用万用表的直流 50 V挡位测量六支芯片的各芯片供电，正常时为 15～20 V。不同型号的驱动芯片决定供电电压高低，如果六支驱动芯片有个别芯片的供电电压为零，说明芯片供电的电路有开路故障，检查开关电源脉冲变频器次级对应驱动芯片的整流滤波电路到驱动芯片供电引脚之间有无开路现象。如果六支驱动芯片有个别芯片的供电电压很低，检查芯片对应的开关电源脉冲变压器次级到芯片供电引脚之间供电电路的旁路元件有无漏电分流，使该芯片的供电电压降低。如果芯片供电电路都正常，更换芯片。由于芯片内部电阻值下降，而拉低芯片供电引脚的电位。如果我们在检测驱动电路的第一工作条件时，六支驱动芯片各引脚电压都正常，再用示波器测量驱动电路的第二工作条件——六相驱动脉冲信号。测量时应先查出各驱动芯片的脉冲驱动信号的输入端，然后分别采用示波器的探头检测六支芯片的信号输入端的脉冲信号波形是否正常，一般正常时为方波信号。如果六支驱动芯片有一支驱动芯片入端的信号不正常，检查对应的信号传送电路有无开路以及漏电。

如果六支驱动芯片的驱动脉冲信号入端信号都不正常，检查信号传送电路。一般生产变频器时将开关电源与驱动电路放在一张电路板中，将 CPU 与过压过流传感输入独立一张电路板，插针接口连接或排线传送信号，所以我们要检查排线接口电路是否正常。如果驱动电路中的六支驱动芯片入端驱动信号都正常，说明驱动电路的工作条件符合标准，然后用示波器再测六相脉冲驱动芯片输出六相方波脉冲是否正常。如果六支驱动芯片中某一芯片信号输出脉冲不正常，更换同型号的脉冲驱动芯片，或检查该芯片的信号输出的传送电路是否漏电。同时检查对应的逆变电路模块内部的电路是否损坏而造成了驱动芯片输出脉冲信号不正常。如果变频器的六相方波驱动电路的各驱动芯片输出的脉冲方波信号都正常，证明驱动电路工作正常，再检查变频器的逆变电路工作状态。检修前要观察被检修的变频器的逆变电路的结构，如果是由六支变频管构成的变频电路，先断电用万用表的 $R\times1\Omega$ 或 $R\times10\Omega$ 电阻挡检查六支变频管是否击穿，使内阻值不正常。如果六支变频管有一支或两支击穿，更换同型号变频管，但更换时各个参数要与其他几支变频管的参数相同。六支变频管检测都良好时，再测六支变频管的供电，如果供电正常，检测六相方波驱动脉冲是否送到每支变频管的控制极。如果哪一只变频管的脉冲信号不正常，检查信号传送电路以及变频管本身是否损坏。

如果我们检修的变频器是将六支变频管集成在一起的结构，先断电检查模块各引脚的对地线的电阻值是否符合标准，主要测变频模块的总供电入端的电阻值是否变小，如果电阻值变小，证明模块内部短路，更换同型号模块。如果模块供电引脚对地电阻值符合标准值，说明模块内部没有短路。然后再用万用表电阻挡测变频模块输出端的电阻值，U、V、W 三端之间的电阻值是否正常，如果电阻值不正常，也说明变频模块内部损坏。如果变频模块与输出端的电阻值正常，说明模块内没有开路与短路故障。再测六相方波信号输入引脚的对地电阻值是否符合标准值，以此来判断模块好坏。如果变频模块的供电端与变频交流电的输出端以及六相方波脉冲的输入端的对地电阻值都正常，变频模块的工作条件供电与六相脉冲信号输入也都正常，但是变频模块在正常启动工作时，U、V、W 输出电压为零，此时断开变频器的负载电动机后，再测量变频器 U、V、W 三端输出的变频交流电压正常，说明负载电动机短路而引起变频器保护不能工作。

④ 故障原因四 变频器的负载电动机短路，引起变频器保护而不能启动工作。断开变频器的负载电动机，然后重新启动。变频器 U、V、W 三端输出电压正常，说明变频器本身内部电路工作正常，证明变频器负载电路损坏。此时用兆欧表测变频器到负载电动机之间的供电电路有无相与相之间短路，如果良好，再检查电动机。如果是三相电动机，将电动机接入端口处，无论是三角形还是星形连接，都将电动机内部三相线圈的六个端口分别断开，用兆欧表测电动机内部线圈每一相线圈有无匝间短路引起电动机过热而使变频器保护。同时测三相电动机内部的三相线圈各相之间是否短路而引起变频器供电过流而保护，同时分别测电动机内部三相线圈与电动机外壳是否短路而引起过流保护。如果电动机内部线圈电阻值，也就是绝缘等级都符合标准，说明电动机良好。检测变频器电动机之间供电电路，如果没有短

路现象，就证明变频器内部电路有主电路中的大功率元件损坏而导致变频器带不起负载而使负载不能启动。拆开变频器，检查内部主电路中的大功率元件的三相整流器的整流元件整流二极管正向电阻值是否符合标准，整流电路中的整流元件是否散热良好。如果整流电路散热良好，同时整流元件良好，再检查主电路中逆变电路中变频管或变频模块等是否符合标准电阻值以及散热是否良好。如果逆变电路是由六支变频管构成的，检查每支变频管的电阻值是否符合要求。如果逆变电路是由模块构成的，检测变频模块的供电端以及变频交流输出端与六相方波输入的六端口电阻值是否正常，是否阻值过大使输出的变频交流电送电动机电流小，带不起负载，同时检查逆变模块散热是否良好。

8.3.5 两台水泵供水的变频控制电路

(1) 两台水泵供水的电路结构 其电路结构见图 8-13。此电路是由 M_1 与 M_2 两台电动机构成恒压供水电气设备，一台作使用泵，一台作备用泵，采用同一台变频器控制电路的工作，装有两台水泵的工作指示灯以及控制电路供电的待机电压，同时有两个交流接触器串接在两电动机供电主路中。

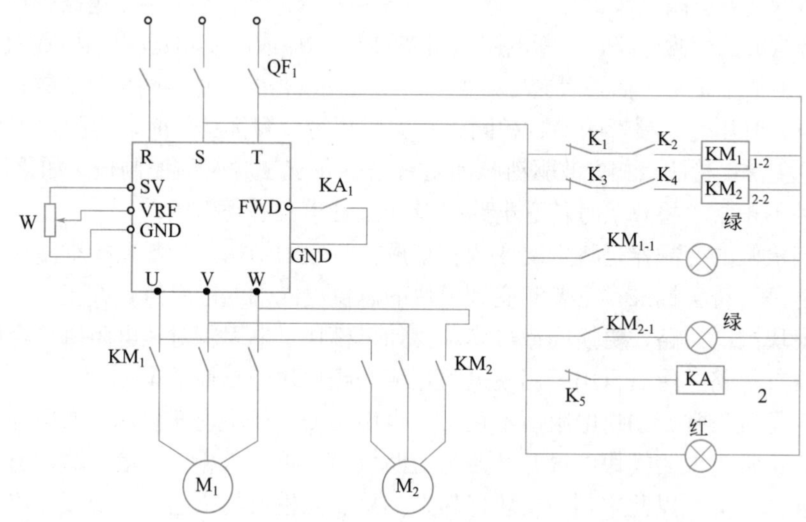

图 8-13 两台水泵供水

(2) 电路中各元件的作用 QF_1 是变频电气配电柜的空气开关，用来控制电动机主电路，给电路供电的。当主电路中的两电动机短路时，空气开关 QF_1 会自动跳闸，切断主电路的供电。QF_1 的功率大小是由主电路中的两台电动机功率决定的。KM_1 是 M_1 电动机供电的主交流接触器，它的三火触点单位时间内可以通过大电流使电动机工作。所以 KM_1 主触点耐流大。KM_2 是 M_2 电动机供电的主交流接触器，控制 M_2 电动机的供电通断。KM_2 的功率是由 M_2 的功率而定的。KM_{1-2} 是 KM_1 交流接触器的线圈。工作时 KM_2 通电产生磁场使 KM_1 接触器三火触点闭合。KM_{2-2} 是 KM_2 交流接触器的线圈。它通电产生磁场，使 KM_2 三火触点闭合，M_2 电动机运行。KM_{1-1} 是 KM_1 交流接触器的辅助触点，是 M_1 电动机运行时的指示灯控制开关。KM_{2-1} 是 KM_2 交流接触器的辅助触点，是 M_2 电动机运行时的指示灯控制开关。K_1 是 KM_1 接触器线圈，断电使 M_1 电动机停止运行。K_2 是 KM_{1-2} 线圈的启动开关按钮，也是 KM_1 接触器闭合使 M_1 电动机运行的开关按钮。K_3 是 KM_{2-2} 线圈通电的停止按钮，同时也是切断 M_2 电动机运行的开关停止按钮。K_4 是 $KM_{2\text{-}2}$ 线圈通电 KM_2 闭合，M_2 电动机运行的启动开关按钮。R、S、T 是三相交流变频器的三相交流电输入端，U、V、W 是变频后的变频交流电输出端。VRF 是外接电位器调节经光电耦合器送内部电路 CPU 电路的调频端子。GND 是地线。FWD 是电动机正转端口，外接 KA_1 触点。K_5 是正转启动按钮。KA_2 是中间继电器线圈。

（3）电路的工作原理 当闭合空气开关 QF_1，三相交流电经 QF_1 的三火触点送变频器的 R、S、T 三端作待机电压，同时 380 V 交流电压送控制电路，此时红色指示灯亮，表示电气配电柜通电。按下 K_2，$KM_{1\text{-}2}$ 线圈通电，KM_1 交流接触器动作，变频输出的交流经 U、V、W 三端输出，经 KM_1 送 M_1 电动机，M_1 电动机运行。此时 $KM_{1\text{-}1}$ 辅助触点闭合，绿色指示灯亮。表示 M_1 电动机正常运行，同时按下 K_5，这时，KA_2 通电，KA_1 闭合。FWD 端口得到脉冲，变频器内部电路 CPU 得到正转启动命令，CPU 控制六相方波脉冲信号经驱动电路后，送逆变电路处理，输出正转变频交流电送电动机，使电动机正转运行。

当调 W 时 VRF 端口输入的频率变化，使变频器内部的振荡频率改变，电动机运行速度改变。不断改变 W 时，电动机运行速度也不断改变。当在使用期间 M_1 电动机损坏后，启动备用泵 M_2 电动机，按下 K_4，此时 $KM_{2\text{-}2}$ 线圈通电，KM_2 电动机接触器闭合，此时由变频器输出的交流电送 M_2 电动机，M_2 电动机运行，此时再按下 K_5，KA_2 线圈通电，KA_1 触点闭合。变频器输出正转交流电，M_2 电动机正转运行。在 $KM_{2\text{-}2}$ 线圈通电后，$KM_{2\text{-}1}$ 辅助触点闭合，绿色指示灯亮，表示 M_2 电动机正常运行。

（4）两水泵工作的控制电路检修 闭合空气开关后，按 M_1 与 M_2 电动机启动按钮时，M_1 与 M_2 电动机不运行，而且两电动机运行指示灯不亮。由故障现象可分析出，电气配电柜通电没有任何反应。此时，闭合空气开关，用万用表交流电压 1000 V 挡位测变频器的 R、S、T 三端的三相交流电，如果三相交流电为零，说明空气开关有故障，检查空气开关或更换。

如果闭合 QF_1 空开后，测变频器 R、S、T 三端，三相交流电正常，说明空气开关良好，然后操作变频器的面板启动运行 RUN 键，测变频器的 U、V、W 三端输出。如果 U、V、W 三端输出的三相交流变频电正常，说明变频器工作正常。如果 U、V、W 三端输出电压为零，说明变频器不能启动，或者启动变频器外接的开关 KA_1，变频器工作。此时按下 K_5 按钮使 KA_1 动作，再测变频器的 U、V、W 三端电压，如果 U、V、W 三端的电压三相交流正常，说明变频器工作正常。如果我们操作变频器的面板以及变频器的外接按钮时，变频器都不能启动工作，这时我们就要对变频器做主要的检查，根据变频器内部的结构原理去检修。变频器内部最容易损坏的电路有整流器与逆变器电路以及二次开关电源电路等。如果我们操作变频器的面板以及外接的操作按钮时，变频器的 U、V、W 三端输出三相交流电压正常，但是操作 M_1 与 M_2 电动机的启动按钮时，M_1 与 M_2 电动机不运行，说明 M_1 与 M_2 控制电路有故障。

检查 K_1、K_2 与 $KM_{1\text{-}2}$ 等有无开路故障，同时检查 K_3 与 K_4 以及 $KM_{2\text{-}2}$ 等有无开路故障，此时还需要检查 K_2 的回路元件有无开路故障。如果 M_1 与 M_2 电动机的控制回路停止与启动按钮没有开路，就测 M_1 与 M_2 两电动机供电的主电路的交流接触器的线圈 $KM_{1\text{-}2}$、$KM_{2\text{-}2}$ 以及继电器线圈 KA_2 有无开路故障。测量时用万用表电阻 $R\times1\Omega$ 或 $R\times1k\Omega$ 挡位测量。如果线圈没有开路现象，但线圈的内阻值变化很大，也不能启动工作。所以我们要详细检查。如果操作 K_5 时变频器的 U、V、W 输出端可以输出变频的交流电，但是操作 K_4 与 K_2 时，M_1 与 M_2 电动机不能运行。证明给电动机供电的电路或电动机有故障。用空气开关断开变频器的供电，用兆欧表测量 M_1 与 M_2 电动机内部定子的三相线圈是否损坏。如果三相线圈损坏，我们需更换电动机。此故障的原因是电动机短路引起保护而使操作 K_4 与 K_2 以及 K_5 时电动机不能运行。此种原因一般在实际电路中很少见，因为两台电动机同时损坏的可能性不大。如果 M_1 与 M_2 电动机良好，但是我们操作变频器面板启动键 RUN 以及外接启动按钮时，变频器内部不工作，而且变频器 U、V、W 端输出电压为零，说明变频器损坏。检查变频器的内部电路才可以检修该变频器电气设备。

要熟悉变频器的内部结构方可以分析与检修。检修前先不要拆开机器的外壳，给变频器通电，测 P+与 P−两端的直流电压，如果 P+与 P−端的直流电压正常，就证明变频器内部的整流与滤波电路工作正常。P+与 P−端可以分析出变频器内部主电路的工作状态，当我们拆开机器后先观察内部电路的实际结构，整流滤波逆变电路与开关电源驱动电路以及 MCU 与 CPU 电路等在电路的什么位置，各电路之间是如何连接的，这样才可以准确地检修各电路。

我们要根据整机电路的工作顺序去检查各电路是否正常工作。变频器内部整机整流与滤波电路有两个检测点。先用万用表的交流电压挡位 1000 V 测整流电路入端的交流电压，如果整流入端交流电压为零，检查变频器交流输入端的接线端口以及整流前的抗干扰电路是否有开路故障。如果测变频器内部电路的整流入端的交流电时电压正常，再测主电路中的滤波电路两端的直流电压，如果直流电压为零，检查整流二极管有无开路以及滤波电容器有无连接开路。如果测滤波电路两端时，电压低于标准值（一般三相变频器的滤波电路两端直流电压为 450～500 V，如果是单相变频器滤波电路两端直流电压为 300 V），我们先分析其原因。整流器的阻值变大会引起滤波电路两端电压变低，电容器漏电也会引起滤波器两端电压变低，逆变电路中的变频模块如果电阻值下降，也会使滤波器两端电压变低。对以上电压低的原因的检查，应用电阻的合适挡位。再测整流二极管或整流模块的内阻值，如果阻值比标准值大，我们可以更换同型号的整流器的元件。若测整流器后元件良好，再测主电路中的滤波电容器是否漏电。测前用 100W 白炽灯给电容器放电，然后用万用表的电阻挡 $R\times1\text{k}\Omega$ 挡测电容器是否漏电。如果电容器良好，我们就拆机测量整流与滤波电路，如果良好，再对开关电源做检测。给变频器通电测变频器的开关电源脉冲变压器的次级各绕组的电压，如果各绕组直流电压都为零，说明开关电源没有工作。检修开关电源电路先断电，用电阻法测开关电源中开关振荡管是否击穿以及对地电阻值是否开路。如果电源开关管与开关管对地保险电阻良好，说明他励式振荡芯片没有振荡。

检测脉冲频发芯片的振荡工作条件一般以 UC3844 为例。先测 UC3844 的 7 脚供电电压，如果供电为零，说明启动降压电路损坏，检测启动降压电阻器。如果测 UC3844 的 7 脚电压不正常，检查反馈电路、整个振荡电路振荡开关管与正反馈电路元件以及振荡脉冲变压器与脉冲芯片等是否损坏。如果 UC3844 的 7 脚电压正常，再测 UC3844 的 8 脚基准电压，如果基准电压不正常，更换芯片。如果基准电压良好，再测 4 脚电压，若不正常，检查振荡定时电容器与充放电电阻，再测 UC3844 的 6 脚输出的脉冲信号电压，如果脉冲信号不正常，更换芯片。如果 6 脚脉冲正常，再测开关管的控制极的脉冲信号，如果控制极脉冲信号正常，再测脉冲变压器次级各降压绕组电压。开关电源如果检查良好，我们再测量 CPU 电路的三大工作条件。其供电、时钟、复位三个条件中，如果有一个条件不符合要求，CPU 就不能工作。如果三个工作条件都符合要求，CPU 电路仍然不能工作，检查 CPU 芯片的外围电路，如果 CPU 外围电路良好，更换 CPU 芯片。接下来检测六相脉冲驱动电路，测六支驱动芯片的供电，如果供电良好，再测芯片的六相脉冲是否到来。用示波器测脉冲信号是否正常，如果六相脉冲中有一相不正常，检查对应的信号传送电路对应的芯片是否损坏。若六相驱动电路工作正常，再测逆变电路是否工作正常。首先测逆变模块是否供电正常，如果供电正常，再测变频模块的六相脉冲信号是否正常。如果六相脉冲信号送逆变电路各相都正常，变频器的主电路 U、V、W 三端仍没有变频交流电输出，检查变频模块是否损坏。主要观察变频电路是哪一种结构，如果是六支变频管构成的变频电路，分别测六支变频管的好坏。如果是由变频模块构成的，检测模块的阻值是否符合标准电阻值。我们对逆变电路的检查，还要考虑变频器的负载电路的电动机是否损坏而引起变频器保护。对于变频控制柜中的变频器检测，还可以采用冷却法。将空开断开，测 P＋与 P－端的电阻值，如果电阻值变小说明滤波或逆变电路有短路的故障，如果电阻值正常，再测 U、V、W 三端电阻值，如果电阻值变小，则模块损坏。

8.3.6　三台电动机并联同时工作变频控制电路

(1) 电路结构图　图 8-14 为其电路结构。此电路由三台电动机、变频器以及变频器的总供电与变频器正反转电路等构成。

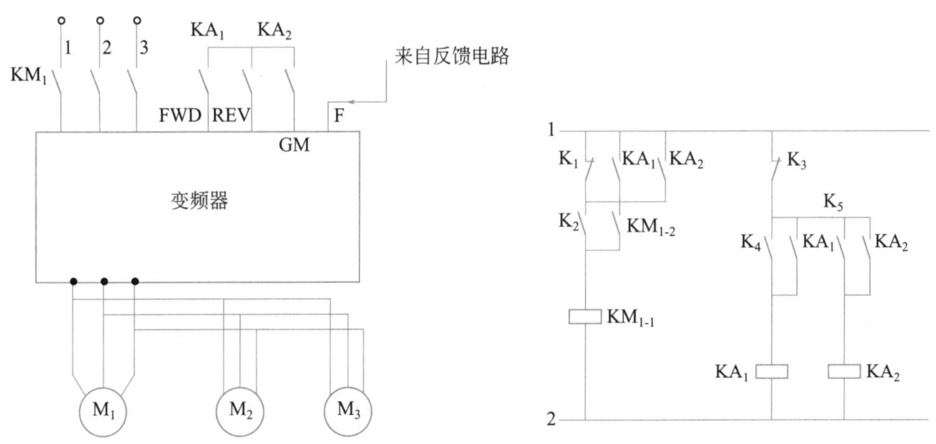

图 8-14　三台电动机并联同时工作

(2) 电路中各元件的作用　KM_1 是变频器交流电压输入的主控交流接触器，控制变频器的交流电的通断，M_1、M_2、M_3 是三台三相电动机，是同步工作的三台电动机。KA_1 是电动机正转端口外接继电器常开触点，KA_2 是继电器常开触点的电动机反转端口所连接触点。K_1 是三电动机供电与变频器供电的停止按钮，K_2 是给变频器与三台电动机供电的启动按钮。KM_{1-2} 是电动机正转变频器供电的自锁触点，KM_{1-1} 是变频器供电的主交流接触器的线圈。KM_{1-1} 与 KM_{1-2} 以及 KM_1 都是一体化构成的。变频器供电的主交流接触器 KA_1 是电动机正转控制的小继电器，KA_2 是电动机反转控制的小继电器。K_3 是电动机正反转的停止按钮，K_4 是电动机正转启动按钮，K_5 是电动机反转启动按钮。FWD 是电动机正转启动触点，REV 是电动机反转启动触点。

(3) 三台电动机并联工作变频控制过程　当闭合空气开关后，三相 380 V 交流电经空气开关三火触点送交流接触器 KM_1 的上端作待机电压。当我们按下 K_2 时，交流电经 K_1、K_2 经 KM_{1-1} 线圈后，形成回路产生磁场吸引 KM_1 触点闭合，三相电经 KM_1 的三火触点送变频器的 R、S、T 三端供电。

此时 KM_{1-2}闭合自锁，给 KM_{1-1}继续供电。需要电动机正转时，按下 K_4，交流电经 K_3 经 K_4 经 KA_1 线圈形成回路。吸引 KA_1 触点自锁，同时 KA_1 触点闭合，给变频器内部输入正转脉冲信号，使变频器内部处理后输出正转的交流变频电源送电动机。如果要进行反转控制，先按下 K_3，断开 KA_1 的供电，使电动机停止正转，然后再按下 K_5，交流电经过 K_3、K_5 送 KA_2 线圈产生磁场，然后吸引 KA_2 闭合形成自锁，同时 KA_2 反转触点闭合，变频器内部得到反转的信号后，由 CPU 输出六相脉冲的反转信号，再经六相脉冲驱动电路放大以后送逆变电路输出送电动机，电动机反转。在正常工作时 M_1、M_2、M_3 电动机都在同一时间工作。我们在设计电路时变频器的功率要能带得起三个电动机的功率，以及主电路的交流接触器也要承受得起三台电动机的负载。

（4）三台电动机并联工作变频控制电路故障检修

［故障 1］ 启动变频器的供电按钮时，变频器可以供电，但是操作变频器正转与反转按钮时，变频器连接的三个电动机无反应。

由故障现象可知变频器供电启动控制电路工作正常，故障出现在电动机正转反转电路。通电测量电动机正转与反转控制继电器 KA_1 与 KA_2 两线圈是否供电。如果测 KA_1 与 KA_2 线圈两端电压时，按下启动按钮，线圈两端的电压为零，说明线圈的控制电路有故障。检查电路中 K_3、K_4、K_5、KA_1、KA_2 线圈与自锁触点，如果 KA_1、KA_2 两继电器的线圈供电控制按钮都良好，再检查正转与反转控制触点是否良好。如果触点良好检查电路内部的 CPU 电路与内部的光电耦合器电路是否良好以及正反转触点连接的端口是否连接良好。

［故障 2］ 闭合空气开关，操作电动机正反转按钮时，电动机不运行，同时操作变频器供电按钮无反应。

由故障现象可看出是变频器供电控制电路以及正转与反转控制电路的故障。由以下几步进行分析与检测。

先用万用表的交流电压 1000 V 挡位测空气开关输出端的三相交流 380 V 电压，如果三相交流电压为零，检查空气开关与交流电入网端的电路。如果空气开关的输出端有三相电压时，证明空气开关良好，我们再启动变频器入端 R、S、T 三端的交流电压的输入启动按钮，如果启动后，主交流接触器无反应，检查交流接触器控制回路，如果启动后交流接触器动作，测 R、S、T 三端的三相交流电压是否正常，如果 R、S、T 三端三相电压为零，检查主交流接触器的三个触点是否接触良好。如果启动变频器的交流供电按钮 K_2 时，主交流接触器不能动作，检查 KM_{1-1}线圈的回路控制的元件 K_1、K_2 是否接触良好，KM_{1-1}线圈是否内部开路。断电的状态下用万用表的电阻挡位 $R\times1\Omega$ 挡测量 KM_{1-1}线圈的内电阻值，如果闭合空气开关后，再启动变频器供电的控制回路元件时，变频器主电路供电的接触器 KM_1 可以动作，变频器的 R、S、T 三端三相电压输入正常，说明供电控制回路良好。但操作电动机正反转按钮时小继电器不动作，电动机不能正反转运行。故障的现象表明正反转控制电路有故障。检查电动机正反转线圈是否开路，同时检查控制电路的按钮是否接触不良。同时检查各触点是否开路，主要是小继电器内部是否良好。

8.3.7 空调器的变频电路

家用中央空调器现今都采用的是变频空调器。在学习变频空调的控制电路时，我们先了解一下空调器的结构。空调器分为室内机与室外机两部分。

（1）室内机的构成与作用　室内机由 CPU 控制电路、室内风机电动机、显示机器工作状态的显示器以及传感器、遥控接收机和室内蒸发器等电路构成。室内机的作用是进行人为操作控制机器的工作状态，并接收遥控器送来的操作指令，同时显示空调机当前的工作状态，最为主要的是由室内机向室内吹冷风与热风等。可以将室内机看成空调器夏天制冷的出风口。我们在出风口可以感受到摆风、直风等，这是由室内的风机吹出的。室内机电路可称为微电子系列工作时功率很小。

下面我们介绍一下室内机的各部分电路的作用与电路的特性。

① 室内机的 CPU 控制电路的作用　接收空调本机操作面板的人为设置的命令，同时也可以接收遥控器发送来的命令功能操作，以及各功能的设置，同时接收各传感器送来的命令，以及 CPU 本身三大工作条件电路的外电路工作的信号。CPU 电路工作电压低，同时功耗很小。

② 室内风机电动机　主要作用是带动风扇吹出冷风，可产生摆风与直风等。它属于小功率电动机，在 CPU 控制命令的作用下，使电动机的转速高低得到控制，同时使电动机驱动风扇叶片产生摆风与直风及风量大小。上各功能是根据人为设置 CPU 命令而定的。我们由面板操作与遥控接收的命令而定。

③ 显示器　显示空调机当前的工作状态，也是人机对话的窗口。通过显示器可以调节机器的运行状态、功能设置以及菜单中的各参数调整。通过显示器显示当前的调节状态。

④ 传感器电路　将室内的温度和冷风大小进行自动检测传送给空调内部的 CPU 电路，这时 CPU 电路要根据实际温度去控制机器的工作状态，例如，当室内温度上升超过人体不能感受到的凉爽的感觉时，机器就会自动在检测到控制电路的工作状态使空调压缩机的运行进行循环制冷，同时还需要检测压缩机的运行状态。同时检测室内蒸发器的温度与室内的冷凝剂的温度。

⑤ 遥控接收机电路　用于接收遥控器送来的操作指令，内部电路采用光电元件来接收，所以遥控器操作的角度要合适才可以。

⑥ 室内蒸发器　在蒸发器管道内制冷剂的作用下，向外散发冷气在内风机的作用下向室内注入冷气。

（2）室外机的构成与作用　我们将室外机的几个重要部分做以介绍。整流电路、滤波电路、变频逆变电路等构成主电路。空调的压缩机作为空调变频器的负载电路。还有系统控制的微处理器电路（也称为 CPU 电路）与变频控制驱动开关电源等电路。

① 空调室外机整流电路　利用整流二极管的单向导电特性将 220 V 交流电转变为脉动直流电给空调内部逆变电路供电，同时给开关电源供电。一般整流电路由整流条以及整流堆等两种方式构成。滤波电路也称为平滑电路，将整流后的直流电中的交流成分滤除得到纯直流电，一般都采用几支有极性电容器并联而成。

② 变频逆变电路　在 CPU 电路送来的六相驱动脉冲电压的作用下，整流与滤波电路送来的直流电转变为变频交流电送负载电动机。逆变电路由六支变频管单独构成，或由变频模块构成。一般有单独模块内部集成六支变频管，以及，变频模块与整流电路共同集成在同一模块内的两种集成电路构成。由于变频模块功率大容易击穿与漏电，所以一般有良好的散热方式。散热片导热能力强，所以逆变电路在空调器中最为主要。

③ 开关电源电路　开关电源电路主要作用是将主电路中的整流与滤波送来的几百伏直流电降压再给他励式开关电源的频发芯片供电，于是频发芯片便产生脉冲方波信号去控制外

接开关管的工作。此时开关管饱和与截止工作时，脉冲变压器的初级线圈产生交变磁场，感应到脉冲变压器次级各降压绕组降压分别整流滤波产生 15 V的直流电给逆变电路内部的他励电路供电，使他励电路工作，将 CPU 送来的脉冲信号进行放大控制变频管工作，同时开关电源产生的＋5 V直流电给微处理器电路（CPU 电路）供电，还产生其他电压给传感器、检测电路以及风扇电动机供电，同时给过压过流保护电路供电。现今一般开关电源采用的是他励式开关电源，它由启动降压电路、振荡正反馈电路、变压器振荡电路以及脉冲信号产生电路等几部分构成。

④ 微处理器电路　CPU 电路用来接收遥控器以及操作面板送来的命令，同时接收各传感器送来的检测信号，CPU 内部进行转换后，去控制其他各电路的工作。CPU 电路一般由 CPU 芯片本身、CPU 工作条件电路、CPU 外挂储存器电路以及外传感器信号输入与面板操作、显示器电路等构成。微处理器有个最重要的任务，就是产生六相驱动脉冲信号去控制逆变电路的六支变频管的工作，将整流滤波送来的直流转变为变频交流输出送电动机。

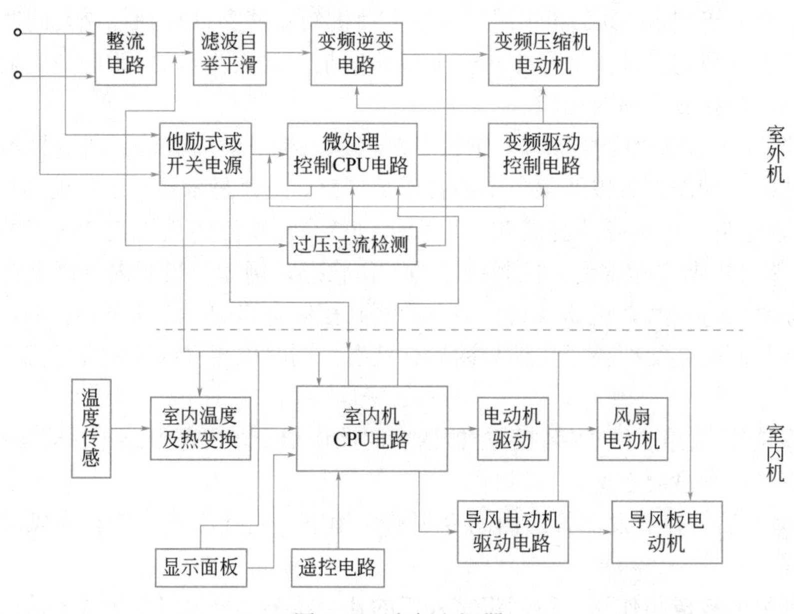

图 8-15　变频空调器

(3) 变频空调器的组成结构图分析　其组成见图 8-15，变频空调器有室内机电路与室外机电路两大部分。室内机电路主要用来进行功能操作以及温度传感的控制，同时制冷导风输入室内或制热导风注入室内。室外机主要用于电流电压的产生交换给室内外机各电路供电。同时变频控制压缩机工作，使制冷液在管道内循环。另外还具有过压过流检测。

下面我们将变频器空调整机各单元电路的作用及特性做以详细的论述。

① 室外机各单元电路的作用及特性

a. 整流电路　变频空调室外机主电路中的整流电路一般都采用桥式整流结构或采用桥式整流堆的结构，采用二极管的单向导电特性将 220 V交流电转变为脉动直流电，给逆变器电路提供 300 V左右的电压，给开关电源电路提供启动供电电压。常见的整流电路有四支二极管的桥式整流，也有整流堆整流的整流两种方式。由于整流电路是大功率元件，所以具有良好的散热方式。

b. 室外机滤波电路　滤波电路由两支及两支以上的有极性电容器构成，其作用是将直流电中的交流成分滤除得到纯直流电，大约 300 V，给逆变电路以及开关电源提供直流电。同时滤波电容器具有自举作用，将整流以后的直流电自举为 300 V左右，滤波电容器要求耐压在 300 V以上，检修时最好先将电容器放电，然后再测量电容器的好坏。

c. 室外机逆变电路　在 CPU 芯片输出的六相方波脉冲作用下，将主电路整流滤波送来的直流电转变为交流电，输出送外接电动机，使压缩机工作，对制冷管道中的制冷剂进行循环。变频器逆变电路的工作条件有两个：一是逆变电路的直流供电，二是微处理器电路送来的六相脉冲信号。这是变频电路最重要的工作条件。变频逆变电路一般由六支变频管构成。每两支变频管承担一相脉冲的驱动工作，电路中有六支单独的结构以及六支集成在一起的变频模块两种结构，常用后者较多。变频模块内有逻辑控制电路构成变频管的逻辑工作的顺序控制每支变频管内部带有保护电路。这个保护电路的二极管在导通与截止时控制二极管不能在瞬间击穿。

d. 变频压缩机　在空调的逆变电路作用下运行，将空调室外机与室内机的冷凝器与蒸发器内的制冷剂循环进行制冷与制热等。工作时压缩机内部的变频电动机产生动力带动压缩机工作才能使制冷剂循环。一般都采用变频技术控制电动机在室内温度所需时按一定的频率运行。电动机内部的三相线圈在变频交流电作用下产生交变磁场推动电动机转子运行，产生动力电动机的转速在不停地改变速度，根据实际需要而改变，使电动机在面板设置频率范围内工作。

e. 他励式开关电源　将整流滤波电路送来的直流电进行降压，给脉冲发生器芯片供电，这时脉冲芯片产生方波脉冲控制开关振荡管的工作，使脉冲变压器的初级线圈产生交变磁场，感应到脉冲变压器次级各绕组线圈降压后，再分别整流与滤波产生各低压直流电，分别给 CPU 电路、变频控制电路、室内机的 CPU 电路、显示电路、面板电路、储存器电路以及导风板电动机与传感电路、复位电路等供电。

他励式开关电源电路一般脉冲信号产生电路、振荡启动降压电路、振荡正反馈电路以及过压、过流检测电路与变压器振荡降压与整流滤波电路等构成。工作时先由脉冲信号产生，再由变压器振荡脉冲降压产生 CPU 电路，以及变频控制各电路所需供电。

f. 微处理器电路　用来产生逆变电路所需的六相方波脉冲信号去控制变频电路变频管的工作，同时接收室内机 CPU 电路送来的信息和过压、过流电路送来的信号进行处理，控制六相脉冲信号的状态，控制压缩机的电动机工作。CPU 电路还要检测到空调压缩机温度，以及电路供电的过压检测盘管的温度，与管排气管的温度与电路供电的过流检测等。CPU 电路还与外接储存器进行数据的交换通信，还要接收复位信号，同时给外接显示电路供电。机器状态指示动态信号，CPU 电路还控制室外机的风扇电动机驱动电路，使驱动电路工作，给驱动电路冷风扇电动机供电，使室外机风扇旋转。

g. 变频电动机驱动控制电路　将 CPU 电路内部产生的六相脉冲驱动信号进行放大，然后去控制变频电路中的六支变频管工作，将主电路中的直流电转变成一定频率的交流电送压缩机，使电动机工作。驱动电路就是一个放大器，一般对六相脉冲信号分别放大。

h. 过压、过流检测电路　将空调室外机主电路中整流滤波后送逆变器电路与开关电源电路的直流电压送 CPU 电路进行过压检测。如果整流滤波后送逆变器的电压越高，送 CPU 芯片的电压越高。这时经 CPU 内部时，振荡器停振，产生的六相脉冲方波信号消失，使压缩机停止工作，这时实现过压保护。当逆变器送压缩机电动机的电流增大时，反馈给 CPU 电路，控制六相脉冲停止振荡，使电路实现过流保护。

② 空调室内机各单元电路的作用及特性

a. 空调室内机的 CPU 电路　用来接收面板以及遥控电路送来的各功能指令，将其进行转换处理，然后控制相应电路的工作，同时控制内部振荡器产生脉冲信号，以及接收室内温度传感交换器送来的温控信号，经 CPU 电路内部处理，控制六相脉冲信号的工作，同时接收室外机微处理器送来的信息，进行室内机与室外机交换。室内机的 CPU 电路输出风扇电动机所需的驱动信号，同时输出导风电动机驱动电路的信号送室内导风电动机的工作。此时，使风扇的电动机工作，将室内机蒸发器内产生的冷气向室内注入，这时我们感到凉爽的感觉。室内机 CPU 电路由 CPU 芯片与时钟电路、供电电路以及复位电路等三大工作条件电路，以及外挂储存器电路构成。

b. 室内机风扇电动机驱动与导风电动机驱动电路的作用结构特性　给室内风扇电动机与导风电动机供电，使风扇电动机驱动风扇旋转，将室内蒸发器的冷气吹出注入室内，同时驱动导风电动机运行，使风扇吹出的冷风产生摆风、直风等各种状态，风扇电动机驱动与导风电动机驱动主要是靠 CPU 送来的执行命令信号工作的，这样两电动机才能按面板的操作指令工作。

c. 面板显示与操作电路　用来显示空调器当前的工作状态。面板操作主要是给 CPU 电路输入信号命令，显示器显式方式一般有数码管显示以及液晶显示等两种，用数字信号传递显示信号。

d. 遥控接收机电路　接收遥控器送来的操作指令信息，工作时利用电变光、光变电的原理进行。首先用空调的遥控器先发出的指令操作，指令信号以光的方式传播。然后当遥控接收机接收到光信号后，将光信号转变为电信号，由遥控接收机电路送入。此时 CPU 电路便执行遥控器送来的指令控制对应电路的工作，改变六相脉冲信号的状态，这样逆变电路控制的六变频管工作性能发生转变，输出变频的交流电改变，使电动机运行改变，改变了制冷的效果。遥控电路的接收头用光电效应进行改变。

e. 室内温度传感以及热交换电路　将室内温度传感送来的感温信号作为检测室内当前温度的信号进行转换，送入室内机的 CPU 电路去控制室外机的微处理器电路产生的脉冲信号的状态，使逆变器送压缩机的变频供电改变频率，按室内制冷或制热温度所需控制电动机的工作运行的速度，改变制冷的效果，所以室内温度传感是最重要的。

只有对空调机室内与室外各部分电路的结构图做以详细了解，才能更好地掌握变频空调机整机工作过程、变频空调机的变频原理以及变频器在空调电路中的应用。

(4) 变频空调机的工作过程　220 V交流电经抗干扰电路后，再经整流电路将交流转变为脉动直流电，经滤波器滤除直流中的交流电再自举升压，送逆变电路，在变频驱动电路送来的六相脉冲信号的工作下，将滤波电路送来的直流电转变为变频交流电送电动机，使电动机启动，压缩机运行，蒸发器与冷凝器工作，进行制冷。220 V交流电的另一路送他励式开关电源电路，将 220 V降压后产生频发芯片所需要的低压直流电，于是芯片产生方波脉冲控制电路，电源开关工作在饱和与截止状态，使脉冲变压器初级线圈产生交变磁场，感应到变压器次级线圈整流滤波后，给室外机 CPU 电路以及室内机的 CPU 电路、电动机驱动控制电路、室内温度传感以及热交换、显示器面板和遥控接收机电路供电。

室外机的微处理器 CPU 电路供电后，便产生脉冲方波信号送变频驱动控制电路进行驱动放大去控制变频，逆变电路的六支变频管工作，将整流滤波电路送来的直流电转变为变频交流电送电动机，使压缩机工作。当操作显示面板给室内机操作指令后，使 CPU 电路内部工作，去控制室外机的CPU电路内部工作状态，控制相应电路的工作，同时室内机遥控接收电路接收遥控送来的信号，送CPU电路，使CPU电路内部工作，实现遥控，各种功能指令工作。室内CPU接收室内温度及热交换器送来的温控传感信号，实现温度功能。室内CPU电路工作区控制室外机CPU电路的工作控制六相脉冲的信号状态，从而控制压缩机工作状态实现温控。

室内机的CPU电路控制，电动机驱动电路使风扇电动机运行，同时室内机的CPU电路去控制导风电动机驱动电路工作，使导风电动机工作。室外机CPU电路还接收主电路的过压与过流电流控制CPU内部六相脉冲信号在过压、过流时起保护作用。

（5）变频空调变频模块的内部结构电路　其电路结构见图8-16。

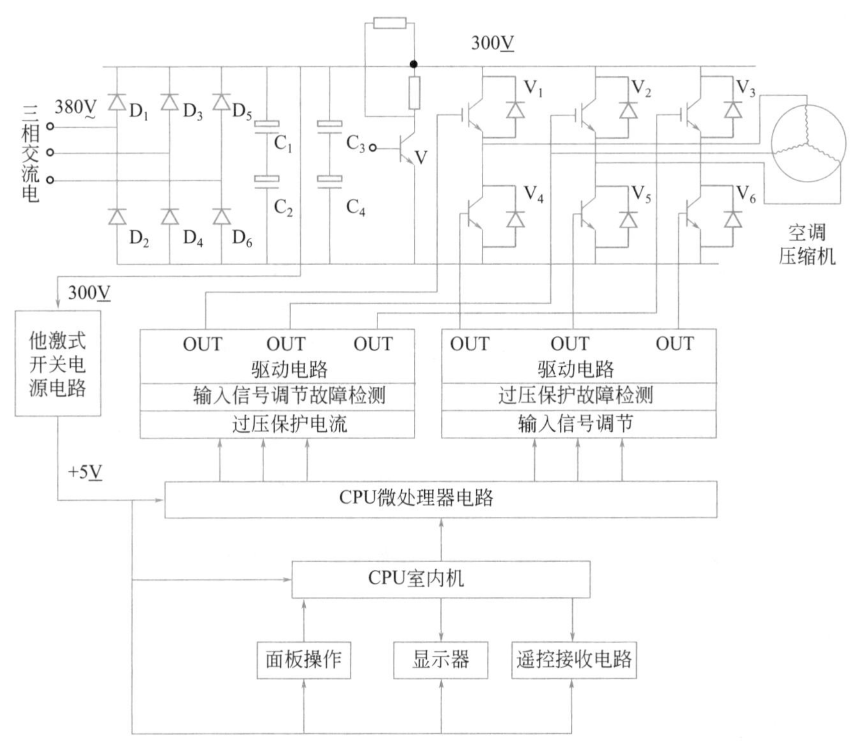

图8-16　变频空调变频模块的内部结构

① 电路中各元件的作用　VD_1、VD_2、VD_3、VD_4、VD_5组成空调器的主电路中的三相桥式整流电路，利用二极管的单向导电性将三相380V交流电转变为脉冲直流，给逆变电路与开关电源电路供电。C_1、C_2、C_3、C_4是滤波自举电容器，滤除直流中的交流成分，得到纯直流并自举升压。三相变频器一般整流后为450～500V左右。V_T是制动控制管，使压缩机停止工作。当高速转变为低速时，由于电动机的转子剩磁的旋转使定子感应产生再生电流，由逆变器送滤波器使电容器两端电压升高，这时由于制动电路作用使再生电流经制动电路后分流，使再生电流减小不会因升高电压而损坏开关电源以及滤波电路。V_1、V_2、V_3、V_4、V_5、V_6是空调变频电路的逆变管，在六相脉冲信号的控制下按顺序工作，将直流转变为变频交流电送电动机，使空调压缩机工作。常见空调压缩机的供电逆变电路有单独六支变频管构成的结构与变频模块构成的结构两种方式。一般空调采用模块结构方式较多。15V与5V由他励式开关电源产生。这个他励式开关电源由频发芯片与变压器开关管构成，用来产

生 CPU 电路与驱动电路以及逻辑电路供电的电压。微处理器电路也称 CPU 电路，它产生各种指令，用来接收面板操作与遥控操作送来的指令。同时给显示器供电，机器显示状态信号的 CPU 电路也接收各室内与室外传感器送来的六相脉冲，驱动电路：用来放大 CPU 送来的六相脉冲方波信号的幅度与信号电压，去激励逆变电路内部变频管的工作，将静态直流转变为动态变频交流电给电动机供电。

面板操作电路用来人为进行空调机的运行功能设置以及参数的调整，输入给 CPU 电路转变为各功能指令，控制相应电路工作。显示器用来显示空调当前工作状态，同时也称为人机对话的窗口。我们用显示器来进行人机交换，调整各功能的设置，同时用来控制遥控接收机电路，接收遥控器的各种功能指令。空调压缩机用于运行冷凝器与蒸发器内部的制冷剂，进行室内制冷与制热。

② 电路的整机工作过程　三相 380 V 交流电经三相桥式整流器整流，将交流电转变为脉动直流电，再经滤波电容器滤除直流电中的交流成分，得到纯直流电并自举升压，一般三相为 450～500 V，一路给逆变电路供电，另一路给开关电源供电。逆变电路的供电用于待机电压。

开关电源将直流几百伏降压为低压直流电，给开关电源的频率发生芯片供电，作振荡启动电压，于是芯片内部振荡，产生振荡脉冲的方波信号去控制电源开关管的饱和与截止工作，使脉冲变压器的初级线圈产生交变磁场，感应到次级各绕组降压，再分别整流滤波后，给微处理器电路以及驱动电路与逻辑电路等供电。这时各微电子电路工作。

开关电源给 CPU 电路供电为5 V，给驱动电路供电为 15 V，给面板显示器电路供电为 5 V。我们给各供电电路正常供电后 CPU 电路与驱动电路正常供电。这时 CPU 室内机电路产生六相脉冲方波信号，送驱动电路放大后送逻辑电路控制逆变电路的六支变频管按顺序工作，将直流电转换为变频交流送压缩机电动机。

在实际工作中，室内传感器将室内温度转化为控制的检测信号，由 CPU 电路去控制逆变电路工作，同时控制电动机的工作状态。

(6) 变频空调器各电路损坏故障现象分析及检修

① 整流电路　如果整流管损坏击穿，整流后的电流不再是直流电，交流成分增加，而直流成分减少，使逆变电路与开关电源不能工作。如果整流元件开路，将使整流效果失去，将不能把交流转换为直流，使逆变电路不能工作，开关电源不能工作。

② 滤波电路　它将整流后直流中交流成分滤除，得到纯直流电压，并且自举升压到 450～500 V左右。如果滤波电容器漏电就会使直流电滤波不良，使滤波后的直流电中交流成分增大，直流不纯。

如果滤波电容器击穿，将会使整流电流过大，损坏整流电路元件，同时损坏整流前的保险电阻。

③ 制动电路　它损坏将会使再生电流增大，导致滤波电容器烧坏。由于电容器两端电压瞬间升高而导致电容器击穿损坏，或制动管的性能变差。

④ 逆变电路　它损坏后，不能将直流转换为变频交流电送电动机，压缩机电动机不工作。变频电路的变频管损坏一般是击穿。如果变频管击穿后，将导致主电路中整流电路过流，击穿整流管或烧坏整流前保险电阻或保险管。如果逆变电路采用模块结构，由于模块的散热不良而导致模块损坏。变频电路的两个工作条件其中一个达不到就会使模块不工作。

⑤ 变频空调器内部他励式开关电源　它主要是将主电路整流滤波送来的几百伏直流电

降压，给他励式开关电源内部的振荡脉冲发生器芯片供电。振荡启动电压建立后，使芯片内振荡，产生方波脉冲信号，去控制电源开关管的饱和与截止工作，使脉冲变压器的次级感应到降压以后的低压交流电，再分别整流滤波后产生低压直流给驱动电路与 CPU 电路供电。一般 CPU 电路供电为 5 V，驱动电路供电为 15 V。同时开关电源脉冲变压器的次级线圈感应电压，给面板操作与显示器电路供电，给遥控器电路供电。开关电源工作后，各电路供电正常，才能稳定工作。由开关电源的作用可见开关电源电路在整机中的重要性，如果开关电源损坏将会使电源脉冲变压器的次级线圈各绕组电压为零，此时 CPU 电路没有供电，停止工作。同时驱动电路没有供电也停止工作，这时六相驱动脉冲信号将不能产生，驱动电路将停止工作，主电路中的逆变电路将会没有六相脉冲信号，使内部六支变频管停止工作，变频电路给空调压缩机供电为零，这时空调机停止工作。开关电源损坏故障现象有以下几种。

［故障 1］ 电源通电后脉冲变压器次级各绕组输出电压低于正常的工作电压。

可能有三点原因。

a. 开关电源后负载电路短路。

b. 开关电源电路损坏。

c. 空调变频主电路整流滤波送开关电源的启动电压降低。

先将开关电源脉冲变压器次级各绕组给负载的供电断开，再给开关电源通电后，测电源脉冲变压器次级各绕组电压。如果开关电源负载电压正常就说明电源负载那一电路有严重短路故障。我们要详细检查电源后负载的大功率元件是否损坏击穿，或电容器供电滤波是否漏电。电源后负载电路最容易损坏的是驱动电路，因为它在电源供电负载电路中功率最大，一般驱动芯片容易损坏，更换同型号的驱动芯片，或断开驱动电路供电，用电阻挡位测芯片供电引脚的对地电阻值是否减小，同时检查给驱动电路供电的滤波电容器是否损坏，再检查电源负载各电路有无乱焊接而造成的短路，而使电源输出电压降低。

［故障 2］ 电源通电后脉冲变压器次级各绕组输出电压为零。

此故障原因与［故障 1］相同。当断开开关电源，所有负载电路停止供电后，电源输出电压仍然很低，这时我们详细对开关电源本身电路做以检查。首先断开电源的供电，用电阻挡位测开关电源中最容易损坏的元件开关管是否击穿，保险电阻是否开路，脉冲发生器的芯片对地电阻值是否变小。对芯片各引脚对地供电电阻值做以检测，如果芯片不符合标准值更换同型号芯片。再用电阻挡位测开关电源脉冲变压器的初级与次级线圈各绕组阻值是否符合标准，各线圈匝间有无短路。如果用电阻法检测容易损坏的元件良好，我们可以用电压检查法，通电后测脉冲信号发生芯片（一般常用芯片为 UC3842）的 7 脚与 8 脚以及 4 脚、6 脚各电压是否符合标准。如果哪一脚电压不符合标准，检测芯片引脚外围元件是否符合标准值或更换芯片。

一般 7 脚电压由两个条件构成（启动降压的电压和振荡正反馈电压），两条件都符合标准，7 脚电压才能正常。如果启动电路损坏，那就会使 7 脚电压为零。如果 7 脚电压不正常，我们可以检查振荡正反馈电路是否损坏。如果芯片内电振荡内电路不工作开关管与脉冲变压器不工作，就证明振荡正反馈电路不能反馈电压，而使芯片 7 脚电压不正常。

如果 8 脚电压不正常，芯片内稳压不良，更换芯片。如果测量时芯片的 6 脚输出电压正常，而且输出的脉冲信号波形正常，说明芯片振荡正常。再测振荡开关管的基极电压与信号波形。如果基极信号波形正常，再测开关振荡管的集电极电压，一般为 450～500 V。如果开关管集电极电压正常，再测开关电源脉冲变压器次级各绕组电压是否正常。

以下是对故障原因 c 的分析。

开关电源的脉冲发生器芯片启动电压不正常，检查电源启动降压电路的降压电阻是否阻值增大以及开路等，我们要仔细检查启动降压各电阻的阻值是否符合要求。

⑥ 室内机 CPU 电路　室内机主要用来接收操作面板与遥控接收机电路等送来的操作指令信息以及功能设置的命令，同时接收室内温度传感器送来的温控传感信号，如果损坏将不能进行面板操作以及接收遥控命令，整个室内机将停止工作。这时风扇电动机也会停止工作，导风电动机也停止工作，同时显示器不能显示机器的工作状态。室内机 CPU 损坏后，用万用表先测 CPU 的三大工作条件，第一个条件是 CPU 芯片的供电，一般为＋5 V，如果为零，检查开关电源脉冲变压器次级到 CPU 芯片之间的供电电路有无开路。我们检查腐铜供电电路的开路断裂等现象。如果检测时 CPU 芯片的供电电压很低，检查芯片内部是否阻值变小拉低电位，或供电滤波电容器是否漏电，或开关脉冲变压器次极线圈是否匝间短路，以及检查整流二极管是否正向电阻值变大。如果 CPU 供电正常就检查第二个条件：CPU 的时钟信号，一般用示波器检查信号的波形是否变形，或用万用表测晶振两端脉冲电压是否符合要求。如果信号波形有异常，晶振两端电压有异常，代换同型号晶振，通电再测晶振信号波形。如果晶振信号正常，再测第三个条件：CPU 芯片的复位脉冲，按下复位键复位脉冲为零，证明没有复位，如果可以高低电平跳变，证明 CPU 复位良好。操作复位键，如果 CPU 芯片复位引脚电压无反应，说明复位损坏。测复位芯片是否损坏，检查 CPU 芯片复位引脚所连接各个元件是否损坏。空调室内机 CPU 损坏将导致整机不工作。

⑦ 室外机 CPU 电路　它用来产生逆变器送来的六相脉冲驱动信号，同时接收室内机 CPU 的指令信号，用来接收过压、过流检测取样信号。一般由主电路整流后，取过压的检测电压，从逆变器输出，送压缩机端取过压、过流送 CPU 电路，使 CPU 电路进行过压、过流的检测信号处理与控制，同时接收室外机压缩机传感器送来的温控信号以及其他信号。我们了解了室外机 CPU 工作后，再对 CPU 损坏的故障现象做以分析。由室外机 CPU 电路的作用，可知 CPU 芯片的重要性，如果 CPU 芯片损坏，将会导致六相脉冲不能产生，主电路中逆变器停止工作，空调压缩机停止工作。

8.3.8　变频器在电梯系统中的应用

电梯在运行的过程中，它的运行速度是变化的。比如电梯在人为设置的楼层停止时，电动机的速度逐渐下降，但是电梯到达人为设置的楼层时，重新启动电动机又由低速逐渐提高，所以电梯的驱动电动机运行速度在不断改变，采用变频器控制电动机的转速。下面我们来看电梯变频控制的结构应用图。图 8-17 为其结构图。

(1) 变频器控制电梯的工作过程　三相 380 V 交流电经空气开关送三相桥式整流电路，整流后，将交流电转为脉动直流电，经滤波器后送三相变频器 R、S、T 三端，在配电柜的启动按钮操作下，交流接触器三火线触点闭合，三相火线经过 380 V 才能送到 R、S、T 三端。再经变频器内部的整流电路将三相交流电转换为直流电，由滤波电路滤除直流电中的交流成分自举升压送逆变器电路。在按下启动按钮时，CPU 内部产生的六相脉冲信号送出后经逆变电路将直流转变为变频交流，送电动机驱动电动机运行，使转动轮拖动轿厢运行，由电动机将速度转入三相变频器后，变频器可以根据电动机当前转速控制 CPU 电路的工作，从而控制变频器内部的振荡六相脉冲，控制电动机的运行状态。

电梯的变频器在工作期间与 PLC 配合，用 PLC 内部的程序来控制变频器的工作，PLC

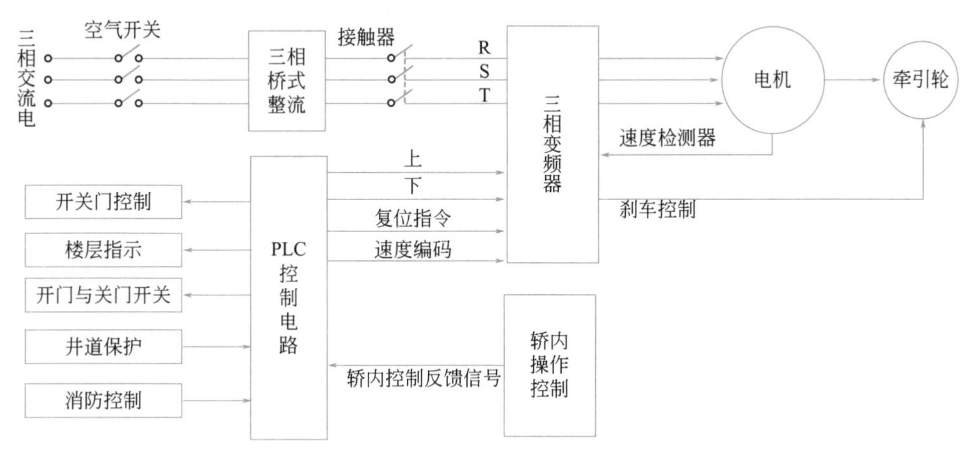

图 8-17　电梯变频控制的结构应用图

内部的程序控制三相变频器运行。电梯上与下也就是使电动机正转与反转运行。需要进行速度改变时，我们只需要改变 PLC 内部的程序，从而改变 PLC 输出送变频器内控制六相脉冲的信号频率，改变变频器内部逆变器的六支变频管的工作频率，改变输出送电动机的交流电工作频率，改变电动机运行速度，最后改变电梯的速度。当操作 PLC 外接的控制点按钮后控制楼层指示与开关门时，经 PLC 内部执行后去控制变频器内部的工状态，同时操作消防控制按钮时，经 PLC 内部后去控制变频器的工作，使电动机工作。井道的保护控制轿厢内操作控制，送 PLC 再控制变频器工作，控制电动机工作。

（2）变频器在电梯中的电路结构　其电路结构见图 8-18。此电路由变频器主电路与六相驱动电路以及 CPU 控制电路与转速编码器组成，同时 CPU 连接轿厢各操作按键。

QS 为空气开关，切断与接通主电路的供电，它的耐流与耐压由负载电动机决定。KM_2 是主电路的交流接触器，控制主电路负载供电的通断，由配电柜的按钮进行通断控制。VD_1、VD_2、VD_3、VD_4、VD_5、VD_6 组成三相整流桥式电路，利用二极管的单向导电性将三相交流转变为脉动直流给逆变器供电，同时给开关电源电路供电。六支二极管的单向导电特性参数也相同，耐压与耐流值也相同，基本有三种结构：第一种结构有六支耐压相同的整流二极管；第二种结构是将六支整流二极管集成在一个模块内的整流模块；第三种结构是将整流电路与逆变电路集成在一起的整流变频模块。C_1 与 C_2 是有极性滤波电容器，利用电容器通交流隔直流的特性，将直流电中交流成分滤除得到纯直流电并自举升压。电容器的容量相同、耐压相同，一般都采用并联方式。VT_1、VT_2、VT_3、VT_4、VT_5、VT_6 为六支变频管，将主电路的几百伏直流电 450 V到 500 V由六相脉冲信号驱动，将直流转变为变频交流电给电动机供电，六变频管的耐压与耐流相同。

变频电路有三种结构：第一种，由六支变频管单独构成，此种结构用于小功率变频器；第二种，将六支变频管集成在一个模块内形成独立的变频模块；第三种，将每两支变频管集成在一个模块内，一台变频器由三支变频模块构成。此种结构用于大功率变频器转速编码器，用于测试电动机的转速。

以及各楼层的转速控制代码电流反馈电路，将逆变电路送电动机的供电电流做以检测，送 CPU 电路控制 CPU 电路内部的六相脉冲振荡频率，从而控制六脉相冲信号的电压、相

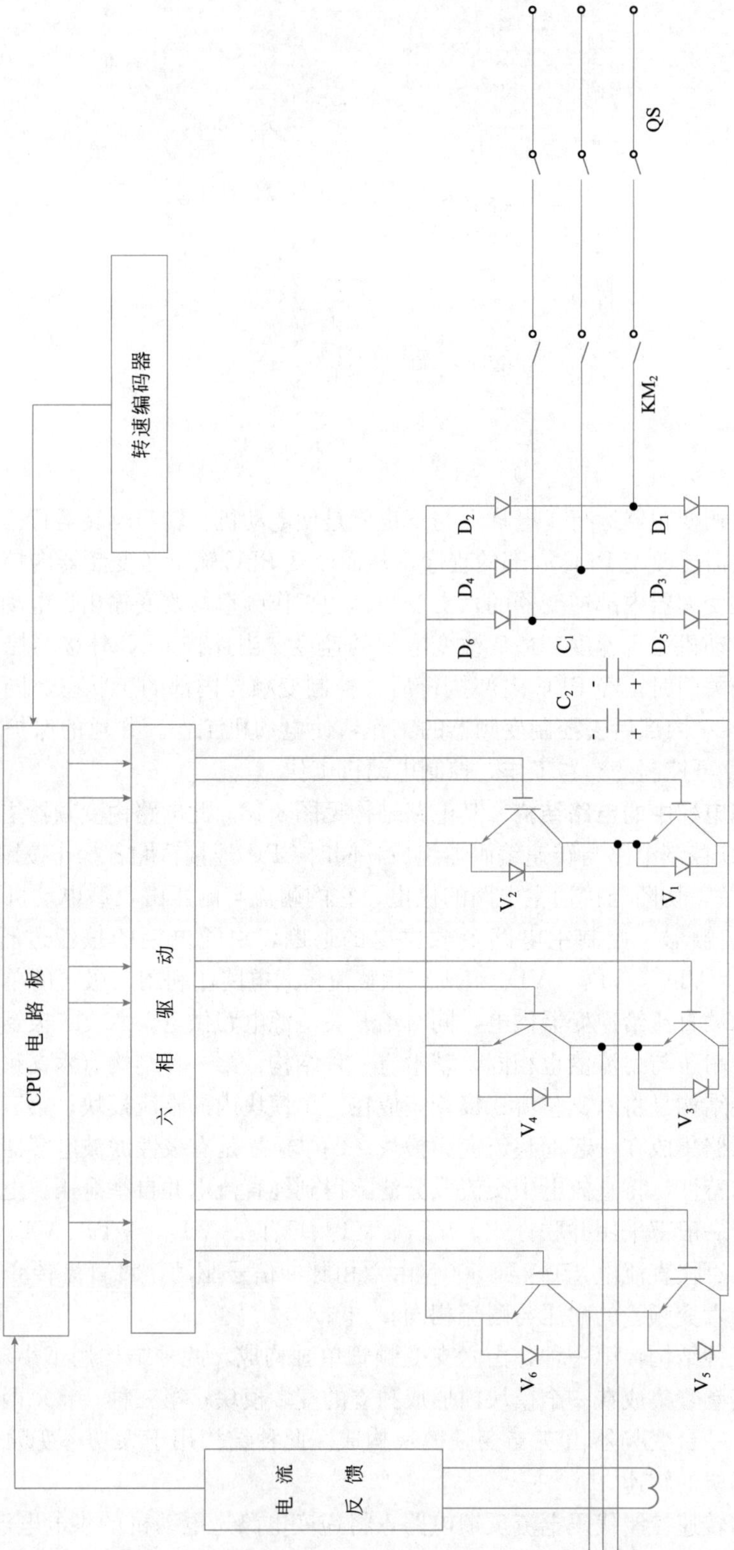

图8-18 电梯驱动控制电路结构

位、频率，控制六支变频管工作状态，从而控制逆变电路送电动机的供电，控制电动机速度。CPU 电路板用于接收轿厢内的各种按钮的指令，同时接收各传感器送来的信号，从而产生六脉相冲信号。

(3) 变频器在电梯中的电路工作过程 三相 380 V 交流电经空气开关，再经主交流接触器的三相触点，送变频器内部的三相桥式整流电路，将三相交流电转变为脉动直流电，再经滤波电容器滤除直流中的交流电，得到纯直流，并自举升压送逆变电路作待机电压，同时送开关电源，将直流进行开关振荡脉冲降压后分别滤波，给变频器内部 CPU 电路、驱动电路、面板与操作电路供电。

在正常工作时 CPU 电路内部振荡产生六相脉冲驱动信号，经六相驱动电路放大控制逆变电路六支变频管工作程序，将静态直流转变为变频交流电送电动机，电动机运行，轿厢运行。电梯轿厢的运行到每楼层时电动机的速度逐渐由高速下降到低速以及停止运行，然后由停止到低速以及高速运行，所以电梯电动机的速度不断改变所以必须用变频器。

8.3.9 变频器一拖三电动机的应用电路

(1) 电路结构 其电路结构见图 8-19。

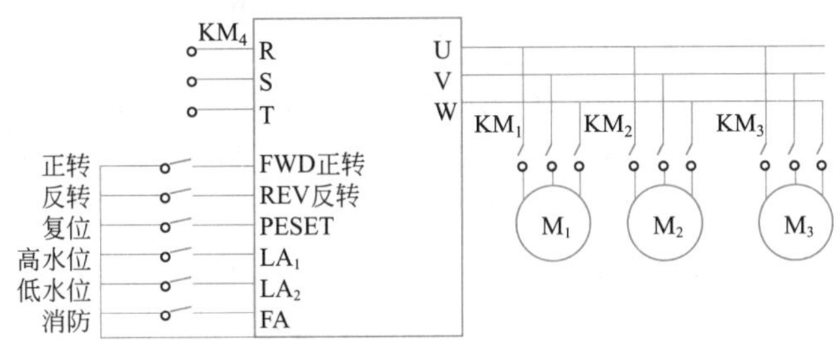

图 8-19 变频器一拖三电机的应用电路

(2) 工作过程 当闭合空气开关，380 V 交流电经 KM_4 三火触点送 R、S、T 三端给变频器内部供电，经内部整流滤波后给主电路逆变器供电，变频器内部各单元电路供电后，操作正转按钮，变频器内部 CPU 电路得到正转脉冲，内部电路在 CPU 电路的控制下，六相脉冲的振荡使逆变器输出三相交流电，控制外接三相电动机正转运行。

当操作反转开关时，内部 CPU 电路得到反转命令后使逆变器送出的交流电达到反转。当操作复位键时，变频器内部得到复位脉冲，CPU 内部的程序得到归位，回到原来的初始程序。当重新操作各功能键时，变频器又开始另一个工作程序。

当操作高低水位变化时，经内部 CPU 电路变换后，控制 CPU 内部的振荡器工作，而且由驱动电路去控制逆变电路工作，使静态直流转变为变频交流输出送电动机。当操作消防按钮时，我们给变频器内部的 CPU 电路输送命令，使其内部处理后控制六相脉冲的信号状态，然后使驱动电路工作，使逆变电路内部六支变频管按指令工作，输出变频交流电送电动机，改变电动机在消防状态中的运行。

变频器应用总结：变频器在工业以及日常生活中使用比较广泛。在实际应用中可以改变电动机的速度，从而改变电气设备的工作状态。一般用于电梯、高层楼供水的水泵以及电动车、机床、空调、电力轨道车、工业加工各产生的各工业电气设备、工业拉线机、变压器绕组的绕线机等。

在应用变频器之前，我们应该掌握变频器的各种接线端的功能。其接线端一般分为主电路接线端与辅助电路接线端两种端口。

主电路接线端，对于三相变频器来说共有八个端口，R、S、T 三端接入三相火线，这三相火线由空气开关与主交流接触器送来，而且三相火线之间相互为 380 V交流电，这样才达到三相平衡，R、S、T 三端供电是由电气配电柜的控制电路决定的。常见的供电配电电路有自锁正转、顺序转的控制电路以及延迟控制等。首先要将电工常用的控制电路熟悉后，才可以拥有检修变频器控制电路的技术。变频器变频后的交流电输出端口是 U、V、W 三端，这三个端口直接经输出的电路连接于电动机，电动机在变频三相交流下运行。主电路除了有三相交流电输入端口同时还有三相交流电输出端口，也有 P＋与 P－直流电压测试端。这个测试端口可以直接判断变频器内部的整流与滤波电路的好坏，同时也可以判断逆变电路的好坏。正常时，三相变频器 P＋与 P－端直流电压为 450～500 V之间，单相变频器 P＋与 P－端为 300 V直流电。

辅助电路接线端常见的有以下几种：正转按钮、反转按钮以及复位按钮还有高速、中速、低速三速调整按钮，还有外接扩展单元的各个端口，这些端口都可以用外电路进行连接。用外接小继电器还有直流 24 V与直流 10 V两个端口，这两个直流电压输出端口主要是给外接继电器线圈供电的。同时其他各种反转复位等端口都是用来用小开关按键进行的，给内部 CPU 输送脉冲指令变频器与 PLC 连接端口。

要深入了解这些端口，因为现今的变频器在电气设备的应用基本都采用 PLC 与变频器连接同时去控制电动机的运行状态。要更好地应用变频器在各电气设备中实现所需要的功能，我们要了解各不同型号变频器的基本功能与个别特殊的各功能，同时要掌握各变频器的调试。使用变频器时要对整个电气设备的结构与功能完全了解，才能更好地应用。例如，高层楼供水水泵电动机都是单向运行的，所以我们要设置电气自锁配电柜，将变频器安装在楼层的电气自锁配电柜中。如果是自动升降机，我们就要将变频器安装在配电柜中。配电柜中的电路要具有电动机正转与电动机反转控制电路。

面板具有正反转操作指令按钮，有一台电气设备需要运行时，我们要深入了解这台电气设备的功能，也就是这台电气设备在现实中的作用，才可以将变频器安装在配电柜中的正确位置。如果要实现自动化还要加装 PLC 程序器，程序要以这台电气设备所需要的功能进行编程。

在学习变频器的构造原理时我们知道变频器是为了改变电动机的运行速度。在工业化电气设备中有许多设备的工作需要随时改变电动机速度，我们用变频器在人为设置频率的范围内，改变电动机的速度。在应用时，有些电气设备不需要改变电动机速度，有些设备需要电动机在运行时不停改变速度。例如，生活中用水供水泵以及喷泉等。无级调速等场合使用变频器来改变电动机速度，如果改进一台电气设备时，首先要深入了解这台电气设备在实际中的作用工作运行时。每个环节必须分析工作条件正常时，才可以更好地使用变频器工作，因为变频器使用时是与 PLC 连接在一起的。

PLC 内部程序是根据这台电气设备的详细工作程序编写的。这样，用 PLC 内部程序才能控制变频器的工作，从而控制电动机的运行状态，实现电气设备工作的自动化。例如，钢丝球拉丝机经许多程序才能将直径较大的钢丝拉成很细的钢丝。我们给这台设备编程时，PLC 内部的工作程序就比较复杂，所以要达到自动化就是由 PLC 内部编写程序来实现的。

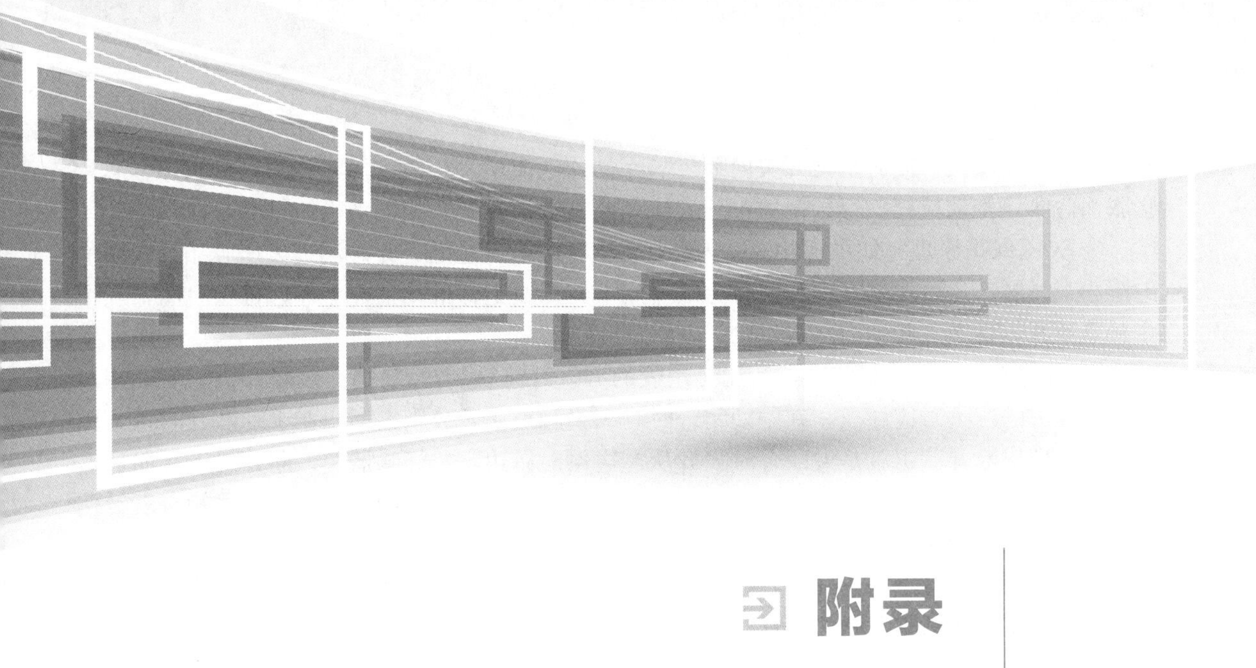

附录

附录一 工业自动化设备常用的基本电路

工业自动化设备常用的基本电路有动力三相电源电路、动力电气配电柜基本电路、电气控制设备的变频器电路、电气控制的程序硬件电路、电气控制设备的面板操作及显示电路和电气控制设备的变频器电路。

1. 动力三相电源电路

电网电气设备的高压变电柜将高压电网送来的10kV左右的高压降为低压的380 V或220 V交流电，送低压电气配电柜进行各单元电气动力设备与照明设备的供电，变电低压配电柜内部的人为手动控制的电路，我们称为动力三相电源电路。

2. 动力电气配电柜基本电路

在学习工业自动化设备之前，我们要了解动力电气配电柜的基本电路，才能更好地掌握由变频器以及PLC构成的工业自动化设备的原理检修，但是在工业自动化的设备电路中，首先要学习电气配件的结构、特性、应用、好坏判别，才能掌握好自动化电气配电的基本电路。下面我们学习电气配件。

(1) 配电柜中的自动空气开关 也称断路器，电路符号见附图1-1。

它能够人为对电路的通断进行控制，同时在电路出现过载的故障时，空气开关会自动断开，在负载电路短路欠压时，空气开关会动作，保护后负载电路的工作，使电源不会扩大故障。自动空气开关一般都处于电气配电柜的最前端，它控制了电气电路中所有的电路的供电。

附图1-1 断路器

① 过流保护的原理 三相交流电源经空气开关的三个触点和三条线路为负载提供三相交流电，其中一条线路中串接了电磁脱扣器，在负载有严重短路时，发热元件流过电路的电流大，使脱扣器线圈电流增大，于是脱扣器线圈产生很强的磁场，通过铁芯吸引衔铁，由于拉杆的移动使三个触点断开，切断了电源，保护短路的负载电路。

② 过热保护的原理 如果负载没有短路，而由于负载设备运行时间过长，使负载电动

机发热，电流增大，同时空气开关内部过热元件的电流增大，使空气开关的过热元件金属片膨胀而弯曲，推动拉杆使空气开关中三火触点断开，切断了三相电动机的供电。

③ 欠压保护原理 如果三相380 V动力交流电源电压过低，此时流过欠压脱扣器线圈的电流小，线圈产生磁场弱，在弹簧拉力的作用下，衔铁上移推动杠杆上移，拉钩脱离，三个主触点断开，切断三相动力负载供电。

④ 自动空气开关的检测 一般用万用表的$R\times1\Omega$挡或者蜂鸣挡，在断开供电时，测对应空气开关的三火对应触点。在手动闭合时，三火触点是否分别接通，在手动断开时，万用表是否体现出断开。也就是说闭合时表针从左边偏向右边，或蜂鸣器响，断开时表针向从右边回左边。我们一般由表针的反应来判断。当空气开关闭合时，测量空气开关主触点表针偏右零，证明空气开关触点是闭合的，可以使用。如果用数字表的蜂鸣挡位测量，蜂鸣器常响，说明空气开关触点是良好的，如果闭合空气开关测量时触点蜂鸣器不响，证明触点开路损坏。只有测量判断空气开关是良好的，我们再做空气开关的过负载与欠压实验。

在做试验时，应在空气开关前面串接一个漏电保护器，以防伤害人体，同时保护输入端电源。试验时，可以将空气开关之后的负载电路进行短路，然后观察空气开关是否会跳闸。如果跳闸，证明良好，如果空气开关没有跳闸，而是串联在空气开关之前的漏电保护器跳闸，证明空气空开损坏，没有过流保护作用。在做欠压试验时可以将三相交流电其中一相用合适的设备稍微降压，然后通电，如果此时手动闭合空气开关，开关自动跳闸，证明可以起到欠压保护作用。在进行过热保护试验时，我们可以拆开空气开关的保护盖，给空开的内部过热元件加温，此时三火触点可以断开，就证明具有过热保护作用。

(2) 配电柜中的交流接触器

① 交流接触器的作用 在交流电气设备中，我们可以手动或者自动控制电气设备负载的通断供电。由于接触器内部线圈的负载小，就用手动按钮来控制接触器线圈的通电与断电。用电变磁的方式吸引接触器三火触点的闭合，将三相动力电路接触器三火触点给负载电动机供电。由于负载电动机功率大，运行工作电流大，如果用按钮直接控制，由于按钮触点接触面小，电动机中的大电流会使按钮触点烧坏。但实际电路中的按钮，只控制接触器线圈小负载的通电，所以安全。由接触器线圈产生磁场吸引接触器三火触点，所以这样更为安全，这就是交流接触器在实际电路中的主要作用。

② 交流接触器的电路符号 其电路符号见附图1-2。图中表示交流接触器内部的线圈，只是在电路图纸中表示主触点，指交流接触器中通过大电流的、三火触点称为交流接触器三火主触点。辅助触点的常开触点：指交流接触器没有通电闭合时，常断开的触点，这个辅助触点用来控制配电柜中运行指示灯，一般用于绿指示灯供电通断控制的。

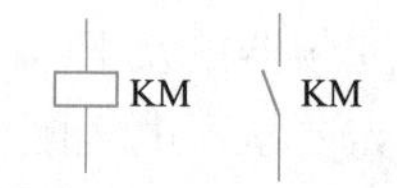

附图1-2 交流接触器

在交流接触器工作时，由于内部线圈通电带磁性，吸引了辅助触点闭合，给绿指示灯供电，于是绿指示灯亮，表示机器正常运行。交流接触器没有工作时，也就是内部线圈没有通电时，辅助触点是闭合的。电源交流经常经辅助触点给配电柜中电源指示灯供电，此时电源指示灯亮，表示配电柜有待机电压。当操作面板的启动按钮时，交流接触器动作，主触点闭合，给负载供电。此时，辅助常闭触点断开，切断了指示灯供电。但是常开的触点闭合，使绿指示灯亮，表示负载电路供电正常，工作正常。

③ 交流接触器的基本工作原理 当我们操作面板上的启动按钮时，交流接触器的线圈通电便产生磁场。此时吸引交流接触器中三火触点闭合，使三相交流电经接触器三火触点后

给负载电动机供电，同时辅助触点的常闭变为断开，常开变为闭合，使接触器辅助设备的电源指示灯与运行指示灯工作。当我们实际中需要电气设备停止运行时，按下停止按钮，此时切断了交流接触器线圈的供电。由于接触器内部线圈断电的失磁，在内部弹簧的作用下，使主触点断开，使辅助触点常闭，此时主交流接触器中常闭辅助触点由断开转变为闭合，使主交流接触器中常开辅助触点由闭合转变为断开，这时电气设备控制柜的负载电动机由于主交流接触器中三火线的主触点断开，切断电动机供电，使电动机停止运行。

④ 交流接触器的检测　断电时，用万用表的电阻挡 $R\times1\Omega$ 挡位测量主触头是否接触良好，测量时用手按触点，检查三火触点是否接触良好，如果有接触不良的现象，我们可以检查三火触点接触面是否大面积接触，同时测辅助常开与常闭触点。如果接触良好，用万用表的 $R\times10\Omega$ 挡或 $R\times100\Omega$ 挡测交流接触器的线圈内阻，观察内部线圈有无匝间短路以及线圈开路，根据接触器规格可选合适的电阻挡位。

(3) 配电柜中的过热保护器　它也称热继电器。

① 过热保护器的作用　在电气设备控制电路中，如果负载电动机运行时间长，使电流通过发热元件时产生热量，而使过热保护器内部触点动作，切断交流接触器中的线圈供电，使交流接触器三火触点断开，切断负载电动机供电，起到过热保护的作用。

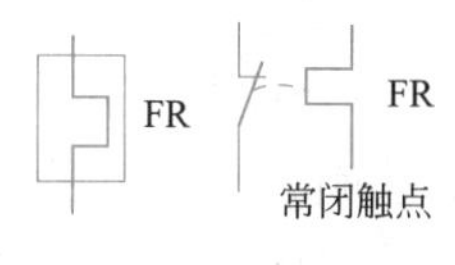

附图 1-3　过热保护器

② 过热保护器的电路符号　其电路符号见附图 1-3。图中表示过热继电器中部分主要结构。图中主要有发热器件、过热保护器的组合件、常闭触点与常开触点等。

③ 过热保护器的基本工作原理　当电气配电设备的负载电路工作时，内部电路损坏或负载电路过流，使过热保护器主触点通过的电流增大，而使过热器内部金属丝发热，由于温度升高后使金属片弯曲，从而推动过热保护继电器中常闭触点断开，切断了交流接触器线圈供电，使交流接触器主触点断开，切断后负载电路的供电，实现过热保护。

④ 过热保护器的检测　用万用表 $R\times1\Omega$ 挡测三相交流电压对应的三火触点是否接通，可以测过热保护器的常闭开关，然后给过热保护器加温，如果此时加温开关可以断开，就证明过热保护器具有热敏的保护作用。这是最简易的方法，也是我们常用的方法。

(4) 配电柜中的漏电保护器

① 漏电保护器的作用　在电气电路中，为了保护配电柜中空气开关以后的电气设备，以及防止人体触电的不安全现象发生，在配电柜中一般用到漏电保护器，当负载短路以及漏电或人体接触时，漏电保护器直接切断负载电路供电保护了负载，使电路故障不再扩大，同时保护了人体的安全。

② 漏电保护器的检测　一般用万用表电阻挡位测量对应开关的电阻值，当漏电保护器指在开的位置时，测量对应触点表针应偏右零位，如果表针不动，证明开关损坏。

(5) 配电柜中的时间继电器　它是一种延时继电器。有信号后，它并不是马上让触点动作，而是延长一段时间才动作，使电路的电流由弱变强。时间继电器一般用于各种自动化控制电路以及电动机控制电路中，工业自动化电气控制应用较多。

① 时间继电器的电路符号　其电路符号见附图 1-4。

② 时间继电器内部结构　时间继电器的内部由控制电路板、集成电路、常闭与常开的继电器触点和外接的端子构成，工作时给时间继电器内部电磁线圈供电，在集成电路输出脉冲的作用下，继电器内部常闭与常开触点动作，对电气电路各部分进行控制。

③ 时间继电器的检测 在实际电路中，如果不能启动，我们可以先测继电器内部线圈的电阻值大小，判断内部继电器是否损坏。如果继电器良好，我们可以测量电路板中的各电子元件的好坏，芯片外围的二、三极管与电阻，电容等元件。如果良好，再测芯片各引脚工作电压。如果各电压正常，还是不能工作，即在规定的电压范围内不能工作，证明继电器中的其他部分有问题或更换芯片以及各触点。

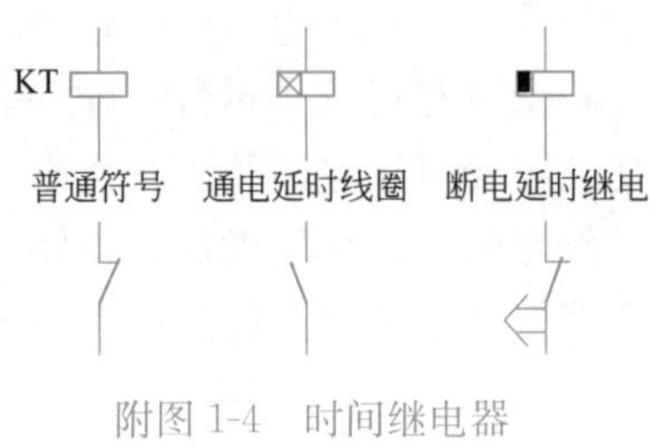

附图 1-4 时间继电器

④ 时间继电器在电路中的安装部位 在电气配电柜中，时间继电器应安装在交流接触器线圈的供电回路中，用延时的方式来控制交流接触器的闭合时间。延时启动的主要目的是使电动机不会被大电流冲击而损坏。

(6) 配电柜中的按钮

① 按钮的作用 用来控制主电路中交流接触器的动作，控制负载电动机的工作，无论在手动配电柜还是智能配电柜中，都会用到按钮，一般都安装在操作面板中。

② 常见三种按钮的特性说明

a. 常闭按钮开关 在没有操作常闭按钮开关时，它的静动触点一直处于闭合的状态，当人为所需机器暂停或停止运行时，按下按钮就可以断开静动触点，断开控制电路的供电。在实际电路中，切断了交流接触器的线圈供电。此时交流接触器三火线断开，切断了三相负载电动机供电。一般在电气配电电路中，安装在电路的控制回路和交流接触器线圈的供电回路中。在需停时切断交流接触器的线圈供电，使交流接触器断开电动机供电。

b. 常开按钮开关 一般用在电气配电柜中，控制交流接触器的线圈的通电与断开，作启动运行的按钮。在无人为操作时，一直处于断开的状态，如果需要机器运行时，按下按钮，此时常开按钮内部静动触点闭合，给交流接触器线圈通电，这时交流接触器会动作，三火触点闭合，将三相动力交流电给三相电动机供电。一般安装在电气柜面板的启动位置，为绿色，此时，按钮为单向，只能接通与断开。

c. 复合按钮开关 将常闭按钮与常开按钮组合在一起，就构成了复合按钮，它在同一时间的操作，可以实现两个功能，使电气设备的指示灯以及电气设备有两个工作的动作控制状态。当按下时，常开变为闭合，常闭变为断开，可以在此时段常开变闭合时，给交流接触器线圈通电，使接触器的三火触点闭合，将 380 V 的三相火线送电动机运行，此时常闭断开，切断某一电路供电，如切断待机指示灯供电，指示灯由待机转为开机运行。

③ 常开常闭以及复合按钮开关的检测 测量时用万用表的电阻 $R\times1\Omega$ 挡位或蜂鸣挡，将红黑表笔不分正负分别接按钮的两端接触点，按输入端操作按钮，此时，如果是常闭就会断开，这时万用表的指针会由右端返回左端或蜂鸣器常响而变为停止。如果是常开按钮，在按下按钮后，表针会由左偏向右端。具体测量在实际中体验，有时在操作时可以听声音判断弹力是否符合标准，也可以观察接线端损坏的程度，有些按钮由于质量问题使触点接触不良而引起损坏。当按钮损坏后，一定要分析出损坏的原因，否则更换后会再次损坏。

(7) 速度继电器

① 速度继电器在电路中的作用 它是一种当转速达到标准规定的最高值时而产生动作的继电器。一般使用时，速度继电器与电动机的转轴连接在一起，用来控制与限制电动机转速，使电动机时常工作在设定的规定转速的范围内，可以说是一种限速继电器。

② 速度继电器的电路符号　其电路符号见附图 1-5。

③ 速度继电器的基本工作原理　我们对继电器的工作原理做简单论述。

附图 1-5　速度继电器

运行时，电动机与速度继电器同轴连在一起，电动机运行时带动继电器、磁铁转子一起运行，于是继电器定子线圈产生电流，此电流产生磁场。它与转子磁场相互作用时，产生一种力碰压动触点，使速度继电器内常闭触点断开，常开触点闭合，由控制电路控制电动机速度。

④ 速度继电器的用途　一般用在电动机调速度时，用来限制电动机的运行速度。

(8) 接近开关　表示无触点的定位开关；在运行的物体靠近开关，到达一定的位置，接近开关内部便发出物体接近的控制信号，使接近开关内部闭合的触点断开，切断拖动物体运行电动机供电，使物体停止运行，此种开关称接近开关。

① 接近开关的电路符号　其电路符号见附图 1-6。

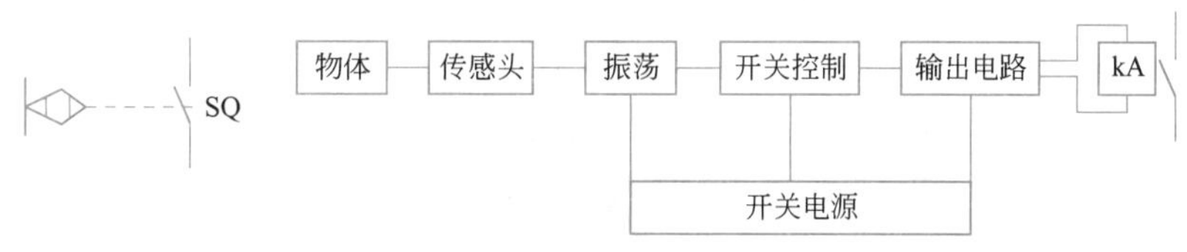

附图 1-6　接近开关

当物体运行到传感头的前端时，传感器便产生一种信号送振荡器，由开关控制电路处理，经输出电路送外接的开关继电器。

② 接近开关在实际电路中的应用　一般用在投币机以及物品输送机等场合，有的用在 ATM 取款机、工厂、机场等场合，将物体送到规定位置，于是开关动作，用弱电感应信号去控制强电电气设备运行。

附录二　三相电动机正转控制电气电路

学习好工业自动化的电气控制电路要由基本的电路逐渐演变到智能化的电气控制设备，因为智能化的电气控制电路由 PLC 程序控制智能变频器，从而控制三相电动机，在操作时，将操作面板各功能键按程序操作实现运行。

1. 点动式三相电动机正转控制电路　用手动控制电动机运行的状态，需电动机运行时，按启动按钮，电动机需停止时，松开按钮，电动机可以停止运行，这种方式称为点动式。

点动式三相电动机正转电路结构见附图 2-1。

① 电路中各元件的作用　QS 为空气开关，人为控制三相交流电通断。F_1、F_2 是交流接触器的控制熔丝。K 是三相电动机控制启动按钮，它是点动式按钮，也可以称为启动式的点动按钮。KM_1 是交流接触器 KM_2 的线圈，也称电磁控制线圈，它与 KM_2 为一体化线圈，安装在交流接触器机壳内，通电与断电分别控制交流接触器的闭合与断开。F_3、F_4、F_5 是电气控制电路的主电路的交流熔丝，用来保护电动机内部定子线圈，当三相电动机的内部线圈匝间短路时，F_3、F_4、F_5 就会断开，切断三相电动机的供电，使电动机故障范围不再扩大，三熔丝功率、规格应相同，更换时注意功率、规格必须相同，才能保证三相保护平衡。KM_2 是三相交流接触器的三相触点，KM_2 与 KM_1 以及交流接触器壳与内部回位弹簧

共同组成交流接触器。M是三相电动机。

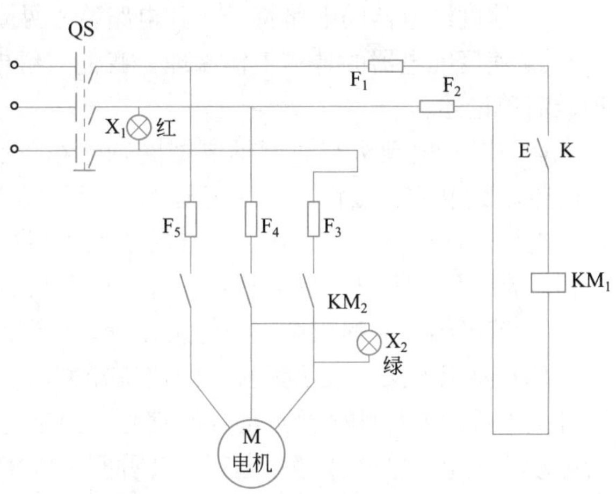

附图 2-1 点动式三相电动机正转电路

② 点动式三相电动机控制电路的工作过程 当手动闭合QS空气开关的三相火线的触点（简称三火触点，余同）时，动力380V交流电由QS的三火触点，送控制电路以及三相交流接触器、三火线主触点上端。当按下K时，380V上端火线的电流经F_1以及K再经过KM_1线圈，由F_2回到QS的中端，形成回路。此时KM_1产生磁场使交流接触器KM_1三火触点闭合，此时由QS送来的380V交流电经F_3、F_4、F_5再经过KM_2三个闭合的触点给三相电动机供电，此时电动机运行。当我们将K按钮手动松开时，K断开，切断了KM_1的线圈供电，此时在交流接触器内部弹簧回力作用下，使KM_2三火触点断开，切断三相电动机的供电。当QS三火触点闭合时，红色指示灯亮，表示电路通电，当KM_2三火触点闭合时，绿色指示灯亮，表示电动机运行。

③ 点动式三相电动机控制电路检测

［故障1］ 闭合QS后，X_1指示灯不亮，K闭合时，绿色指示灯X_2不亮，电动机不运行，KM_2不动作。

由以上故障现象可表明，三相电动机电气控制电路没有通电。用万用表的交流电压1000V挡位，先测QS空气开关前端的380V交流电压三相是否正常。如果三相火线输入端交流电压380V都为零，说明动力电源入端有故障，检查电气配电柜入网电压的380V的交流输入端电线是否开路。

如果QS端三相380V的电压正常，三相平衡。然后闭合QS三火触点，再测QS三火触点的输出端380V是否正常，如果三相380V电压缺相或电压不正常，检查QS空气开关内部三相火线的触点是否正常。如果三相触点接触不良，更换同型号的空气开关QS。如果检测QS空气开关输出端的电压时，三相电压都正常，检查红色指示灯是否损坏或更换指示灯，然后我们闭合K，此时如果KM_2不动作，三相电动机不可能有电压输入，绿色指示灯不亮，此时测KM_1两端是否有380V交流电压。

如果测试时KM_1两端电压为零，检查F_1、F_2是否开路，如果F_1、F_2良好，检查K按钮是否接触不良以及电路是否开路。如果测KM_1两端时有380V，但是KM_2不能动作，此时断开后，用万用表合适的电阻挡（用$R\times10\Omega$或$R\times1\text{k}\Omega$挡都可以）测KM_1线圈是否开路，同时检测KM_1线圈接线端是否接触不良。如果按K时，KM_1通电，KM_2不动作，检查接触器壳内是否卡死，同时检查接触器KM_2三火触点是否不能闭合。

［故障2］ 闭合QS后，X_1指示灯亮，但闭合K，KM_2不动作，电动机不运行，X_2不亮。

当QS闭合时，红色指示灯亮，证明空气开关导通良好，但是K闭合时，KM_2交流接触器不动作，证明KM_1线圈没有电流通过，此时KM_1线圈不能产生磁场，吸引交流接触器的闭合。在K闭合时，测量KM_1线圈两端有无交流电压380V通过，如果为零，检查F_1、F_2以及供电线路是否开路，按钮是否接触不良，如果没有损坏，检查KM_1线圈接线端是否良好接触。如果测 KM_1 线圈两端有 380 V 电压，检查线圈是否开路。如果 K 闭合时，KM_1 通电，KM_2 动作，但电动机不能运行，检查电动机是否损坏以及电动机三相电接线端是否接触不良，如果电动机三端三相电良好，证明电动机损坏。

［故障 3］ **闭合 QS 时，操作 K 闭合，KM_2 闭合，此时 F_3、F_4、F_5 立即断开。**

当按下启动按钮时，KM_1 通电，KM_2 交流接触器动作，但是立即烧毁 F_3、F_4、F_5，证明三相电动机内部定子线圈相与相之间或者每相线圈匝间有严重的短路故障。检修时，首先切断电气电路的全部供电，将 QS 空气开关断开三火触点，然后用万用表电阻挡测主供电电路的三相火线之间有无相与相之间短路故障，如果有短路故障，更换三火线供电传送线路，然后将三相电动机与 KM_2 交流接触器的下端断开后，只测电动机的内部定子线圈。如果定子线圈有短路故障，我们可以拆开电动机来检查三相线圈分别有无匝间短路，一般最好用兆欧表测电动机内部定子芯槽内的三相线圈分别是否短路以及相与相之间是否短路。

2. 自锁式三相电动机控制电路 点动式只能用于手动直接控制式电气设备，一般用于手枪钻等暂时控制设备运行，实际电气电路中有许多设备采用自锁式电气控制电路，来控制电动机的运行，这样电动机可以长期运行工作。一般自锁式电气设备控制电路用于生活用水的高层楼供水或农业灌溉田地抽水的场合，需停止时，可以按停止按钮，便可以实现电动机停止。

(1) 自锁式三相电动机控制电路结构 其结构见附图 2-2。

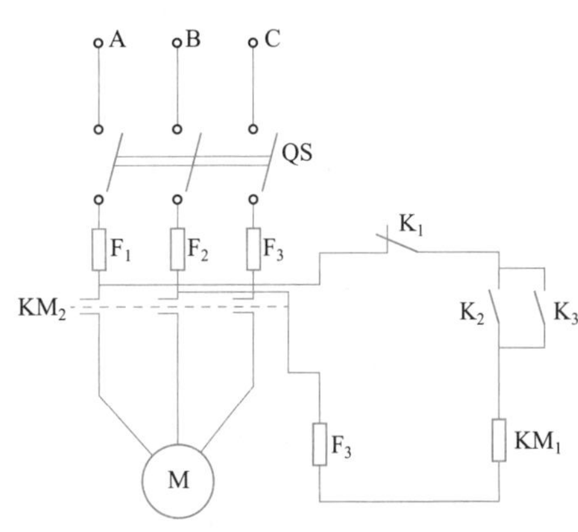

附图 2-2 自锁式三相电动机控制电路

(2) 电路中各元件的作用 QS 为手动空气开关，可以控制电路工作，从而控制电动机的通电运行与断电停止。同时具有漏电保护与欠压保护作用。K_1 为停止按钮，需要电动机停止运行时切断电动机供电，为常闭按钮。K_2 是三相电动机的电气启动按钮，为常开按钮，操作时可以闭合触点，给线圈 KM_1 通电，使 KM_2 交流接触器动作，给三相电动机供电。K_3 是自锁的辅助触点，为常开按钮。当 KM_1 通电时，KM_2 动作，使 K_3 闭合，取代了 K_2 的启动按钮，形成自锁方式的供电。KM_1 是三相交流接触器内部的电磁线圈。如果 KM_1 通电会产生磁场，吸引 KM_2 接触器三火触点闭合，将空气开关 QS 送来的 380 V 交流电送三相电动机，使电动机运行。KM_2 是交流接触器的三相火线的主触点，在 KM_1 线圈通电带磁吸引下 KM_2 三火触点闭合。F_1、F_2、F_3 是主电路中三熔丝，保护三相电动机，在内部线圈短路时，F_1、F_2、F_3 断开，切断三相电动机供电，保护了负载，使故障不再扩大。

(3) 自锁式三相电动机控制电路的工作过程 当闭合 QS 三火触点，K_2 闭合后，380 V 交流电经 K_1、K_2 给 KM_1 供电，由 KM_1 下端输出，由 F_3 回到中火线，由于 KM_1 通电后产生磁场而吸引 KM_2 三火触点闭合，电动机通电旋转，此时辅助触点 K_3 闭合形成自锁，使 KM_1 继续通电，使 KM_2 继续闭合。这时松开 K_2 按钮后，由于 K_3 继续闭合，给 KM_1 通电，形成自锁。我们需停止电动机运行时，按下 K_1 按钮，这时切断 KM_1 的通电，使 KM_2 三火触点断开，电动机停止运行。

(4) 自锁式三相电动机控制电路检修

[故障 1] 闭合 QS 三火触点后，三相火线通过 380 V 送 KM_2 上端，当按下 K_2 时，KM_2 不动作，电动机不运行。

故障检修：由故障现象可见电路基本没有短路故障，而且电压可以送到主电路的主触点中的三火线触点，由于按启动按钮 K_2 闭合时，KM_2 不动作，电动机不能运行，说明交流接触器 KM_2 不能动作。检修时先用万用表交流电压挡位的 1000 V 测量，按下 K_2，测 KM_1 线圈两端的电压，正常时为 380 V。如果这个电压为零，检查 K_1 与 K_3 是否开路以及 KM_1 线圈供电电路等是否开路。如果 KM_1 两端有 380 V 电压，但是按下 K_2 时，KM_2 不动作，证明 KM_1 通电没有产生磁场。这时我们断开空气开关，用万用表的电阻挡测量 KM_1 线圈的内电阻值是否增大或开路。

[故障 2] 当按下 K_2 时电动机运行，但松开时 K_3 不能自锁。按下 K_2 时，电动机运行，但不能自锁。

此故障的分析主要在辅助自锁触点 K_3，如果辅助触点 K_3 是套在主交流接触器的主触点上端，当主交流接触器线圈通电使接触器主触点闭合，同时将套在接触器主触点上端的辅助触点 K_3 也闭合，形成自锁。由于辅助触点 K_3 与按钮 K_2 是并联连接，K_3 本身触点开路或者接触不良，当按下 K_2 使交流接触器线圈通电，接触器主触点闭合。但是当松开 K_2 时，由于 K_3 不能闭合，所以不能自锁，这时更换辅助自锁触点 K_3。

[故障 3] 闭合 QS 时立即跳闸，但 F_1、F_2、F_3 未烧。

故障检修：此故障证明电气配电柜的负载有严重过载。首先断开电气控制柜的供电，用兆欧表或万用表检测负载电动机内部线圈匝间有无短路，还要检测电气配电柜中交流接触器的主触点、供电线路有无短路，如果电动机内部线圈短路，就更换同规格电动机。

附录三 三相电动机顺序转控制电气电路

1. 顺序转在实际电路中的作用 在实际电气自动化控制电路中用来控制几台电动机按顺序工作。例如在实际电气设备中有三台水泵，人为可以控制这三台水泵按顺序工作，早期用手动控制的方式，现今社会用自动化控制的方式。

2. 顺序转电路（一）

(1) 结构分析 电路见附图 3-1。

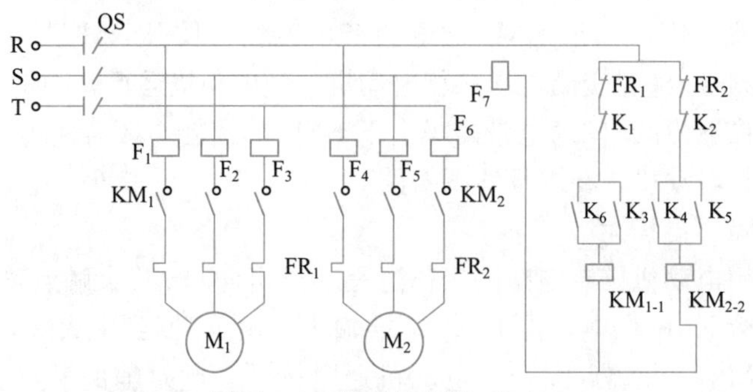

附图 3-1 顺序转电路（一）

(2) 电路中各元件的作用 R、S、T 为三相 380 V 交流电输入端，QS 是三相交流空气开关，它具有控制电气线路通电与断电的功能，还具有漏电保护与欠压保护的功能，可以手动操作控制电气设备线路的通电与断电。KM_1 是 M_1 三相电动机的电磁控制的交流接触器，KM_{1-1}表示 KM_1 的交流接触器线圈，KM_1 与 KM_{1-1}组成三相交流接触器，可以人为操作控制三相 380 V经 KM_1 三火触点给 M_1 三相电动机供电。KM_2 是 M_2 电动机供电的交流接触器主触点。KM_2 与 KM_{2-2}线圈组成了 M_2 电动机交流接触器。FR_1 是 M_1 电动机的过热保护器，当 M_1 电动机内部线圈短路不能工作时，使电动机自身温度升高，此时流过 FR_1 过热保护器的电流增大，过热元件内部过热器动作，使控制中过热器的静闭合开关 FR_1 过热保护器断开，切断 KM_1 的线圈的通电，使 KM_1 线圈无电流通过，KM_1 交流接触三火触点断开，切断 M_1 电动机的供电，这就是 FR_1 在 M_1 电动机供电中的作用。FR_2 是 M_2 电动机的过热保护器，当 M_2 电动机内部的线圈有匝间短路时形成过流，此时流过 FR_2 的电流过大，过热保护器就会动作，使 FR_2 串联在 KM_{2-2}接触器线圈的线圈供电。此时 KM_2 接触的三火触点断开，切断了 M_2 电动机的供电，FR_2 对 M_2 电动机起到过热保护作用。F_1、F_2、F_3 是 M_1 电动机的熔丝，用来保护 M_1 三相电动机。当 M_1 电动机的内部定子线圈短路，使 M_1 过流时，流过 F_1、F_2、F_3 的电流过大而断开，这样切断 M_1 电动机的供电，保护了 M_1 电动机。F_4、F_5、F_6 是 M_2 电动机的过流及短路控制熔丝。当 M_2 电动机内部定子线圈短路时，F_4、F_5、F_6 会断开，切断 M_2 电动机的供电，对 M_2 电动机进行保护。F_7 是 M_1、M_2 电动机控制回路的保险电阻器，当 KM_{1-1}、KM_{2-2}两交流接触器线圈内部短路，F_7 就会断开，切断控制回路的供电，保护了 KM_{1-1}、KM_{2-2}的交流接触器线圈。FR_1 与 FR_2 是主电路中过热保护器的常闭触点。

当负载电动机 M_1、M_2 内部线圈短路时，FR_1、FR_2 就会断开，切断 KM_{1-1}、KM_{2-2}线圈的供电，此时交流接触器 KM_1、KM_2 的三火触点断开，切断 M_1、M_2 电动机的供电，实现 M_1、M_2 电动机的过热保护。电路中的 K_1、K_2 是电气控制电路中的停止按钮，当需要人为断开供电时，就将 K_1 与 K_2 按一下，断开 KM_{1-1}、KM_{2-2}的供电，使 KM_1 与 KM_2 两接触器断开，切断 M_1、M_2 电动机供电，此时两电动机停止运行。K_6 与 K_4 是 M_1 与 M_2 电动机的启动按钮。当按下 K_2 或 K_4 时，KM_{1-1}或 KM_{2-2}通电，使 KM_1 或 KM_2 两接触器工作。当三火触点闭合时，将空气开关 QS 送来的三相 380 V经 KM_1 与 KM_2 三火触点闭合，送 M_1 与 M_2 电动机，使其启动运行。K_3、K_5 分别是 K_6 与 K_4 形成的自锁开关辅助触点，当分别按 K_6、K_4 时，K_3 与 K_5 会自锁。

此时松开 K_6、K_4，给 KM_{1-1}、KM_{2-2}线圈供电。电流经过 K_3 与 K_5，继续给 KM_{1-1}、KM_{2-2}供电，形成自锁。KM_{1-1}与 KM_{2-2}是交流接触器的线圈。我们详细了解了电气电路中各配件后更好理解电路的工作过程。

(3) 三相电动机顺序转电路工作过程 当 QS 空气开关三火触点闭合时，三相 380 V交流电经过 QS 三火触点供两路电，一路给 M_1 与 M_2 两电动机供待机电压，另一路给两路控制回路供电。当按下 K_6 时，KM_{1-1}通电，K_3 形成自锁，KM_1 接触器闭合，M_1 电动机通电运行。如果按顺序再按 K_4 闭合时，K_5 形成自锁，KM_{2-2}线圈通电，KM_2 接触器三火触点闭合，M_2 电动机通电运行，这样就实现了电动机按顺序转的程序。需要断电时，我们也要按顺序一个一个停止电动机运行。当按下 K_1 时，断开 KM_{1-1}线圈的供电，使 KM_1 接触器断开，M_1 电动机供电停止，运行停止。当按下 K_2 时，切断 KM_{2-2}的供电，使 KM_2 接触器断开，M_2 电动机供电停止，M_2 电动机停止运行。

(4) 三相电动机顺序转控制电路检修

[故障 1] 闭合空气开关，按 K_6 与 K_4，没有任何反应。

由故障现象可以看出，此电路没有通电，因为 M_1 与 M_2 电动机不可能同时损坏。首先用万用表的交流电压 1000 V 挡测量 QS 前端是否有 380 V，若为零，我们可以检查电网进端的电压，如果电网进端电压为零，检查电网入端电路开路情况，如果 QS 入端三相火线 380 V 正常，闭合空开再测其输出端的 380 V 电压，如果正常我们可以说明空开良好。如果 QS 输出端三火线电压为零，则空开损坏。如果操作 K_6 与 K_4 时，M_1、M_2 电动机不动作，而测 QS 输出端三火线良好，主要检查 M_1 与 M_2 电动机的控制电路 FR_1、K_1、K_6、K_3、KM_{1-1} 回路中有无开路。

如果没有元件及线路开路，再测 KM_{1-1} 是否线圈内部开路，如果线圈内部开路，更换交流接触器 KM_1 检查 M_2 电动机的回路。检修与 M_1 相同。

［故障 2］ **按 K_6，M_1 电动机可以旋转，但按 K_4 时 M_2 电动机不动。**

按 K_6，M_1 可以运行，但按 K_4 时，M_2 电动机不运行。故障现象可以说明整个电气电路可以通电，且 M_1 电动机可以运行，M_2 不运行，则故障在 M_2 电动机的控制回路。首先用万用表的交流 1000 V 挡测量 KM_{2-2} 线圈两端电压，在按下 K_4 时，KM_{2-2} 两端有电压，但是不动作，证明 KM_{2-2} 线圈本身内部损坏，我们主要检查 KM_{2-2} 线圈内部是否开路，用万用表的 $R\times1\Omega$ 或 $R\times10\Omega$ 挡即可。如果按下 K_4 时测 KM_{2-2} 两端无电压，检查 FR_2、K_2、K_4、K_5 等有无开路，同时检查 KM_{2-2} 整个回路有无开路，用万用表的蜂鸣挡位测量即可。

［故障 3］ **按 K_6 时，F_1、F_2、F_3 烧断开，按 K_4 时 M_2 运行。**

按下 K_6 时烧 F_1、F_2、F_3，但是按下 K_4 时 M_2 电动机运行，证明 M_1 电动机供电线路以及电动机有故障。将空气开关 QS 断开，同时将电动机连线断开，然后用兆欧表检查电动机的内部线圈的电阻值、绝缘电阻值以及检查三相线圈相与相之间是否阻值变小，或检查每相之间是否短路，如果电动机各线圈各相绝缘电阻良好，我们再检测电动机到配电柜之间的电源线是否有短路故障，用兆欧表检测。如果电动机与电动机供电线路良好，再检查 M_1 电动机供电主电路回路中三火线之间有无短路，每相线圈火线与火线是否短路，如果有短路，我们可以更换线路，一般此种故障配电柜内部损坏很小，主要是电动机以及电动机供电线路等有短路故障较多，因电动机是大功率负载，容易受热以及使用期长内部线圈老化而引起。

3. 顺序转电路（二）

其电路结构见附图 3-2。

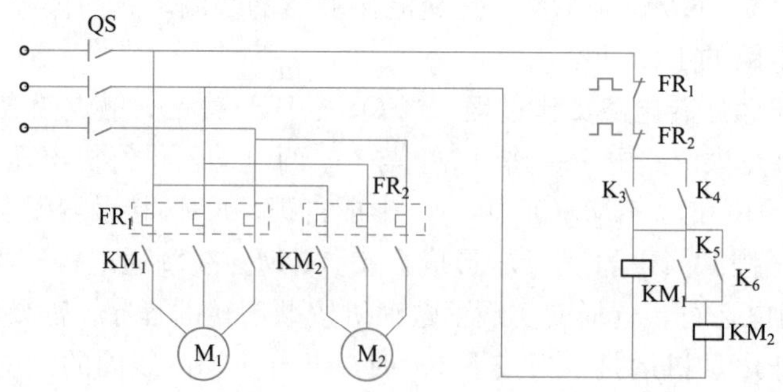

附图 3-2 顺序转电路（二）

（1）电路中各元件的作用 QS 是空气开关，M_1 是第一电动机，M_2 是第二电动机，FR_1 是 M_1 电动机的过热器，FR_2 是 M_2 电动机的过热器，K_3 是正转启动按钮，K_4 是辅助自锁触点，K_5 是反转按钮，K_6 是反转自锁触点，KM_1 是第一接触器线圈，KM_2 是接触器线圈，KM_1 是 M_1 电动机交流接触器，KM_2 是 M_2 接触器线圈。

（2）三相电动机顺序转控制电路工作过程 当闭合空气开关后，三相 380 V 交流电经 QS 空气开关三火触点，一路送电动机主电路，另一路送控制电路作待机电压，当按下 K_3 正转按钮时，380 V 经上火线、FR_1、FR_2，经 K_3 到 KM_1，回中火线形成回路，此时 KM_1 带磁场使 KM_1 三火触点闭合。三相 380 V 交流电经 KM_1 三火触点，给 M_1 电动机供电，电动机运行。当 KM_1 接触器三火触点闭合后，使辅助触点 K_4 闭合，形成自锁。然后按下 K_5 按钮，380 V 经上火线、FR_1、FR_2，经 K_4、K_5 给 KM_2 供电，于是 KM_2 产生磁场，使 KM_2 交流接触器三火触点闭合。三相 380 V 经 KM_2 接触器三火触点，给 M_2 电动机供电，M_2 电动机运行，这样就实现了顺序转的控制。当 K_5 闭合时，K_6 产生自锁闭合，当 M_1、M_2 电动机内部线圈产生短路时，此时串联在 KM_1 与 KM_2 两线圈的 FR_1 与 FR_2 过热器动作，断开接触器 KM_1、KM_2 线圈的供电，使 KM_1、KM_2 三火触点切断 M_1、M_2 电动机的供电，实现过热保护。

（3）三相电动机顺序转控制电路的检修

［故障］ 闭合空气开关，按下 K_3，KM_1 不动作，电动机不运行。

由此故障现象可见，电动机顺序转的控制电路没有交流电输入。这时我们应按电路的工作顺序来检测，先测量 QS 空气开关入端三火线的交流电压 380 V 是否正常，如果 380 V 电压正常，证明入端电网线电压良好，然后闭合 QS 空气开关，测空气开关的三火线输出端电压，若三相电压不正常，就证明空气开关损坏。如果闭合空气开关测量空气开关三火线输出端三相电压正常，再按 K_3 启动按钮，如果此时 M_1 电动机不动作，证明 M_1 电动机控制电路有故障。检查 FR_1 与 FR_2 两个过热保护器与 K_3 按钮以及 KM_1 线圈等是否有开路故障，如果 FR_1、FR_2 以及 K_3 都良好，测 KM_1 线圈是否正常，如果线圈正常，就证明回路供电线路开路，如果 KM_1 线圈内部开路，更换 KM_1 交流接触器。

附录四 三相电动机正反转电气控制电路

在电气控制的设备电路中，有些设备采用了三相电动机正反转电气控制电路，例如电梯在升降时就需正反转控制电路。电路结构图见附图 4-1。

1. 电路中各元件的作用 QS_1 是空气开关，控制 380 V 交流电压和电气配电柜通断，并给电气配电柜供电，具有过流、过压保护作用。QS_2 是正反转控制开关（俗称倒顺停转换开关），用来控制电动机正反转运行与停止的，是手动转换控制开关。F_1、F_2、F_3 是交流熔丝，保护电动机，在短路时自动断开不使电动机内部短路。

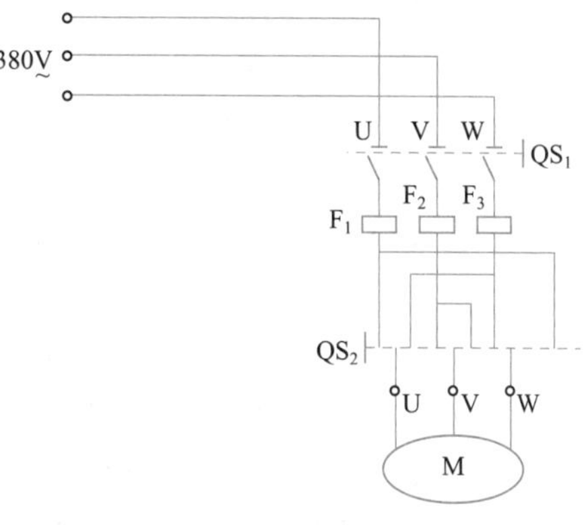

附图 4-1 正反转控制电路

2. 电路的工作过程 当闭合 QS_1 时，U、V、W 三火触点闭合，这时 380 V 交流电经空气开关，再经 QS_1 三火触点，经 F_1、F_2、F_3，当 QS_2 开关向左拨时，380 V 分别经 U、V、W 给电动机供电，电动机正转。当 QS_1 开关向左拨动时，U 相电送电动机 W 相，W 相送电动机 U 相，V 相电不变，改变了电动机内部 U 与 W 相电动机的电流方向，使电动机反转。这种手动切换正反转控制是过去采用的方式，其结构比较容易，但是操作时电流大，容易产生火花，出现接触不良的故障，所以现在没有采用，而采用交流接触的联锁与自锁控制方式。

3. 交流接触器联锁正反转控制电路分析

(1) 正反转联锁控制 采用两个交流接触器，两组控制电路，操作时用三个按钮，一个正转、一个反转与一个停止，每次正转运行后要转变为反转时，先按停止按钮，再按反转按钮，才可以实现反转。这样的正反转控制电路称接触器联锁控制。

(2) 接触器联锁正反转控制电路结构 见附图 4-2。

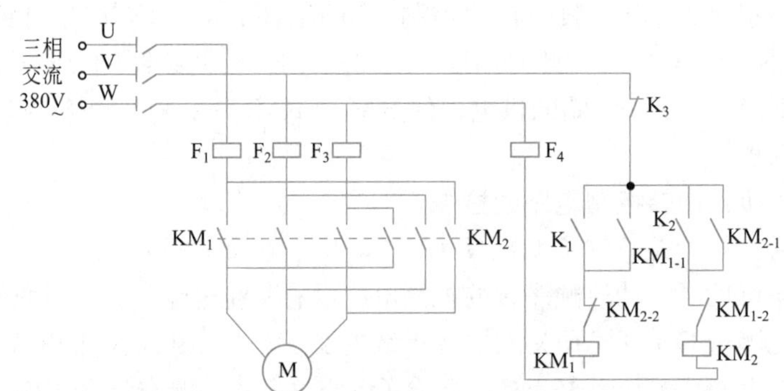

附图 4-2 接触器联锁正反转控制

(3) 电路中各元件的作用 QS 是空气开关，控制电路的三相交流电的通断，具有过流、过压保护与漏电保护作用。KM_1 是电动机正转交流接触器，可以控制电动机正转与电动机三相交流的供电。KM_2 是三相电动机 M 的反转三相交流供电的交流接触器，工作时可以改变电动机内部的交流供电的顺序，从而使电动机反转。K_3 是三相电动机停止按钮，可以切断电动机正反转交流接触器 KM_1 与 KM_2 的线圈供电。K_1 是三相电动机正转控制按钮，可以控制 KM_1 接触器线圈的电流通断。KM_{1-1}是交流接触器 KM_1 的辅助触点，它与交流接触器形成一体，当接触器 KM_1 通电后，KM_{1-1}闭合，可以形成接触器 KM_1 自锁。K_2 是电动机反转按钮，控制 KM_2 接触器的动作，KM_{2-1}是交流接触器 KM_2 的辅助自锁触点。

当 KM_2 线圈通电后，KM_{2-1}闭合形成自锁。KM_{2-2}是 KM_2 接触器的辅助触点，一般为常闭状态，在电动机由正转变为反转时，用来切断 KM_1 接触器线圈的供电。KM_{1-2}是 KM_1 的接触器辅助触点，用来在电动机由反转变为正转时切断 KM_2 接触器供电。KM_1 是电动机正转接触器线圈，KM_2 是电动机反转接触器线圈，F_4 是 KM_1 与 KM_2 两接触器线圈的回路熔丝，当 KM_1 与 KM_2 两线圈内部短路，就可以使 F_4 断开，切断 KM_1 与 KM_2 两线圈供电回路。F_1、F_2、F_3 是三相电动机供电的主电路熔丝，当 M 电动机内部线圈匝间短路时，F_1、F_2、F_3 断开，切断三相电动机供电回路，使电动机停止运行。

一般 F_1、F_2、F_3 三熔丝要求型号、规格、功率、耐流值相同。电路中最主要的按钮是 K_3、K_1、K_2，这是电路中的正反转与停止按钮。

(4) 接触器联锁正反转控制工作过程 当闭合空气开关 QS 时，三相 380 V 交流电经空气开关的三火触点送交流接触器上端，同时送控制电路。当需要电动机正转时，按下 K_1，此时 380 V 电流经 K_3、K_1 至 KM_{2-2} 到 KM_1 线圈，到 F_4 回另一火线形成回路。此时 KM_1

通电产生磁场，吸引 KM_1 接触三火触点闭合。此时三相交流电经 KM_1 三火线触点，送电动机，电动机正转。KM_{1-1} 辅助触点闭合，形成自锁。KM_1 接触器线圈继续通电，K_1 只是在启动时按下，自锁后，KM_{1-1} 闭合，松开 K_1 时，KM_1 线圈照常通电。由于 KM_{2-2} 是 KM_2 接触器的辅助触点，当 KM_2 接触器没有通电时，KM_{2-2} 一直是闭合状态，所以 KM_1 才能正常通电。当电动机需要反转时，我们先按下 K_3 停止按钮，切断电路的总供电。此时由于 KM_1 接触器线圈断电，而使 KM_1 正转，接触器三火触点断开，切断电动机正转供电，电动机停止运行。当松开 K_3 后，K_3 又恢复到闭合状态，然后按下反转按钮，K_2 闭合，此时 380 V 交流经 K_3、K_2 至 KM_{1-2} 到 KM_2，到 F_4 回另一火线形成回路。由于 KM_2 反转接触器线圈通电后，使 KM_2 三火触点闭合，三相交流电 U 送 W，W 送 U 改变电动机供电相序，这时电动机反转，由于 KM_2 接触器通电后，使 KM_{2-1} 辅助触点闭合形成自锁。

当松开 K_2 时，KM_{2-1} 的自锁接触器 KM_2 正常通电，由于 KM_1 线圈供电切断，使 KM_{1-2} 辅助触点闭合，给 KM_2 形成回路，所以 KM_2 正常通电。这样每次正转变反转、反转变正转时都必须先停止 K_3 才可以。如果正转立即转换反转的瞬间，KM_1、KM_2 两端接触同时闭合，会使三相交流电 U 与 W 两相瞬间短路，所以每次必须转换，切断总供电，按下 K_3 才可以进行正反转转换。

(5) 接触器联锁正反转电路检修

[故障 1] 闭合空气开关，按 K_1 时电动机不动作。

由故障现象可见，整个电路没有通电，用万用表交流电压挡逐个检查。先测空气开关入端有无三相 380 V 交流电，如果为零，检查入网的三相交流电路，如果空气开关入端电压正常，闭合开关时，再测量空气开关输出端三相 380 V 电压是否正常。按下 K_1 正转按钮，如果 KM_1 接触器不动作，说明控制电路没有通电。然后用万用表 1000 V 挡位测量，KM_1 接触器线圈两端，此时按下正转启动按钮 K_1，如果 KM_1 线圈两端电压为零，说明正转控制回路有故障，检查 K_3、K_1、KM_{1-1}、KM_{2-2}、KM_1、F_4 等有无开路故障。如果没有开路故障，再检查 KM_1 线圈有无内部开路。如果我们测 KM_1 线圈两端时，按 K_1，KM_1 两端电压正常，但 KM_1 接触器不动作，检查接触器内壳里面是否卡死，使三火线接触点不能闭合，电动机不运行。

[故障 2] 闭合空气开关，按 K_1 电动机动作，但按 K_2 时电动机无反应。

按 K_1 时电动机可以动作，证明空气开关良好，M 电动机正转控制电路各按钮接触良好。按 K_2 时电动机不动作证明电动机反转控制电路有故障。检查 K_2、KM_{2-1} 与 KM_{1-2} 等触点是否接触良好，KM_2 线圈是否开路，可以测 KM_2 线圈两端电压。按 K_2 时如果 KM_2 两端电压正常，证明电动机反转电路良好。断电用电阻挡测 KM_2 线圈的内电阻值，如果内电阻值大或无穷大，证明线圈开路，供电没有形成回路，没有磁场，所以电动机不能反转。

[故障 3] 闭合空气开关，按 K_1 或 K_2 时 F_4 烧开路。

当闭合空气开关按 K_1 或 K_2 时烧熔丝，证明 KM_1、KM_2 两线圈短路，同时检查电动机正转与反转控制电路是否短路。首先用万用表的 $R\times10\Omega$ 或 $R\times100\Omega$ 挡测 KM_1、KM_2 线圈内电阻值的大小，如果电阻值小于标准值，就说明线圈内部短路，更换 KM_1、KM_2 交流接触器。

[故障 4] 闭合空气开关，按下 K_1 时电动机正转短路烧 F_1、F_2、F_3。

当闭合空气开关 QS 后按 K_1 时，烧 F_1、F_2、F_3 三熔丝，证明电动机内部线圈有严重的短路故障。用兆欧表检测电动机的内部线圈的电阻值，测量时将电动机、配电柜、主交流接触器的三个输出端断开后，如果测电动机线圈时电阻值很小，证明内部线圈短路。我们应检查电动机的外壳与三相线圈分别有无短路，如果电动机内部线圈良好，我们再检查电气与配电柜主接触器输电线有无短路，如果有短路，我们就不用检查传送线。

4. 复合按钮联锁正反转控制电路分析

(1) 复合按钮 将常开与常闭按钮组合在一起，当按下时常闭变为断开，常开变为闭合，这样的按钮组合方式称复合按钮。

(2) 复合按钮正反转电动机控制电路结构 其电路结构见附图 4-3。

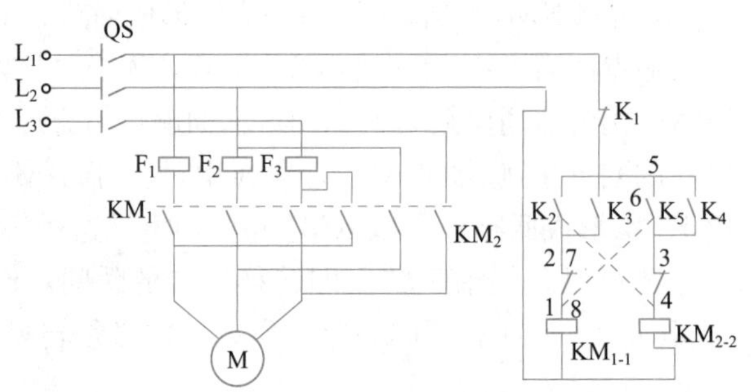

附图 4-3 复合按钮正反转电动机控制电路

(3) 电路中各元件的作用 QS 是空气开关，用来对电气设备控制线路供电、通断控制，具有欠压保护作用。KM_1 是正转控制交流接触器，KM_2 是反转交流接触器，K_1 是停止按钮，K_2 是正转启动控制按钮，控制 1、2，1、2 是常开触点，3、4 是常闭触点，1、2 与 3、4 组成复合式开关，K_3 是正转按钮的并联辅助触点，K_5 是反转启动按钮，K_4 是辅助触点，KM_{1-1}是电动机正转接触器线圈，KM_{2-2}是电动机反转接触器线圈。

(4) 复合按钮正反转电动机控制电路工作原理 当闭合空气开关 QS 后，三相 380 V 交流电经 QS 后送主电路 KM_1 与 KM_2 交流接触器的上端作待机电压，同时送控制电路的 K_1 作待机的电压。当我们需要电动机正转时，按下按钮 K_2，380 V 交流电经 K_1 再经 K_2，经辅助触点 1、2，再经线圈 KM_{1-1}形成回路，KM_{1-1} 回中火线 L_2，形成回路，使 KM_{1-1} 产生磁场吸引 KM_1 三火触点闭合，将 380 V 经三火触点送电动机，此时电动机正转。当按下反转按钮 K_5 时 380 V 经上火线，经 K_5，再经 3、4 触点至 KM_{2-2} 线圈回到另一火线，使 KM_{2-2} 产生磁场吸引 KM_2，三火触点闭合，给电动机供电。由于电动机此时改变了相序，所以电动机的方向也改变为正转。当按下 K_5 的反转按钮后，常开触点 3、4 闭合，常闭触点 1、2 断开，切断了 KM_{1-1} 线圈供电，此时 KM_1 交流接触器三火触点断开，使三相电动机正转供电切断，但是此时由于 KM_{2-2} 线圈通电使 KM_2 的接触器通电闭合，使三相 380 V 经 KM_2 三火触点给电动机提供反转的供电电压。如果需正转或反转停止时，需按下 K_1 即可切断电动机，控制回路的供电。

(5) 复合按钮正反转电动机控制电路检修

[故障 1] **闭合空气开关 QS，按 K_2 与 K_5 时电动机不运行，同时电源指示灯无反应。**

由于电源指示灯不亮，闭合开关时电动机不运行，证明电动机的供电、主电路与控制电路没有供电。应按供电流程检查电路故障部位。首先将空气开关 QS 闭合，测量空气开关的输出端电压，如果用万用表的交流电压挡测 QS 空气开关的输出端电压时为零，再测空气开关的入端三火线的三相交流电压，如果为零，说明电网入端有供电电路开路故障。检查电网，如果空气开关输出端电压正常，再按下 K_1，检查 KM_{1-1} 线圈是否通电。此时测 KM_{1-1}

线圈两端的供电电压是否正常。如果电压正常，说明控制供电电路正常，但是 KM_1 正转接触器不动作就证明 KM_{1-1} 线圈内部开路。此时应断开空气开关 QS 后用万用表的电阻挡测量 KM_{1-1} 线圈的内电阻值。一般这种现象都是接触线圈损坏较多。

同时我们检查 K_1 与 K_2 以及 K_3 的辅助触点 1、2 等以及控制电路的供电电路有无故障，一般开路较多。KM_2 接触器控制回路检查与 KM_1 相同。

［故障 2］ 闭合空气开关 QS，按 K_2 时，电动机动作，但是按 K_5 时电动机不动作。

当闭合空气开关 QS 时，按下 K_2，电动机可以正转，但按 K_5 时电动机不能动作，此故障证明电气电路可以正常通电，可以正转证明正转控制电路正常。按 K_5 时不能反转，证明反转控制电路有故障，检查 K_5 与 K_2 的 3、4 和 KM_{2-2} 线圈是否开路，用万用表的 $R\times1\Omega$ 挡或数字表的蜂鸣挡测 KM_{2-2} 线圈内阻是否开路。同时检查 K_5 以及 K_2 的 3、4 触点是否接触不良或开路。复合按钮正反转控制电路最容易出现的故障是按正反转按钮时不能切换，关键在复合按钮的常闭与常开触点，由于时常转换正反转按钮触点，不断地闭合与断开，所以就会导致开关触点接触不良，同时要检查辅助自锁触点的闭合与断开功能是否良好。自锁触点都与主电路中的主接触器形成一体化，由主接触器动作才可以控制辅助触点动作，一般要详细检查。

5. 三相电动机正反转控制电路的演变与应用

在工业以及农业的电气设备中，经常用到正转与反转交替工作的电气配电电路。例如现在的高层楼电梯的运行是直上与直下的，需要电气设备在两个方向来回运行，所以就用电动机正反转的自动化控制电路。建筑工地内所使用的塔吊升降运行吊物品，所以需要电动机正反转控制电路。早期的三相电动机正反转控制采用手动倒相开关改变三相电动机的相序，使电动机内部三相线圈的电流相序发生改变，进而改变电动机的正反转。但是这样时间长了会使开关接触不良，由于电动机电流大，容易损坏倒相开关的触点，而且人为不断地操作也不方便。后来演变到采用交流接触器联锁与自锁的正反转控制以及按钮式联锁正反转控制，这样操作较为方便，而且交流接触器的触点大，接触面积用特殊材料制作，所以耐大电流不易损坏。

6. 采用时间继电器的电动机控制电路

由于时间继电器可以延时启动电动机的工作，如果采用瞬间大电流工作，就会损坏电动机。开始就采用电阻降压，启动电动机工作，等电动机低速运行一段时间，当时间继电器设置时间已到，内部继电器线圈通电，使常开触点闭合，此时交流电经时间继电器内部闭合的触点给电动机控制线路中的主交流接触器线圈供电，主交流接触器三火触点闭合，将三相交流电经主电路接触器的三火线触点直接送入电动机，此时电动机就会由低速转为高速运行，这就是时间继电器在电路中的作用。

① 时间继电器的电路结构　其电路结构见附图 4-4。

a. 电路各元件的作用　QS 为空气开关，具有保护与过流控制作用，KM_1 为电动机正转交流接触器，KM_2 为电动机正转全压启动接触器。当 KM_1 三火触点闭合时，三相 380 V 电压经 R_1、R_2、R_3 电阻降压给电动机供电。这时电动机就会全压低速运行。时间继电器工作时，KM_2 三火触点闭合，电动机全压启动。FR 为过热控制热继电器的元件，K_1 为热继电器的常用继电器控制触点。K_2 为停止按钮，K_3 为启动按钮，KM_{1-1} 为自锁触点，KM_1 是电动机正转交流接触器线圈，KT 为时间继电器。更好地掌握时间继电器的顺序转控制电路的工作，就要详细了解电路中每个电气控制元件在电路中的作用。

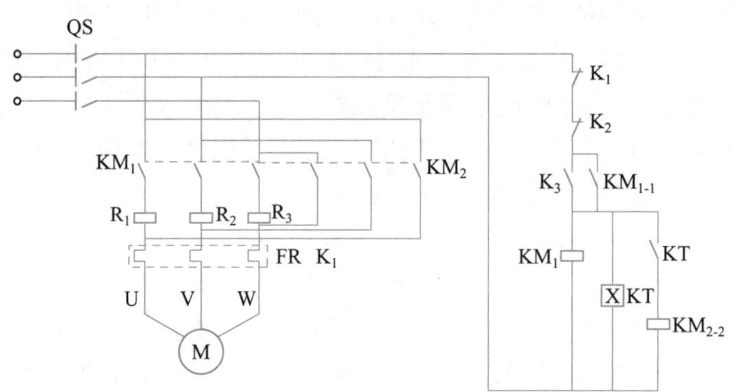

附图 4-4 时间继电器电路

b. 时间继电器工作过程 当闭合空气开关 QS，三相 380 V 经空气开关三火触点，送主电路中的 KM_1 与 KM_2 接触器上端，作待机电压，同时送控制电路中作待机电压。当按下 K_3 时，KM_1 线圈得电，吸合 KM_1 三火触点，此时 380 V 电压经 QS 三火触点，再经 KM_1 三火触点，经 R_1、R_2、R_3 降压后，经 FR_1 给电动机供电。由于电阻的降压给电动机供电，电动机此时低速运行，这时电动机正向转动，K_3 闭合后，由于线圈通电闭合，吸引 KM_{1-1} 闭合，形成自锁。这时给时间继电器 KT 通电，这时时间继电器到达一定的设置时间后，通电产生磁场而吸引 KT 闭合，给 KM_2 供电。当 KM_{2-2} 线圈通电后，KM_2 三火触点闭合，三相电压全压给电动机供电，电动机由低速转为高速，在正常运行状态工作。

② 时间继电器转换控制的三相电动机电路故障分析与检修

［故障］ 电动机可以低速运行，但不能转为高速运行。

此故障可以说明时间继电器工作不正常。电动机能低速运行证明电动机控制电路的供电电路三相电压正常。空气开关、KM_1、R_1、R_2、R_3、FR 以及电动机都良好，同时证明 K_1、K_2、K_3 与 KM_1 等都良好，KM_{1-1} 自锁触点良好。由于电动机不能低速转为高速，证明时间继电器 KT 有故障，同时检查 KM_{2-2} 线圈是否开路。将时间继电器从电路中拆除，给时间继电器单独通电，然后我们用万用表电阻挡测继电器内部各触点在通电后能否常开闭合、常闭断开，如果继电器内部线圈通电不动作，证明继电器损坏。检查时间继电器内部的电路板的电子元器件是否损坏。

7. 制动控制电路

在许多电气控制设备中电动机切断供电，并没有马上停止下来，由于惯性还要继续运行，这样就达不到人为所需的工作效率以及工作标准。例如高楼的直行电梯，当到达每一层时就会平层停止，如果没有制动的刹车机构就会导致不能平层停止，这样就达不到人为所需理想化的工作。还有建筑工地所用的起重机吊物，如果切断电动机供电，电动机还在运行不停止，不能将物品放置在标准所需的位置，所以需要刹车机构。一般的电动机制动电路有两种，一种是采用机械式控制，另一种是采用电气方式控制。下面我们将这两种控制方式做以论述。所谓的机械控制就是采用机械方式在电动机切断供电后控制电动机停止工作。所谓的电气式就是采用电气控制电路来控制电动机的运行状态。

① 电磁抱闸制动控制电路结构 其电路结构见附图 4-5。

a. 电路各元件名称的作用 QS 为空气开关，其通断控制电路是否供电，同时具有漏电保护与过流保护作用。KM_1 为主电路的主接触器的交流接触器，用来电磁控制电路，给电

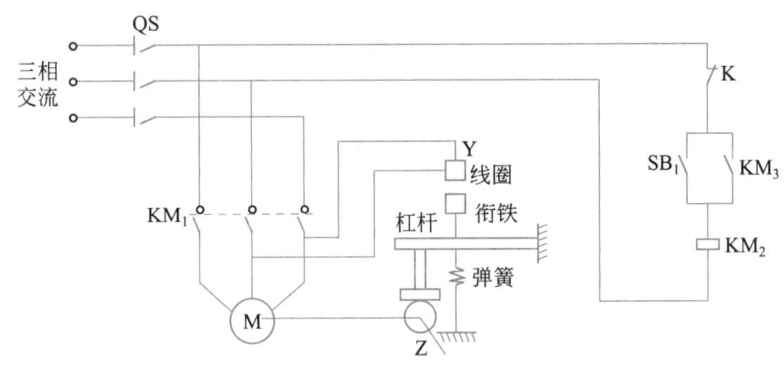

附图 4-5 电磁抱闸制动控制

动机供电。Y 是电磁抱闸机构的电磁线圈，Z 是抱闸机构的闸轮。K 为停止按钮，SB_1 为启动按钮，KM_3 为辅助自锁触点，KM_2 为主交流接触器的线圈，KM_1 与 KM_2 是一体化的交流接触器。M 为三相电动机。电路中主要是 Y 抱闸线圈与 KM_1、KM_2 交流接触器。

b. 电路制动抱闸控制工作过程　当我们闭合空气开关 QS 后，三相电网的电压由三相火线入网经空气开关 QS 后，再经空气开关三火触点送主电路的主交流接触器的 KM 的上端，另一路送控制电路的控制端。此时我们按下启动按钮 SB_1 时，380 V 交流电经上端火线，经停止按钮 K，再经 SB_1，经 KM 线圈回到中间的火线形成回路。此时产生磁场而吸引 KM_1 三火触点闭合。380 V 三相交流电经空气开关 QS 后，再经 KM_1 给电动机供电，此时电动机运行。由于 KM_1 接触器动作后，Y 线圈通电产生磁场，吸引衔铁使杠杆上移，抱闸离开闸轮，电动机正常运行。当工作时所需电动机停止运行时，按下停止按钮 K 后，切断 KM_2 交流接触器线圈的通电。此时由于接触器 KM_2 失电，使 KM_3 触点断开，切断三相电动机的供电，同时也切断电磁线圈 Y 的供电，使电磁继电器失磁后在弹簧的拉力下闸瓦闸住闸轮，而使电动机停止运行。

② 电磁抱闸式控制电路检修

［故障 1］　**闭合空气开关，按下正转启动按钮 SB_1 时电动机不运行。**

此种故障可以看出电气控制电路没有通电，先用万用表检测空气开关入端三相 380 V 电压是否正常，如果正常，再闭合空气开关，检查空气开关输出端的三相电压。如果输出端三相电压正常，按下启动按钮 SB_1，测 KM_2 接触器的线圈两端的交流电压 380 V 是否正常，如果 380 V 电压良好，断电检查 KM_2 线圈是否开路，用万用表的 $R\times1\Omega$ 挡测线圈的电阻值，如果线圈的电阻值很大或开路，更换交流接触器。如果测 KM_2 线圈两端时 380 V 电压为零，检查 K、SB_1 及 KM_2 供电回路的电路是否开路或接触不良。如果按 SB_1 时 KM_1 可以动作，但电动机不运行，此时用万用表的交流电压 1000 V 挡位测量三相电动机的三端有无 380 V 电压，如果 380 V 三相电压正常，证明控制电路良好，检查电动机内部三相线圈相与相之间是否短路或各相线圈是否开路。一般用兆欧表检测三相线圈内部的电阻值是否符合标准，或者将三相线圈在接线端拆开三角形或星形连接，将电动机内部三相线圈各相给予检测，每相有无匝间短路，三相线圈之间有无相与相之间短路，或用万用表合适电阻挡检测，或将电动机内部线圈拆出来观察线圈本身是否正常，线圈表面是否变色。

［故障 2］　**在断开电动机供电时抱闸部分不起作用。**

故障的现象是当断开 SB_1 启动按钮时，电动机供电的交流接触器 KM_1 和 KM_2 断开供电，此时 KM_1 三火线触点断开，切断电动机的供电，这时也切断抱闸线圈 Y 的供电，此时电动机抱闸应动作，电动机停止运行。但是由于抱闸机构损坏，电动机不能立即停止。此时我们应检查抱闸机构的弹簧是否脱落，以及弹簧是否拉长或变形失去弹力使电动机不能暂停，同时检查闸瓦片是否磨损空间增大，使闸轮闸不住，还要检查闸轮的磨损以及闸轮与电动机的同轴装置是否紧固，检查杠杆的变形，一般电动机断电后抱闸机构不起作用，都是由以上原因引起的，我们要详细检查抱闸机构。

［故障 3］ 通电时，电动机抖动而不运行。

由于抱闸机构的抱闸没有松开，导致电动机通电后闸死而不能运行。电动机通电可以抖动，证明电动机可以运行，只是抱闸卡死，电动机不能动作，检修时先通电，按下 SB 时交流接触器 KM_1 动作。此时我们测量抱闸的电磁线圈 Y 两端电压，如果线圈两端电压为零，检查线圈的连线，如果线圈两端电压都正常，就证明线圈有可能开路，断电用万用表测线圈的电阻值以及线圈是否开路，如果线圈损坏更换同型号电磁器，同时检查衔铁与杠杆以及抱闸瓦与闸轮机构等是否正常，如果正常检查电动机与闸轮部分。

参考文献

[1] 蔡杏山主编. 图解变频器使用与电路检修. 北京：机械工业出版社，2013.

[2] 咸庆信编著. 变频器实用电路图集与原理图说. 北京：机械工业出版社，2009.

化学工业出版社专业图书推荐

ISBN	书名	定价
33098	变频器维修从入门到精通	59
33648	经典电工电路	99
33713	从零开始学电子电路设计	79.8
32026	从零开始学万用表检测、应用与维修（全彩视频版）	78
32132	开关电源设计与维修从入门到精通（视频讲解）	78
32953	物联网智能终端设计及工程实例	49.8
30600	电工手册（双色印刷＋视频讲解）	108
30660	电动机维修从入门到精通（彩色图解＋视频）	78
30520	电工识图、布线、接线与维修（双色＋视频）	68
29892	从零开始学电子元器件（全彩印刷＋视频）	49.8
31214	嵌入式 MCGS 串口通信快速入门及编程实例	49.8
31701	空调器维修技能一学就会	69.8
31311	三菱 PLC 编程入门及应用	39.8
29111	西门子 S7-200 PLC 快速入门与提高实例	48
29150	欧姆龙 PLC 快速入门与提高实例	78
29084	三菱 PLC 快速入门及应用实例	68
28669	一学就会的 130 个电子制作实例	48
28918	维修电工技能快速学	49
28987	新型中央空调器维修技能一学就会	59.8
28840	电工实用电路快速学	39
29154	低压电工技能快速学	39
28914	高压电工技能快速学	39.8
28923	家装水电工技能快速学	39.8
28932	物业电工技能快速学	48
28663	零基础看懂电工电路	36
28866	电机安装与检修技能快速学	48
28459	一本书学会水电工现场操作技能	29.8
28479	电工计算一学就会	36
28093	一本书学会家装电工技能	29.8
28482	电工操作技能快速学	39.8
28544	电焊机维修技能快速学	39.8

ISBN	书名	定价
28303	建筑电工技能快速学	28
24149	电工基础一本通	29.8
24088	电动机控制电路识图 200 例	49
24078	手把手教你开关电源维修技能	58
23470	从零开始学电动机维修与控制电路	88
22847	手把手教你使用万用表	78